"十四五"职业教育国家规划教材

电 机 技 术

主 编 李付亮 郭淑贞

副主编 李 靖 李 斌

U0301430

北京理工大学出版社

BEIJING INSTITUTE OF TECHNOLOGY PRESS

图书在版编目（CIP）数据

电机技术 / 李付亮，郭淑贞主编. -- 北京：北京
理工大学出版社，2021.9（2023.8 重印）

ISBN 978 - 7 - 5763 - 0365 - 0

Ⅰ．①电… Ⅱ．①李… ②郭… Ⅲ．①电机学 – 高等
职业教育 – 教材 Ⅳ．①TM3

中国版本图书馆 CIP 数据核字（2021）第 188885 号

出版发行 / 北京理工大学出版社有限责任公司
社　　　址 / 北京市海淀区中关村南大街 5 号
邮　　　编 / 100081
电　　　话 / （010）68914775（总编室）
　　　　　　（010）82562903（教材售后服务热线）
　　　　　　（010）68944723（其他图书服务热线）
网　　　址 / http：//www. bitpress. com. cn
经　　　销 / 全国各地新华书店
印　　　刷 / 唐山富达印务有限公司
开　　　本 / 787 毫米 × 1092 毫米　1/16
印　　　张 / 22.75　　　　　　　　　　　责任编辑 / 多海鹏
字　　　数 / 537 千字　　　　　　　　　　文案编辑 / 多海鹏
版　　　次 / 2021 年 9 月第 1 版　2023 年 8 月第 3 次印刷　　责任校对 / 周瑞红
定　　　价 / 59.90 元　　　　　　　　　　　责任印制 / 李志强

前　言

　　为贯彻落实党的二十大精神，深入实施科教兴国战略、创新驱动发展战略，培养理想信念坚定、德、智、体、美、劳全面发展的高素质复合型技术技能人才，本教材以立德树人为宗旨，进一步融合课程思政元素，将职业道德和工匠精神与学习目标和学习任务紧密结合，强化学生职业素养培育，倡导正确的价值观、人生观和世界观，弘扬民族文化精神，培养学生的爱国主义情操。

　　本教材根据高职教学的规范和要求，紧扣高职办学新理念，以电力行业最新技术规程为依据，注重学生能力培养，遵循"以能力为目标、以项目为载体、任务驱动和项目导向"的编写理念，以常用电机为载体，突出学生在电机的选用、电机的运行管理、电机的控制和电机的维护等方面的理论和实践技能培养。

　　本书共4个模块、15个学习情境，除学习情境4、学习情境8、学习情境12和学习情境15以外，每个学习情境都设有大量习题并以二维码格式附参考答案以供读者参考。本书可以作为高职高专学校电力工程及制动化和小型水电站及电力网等专业的教材，也可以作为其他专业的参考用书。本书在内容选取及安排上具有以下特点：

　　（1）通过校企合作，对相关职业岗位进行调研后，归纳出从事实际电机工作的不同岗位及不同类型电机，依据工作要求进行教学内容的选取。

　　（2）课程体系以现代电机技术的基本知识、基本理论、基本技能为主线，突出电机的基本应用，做到基本知识和实用技术相结合，理论知识和技能培养相结合；在内容选取方面，以应用为目的，淡化理论分析，突出电机的基本应用，适度引入新技术；在文字叙述方面，做到简明扼要、深入浅出、层次分明、概念清晰。

　　（3）为方便学生自行学习，每个学习情境都提出了相应的学习目标，每个知识点都提出了相应的学习任务，学生可以自行校核自己的学习目标和学习效果。

　　（4）为进一步突出技能培训目标，每个学习情境的内容先安排理论基础，后安排技能培养，并给出了较为详细的技能培养评价指标。

　　（5）各模块具有相对独立性，讲授内容和次序可以根据具体情况进行调整。

　　本书由湖南水利水电职业技术学院李付亮任第一主编，负责编写学习情境1、学习情境2、学习情境3、学习情境4、学习情境12；湖南水利水电职业技术学院郭淑贞任第二主编，负责编写学习情境5、学习情境6、学习情境7、学习情境8；湖南水利水电职业技术学院李靖任第一副主编，负责编写学习情境9、学习情境10、学习情境11；湖南信息职业技术学院李斌任第二副主编，负责编写学习情境13、学习情境14、学习情境15。全书由李付亮统稿。

　　由于编者水平有限，加上时间仓促，书中的错误及疏漏之处在所难免，恳请读者批评指正。

编　者

目　　录

模块一
变压器

变压器是一种静止的电机，能够将一种电压、电流的交流电转换为相同频率下的不同电压、电流的交流电。

变压器主要应用于电力系统，是电力工业中非常重要的组成部分，在发电、输电、配电、电能转化和电能消耗等各个环节都起到至关重要的作用。此外，变压器还应用于一些工业部门，如在电炉整流、电焊设备中，在船舶、电机等设备中都用到特种变压器，另外在高压试验、测量设备和控制设备中也用到各式变压器。

中国变压器行业从20世纪50年代萌芽，当时所生产的变压器主要模仿苏联，没有自主研发变压器的能力。到了20世纪90年代初期，中国研发出了S9型配电变压器，与之前的变压器系列相比，损耗下降有了大幅度的改进。目前国内企业已经可以生产多种变压器，包括超高压变压器、换流变压器、全密封式变压器、环氧树脂干式变压器、卷铁心变压器、组合式变压器等。

近年来，在我国投入巨资进行电网改造、轨道交通系统提速升级、城市地铁、城际高铁等项目的带动下，我国变压器产业呈现高速发展的态势。目前我国变压器生产总量位居世界前列，不但满足中国市场的需求，并向几十个国家和地区进行出口。中国研发出的渐开线铁芯变压器和非晶合金铁芯变压器，单变容量可达到1 500兆伏安，电压等级最高可达1 100千伏。一路筚路蓝缕，目前我国已经成为世界顶级变压器制造国家。

学习情境 1 变压器的选用

1.1 学习目标

【知识目标】掌握变压器的基本工作原理；熟悉变压器的分类方法；熟练掌握变压器各组成部分的名称和作用；熟练掌握变压器铭牌上各技术参数的内涵；了解三绕组变压器、自耦变压器、仪用变压器的结构、工作原理；熟练掌握选择变压器的方法。

【能力目标】能正确理解变压器的基本工作原理；能正确识别变压器的各主要部件及其功能；能正确识读变压器的铭牌数据；能正确安装变压器；能正确使用变压器；能够根据应用场合选择合适的变压器；能进行变压器的。

【素质目标】具有正确的世界观、人生观、价值观；践行社会主义核心价值观，具有深厚的爱国情感和中华民族自豪感；具有良好的职业道德、职业素养、法律意识；崇德向善、诚实守信，爱岗敬业；尊重劳动、热爱劳动，具有较强的实践能力；良好的质量意识、环保意识、安全意识、工匠精神、创新精神；勇于奋斗、乐观向上，具有良好的身心素质。

【总任务】根据应用场合选择合适的变压器并进行安装。

1.2 理论基础

任务手册1：
变压器的选用

1.2.1 变压器的原理及分类

【学习任务】(1) 正确说出变压器的基本工作原理。

(2) 正确认识变压器的基本类别。

(3) 正确认识变压器的功能及应用场合。

微课1.1：
变压器的原理

变压器是一种静止的电气设备，它通过线圈间的电磁感应，将一种电压等级的交流电能转换成同频率的另一种电压等级的交流电能。变压器是电力系统中的重要设备，用于电力系统中传输电能的变压器称为电力变压器。众所周知，输送一定的电能时，输电线路的电压越高，线路中的电流和电阻损耗就越小。为此，需要用升压变压器把交流发电机发出的电压升高到输电电压，然后通过高压输电线路将电能经济地输送到用电地区，再用降压变压器将电能逐步从输电电压降低到配电电压,供用户安全而方便地使用。

图 1-1 所示为一个简单的电力系统输配电示意图,是一个三相系统。发电机发出的电压,例如 10 kV,先经过升压变压器升高后,再经输电系统送到用电地区;到了用电地区后,还需先把高压降到 35 kV 以下,再按用户需要的具体电压进行配电。用户需要的电压一般为 6 kV、3 kV、1 kV、380 V/220 V 等。

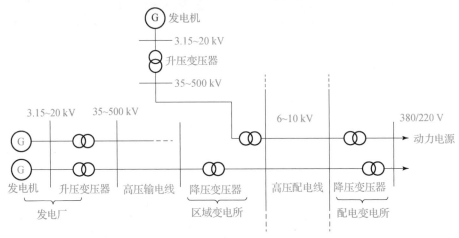

图 1-1 电力系统输配电示意图

除电力系统外,变压器还广泛应用于电子装置、焊接设备、电炉等场合以及测量和控制系统中,用以实现交流电源供给、电路隔离、阻抗变换、高电压和大电流的测量等功能。

1. 基本原理

变压器应用电磁感应规律工作,最简单的变压器是由两个绕组(又称线圈)、一个铁芯组成的,如图 1-2(a)所示。两个绕组套在同一铁芯上,通常一个绕组接电源,另一个绕组接负载。我们把前者叫作一次绕组,或原绕组、一次侧;把后者叫作二次绕组,或副绕组、二次侧。

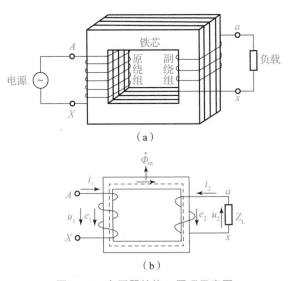

图 1-2 变压器结构、原理示意图

(a)变压器基本结构示意图;(b)变压器基本原理示意图

当一次侧接上电压为 u_1 的交流电源时，一次绕组将流过交流电流，并在铁芯中产生交变磁通 $\dot{\Phi}_m$，该磁通交链着一、二次绕组，如图 1-2（b）所示。根据电磁感应定律，$\dot{\Phi}_m$ 在一、二次绕组中产生的感应电动势分别为

$$e_1 = -N_1 \frac{\mathrm{d}\Phi}{\mathrm{d}t}$$

$$e_2 = -N_2 \frac{\mathrm{d}\Phi}{\mathrm{d}t}$$

式中　N_1——一次绕组匝数；

　　　N_2——二次绕组匝数。

$$\frac{e_1}{e_2} = \frac{N_1}{N_2} \tag{1-1}$$

由上式可知，一、二次绕组的匝数不等，是变压的关键；另外，此类变压器一、二次侧之间没有电的直接联系，只有磁的耦合，交链一、二次绕组的磁通起着联系一、二次侧的桥梁作用，而变压器原、副边频率还是一样的。

如果二次侧接上负载，则在 e_2 的作用下将产生二次电流，并输出功率，说明变压器起到了传递能量的作用。

后面将要讲到各类变压器，尽管其用途和结构可能差异很大，但其基本原理是一样的，且其核心部件都是绕组和铁芯。

2. 分类

为了适应不同的使用目的和工作条件，变压器有很多类型，下面择其主要的进行介绍。

按其用途不同，变压器可分为电力变压器（又可分为升压变压器、降压变压器、配电变压器等）、仪用变压器（电压互感器等）、试验用变压器和整流变压器等。

按绕组数目可分为双绕组变压器、三绕组变压器及多绕组变压器等。

按相数可分为单相变压器、三相变压器及多相变压器等。

按调压方式可分为无极调压变压器、有载调压变压器等。

按冷却方式不同可分为干式变压器、油浸式变压器、油浸风冷变压器、强迫油循环变压器、强迫油循环导向冷却变压器等。

自测题

一、填空题

1. 变压器是一种既能改变_____、_____，又能保持_____不变的电气设备。

2. 变压器按相数分为_____和_____。

3. 变压器按绕组形式分为_____、_____、_____等。

4. 变压器按铁芯形式分为_____、_____。

5. 变压器一、二次绕组的匝数分别为 N_1、N_2，则变比为_____。

二、选择题

1. 变压器的额定容量是指（　　）。

A. 一、二次侧容量之和

B. 二次绕组的额定电压和额定电流的乘积所决定的有功功率

C. 二次绕组的额定电压和额定电流的乘积所决定的视在功率

D. 一、二次侧容量之和的平均值

2. 变压器是一种（ ）的电气设备，它利用电磁感应原理将一种电压等级的交流电转变成同频率的另一种电压等级的交流电。

A. 滚动   B. 运动   C. 旋转   D. 静止

3. 当交流电源电压加到变压器一次侧绕组后，就有交流电流通过该绕组，在铁芯中产生交变磁通，这个交变磁通（ ），两个绕组分别产生感应电势。

A. 只穿过一次侧绕组

B. 只穿过二次侧绕组

C. 有时穿过一次侧绕组，有时穿过二次侧绕组

D. 不仅穿过一次侧绕组，同时也穿过二次侧绕组

4. 变压器一、二次侧感应电势之比（ ）一、二次侧绕组匝数之比。

A. 大于   B. 小于   C. 等于   D. 无关

5. 变压器一、二次绕组的匝数分别为 N_1、N_2，则一、二次侧流过的电流之间的关系为（ ）。

A. N_1/N_2 B. N_2/N_1 C. $N_1 \cdot N_2$ D. N_1^2/N_2

三、判断题

1. 变压器是根据电磁感应原理工作的。 （ ）

2. 三相变压器额定电压是指变压器的线电压（有效值）。 （ ）

3. 电力变压器按冷却介质可分为油浸式和干式两种。 （ ）

4. 干式变压器是指铁芯和绕组浸渍在绝缘液体中的变压器。 （ ）

5. 变压器一、二次绕组中产生的感应电动势与其匝数成反比。 （ ）

四、简答题

1. 按照用途来分类时，都有哪些不同类型的变压器？

2. 变压器一次绕组接直流电源，二次绕组有电压吗？为什么？

答案1.1

1.2.2 变压器的结构

【学习任务】正确识别变压器的各主要部件及其功能。

各类变压器的结构是很不相同的，这里以中型的油浸风冷变压器为例，扼要地介绍一下其主要部件。图 1-3 所示为变压器器身结构图，图 1-4 所示为变压器结构解剖图。

变压器主要由以下几部分组成：

$$
变压器
\begin{cases}
器身
\begin{cases}
铁芯 \\
绕组
\end{cases} \\
绝缘套管 \\
引线装置（包括分接开关）\\
油箱（包括套管、阀门等）\\
保护装置（包括储油柜、吸湿器、安全气道、气体继电器、净油器、温度计等）\\
冷却装置（包括散热器、风扇等）
\end{cases}
$$

下面对变压器各部分逐一进行介绍。

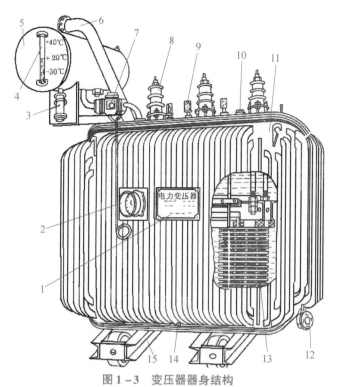

图1-3 变压器器身结构

1—铭牌；2—信号式温度计；3—吸湿器；4—油表；5—储油柜；6—安全气道；
7—气体继电器；8—高压绝缘套管；9—低压绝缘套管；10—分接开关；
11—油箱；12—放油阀门；13—器身；14—接地；15—小车

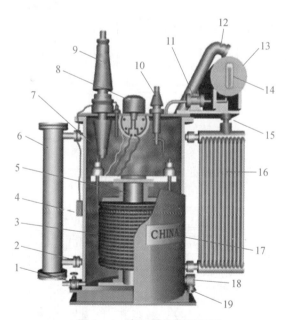

图1-4 变压器结构解剖图

1—放油阀门；2—阀门；3—绕组；4—信号温度计；5—铁芯；6—净油器；7—变压器油；
8—分接开关；9—高压套管；10—低压套管；11—气体继电器；12—防爆管；13—储油柜；
14—油表；15—吸湿器；16—散热器；17—铭牌；18—油样活门；19—接地螺栓

1. 铁芯

铁芯是变压器的磁路部分，由铁芯柱（套装绕组）、铁轭（连接铁芯以形成闭合磁路）组成，采用 0.35~0.5 mm 厚的硅钢片涂绝缘漆后交错叠成。

采用硅钢片制成铁芯是为了提高磁路的导磁性能和减小涡流损耗、磁滞损耗。硅钢片有热轧和冷轧两种，冷轧硅钢片比热轧硅钢片磁导率高、损耗小，冷轧硅钢片还具有方向性，即沿轧碾方向有较小的铁耗和较高的磁导系数。

在叠装硅钢片时，要把相邻层的接缝错开，如图 1-5（a）和图 1-5（b）所示，即每层的接缝都被邻层钢片盖掉，然后再用穿心螺杆夹紧或用环氧树脂玻璃布带扎紧。这种叠法的优点是接缝处气隙小、夹紧结构简单。

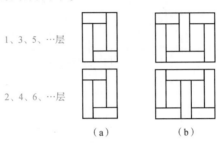

1、3、5、…层　　　　2、4、6、…层

图 1-5　变压器铁芯的交替装配

（a）单相变压器；（b）三相变压器

铁芯柱截面形状有方形和阶梯形，一般为阶梯形，如图 1-6 所示。较大直径的铁芯，叠片间留有油道，以利于散热。铁轭截面有 T 形和多级梯形。

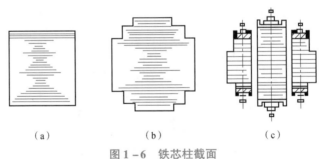

（a）　　　　　　（b）　　　　　　（c）

图 1-6　铁芯柱截面

（a）方形截面；（b）梯形截面；（c）带油道

按照绕组套入铁芯柱的形式，铁芯又可以分为心式结构和壳式结构两种，如图 1-7 和图 1-8 所示。

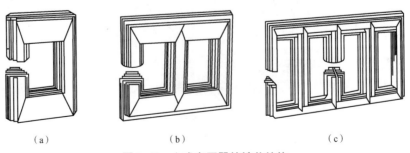

（a）　　　　　　　（b）　　　　　　　（c）

图 1-7　心式变压器的铁芯结构

（a）单相双柱式；（b）三相三柱式；（c）三相五柱式

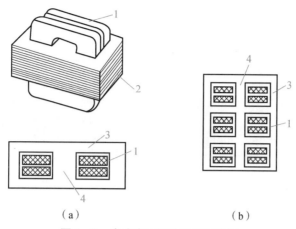

图 1-8　壳式变压器的铁芯和绕组

（a）单相壳式变压器；（b）三相壳式变压器

1—绕组；2—铁芯；3—铁轭；4—铁芯柱

三相心式变压器铁芯可以有三柱式和五柱式两种。近代大容量变压器，由于受到安装场所空间高度和铁路运输条件的限制，必须降低铁芯的高度，常采用五柱式铁芯结构，如图 1-7（c）所示，在中央三个铁芯柱上套有三相绕组，左右两侧铁芯柱为旁轭，旁轭上没有绕组，专门用来作导磁通路。

心式变压器的一次、二次绕组套装在铁芯的同一铁芯柱上，如图 1-9 所示，这种结构比较简单，有较多的空间装设绝缘，装配容易，用铁量较小，适用于容量大、电压高的变压器，一般电力变压器均采用心式结构。壳式结构的变压器结构复杂，一般用于小容量变压器。

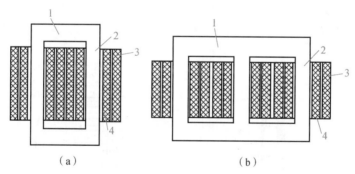

图 1-9　心式变压器的铁芯和绕组

（a）单相；（b）三相

1—铁轭；2—铁芯柱；3—高压绕组；4—低压绕组

变压器在运行试验时，为了防止由于静电感应在铁芯或其他金属构件上产生悬浮电位而造成对地放电，铁芯及其构件（除穿心螺杆外）都应接地。

2. 绕组

绕组是变压器的电路部分，它一般用有电缆纸绝缘的铜线或铝线绕成。为了使绕组便于制造和在电磁力作用下受力均匀以及有良好的机械性能，一般将绕组制成圆形。它们在芯柱上的安排方法有同心式和交叠式两种，如图 1-10 所示。电力变压器采用前一种，即圆筒形的高、低压绕组同心地套在同一芯柱上，低压绕组在里，靠近铁芯；高压绕组在外。这样放置有利于绕组对铁芯的绝缘。

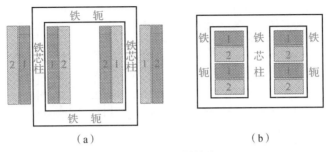

图 1 - 10　变压器的绕组

（a）同心式结构；（b）交叠式结构

交叠式绕组又称饼式绕组，它是高低压绕组分成若干线饼，沿着铁芯柱的高度方向交替排列。为了便于绕线和铁芯绝缘，一般最上层和最下层放置低压绕组。交叠式绕组的主要优点是漏抗小，机械强度好，引线方便。这种绕组仅用于壳式变压器中，如大型电炉变压器就采用这种结构。

3. 绝缘

导电部分间及对地均需绝缘。变压器的绝缘包括内绝缘和外绝缘。所谓内绝缘指的是油箱内的绝缘，包括绕组、引线、分接开关的对地绝缘，相间绝缘（又称主绝缘）以及绕组的层间、匝间绝缘（又称纵绝缘）；外绝缘指的是油箱外导线出线间及其对地的绝缘。

绝缘套管：绝缘套管是由外部的瓷套和其中的导电杆组成的。其作用是使高、低压绕组的引出线与变压器箱体绝缘。它的结构取决于电压等级和使用条件。电压不大于 1 kV 时采用实心瓷套管；电压在 10 ~ 35 kV 之间时采用充气式或充油式套管；电压大于 110 kV 时采用电容式套管。为了增加表面放电距离，套管外形做成多级伞形。绝缘套管的结构如图 1 - 11 所示。

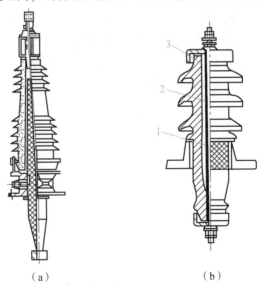

图 1 - 11　绝缘套管的结构

（a）110 kV 胶纸电容式；（b）35 kV 充油式

1—导体（导电杆或电缆）；2—绝缘管；3—变压器油

变压器油：变压器油箱里充满了变压器油。通常对变压器油的要求是：高的介质强度和低的黏度，高的发火点和低的凝固点，且不含酸、碱、硫、灰尘和水分等杂质。变压器油的作用有两个，即加强绝缘和加强散热。

4. 分接开关

变压器常利用改变绕组匝数的方法来进行调压。为此，把绕组引出若干抽头，这些抽头叫分接头。用以切换分接头的装置称为分接开关。分接开关又分为无激磁分接开关和有载分接开关。前者，必须在变压器停电的情况下切换；后者，可以在切断负载电流的情况下切换。

5. 保护装置（见图 1-12）

1）油箱

油浸式变压器的外壳就是油箱，箱中盛满了用来绝缘的变压器油。油箱可保护变压器铁芯与绕组不受外力作用和潮湿的侵蚀，并通过油的对流把铁芯与绕组产生的热量传递给箱壁和散热管，再把热量散发到周围的空气中。一般说来，对于 20 kV·A 以下的变压器，油箱本身表面能满足散热要求，故采用平板式油箱；对于 20～30 kV·A 的变压器，采用排管式油箱；对于 2.5～6.3 MV·A 的变压器，所需散热面积较大，则在油箱壁上装置若干只散热器，加强冷却；容量为 8～40 MV·A 的变压器在散热器上还需另装风扇冷却；对于 50 MV·A 及以上的大容量变压器，采用强迫油循环冷却方式。

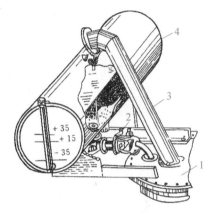

图 1-12　储油柜、安全气道、气体继电器
1—油箱；2—气体继电器；3—安全气道；4—油枕

2）储油柜

储油柜又叫油枕，它是一个圆筒形容器，装在油箱上，用管道与油箱连通，使油刚好充满到油枕的一半。油面的升降被限制在油枕中，并且从外部的玻璃管中可以看见油面的高低。它的作用有两个：调节油量，保证变压器油箱内经常充满变压器油；减少油和空气的接触面，从而降低变压器油受潮和老化的速度。

3）吸湿器

吸湿器又叫呼吸器，通过它使大气与油枕内连通。当变压器油热胀冷缩时，气体经过它出进，以保持油箱内的压力正常。吸湿器内装有硅胶，用以吸收进入油枕中空气的潮气及其他杂质。

4）安全气道

安全气道又叫防爆管，装在油箱顶盖上，由一根长钢管构成。它的出口处装有一定厚度的玻璃或酚醛纸板（防爆膜），其作用是当变压器内部发生严重故障产生大量气体使压力骤增时，让油气流冲破玻璃，向外喷出，以降低箱内压力，防止油箱爆裂。

5）气体继电器（见图 1-13）

气体继电器装在油箱和油枕的连管中间，作为变压器内部故障的保护设备，其内部有一个带有水银开关的浮筒和一块能带动水银开关的挡板。当变压器内部发生故障时，产生的气体聚集在气体继电器上部，使油面下降、浮筒下沉，接通水银开关而发出预告信号；当变压

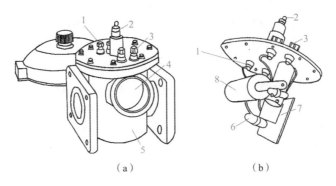

图 1-13　气体继电器的外形和结构

（a）外形图；（b）结构图

1—接跳闸回路；2—放气孔；3—接信号回路；4—观察窗；5—外壳；6—水银开关；7—挡板；8—浮筒

器内部发生严重故障时，油流冲破挡板，挡板偏转时带动一套机构使另一个水银开关接通，发出故障信号并跳闸。

6）净油器

净油器又称热虹吸过滤器，它是利用油的自然循环，使油通过吸附剂进行过滤、净化，以改善运行中变压器油的性能，并防止油迅速老化的。

7）温度计

温度计用以测量油箱内的上层油温，监测变压器的运行温度，保证变压器的安全运行。

自测题

一、填空题

1. 变压器的器身主要由_____和_____构成。

2. 变压器的铁芯用以构成耦合磁通的磁路，套绕组的部分称为_____，连接铁芯柱的部分称为_____。

3. 变压器的铁芯常用_____制作而成。

4. 变压器储油柜的作用是_____和_____。

5. 变压器的绕组根据其在铁芯柱上的安排方法可分为_____和_____两种。

二、选择题

1. 变压器的铁芯是（　　）部分。

A. 磁路 　　　　　B. 电路 　　　　　C. 开路 　　　　　D. 短路

2. 变压器铁芯的结构一般分为（　　）和壳式两类。

A. 圆式 　　　　　B. 角式 　　　　　C. 心式 　　　　　D. 球式

3. 绕组是变压器的（　　）部分；一般用绝缘纸包的铜线绕制而成。

A. 电路 　　　　　B. 磁路 　　　　　C. 油路 　　　　　D. 气路

4. 根据高、低压绕组排列方式的不同，绕组分为（　　）和交叠式两种。

A. 同心式 　　　　B. 混合式 　　　　C. 交叉式 　　　　D. 异心式

5. 变压器的冷却装置是起（　　）的装置，根据变压器容量大小不同，采用不同的冷却装置。

A. 绝缘作用　　　　　B. 散热作用　　　　　C. 导电作用　　　　　D. 保护作用

6. 变压器油的作用是（　　　）。

A. 导电和冷却　　　B. 绝缘和升温　　　C. 导电和升温　　　D. 绝缘和冷却

三、判断题

1. 变压器的铁芯用以构成耦合磁通的磁路，通常用厚约 0.35 mm 或 0.5 mm 的硅钢片叠成。　　　　　　　　　　　　　　　　　　　　　　　　　　　　　　　（　　）

2. 变压器的铁芯用硅钢片叠成是为了提高磁路的导磁性能和减小损耗。　（　　）

3. 小型干式变压器的铁芯多采用心式结构。　　　　　　　　　　　　（　　）

4. 变压器油主要起到导电的作用。　　　　　　　　　　　　　　　　（　　）

5. 变压器的无激磁分接开关必须在变压器停电的情况下进行切换。　　（　　）

四、简答题

1. 油浸变压器有哪些主要部件？

2. 变压器温度计有什么作用？有几种常用的变压器温度计？

3. 变压器油位的变化与哪些因素有关？

4. 变压器缺油对运行有什么危害？

答案 1.2

1.2.3　变压器的铭牌

【学习任务】　（1）正确识读变压器的铭牌数据。

　　　　　　　（2）正确识读与计算变压器的额定数据。

每台设备上都装有铭牌，用以标明该设备的型号、额定数据和使用条件等基本参数，这些额定数据和使用条件所表明的是制造厂按照国家标准在设计及试验该类设备时必须保证的额定运行情况。变压器的铭牌上通常有以下几项。

1. 型号

变压器的型号用字母和数字表示，表明变压器的类型和特点。字母表示类型，数字表示额定容量和额定电压，其文字部分采用汉语拼音字头表示，形式如下：

1——变压器的分类型号，由多个拼音字母组成；

2——设计序号；

3——额定容量，kV·A；

4——高压绕组电压等级，kV。

如 SFP - 63000/110，"S"代表"三相"，"F"代表"风冷"，"P"代表"强迫油循环"，"63000"代表额定容量为 63 000 kV·A，"110"代表高压侧的额定电压为 110 kV。SFP - 63000/110 表示一台三相强迫油循环风冷铜线，额定容量为 63 000 kV·A，高压绕组额定电压为 110 kV 的电力变压器。变压器型号各字符含义见表 1 - 1。

2. 额定值

所谓额定值，是保证设备能正常工作，且能保证一定寿命而规定的某量的限额。变压器的额定数据主要有以下几项：

表 1 - 1　变压器型号字符含义

型号中符号排列顺序	含义		代表符号
	内容	类别	
1（或末位）	线圈耦合方式	自耦降压或升压	O
2	相数	单相	D
		三相	S
3	冷却方式	油侵自冷	J
		干式空气自冷	G
		干式浇筑绝缘	C
		油侵风冷	F
		油侵水冷	S
		强迫油循环风冷	FP
		强迫油循环水冷	SP
4	线圈数	双线圈	—
		三线圈	S
5	线圈导线材质	铜	—
		铝	L
6	调压方式	无磁调压	—
		有载调压	Z

（1）额定容量：铭牌规定的额定使用条件下所能输出的视在功率，单位用 kV·A 或 MV·A 表示。双绕组变压器一、二次侧的额定容量是相等的。

（2）额定电压：原绕组额定电压 U_{1N} 是指规定加到一次侧的电压；副绕组额定电压 U_{2N} 指的是分接开关放在额定电压位置，一次侧加额定电压时二次侧的开路电压，单位用 kV 表示。对于三相变压器，额定电压指线电压。

（3）额定电流：在额定容量下允许长期通过的电流，可以根据对应绕组的额定容量和额定电压算出，在三相变压器中指的是线电流，单位用 A 或 kA 表示。

单相变压器：一次侧额定电流 $I_{1N} = \dfrac{S_N}{U_{1N}}$；二次侧额定电流 $I_{2N} = \dfrac{S_N}{U_{2N}}$。

三相变压器：$I_{1N} = \dfrac{S_N}{\sqrt{3}\,U_{1N}}$，$I_{2N} = \dfrac{S_N}{\sqrt{3}\,U_{2N}}$。

（4）额定频率：单位用 Hz 表示，我国的工业额定频率是 50 Hz。

（5）额定温升：指变压器内绕组或上层油温与变压器周围大气温度之差的允许值。根据国家标准，周围大气的最高温度规定为 +40 ℃时，绕组的额定温升为 65 ℃。

此外，铭牌上还标有接线图和连接组别、短路电压百分数和变压器重量等。

【例题 1-1】 某三相变压器的二次侧电压为 400 V，电流是 250 A，已知功率因数 $\cos\varphi = 0.866$，求这台变压器的有功功率 P、无功功率 Q 和视在功率 S 各是多少？

解： $P = \sqrt{3} \times U \times I \times \cos\varphi = 1.732 \times 400 \times 250 \times 0.866 = 150$（kW）

$S = \sqrt{3} \times U \times I = 1.732 \times 400 \times 250 = 173$（kV·A）

$Q = \sqrt{S^2 - P^2} = \sqrt{173^2 - 150^2} = 86.6$（kVar）

答： 有功功率 P 为 150 kW，无功功率 Q 为 86.6 kVar，视在功率为 173.2 kV·A。

自测题

答案 1.3

一、填空题

1. 变压器的额定容量是指额定使用条件下所能输出的_____。

2. 对于三相变压器，额定电压是指_____。

3. 变压器的铭牌数据中，"S" 代表_____；"F" 代表_____。

4. 型号为 SFP-63000/220 的变压器，额定容量为_____，高压侧的额定电压为_____。

5. 我国的工业额定频率是_____。

二、选择题

1. 变压器铭牌上额定容量的单位为（　　）。

A. kVar 或 MVar　　　　　　　　　　B. V·A 或 MV·A

C. kV·A 或 V·A　　　　　　　　　　D. kV·A 或 MV·A

2. SFZ-10000/110 表示三相自然循环风冷有载调压，额定容量为（　　）kV·A，高压绕组额定电压为 110 kV 的电力变压器。

A. 8 000　　　　　B. 36 500　　　　　C. 10 000　　　　　D. 40 000

3. 变压器一、二次电流的有效值之比与一、二次绕组的匝数比（　　）。

A. 成正比　　　　B. 成反比　　　　C. 相等　　　　D. 无关系

4. 变压器铭牌上，相数用（　　）表示三相。

A. S　　　　　　B. D　　　　　　C. G　　　　　　D. H

5. 变压器的额定频率即所设计的运行频率，我国为（　　）Hz。

A. 45　　　　　　B. 50　　　　　　C. 55　　　　　　D. 60

6. 普通三相变压器中一次侧的额定电流一般为（　　）。

A. $I_{1N} = S_N / \sqrt{3} U_{2N}$　　B. $I_{1N} = S_N / \sqrt{3} U_{1N}$　　C. $I_{1N} = S_N / 3 U_{1N}$　　D. $I_{1N} = S_N / U_{2N}$

三、判断题

1. 变压器匝数多的一侧电流小，匝数少的一侧电流大，也就是电压高的一侧电流小，电压低的一侧电流大。　　　　　　　　　　　　　　　　　　　　　　　　　　　（　　）

2. 额定电压是指变压器线电压（有效值），它应与所连接的输变电线路电压相符合。
　　　　　　　　　　　　　　　　　　　　　　　　　　　　　　　　　　　　（　　）

3. 变压器额定容量的大小与电压等级也是密切相关的，电压低的容量较大，电压高的容量较小。　　　　　　　　　　　　　　　　　　　　　　　　　　　　　　　　（　　）

4. 变压器的额定电流大小等于绕组的额定容量除以该绕组的额定电压及相应的相系数

（单相为 1，三相为 $\sqrt{3}$)。 （　）

5. 变压器产品系列是以高压的电压等级区分的，有 10 kV 及以下、20 kV、35 kV、66 kV、110 kV 和 220 kV 系列等。 （　）

四、简答题

1. 请问下列电力变压器型号代号的含义是什么？

D、S、J、L、Z、SC、SG

2. 变压器型号 SFPSZ8 – 10000/220 代表什么意义？

3. 单相变压器的一次侧电压 $U_1 = 380$ V，二次侧电流 $I_2 = 21$ A，变压比 $k = 10.5$，请计算一次侧电流。

4. 请根据图 1 – 14 所示说明该变压器的额定数据及连接方式。

电力变压器			
产品型号	SL7-215/10	产品编号	
额定容量	215 kV・A	使用条件	户外式
额定电压	10 000/400 V	冷却条件	ONAN
额定电流	18.2/454.7 A	短路电压	4%
额定频率	50 Hz	器身吊重	765 kg
相　　数	三相	油　重	280 kg
连接组别	Y yno	总　重	1 525 kg
制 造 厂		生产日期	

图 1 – 14　变压器铭牌示意图

微课 1.2：
三绕组变压器

1.2.4　三绕组变压器

【学习任务】 （1）正确说出三绕组变压器的结构与原理。

（2）正确说出三绕组变压器的绕组布置原则与容量搭配方式。

（3）正确写出三绕组变压器的磁动势方程与等效电路。

在变电所或发电厂中，常有三种电压等级的发电和输电系统需要联系的场合，通常采用三绕组变压器。例如，如图 1 – 15（a）所示，变电站中利用三绕组变压器由两个系统（电压等级为 110 kV 和 220 kV）向一个负载（电压等级为 330 kV）供电；如图 1 – 15（b）所示，发电机端电压为 10 kV，利用三绕组变压器把发电机发出来的电能同时送到 110 kV 和 220 kV 的输电系统中去。

当然也可以采用两台双绕组变压器，但在一定情况下，采用三绕组变压器较经济，且维护也方便一些，因而三绕组变压器得到较广泛的应用。

（a） （b）

图 1 – 15　三绕组变压器应用示意图

1. 三绕组变压器结构

三绕组变压器每相有高、中、低三个绕组，一般铁芯为心式结构，三个绕组同心地套在同一个铁芯柱上。如图 1 – 16 所示，为绝缘方便起见，高压绕组 1 应放在最外边。至于低、中压绕组，根据相互间传递功率较多的两个绕组应靠得近些的原则，用在不同场合的变压器有不同的安排。如用于发电厂的升压变压器，大多是由低压向高、中压侧传递功率，一般应采用中压绕组 2 放在最里边、低压绕组 3 放在中间的方案，如图 1 - 17（a）所示；用于变电所的降压变压器，大多是从高压侧向中、低压侧传递功率，故应选用低压绕组放在最里面的方案，如图 1 - 17（b）所示。

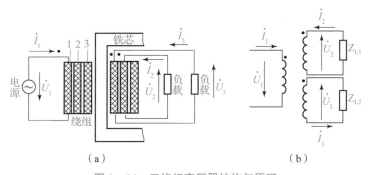

图 1 - 16　三绕组变压器结构与原理
（a）三绕组变压器结构示意图；（b）三绕组变压器原理示意图
1—高压绕组；2—中压绕组；3—低压绕组

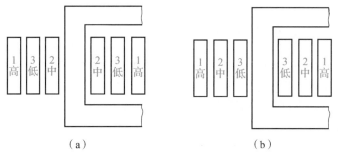

图 1 - 17　三绕组变压器的绕组布置图
（a）升压变压器；（b）降压变压器

三绕组变压器的任意两绕组间仍然按电磁感应原理传递能量，这一点和双绕组变压器没什么区别。下面介绍三绕组变压器与双绕组变压器在容量、短路电压、变比、方程、等值电路、参数等方面的不同点。

2. 容量和阻抗电压

根据供电的实际需要，三个绕组的容量可以设计得不同。变压器铭牌上的额定容量是指其中最大的一个绕组的容量。如果将额定容量作为 100，则按国家标准，我国现在制造的三绕组变压器三个绕组容量的搭配见表 1 - 2。

表 1 - 2　三绕组容量搭配

高压绕组	中压绕组	低压绕组
100	100	100
100	50	100
100	100	50

注意：三绕组的容量仅代表每个绕组通过功率的能力，并不是说三绕组变压器在具体运行时，同时按此比例传递功率。

三绕组变压器铭牌上的阻抗电压有三个，以高压侧为 110 kV 电压的变压器为例，按图 1-17（a）所示方案排列时，$u_{k12}=17\%$，$u_{k13}=10.5\%$，$u_{k23}=6\%$；按图 1-17（b）所示方案排列时，$u_{k12}=10.5\%$，$u_{k13}=17\%$，$u_{k23}=6\%$。由此可以看出，绕组的排列情况会影响阻抗电压的大小。这是因为两个绕组相距越远，漏磁通越多，其漏阻抗或阻抗电压就越大。所以，对于将功率从低压向中、高压输送的升压变压器，应把低压绕组放在高、中压绕组之间，以降低低压与高、中压的阻抗电压。

3. 变比、磁势方程、等值电路

1）变比

三绕组变压器有三个变比：

$$\left.\begin{array}{l} k_{12}=\dfrac{N_1}{N_2}\approx\dfrac{U_{1N}}{U_{2N}} \\[2mm] k_{13}=\dfrac{N_1}{N_3}\approx\dfrac{U_{1N}}{U_{3N}} \\[2mm] k_{23}=\dfrac{N_2}{N_3}\approx\dfrac{U_{2N}}{U_{3N}} \end{array}\right\} \tag{1-2}$$

式中　k_{12}，k_{13}，k_{23}——变比；

　　　N_1，N_2，N_3，U_{1N}，U_{2N}，U_{3N}——1、2、3绕组的匝数和额定相电压。

2）磁势方程

三绕组变压器负载运行时，磁势平衡方程为

$$N_1\dot I_1+N_2\dot I_2+N_3\dot I_3=N_1\dot I_0 \tag{1-3}$$

式中　$\dot I_1$，$\dot I_2$，$\dot I_3$——负载时通过绕组1、2、3的电流；

　　　$\dot I_0$——空载时的电流。

3）等值电路

根据等值原则，可以得到折算到一次侧的三绕组变压器的等值电路，如图 1-18 所示。

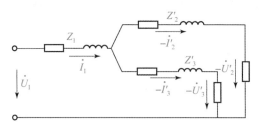

图 1-18　三绕组变压器的简化等值电路

在图 1-18 中，Z_1、Z_2、Z_3 分别为三个绕组的等值复阻抗，$Z_1=r_1+jx_1$，$Z_2'=r_2'+jx_2'$，$Z_3'=r_3'+jx_3'$（打"'"表示折算值）。x_1、x_2'、x_3' 分别为三个绕组的等值电抗，等值电抗为常数；r_1、r_2'、r_3' 分别为三个绕组的等值电阻；r_1、x_1 组成一次侧回路；r_2'、x_2'、r_3'、x_3' 组成二次侧回路。

自测题

一、填空题

1. 三绕组变压器的铁芯一般为_____结构。

2. 三绕组变压器的_____绕组应该放在最外侧。

3. 三绕组变压器的升压变压器一般将_____绕组放在最里面，降压变压器一般将_____绕组放在最里面。

4. 三绕组变压器的磁动势平衡方程为_____。

5. 三绕组变压器有三个变比，分别为 $k_{12} =$ _____、$k_{13} =$ _____、$k_{23} =$ _____。

二、选择题

1. 三绕组变压器铭牌上的额定容量为（　　）。

A. 最大的绕组额定容量　　　　　　　　B. 最小的绕组额定容量

C. 各绕组额定容量之和　　　　　　　　D. 各绕组额定容量的平均值

2. 三绕组降压型变压器的绕组排列顺序为自铁芯向外依次为（　　）。

A. 高、中、低　　　B. 低、中、高　　　C. 中、低、高　　　D. 中、高、低

3. 三绕组升压型变压器的绕组排列顺序为自铁芯向外依次为（　　）。

A. 高、中、低　　　B. 低、中、高　　　C. 中、低、高　　　D. 中、高、低

三、判断题

1. 三绕组变压器高、中、低三绕组的排列顺序应以一次侧与二次侧较近为原则。（　　）

2. 三绕组变压器铭牌上的阻抗电压只有一个。（　　）

3. 三绕组变压器三个绕组的容量必须相同。（　　）

4. 三绕组的容量仅代表每个绕组通过功率的能力，并不是说三绕组变压器在具体运行时，同时按此比例传递功率。（　　）

四、简答题

1. 为什么要采用三绕组变压器？

2. 三绕组变压器的额定容量是指什么容量？

1.2.5　自耦变压器

【学习任务】（1）正确说出自耦变压器与普通变压器的区别。

（2）正确说出自耦变压器电磁容量的特点。

微课 1.3:
自耦变压器

自耦变压器的特点不仅在于一、二次绕组之间有磁的耦合，还有电的直接联系；它传递功率的方式不仅可像普通变压器那样通过电磁感应关系，还可以从一次侧直接传导到二次侧。

1. 基本原理

自耦变压器每相只有一个绕组，其中一部分是一、二次公用的。电力自耦变压器的结构示意图如图 1-19 所示。它的任一相铁芯柱上套有两个同心绕组，ax 为低压绕组，它是公用的部分，又称公共绕组。Aa 是与

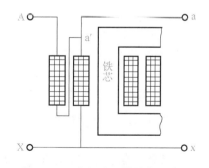

图 1-19　自耦变压器结构示意图

公共绕组串联后供高压侧使用的，叫作串联绕组。AX 可称为高压绕组。自耦变压器既可作升压变压器，也可作降压变压器；有单相的，也有三相的。一般，Aa 的匝数要比 ax 的匝数少。

自耦变压器也可看成是从双绕组变压器演变过来的。假设如图 1 – 20（a）所示的双绕组变压器的两个绕组 AX 和 ax 的绕向相同且绕在同一铁芯柱上，取 AX 上的一段 a′X，使 a′X 的匝数等于 ax 的匝数。由于一、二次绕组交链着同一主磁通，故 a′X 中感应的电动势等于 ax 中的电动势。如把 X 和 x 相连，则 a′点电位也等于 a 点电位；将 a′和 a 相连，则丝毫不影响变压器的运行情况。进一步把 ax 和 a′X 合并为一，如图 1 – 20（b）所示，于是，双绕组变压器的电路就变为自耦变压器的电路。

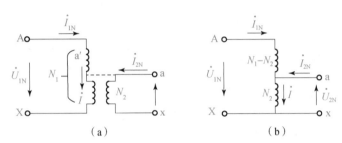

图 1 – 20　双绕组变压器改接成自耦变压器

2. 变比

设高压侧绕组 AX 的匝数为 N_{AX}，低压侧绕组 ax 的匝数为 N_{ax}，则自耦变压器的变比为

$$k_z = \frac{E_{AX}}{E_{ax}} = \frac{N_{AX}}{N_{ax}} \approx \frac{U_{1N}}{U_{2N}} \tag{1 – 4}$$

式中　E_{AX}，E_{ax}——一、二次侧电势；

　　　U_{1N}，U_{2N}——一、二次侧的额定电压。

3. 电流关系

在忽略空载电流的情况下，$\dot{I}$、$\dot{I}_1$ 和 $\dot{I}_2$ 的大小关系为

$$\dot{I}_2 = \dot{I}_1 + \dot{I} \tag{1 – 5}$$

式（1 – 5）说明，自耦变压器的输出电流 $\dot{I}_2$ 由两部分组成，其中串联绕组 Aa 流过的电流 $\dot{I}_1$ 是由于高、低压绕组之间有电的联系，从高压侧直接流入低压侧；公共绕组 ax 流过的电流 $\dot{I}$ 是通过电磁感应作用传递到低压侧的。

4. 容量

自耦变压器铭牌上标的容量和绕组的实际容量是不一致的。铭牌上标的是额定容量（又叫铭牌容量）S_N，它指的是自耦变压器总的输入或输出容量。低压侧输出容量可表示为

$$S_2 = U_2 I_2 = U_2 (I_1 + I) = U_2 I_1 + U_2 I \tag{1 – 6}$$

可见，输出容量由两部分组成，一部分为电磁容量 $U_2 I$，即公共绕组 ax 的绕组容量，它通过电磁感应作用传递给负载；另一部分为传导容量 $U_2 I_1$，它通过电的直接联系传导给负载。

自耦变压器的绕组容量决定了变压器的主要尺寸和材料消耗，是变压器设计的依据，又称计算容量。由于传导容量的存在，即不需要增加变压器的计算容量，所以自耦变压器比双

绕组变压器有其优越性。因此，在变压器的额定容量相同时，自耦变压器绕组的容量（电磁容量）比双绕组变压器的小，即前者比后者所用材料省、尺寸小、效率高。

5. 优缺点

1）自耦变压器的主要优点

（1）节省材料，减小损耗。从前面分析可以看出，$1-1/k_z$ 越小，该优点越显著。因此，自耦变压器的变比越接近 1 越好，一般 k_z 不宜超过 2。

（2）运输及安装方便。这是由于与同容量双绕组变压器相比，自耦变压器的重量轻、体积小，占地面积也小。

2）自耦变压器的主要缺点

（1）自耦变压器高、低压侧有电的直接联系，高压侧发生故障会直接殃及低压侧，为此，自耦变压器的运行方式、继电保护及过电压保护装置等，都比双绕组变压器复杂；

（2）短路电流大。这是由自耦变压器短路阻抗的标幺值比同容量双绕组变压器的短路阻抗小造成的，故需要采用相应的限制和保护措施；

（3）运行方式、继电保护都比普通变压器复杂。

【例题 1-2】 将一台 5 kV·A、220 V/110 V 的单相变压器接成 220 V/330 V 的升压自耦变压器，试计算改接后一次和二次的额定电流、额定电压和变压器的容量。

解： 作为普通两绕组变压器时，有

$$k=\frac{220}{110}=2$$

$$I_{1N}=\frac{5\ 000}{220}=22.7\ （A）$$

$$I_{2N}=\frac{5\ 000}{110}=45.4\ （A）$$

接成自耦变压器时，一、二次侧的额定电压和额定电流分别为

$$U_{1aN}=220\ V,\ U_{2aN}=330\ V$$
$$I_{1aN}=I_{1N}+I_{2N}=68.1\ A$$
$$I_{2aN}=45.4\ A$$

额定容量为

$$S_{aN}=220\times68.1=330\times45.4=15\ 000\ （V\cdot A）$$

其中传导功率为

$$S_N=\left(1-\frac{1}{k}\right)S_{aN}$$
$$=\left(1-\frac{1}{2}\right)\times15\ 000=7\ 500\ （V\cdot A）$$

自测题

一、填空题

1. 自耦变压器的一、二次绕组有_____，故不能用作安全隔离变压器。

答案1.5

2. 自耦变压器的短路电流_____。

3. 自耦变压器的继电保护装置比普通双绕组变压器_____。

4. 自耦变压器公共绕组的电磁容量为额定容量的_____倍。

5. 自耦变压器的输出容量由两部分组成，一部分为_____，另一部分为_____。

二、选择题

1. 自耦变压器公共绕组的电磁容量为（　　）。

A.（$1 - 1/k_z$）S_N　　　B. $1/k_z S_N$　　　C. $k_z S_N$　　　D. S_N

2. 自耦变压器的主要优点为（　　）。

A. 运行方式简单　　　　　　　　　B. 节省材料，减小损耗

C. 短路电流较小　　　　　　　　　D. 继电保护装置简单

3. 电力变压器按冷却介质可分为（　　）和干式两种。

A. 油浸式　　　　B. 风冷式　　　　C. 自冷式　　　　D. 水冷式

4. 变压器按相数分为（　　）两种，一般均制成三相变压器，以直接满足输、配电的要求。

A. 单相和三相　　　B. 二相和三相　　　C. 四相和三相　　　D. 五相和三相

三、判断题

1. 自耦变压器较相同容量的非自耦变压器空载损耗小，因为自耦变压器的电磁容量小。
（　　）

2. 自耦变压器与普通变压器的结构不一样。　　　　　　　　　　　（　　）

3. 自耦变压器的运行方式、继电保护及过电压保护装置等，与双绕组变压器一样。（　　）

4. 与同容量双绕组变压器相比，自耦变压器的重量轻、运输及安装方便。（　　）

四、简答题

1. 简述自耦变压器公共绕组中的电流特点。

2. 与双绕组变压器相比较，自耦变压器有何特点？

1.2.6 仪用变压器

【学习任务】（1）正确说出电流互感器的特点及应用。

（2）正确说出电压互感器的特点及应用。

（3）能正确使用钳形电流表。

微课 1.4：
仪用变压器

仪用变压器又称互感器，是一种测量用的设备，其主要功能是将高电压或大电流按比例变换成标准低电压或标准小电流，以便实现测量仪表、保护设备及自动控制设备的标准化、小型化。互感器分电流互感器和电压互感器两种，它们的原理与变压器相同。

仪用互感器有两个作用：一是为了工作人员的安全，使测量回路和高压电网隔离；二是将大电流变为小电流、高电压降为低电压。一般而言电流互感器副边额定电流为 5 A 或 1 A，电压互感器副边额定电压为 100 V。

互感器除了用于测量电流和电压外，还用于继电保护和同期回路等。

1. 电流互感器

图 1−21 所示为电流互感器的接线图，它的原绕组匝数为 N_1，匝数少，只有 1 匝或几匝，导线粗，串联于待测电流的线路中；副绕组匝数为 N_2，匝数较多，导线细，与阻抗很小的仪表（如电流表，功率表的电流线圈等）接成回路，因此，它实际上相当于一台副边处于短路状态的变压器。

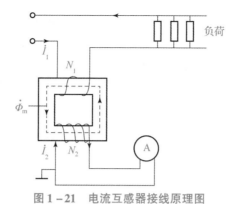

图 1-21　电流互感器接线原理图

如果忽略激磁电流，由变压器的磁动势平衡方程可得

$$\frac{I_1}{I_2} = \frac{N_2}{N_1} = k_i \tag{1-7}$$

这样利用原、副绕组不同的匝数关系，可将线路上的大电流变为小电流来测量，换句话说，知道了电流表的读数 I_2，乘以 k_i 就是被测电流 I_1 了，或者将电流表读数按 k_i 放大，即可直接读出 I_1。

按照变比误差的大小，电流互感器分成 0.2、0.5、1.0、3.0、10.0 等五个等级，如 0.5 级准确度表示在额定电流时，原、副边电流变比误差不超过 ±0.5%。为了减少误差，主要应减少激磁电流，为此设计时应选择高导磁率的硅钢片，铁芯磁通密度应较低，一般为 $(0.08 \sim 0.1)T$。此外，副边所接仪表总阻抗不得大于规定值。

电流互感器在使用时，为了安全，副边必须可靠接地，以防止绝缘损坏后原边高电压传到副边，发生触电事故。另外，运行时副边绝对不允许开路，否则互感器成为空载运行，这时原边被测线路电流全部成了激磁电流，使铁芯中的磁通密度明显增大，这一方面使铁耗增大、铁芯过热甚至烧坏绕组；另一方面将使副边感应出很高的电压，不但使绝缘击穿，而且危及工作人员和其他设备的安全。因此，在原边电路工作时如需检修和拆换电流表，必须先将互感器副边短路。

2. 钳形电流表

为了能在现场不切断电路的情况下测量电流和便于携带使用，常把电流表和电流互感器合起来制造成钳形电流表。互感器的铁芯做成钳形，可以开合，铁芯上只绕有连接电流表的副绕组，被测电流导线可钳入铁芯窗口内成为原绕组，匝数 $N_1 = 1$。钳形电流表一般可分为磁电式和电磁式两类。其中测量工频交流电的是磁电式，而电磁式为交、直流两用式。下面主要介绍磁电式钳形电流表的测量原理和使用方法。

1）磁电式钳形电流表的结构

磁电式钳形电流表主要由一个特殊电流互感器、一个整流磁电系电流表及内部线路等组成。一般常见的型号为 T301 型和 T302 型，T301 型钳形电流表只能测量交流电流，而 T302 型既可测量交流电流，也可测量交流电压。此外还有交、直流两用袖珍钳形电流表，如 MG20、MG26、MG36 等型号。

T301 型钳形表外形如图 1-22 所示，它的准确度为 2.5 级，电流量程为 10 A、50 A、250 A、1 000 A。

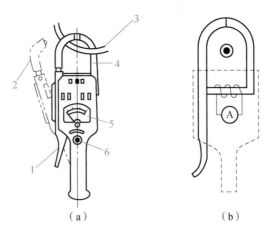

图1-22 钳形电流表结构与原理图

(a) 钳形电流表结构；(b) 钳形电流表原理

1—手柄；2—可开合钳口；3—被测载流导体；4—铁芯；5—表盘；6—量程转换开关

2）钳形电流表的工作原理

钳形电流表的工作原理与电流互感器相似。值得注意的是铁芯是否闭合紧密、是否有大量剩磁，对测量结果影响很大，当测量较小电流时，会使测量误差增大，此时可将被测导线在铁芯上多绕几圈来改变互感器的电流比，以增大电流量程。

3）钳形电流表的使用步骤

（1）根据被测电流的种类、电压等级正确选择钳形电流表。一般交流电压在500 V以下的线路，选用T301型。当测量高压线路的电流时，应选用与其电压等级相符的高压钳形电流表。

（2）正确检查钳形电流表的外观情况、钳口闭合情况及表头情况等是否正常，若指针没在零位，则应进行机械调零。

（3）根据被测电流大小来选择合适的钳形电流表的量程，选择的量程应稍大于被测电流数值。若不知道被测电流的大小，则应先选用最大量程估测。

（4）正确测量。测量时，应按紧扳手，使钳口张开，将被测导线放入钳口中央，松开扳手并使钳口闭合紧密。

（5）读数后，将钳口张开，使被测导线退出，并将挡位置于电流最高挡或"OFF"挡。

4）使用钳形电流表时应注意的问题

（1）由于钳形电流表要接触被测线路，所以测量前一定要检查表的绝缘性能是否良好，即外壳无破损、手柄清洁干燥。

（2）测量时，应戴绝缘手套或干净的线手套。

（3）测量时，应注意身体各部分与带电体保持安全距离（低压系统安全距离为0.1~0.3 m）。

（4）钳形电流表不能测量裸导体的电流。

（5）严禁在测量进行过程中切换钳形电流表的挡位；若需要换挡时，应先将被测导线从钳口退出再更换挡位。

（6）严格按电压等级选用钳形电流表，低电压等级的钳形电流表只能测低压系统中的电流，不能测量高压系统中的电流。

3. 电压互感器

电压互感器的接线原理图如图 1−23 所示。一次侧直接并联在被测的高压电路上，二次侧接电压表或功率表的电压线圈；一次侧匝数（N_1）多，二次侧匝数（N_2）少。由于电压表或功率表的电压线圈内阻抗很大，因此电压互感器实际上相当于一台副边处于空载状态的变压器。

如果忽略漏阻抗压降，则有

$$\frac{U_1}{U_2} = \frac{N_1}{N_2} = k \qquad (1-8)$$

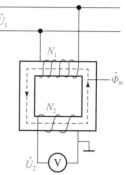

图 1−23　电压互感器
接线原理图

这样利用原、副边不同的匝数比可将线路上的高电压变为低电压来测量。换句话说，知道了电压表的读数 U_2，乘上 k 就是被测电压 U_1，或者电压表刻度按 k 放大，即可直接读出 U_1。

由变压器的相量图可知，电压互感器也有变比和相位两种误差。按照变比误差的大小，电压互感器分为 0.2、0.5、1.0、3.0 四种等级。为了提高测量精度，应减小原、副边的漏阻抗和激磁电流，为此在设计时，应尽量减少绕组的漏磁通，尤其是原、副边绕组的电阻。一般选用性能较好的硅钢片，铁芯中的磁密为 0.6~0.8T，使之处于不饱和状态，以减小激磁电流。此外副边不能多接仪表，以免电流过大引起较大的漏抗压降而降低互感器的准确度。

电压互感器在使用时，为安全起见，副绕组连同铁芯一起必须可靠接地，另外，副边不允许短路，否则会产生很大的短路电流使绕组过热而烧坏。

自测题

一、填空题

1. 仪用变压器又称互感器，分为_____和_____两种。

2. 电压互感器的正常运行状态相当于变压器的_____状态。

3. 电流互感器的正常运行状态相当于变压器的_____状态。

4. 一般而言电压互感器副边额定电压为_____，电流互感器副边额定电流为_____或_____。

5. 钳形电流表是由_____和_____合起来制造而成的。

二、选择题

1. 在仪表使用的电流互感器中，为了确保安全，一般要注意电流互感器（　　）。

A. 可以开路

B. 不可短路

C. 不可以开路

D. 可短路，类似相同类型相同的电压互感器

2. 在仪表使用的单相电压互感器中，为了确保安全，一般要注意电压互感器（　　）。

A. 可以开路　　　　　　　　　B. 不可以开路

C. 可开路类似类型相同的电流互感器　　D. 不可以短路

3. 电流互感器的一次侧（　　）于待测电路中。

A. 串联   B. 并联

C. 串并联都可以   D. 串并联都不可以

4. 电压互感器的一次侧（   ）于待测电路中。

A. 串联   B. 并联   C. 串并联都可以   D. 串并联都不可以

三、判断题

1. 电压互感器正常运行时二次侧相当于短路。   （   ）

2. 使用电压互感器时其二次侧不允许短路。   （   ）

3. 钳形电流表利用的是电压互感器的工作原理。   （   ）

4. 互感器除了用于测量电流和电压外，还用于继电保护和同期回路等。   （   ）

5. 电流互感器正常运行时二次侧相当于开路。   （   ）

6. 使用电流互感器时二次侧不允许开路。   （   ）

四、分析计算题

1. 用变压比为 10 000/100 V 的电压互感器、变流比为 100/5 A 的电流互感器扩大量程，其电流表读数为 3.5 A，电压表读数为 96 V，求被测电路的电流、电压。

2. 电压互感器的作用是什么？二次侧为什么不许短路？

3. 为什么电压互感器和电流互感器的二次侧必须接地？

答案1.6

1.2.7 变压器的接线方法

【学习任务】（1）正确说出变压器常用的接线方法。

（2）正确画出不同类型变压器的接线图。

在电厂和变电站中，由于测量仪器和继电保护装置所需的电压不同，因此变压器的接线方法也有所不同，现在介绍几种常见的变压器接线方法。

1. 一台单相变压器的接线方法

图 1-24 显示了连接到 AB 线电压的一台单相变压器的接线，这种接线方法用于单相或三相系统，只能反映一个线电压。

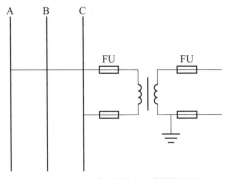

图 1-24　一台单相变压器接线图

2. 两台单相变压器的接线方法

图 1-25 显示了两个单相变压器的连接方式。图中的两个变压器分别连接到 AB 线电压和 BC 线电压，这种接线方法仅用 2 个单相变压器即可获得 3 个线电压，但不能获得相电压。

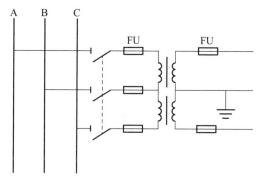

图1-25 两台单相变压器接线图

3. 单相变压器的星形连接方法

图1-26显示了三个单相变压器的YY接线方式，三个变压器分别连接到三相电压。初级绕组中性点可以接地，次级绕组可以从中性点引到中性线，从而获得相电压和线电压。

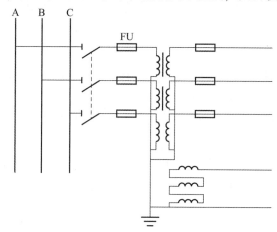

图1-26 三台单相变压器YY接线图

4. 三相三柱式变压器星形连接方法

图1-27显示了三相变压器的YY接线方式，此连接方式与三个单相变压器YY的连接方式相同，可以获取电网中性点的相电压和线电压，不同之处在于初级中性点不能接地，通常不引出初级侧的中性点，并且这种接线无法获得零序电压。

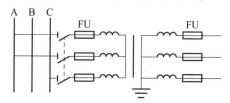

图1-27 三相三柱式变压器YY接线图

5. 三相五柱式变压器的连接方法

三相五柱式变压器是具有五个磁柱的三相三绕组变压器，如图1-28所示。在次级侧有两个次级绕组、一个主次级绕组和一个辅助次级绕组。初级绕组和主次级绕组形成星形连接，辅助次级绕组形成零序电压环路，这种接线方法可以获得相电压、线电压和零序电压。

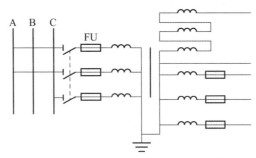

图 1 – 28　三相五柱式变压器接线图

1.2.8　选用变压器

【学习任务】（1）正确说出变压器的选用原则。

　　　　　　（2）能够根据应用场合选择合适的变压器。

主变压器是变电所的主要设备，主变压器的选择（包括台数、容量、技术参数的选择是否合理），对于建设投资、运行的可靠性和经济性有着极其重要的作用。

1. 主变压器台数的确定

（1）对位于大城市郊区的一次变电所，在中、低压侧已构成环网的情况下，变电所以装设两台主变压器为宜。

（2）对地区性孤立的一次变电所或大型工业用户专用变电所，在设计时应考虑装设三台主变压器的可能性。

（3）对于规划只装设两台主变压器的变电所，其变压器基础宜按大于变压器容量的 1 ~ 2 级设计，以便于负荷发展时更换变压器。

（4）如只有一个电源或变电所可由中、低压电力网取得备用电源，则可装设一台主变压器。

2. 主变压器容量的确定

（1）变压器的容量应根据电力系统 5 ~ 10 年的发展规划进行选择。

（2）根据变电所所带负荷的性质和电网结构来确定主变压器的容量。对于有重要负荷的变电所，应考虑当主变压器停止运行时，其余变压器的容量，在设计过负荷能力的允许时间内，应保证用户的一级负荷和二级负荷；对于一般性变电所，当一台主变压器停运时，其余变压器容量应能保证全部负荷的 70% ~ 80%。

3. 绕组容量和连接方式

（1）具有三种电压的变电所中，如通过主变压器各侧绕组的功率均达到该变压器容量的 15% 以上，或低压侧虽无负荷，但在变电所内需要装设无功补偿设备时，主变压器一般采用三绕组变压器。

（2）对深入引进至负荷中心、具有直接从高压侧降为低供电条件的变电所，为简化电压等级或减少重复降低容量，可采用双绕组变压器。

（3）变压器绕组的连接方式必须和系统电压相位一致，否则不能并列运行。

我国 110 kV 以上电压，变压器绕组都采用 Y_N 接线；35 kV 亦采用 y_n0 接线，其中性点多通过消弧线圈接地；35 kV 以下电压，变压器绕组都采用 D 接线。

变压器按高压、中压和低压绕组连接的顺序组合起来就是绕组的连接组。

4. 阻抗电压

阻抗电压是变压器的重要参数之一，它的大小标志着额定负载时变压器内部压降的大小，并反映短路电流的大小。阻抗电压值取决于变压器的结构，从正常运行的角度考虑，要求变压器的阻抗电压应小一些，以降低运行中输出电压的变动和能量的损耗；从限制短路电流的角度考虑，则希望短路阻抗大一些。但阻抗电压过大或过小都会增加制造成本。因此变压器的阻抗电压应有一个适当的数值，一般中小型变压器的阻抗电压值为 4% ~ 10.5%，大型变压器为 12.5% ~ 17.5%。

通常阻抗电压以额定电压的百分数表示，即 $u_k\% = \dfrac{U_k}{U_N} \times 100\%$ 且应折算到参考温度，A、E、B 级绝缘等级的参考温度是 75 ℃，其他绝缘等级的参考温度是 115 ℃。阻抗电压的大小与变压器的成本和性能、系统稳定性和供电质量有关，变压器的标准阻抗电压见表 1 – 3。

表 1 – 3　变压器的标准阻抗电压

电压等级/kV	6 ~ 10	35	63	110	220
阻抗电压/%	4 ~ 5.5	6.5 ~ 8	8 ~ 9	10.5	12 ~ 14

5. 调压方式

变压器的电压调整是用分接开关切换变压器的分接头，从而改变变压器的变比来实现的，切换方式有两种：不带电切换，称为无磁调压，调整范围通常在 ±5% 以内；另一种是带负载切换，称为有载调压，调整范围可达 30%。设置有载调压的原则如下：

（1）对于 220 kV 及以上的变压器，仅在运行方式特殊或电网电压可能有较大的变化情况下，采用有载调压方式。当电力系统运行确有需要时，在降压变电所也可装设单独的调压变压器或串联变压器。

（2）对于 110 kV 及以下的变压器，宜考虑至少有一级电压的变压器采用有载调压方式。电力变压器标准调压范围和调压方式见表 1 – 4。

表 1 – 4　电力变压器标准调压范围和调压方式

方式	额定电压和容量	调压范围/%	分接级/%	级数	调压形式	分接开关
无磁调压	35 kV、8 000 kV·A 或 63 kV、6 300 kV·A 以下	±5	5	3	中性点调压	中性点调压分接开关
	35 kV、8 000 kV·A 或 63 kV、6 300 kV·A 以上	±2×2.5	2.5	5	中部调压	中部调压分接开关
有载调压	10 kV 及以下	±4×2.5	2.5	9	中性点线性调压	选择开关或有载分接开关
	35 kV	±3×2.5	2.5	7		
	63 kV 及以上	±8×1.25	1.25	17	中性点线性、正反或粗细调压	有载分接开关

6. 冷却方式

主变压器一般采用的冷却方式有以下几种：

（1）自然风冷却，适用于小容量变压器。

（2）强迫油循环风冷却，适用于大容量变压器。

（3）强迫油循环水冷却，散热效率高、节约材料，减少变压器本体尺寸，但需要一套水冷却系统和附件，适用于大容量变压器。

（4）强迫油循环导向冷却方式，它是用潜油泵将冷油压入线圈之间、线饼之间和铁芯的油道中，故此冷却效率更高。

变压器的冷却方式由冷却介质种类及其循环种类来标志。冷却介质种类和循环种类的字母代号见表1-5。

表1-5 冷却介质种类和循环种类的字母代号

冷却介质种类	矿物油或可燃性合成油	O	循环种类	自然循环	N
	不燃性合成油	L			
	气体	G		强迫循环（非导向）	F
	水	W			
	空气	A		强迫导向油循环	D

冷却方式由两个或四个字母代号标志，依次为线圈冷却介质及其循环种类，外部冷却介质及其循环种类。冷却方式的代号及其应用范围见表1-6。

表1-6 冷却方式的代号及其应用范围

冷却方式	代号标志	使用范围	冷却方式	代号标志	使用范围
干式自冷式	AN	一般用于小容量干式变压器	油浸风冷式	ONAF	容量在 8 000~31 500 kV·A
干式风冷式	AF	线圈下部设有通风道并用冷却风扇吹风，提高散热效果，用于 500 kV·A 以上变压器时是经济的	强油风冷式	OFAF	用于高压大型变压器
			强油水冷式	OFWF	
油浸自冷式	ONAN	容量小于 6 300 kV·A 变压器采用，维护简单	强油导向风冷或水冷	ODAF ODWF	

1.3 技能培养

1.3.1 技能评价要点

变压器的选用学习情境技能评价要点见表1-7。

表 1 – 7　变压器的选用学习情境技能评价要点

项目	技能评价要点	权重/%
1. 变压器的原理及分类	1. 正确说出变压器的基本工作原理。 2. 正确认识变压器的基本类别。 3. 正确认识变压器的功能及应用场合	15
2. 变压器的结构	正确识别变压器的各主要部件及其功能	15
3. 变压器的铭牌	1. 正确识读变压器的铭牌数据。 2. 正确识读与计算变压器的额定数据	15
4. 三绕组变压器	1. 正确说出三绕组变压器的结构与原理。 2. 正确说出三绕组变压器的绕组布置原则与容量搭配方式。 3. 正确写出三绕组变压器的磁动势方程与等效电路	15
5. 自耦变压器	1. 正确说出自耦变压器与普通变压器的区别。 2. 正确说出自耦变压器的电磁容量特点	15
6. 仪用变压器	1. 正确说出电流互感器的特点及应用。 2. 正确说出电压互感器的特点及应用。 3. 能正确使用钳形电流表	15
7. 选用变压器	1. 正确说出变压器的选用原则。 2. 能够根据应用场合选择合适的变压器	10

1.3.2　技能实战

一、应知部分

（1）变压器是怎样实现变压的？为什么不能变频率？

（2）变压器的铁芯为什么要接地？

（3）变压器温度计有什么作用？有几种测温方法？

（4）变压器铁芯的作用是什么？为什么要用 0.35 mm 厚、表面涂有绝缘漆的硅钢片叠成？

（5）变压器一次绕组若接在直流电源上，二次绕组会有稳定的直流电压吗？为什么？

（6）变压器有哪些主要部件？其功能是什么？

（7）变压器缺油对运行有什么危害？

（8）变压器在电力系统中的主要作用是什么？

（9）中性点与零点、零线有何区别？

（10）直流系统在变电站中起什么作用？

（11）变压器正常运行时绕组的哪部分最热？

（12）变压器二次额定电压是怎样定义的？

（13）双绕组变压器一、二次侧的额定容量为什么按相等原则进行设计？

（14）一台 380/220 V 的单相变压器，如不慎将 380 V 加在低压绕组上，会产生什么现象？

（15）自耦变压器为何绕组容量小于额定容量？其变比通常在什么范围？为什么？其中点为什么要接地？

（16）电流互感器与电压互感器产生误差的原因是什么？它们的副边仪表接得过多有什么不好？它们的副边为何要接地？电流互感器副边为何决不允许开路，而电压互感器为何不许短路？

（17）三绕组变压器多用于什么场合？三绕组变压器的额定容量是怎样确定的？三个绕组的容量有哪几种配合方式？

（18）为什么输电距离越远，输送功率越大，要求的输电电压就越高？

（19）额定电压是 10 000/230 V 的变压器，是否可以将低压绕组接在 380 V 的交流电源上？

（20）某三相变压器共有三个高压绕组和三个低压绕组，该变压器是多绕组变压器还是双绕组变压器？

二、应会部分

某机械厂，工厂除空压站、煤气站部分设备为二级负荷外，其他均为三级负荷。工厂为二班工作制，全年工厂小时数为 4 800 h，年最大负荷利用小时数为 4 500 h。工厂共设 10 个车间变电所，各车间负荷（380 V 侧）统计资料见表 1-8。请为该工厂选择合适的变压器。

表 1-8　工厂负荷表

序号	车间名称	有功负荷/kW	无功负荷/kVar
1	一车间	520	400
2	二车间	710	487
3	三车间	857	605
4	四车间	600	480
5	五车间	650	467
6	六车间	757	525
7	七车间	610	407
8	锻工车间	812	635
9	工具、机修车间	572	362
10	空压站、煤气站	730	495

学习情境 2　变压器的运行管理

2.1　学习目标

【知识目标】掌握单相变压器空载运行的物理状况；掌握单相变压器空载时各物理量的意义；掌握单相变压器空载时的基本方程式、等值电路和相量图；了解折算的意义和方法；掌握单相变压器负载时的物理状况及基本电磁关系；掌握单相变压器负载时的基本方程式、等值电路和相量图；理解标幺值的含义；熟练掌握单相变压器的运行性能；理解三相变压器的磁路结构和特点；熟练掌握三相变压器极性表示方法和连接组别的意义、判断方法；掌握变压器并列运行的条件。

【能力目标】正确分析单相变压器的空载运行时的电磁关系；正确理解空载电流的组成和空载损耗的形成；正确写出单相变压器空载运行时的基本方程式；正确分析单相变压器的负载运行时的电磁关系；正确写出单相变压器负载运行时的基本方程式；会进行变压器的折算；会应用标幺值进行变压器性能的分析；会用时钟表示法正确判断变压器的连接组别；会应用变压器的并列运行。

【素质目标】具有正确的世界观、人生观、价值观；践行社会主义核心价值观，具有深厚的爱国情感和中华民族自豪感；良好的职业道德、职业素养、法律意识；崇德向善、诚实守信，爱岗敬业；尊重劳动、热爱劳动，具有较强的实践能力；良好的质量意识、环保意识、安全意识和创新精神。

【总任务】根据应用场合选择合适的变压器，并对其进行运行管理。

2.2　理论基础

任务手册2：
变压器的运行管理

2.2.1　单相变压器空载运行时的物理状况

【学习任务】（1）正确理解单相变压器空载运行时的电磁关系。

（2）正确理解单相变压器空载运行时的物理状况。

（3）正确写出单相变压器空载运行时的电动势方程。

微课2.1：
单相变压器的
空载运行

1. 电磁关系

空载运行是指变压器一次侧接到额定电压、额定频率的电源上，二次侧开路的运行状态。图 2-1 所示为单相变压器空载运行原理图。当一次绕组端头 AX 上加交流正弦电压 $\dot{U}_1$ 后，该绕组就流过电流 $\dot{I}_0$，这个电流称为空载电流（空载电流不是正弦量，这里和后面的 $\dot{I}_0$ 都是等效正弦量）。$\dot{I}_0$ 建立的空载磁动势 $\vec{F}_0 = N_1 \dot{I}_0$，该磁动势产生交变磁通，根据磁通通过的路径不同，可将它分为两部分：沿铁芯耦合一、二次绕组的部分，称为主磁通 $\dot{\Phi}_m$，它占总磁通的 99% 以上，是两绕组间的互感磁通，是变压器进行能量传递的媒介；另一部分仅与一次绕组相联，且主要沿空气或油闭合，称为一次绕组的漏磁通 $\dot{\Phi}_{1\sigma}$，它占总磁通不到 1%，并不能传递能量，只在电路里产生电压降 $\dot{E}_{1\sigma}$。

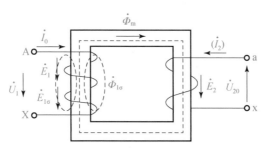

图 2-1 单相变压器空载运行示意图

空载时的各电磁物理量关系如下：

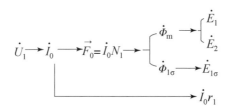

2. 正方向的选定

为了正确表达变压器中各物理量之间的数量及其相位关系，首先必须规定各物理量的正方向。正方向选定之后，表示电磁关系的基本方程、相量图和等效电路应与选定的正方向一致。这里强调几个要点：

（1）所谓假定正方向，即人为地给交变的物理量规定一个方向，用箭头表示，沿箭头所指的为正值。如果某交变量的瞬时值方向与箭头一致，即为正；若与箭头相反，则为负。

（2）正方向是研究交变量在写关系式或作相量图时的前提条件。每个方程或相量图中的各量都应有对应的正方向。

（3）原则上，假定正方向可以任意选定。同一个电磁量，若选用正方向不同，则它在所列写的电磁关系式中的符号是不同的。为了使方程的表达形式统一，很多场合采用了所谓的习惯正方向。

变压器各量的习惯正方向如图 2-1 所示，说明如下：

（1）一次电压 $\dot{U}_1$ 的正方向：由首端 A 至末端 X。

（2）一次电流 $\dot{I}_0$（包括下面将提到的 $\dot{I}_1$）的正方向：与 $\dot{U}_1$ 正方向一致。这样，功率输入绕组即为正值（这叫"电动机"惯例）。

（3）主磁通 $\dot{\Phi}_m$ 的正方向：与电流 $\dot{I}_0$（$\dot{I}_1$）正方向符合"右手螺旋"定则。

（4）一次电动势 $\dot{E}_1$ 的正方向：与主磁通 $\dot{\Phi}_m$ 正方向符合"右手螺旋"定则。根据这个正方向和磁通的正方向，才有式 $e = -N\dfrac{\mathrm{d}\Phi}{\mathrm{d}t}$ 中的负号。

（5）二次电动势 $\dot{E}_2$ 的正方向：与主磁通 $\dot{\Phi}_m$ 正方向符合"右手螺旋"定则。

（6）二次电流 $\dot{I}_2$ 的正方向：与 $\dot{E}_2$ 的正方向一致。

（7）二次电压 $\dot{U}_2$ 的正方向：与 $\dot{I}_2$ 的正方向一致。这样，功率从绕组输出时为正值（这叫"发电机"惯例）。

3. 电动势

根据电磁感应定律，交变磁通必在其相联的绕组中感应电动势。主磁通环链一、二次绕组，必在该两绕组中感应电动势，设主磁通随时间 t 按正弦规律变化，即

$$\Phi = \Phi_m \sin\omega t \tag{2-1}$$

在所规定正方向的前提下，一次绕组中感应的电动势为

$$e = -N_1\frac{\mathrm{d}\Phi}{\mathrm{d}t} = \omega N_1 \Phi_m \sin(\omega t - 90°)$$
$$= E_{1m}\sin(\omega t - 90°) \tag{2-2}$$

式中 $E_{1m} = \omega N_1 \Phi_m$，为一次感应电动势 e_1 的幅值（最大值）。

由式（2-2）可见，感应电动势 e_1 也是随时间按正弦律变化的。

一次电动势的有效值

$$E_1 = \frac{E_{1m}}{\sqrt{2}} = \frac{1}{\sqrt{2}}\omega N_1 \Phi_m = 4.44 f N_1 \Phi_m \tag{2-3}$$

$\dot{E}_1$ 和 $\dot{\Phi}_m$ 的关系用相量表示，有

$$\dot{E}_1 = -j4.44 f N_1 \dot{\Phi}_m \tag{2-4}$$

由式（2-3）和式（2-4）可知，电动势的大小不仅与主磁通的幅值有关，还与磁通的变化频率和绕组的匝数有关，电动势 $\dot{E}_1$ 落后主磁通 $\dot{\Phi}_m$ 90°。

同理，二次绕组中感应电动势的有效值及相量可以表示为

$$E_2 = 4.44 f N_2 \Phi_m \tag{2-5}$$

$$\dot{E}_2 = -j4.44 f N_2 \dot{\Phi}_m \tag{2-6}$$

一次绕组漏磁通 $\dot{\Phi}_{1\sigma}$ 感应的漏电动势为 $e_{1\sigma}$，其有效值及相量可以表示为

$$E_{1\sigma} = 4.44 f N_1 \Phi_{1\sigma m} \tag{2-7}$$

$$\dot{E}_{1\sigma} = -j4.44 f N_1 \dot{\Phi}_{1\sigma m} \tag{2-8}$$

4. 电动势方程

在一次侧，除上述的外施电压 $\dot{U}_1$、电动势 $\dot{E}_1$ 和漏电动势 $\dot{E}_{1\sigma}$ 外，还有一次绕组电阻 r_1 流过 $\dot{I}_0$ 后产生的电压降 $\dot{I}_0 r_1$。要了解一次侧电路内几个电压、电动势的关系，应写出一次侧的电动势方程。

可把一次漏电动势写成漏抗压降，即

$$\dot{E}_{1\sigma} = -\mathrm{j}\dot{I}_0 x_{1\sigma} \tag{2-9}$$

式中 $x_{1\sigma}$——一次绕组漏电抗。

注：①漏磁通 $\dot{\Phi}_{1\sigma}$ 感应的漏电动势 $\dot{E}_{1\sigma}$，可用漏电抗压降的形式来表示。

②漏磁通磁路为线性磁路，漏磁通与建立它的激磁电流成正比关系，磁阻为常数，漏电感 $L_{1\sigma}$ 及漏电抗 $x_{1\sigma}$ 均为常数；

③把电动势写成漏电抗压降形式，是处理线性磁路的常用方法。引入电抗 $x_{1\sigma}$ 的实质，目的是在 I_0 与 $E_{1\sigma}$ 之间引入一个比例常数，用漏电抗 $x_{1\sigma}$ 来反映漏磁通 $\Phi_{1\sigma}$ 的作用，这样就把复杂的磁路问题简化为电路问题了，电机工程中常采用这样的方法。

电抗总是对应于磁通的，在以后的学习过程中，将会出现各种电抗，明确它所对应的磁通是很重要的。

因为漏电抗 $x_{1\sigma}$ 所对应的漏磁通的路径主要是空气和油，μ 是常数，故 $x_{1\sigma}$ 是一个常数，以后把 $x_{1\sigma}$ 写作 x_1。

根据基尔霍夫第二定律，并参照图 2-1 所标的假定正方向，可写出一次电动势的方程为

$$\begin{aligned}
\dot{U}_1 &= -\dot{E}_1 - \dot{E}_{1\sigma} + \dot{I}_0 r_1 \\
&= -\dot{E}_1 + \mathrm{j}\dot{I}_0 x_1 + \dot{I}_0 r_1 \\
&= -\dot{E}_1 + \dot{I}_0 Z_1
\end{aligned} \tag{2-10}$$

式中 Z_1——一次绕组漏阻抗，$Z_1 = r_1 + \mathrm{j}x_1$。

由式（2-10）可见，一次侧外施电压被电动势和漏阻抗压降所平衡。电动势 $\dot{E}_1$ 有时也称为反电动势。由于 $\dot{I}_0 Z_1$ 很小（仅占 U_1 的 0.5%），故在分析问题时可以忽略，即认为

$$\dot{U}_1 \approx -\dot{E}_1$$

在数值上，可以得到

$$U_1 \approx E_1 = 4.44 f N_1 \Phi_\mathrm{m} \tag{2-11}$$

这个近似公式建立了变压器三个物理量在数值上的关系，由此可得到一个重要的结论：在 f、N_1 一定的情况下，主磁通的最大值决定于外施电压 U_1 的大小。当外施电压为定值时，主磁通的最大值即为定值。

类似于空载电流 $\dot{I}_0$ 在漏磁通 $\dot{\Phi}_{1\sigma}$ 感应出漏电动势 $\dot{E}_{1\sigma}$，在数值上可看成是空载电流在漏电抗 x_1 上的压降。同理，空载电流 $\dot{I}_0$ 产生主磁通 $\dot{\Phi}_\mathrm{m}$ 在原绕组感应出电动势 $\dot{E}_1$ 的作用，也可类似地用一个电路参数来处理，考虑到主磁通 $\dot{\Phi}_\mathrm{m}$ 在铁芯中引起铁耗，故不能单纯地引入一个电抗，而应引入一个阻抗 Z_m。这样便把 $\dot{E}_1$ 和 $\dot{I}_0$ 联系起来，$\dot{E}_1$ 的作用看作是 $\dot{I}_0$ 在 Z_m 上的阻抗压降，即

$$-\dot{E}_1 = \dot{I}_0 Z_\mathrm{m} = \dot{I}_0 (r_\mathrm{m} + \mathrm{j}x_\mathrm{m}) \tag{2-12}$$

式中 Z_m——激磁阻抗，$Z_\mathrm{m} = r_\mathrm{m} + \mathrm{j}x_\mathrm{m}$；

x_m——激磁电抗，对应于主磁通的电抗；

r_m——激磁电阻，对应于铁耗的等值电阻，$p_\mathrm{Fe} = I_0^2 r_\mathrm{m}$。

空载时，二次绕组没有电流，因此，二次绕组的端电压 $\dot{U}_{20}$ 就等于二次电动势 $\dot{E}_2$。

5. 变比

一般用变比来衡量变压器变压的幅度。所谓变比，即一次相电动势 E_1 对二次相电动势 E_2 之比，用 k 表示，即

$$k = \frac{E_1}{E_2} = \frac{4.44fN_1\Phi_m}{4.44fN_2\Phi_m} = \frac{N_1}{N_2} \qquad (2-13)$$

上式表明，变比也等于一、二次绕组的匝数之比。

单相变压器空载时，$E_1 \approx U_1 = U_{1N}$，$E_2 \approx U_{20} = U_{2N}$，则

$$k = \frac{E_1}{E_2} \approx \frac{U_{1N}}{U_{2N}} \qquad (2-14)$$

说明单相变压器的变比近似地等于两绕组的额定电压之比。

顺便指出，由于三相变压器有不同的连接方法，因此变比和额定电压之比是不一致的。

对于 Y，d 接线的三相变压器：

$$k = \frac{N_1}{N_2} = \frac{E_1}{E_2} \approx \frac{U_{1N}}{\sqrt{3}U_{2N}} \qquad (2-15)$$

对于 D，y 接线的三相变压器：

$$k = \frac{N_1}{N_2} = \frac{E_1}{E_2} \approx \frac{\sqrt{3}U_{1N}}{U_{2N}} \qquad (2-16)$$

式中　E_1，E_2—— 一、二次侧的相电动势；

　　　U_{1N}，U_{2N}—— 一、二次侧额定线电压。

式（2-15）和式（2-16）说明，三相变压器的变比是一、二次相电动势之比。如果将△形变换为等值 Y 形，则此结论也正确。

变比是变压器的又一个重要参数，在设计变压器或作等值电路时都会用到它，在电力工程的计算中也常用到。

【例题 2-1】　一台单相变压器，$U_{1N} = 220$ V、$f = 50$ Hz、$N_1 = 200$ 匝，铁芯截面面积 $S = 35$ cm^2。试求：

（1）主磁通的最大值 Φ_m 和磁通密度的最大值 B_m。

（2）二次侧要得到 100 V 和 36 V 时相应的二次绕组匝数。

（3）如果一次绕组有 ±5% 匝数（即全匝数为 $N_1 \pm 5\%N_1$）的分接头，求一次各分接头上加额定电压时的二次电压。

解：

（1）主磁通的最大值为

$$\Phi_m \approx \frac{U_1}{4.44fN_1} = \frac{220}{4.44 \times 50 \times 200} = 0.00496(\text{Wb})$$

磁通密度最大值为

$$B_m = \frac{\Phi_m}{S} = \frac{0.00496}{35 \times 10^{-4}} = 1.418(\text{T})$$

（2）当二次电压为 100 V 时，有

$$k = \frac{220}{100} = 2.2$$

则二次匝数为

$$N_2 = \frac{N_1}{k} = \frac{200}{2.2} = 91(\text{匝})$$

当二次电压为 36 V 时

$$k = \frac{220}{36} = 6.1$$

则二次匝数为

$$N_2 = \frac{200}{6.1} = 33(\text{匝})$$

（3）当初级匝数分接头为 ±5% 时，则二次电压为

$$U_2 = \frac{U_1}{\frac{N_1(1 \pm 5\%)}{N_2}} = \frac{U_1}{k(1 \pm 5\%)}$$

对于 100 V 级的，有

$$U_2 = \frac{220}{\frac{200}{91}(1 \pm 5\%)} \approx 95/105(\text{V})$$

对于 36 V 级的，有

$$U_2 = \frac{220}{\frac{220}{33}(1 \pm 5\%)} \approx 34.6/38.2(\text{V})$$

自测题

一、填空题

1. 空载运行是指变压器一次侧接到额定电压、额定频率的电源上，二次侧_____的运行状态。

2. 空载磁动势，根据磁通通过的路径不同可分为两部分，即_____和_____。

3. 主磁通占总磁通_____，是_____；漏磁通 $\dot{\Phi}_{1\sigma}$ 占总磁通的_____。

4. 一次电流 $\dot{I}_0$ 的正方向采用_____惯例，与_____正方向一致。

5. 主磁通 $\dot{\Phi}_m$ 的正方向与电流 $\dot{I}_0$ 的正方向符合_____定则。

二、选择题

1. 变压器空载电流小的原因是（　　）。

A. 一次绕组匝数多，电阻很大　　　　　　B. 一次绕组的漏抗很大

C. 变压器的激磁阻抗很大　　　　　　　　D. 变压器铁芯的电阻很大

2. 普通三相变压器中二次侧的额定电流一般为（　　）。

A. $I_{2N} = S_N/\sqrt{3}U_{2N}$ 　　　　　　　　　B. $I_{2N} = S_N/\sqrt{3}U_1$

C. $I_{2N} = S_N/3U_1$ 　　　　　　　　　　　D. $I_{2N} = S_N/U_{2N}$

3. 变压器绕组中二次侧电动势的有效值为（　　）。

A. $E_2 = 4.44fN_1\Phi_m$ 　　　　　　　　　B. $E_2 = -\text{j}4.44fN_1\Phi_m$

C. $E_2 = 4.44fN_2\Phi_m$ D. $\dot{E}_2 = 4.44fN_1\Phi_m$

4. 当变压器二次绕组开路，一次绕组施加额定频率的额定电压时，一次绕组中所流过的电流称为（   ）。

A. 激磁电流   B. 整定电流   C. 短路电流   D. 空载电流

5. 一台原设计为 50 Hz 的电力变压器，运行在 60 Hz 的电网上，若额定电压值不变，则空载电流（   ）。

A. 减小   B. 增大   C. 不变   D. 减小或增大

三、判断题

1. 变压器的主磁通占总磁通 99% 以上，是变压器进行能量传递的媒介。   （   ）

2. 空载运行时变压器的漏磁通与一次绕组和二次绕组相联，占总磁通不到 1%。 （   ）

3. 变压器的漏磁通不能传递能量，只在电路里产生电压降 $\dot{E}_{1\sigma}$。   （   ）

4. 在分析变压器的运行时引入感抗，是为了磁路问题电路化处理，简化计算。 （   ）

5. 变压器的阻抗 $Z_m = r_m + jx_m$ 中，x_m 为对应于主磁通的电抗，r_m 为对应于铁耗的等值电阻。   （   ）

四、简答题

1. 变压器空载运行时，原线圈加额定电压，这时原线圈电阻 r_1 很小，为什么空载电流 I_0 不大？如将它接在同电压（仍为额定值）的直流电源上，会如何？

2. 变压器空载运行时，是否要从电网取得功率？这些功率属于什么性质？起什么作用？为什么小负荷用户使用大容量变压器无论是对电网还是用户均不利？

2.2.2 单相变压器空载时的各物理量

【学习任务】 (1) 正确理解空载电流的组成。
                 (2) 正确理解空载电流各成分的作用。
                 (3) 正确理解空载损耗的构成。

答案 2.1

1. 空载电流

二次开路时一次绕组中流过的电流称为空载电流。空载电流流过绕组后，建立交变磁动势，该磁动势在铁芯中建立交变磁通，同时也产生损耗。故空载电流包含两个分量：

(1) 无功分量 $\dot{I}_{0W}$，又称磁化电流，起激磁作用；

(2) 有功分量 $\dot{I}_{0Y}$，供给空载时变压器的损耗。

空载电流常以它对额定电流的百分数来表示，即 $I_0 = \dfrac{I_0}{I_N} \times 100\%$，其范围为 2% ~ 6%。

由于有功分量所占比重极小，仅为无功分量的 10% 左右，所以，空载电流基本上是感性无功性质的。

空载电流（主要决定于磁化电流）的大小和波形，与变压器铁芯的饱和程度有关。铁芯的磁化曲线是非线性的，若工作点选在磁化曲线的未饱和段，磁通和空载电流是线性关系，因而当磁通为正弦波时，电流也是正弦波。若工作点在饱和段，则磁通和空载电流就是非线性关系。一般电力变压器的额定工作点都选在开始饱和段内，因此，当外施电压等于额定电压时，虽然电压为正弦波，与其相应的主磁通也是正弦波，但由于铁芯饱和，故空载电流的波形却变成尖顶波。

2. 空载损耗

变压器空载时的损耗主要包括空载电流流过一次绕组时在电阻中产生的损耗（习惯称铜耗）和铁芯中产生的损耗（习惯称铁耗）。铁耗又包括涡流损耗和磁滞损耗。在由硅钢片制成的铁芯里，磁滞损耗为涡流损耗的 5～8 倍。

相对来说，由于空载电流很小，因此空载时铜耗也很小，与铁耗相比，它可以忽略不计，故可认为空载损耗就等于铁芯损耗。

变压器的铁耗通常采用下列经验公式来计算，即

$$p_{\mathrm{Fe}} = p_{\frac{1}{50}} \times B_{\mathrm{m}}^2 \left(\frac{f}{50}\right)^{1.3} G \, (\mathrm{W}) \tag{2-17}$$

式中　$p_{\frac{1}{50}}$——频率为 50 Hz、最大磁通密度为 1 T 时，每千克铁芯的铁耗（W/kg）；

　　　B_{m}——磁通密度的最大值（T）；

　　　f——磁通频率（Hz）；

　　　G——铁芯重量（kg）。

实际上，变压器空载运行时，除上述的铜耗和铁耗外，还有附加损耗。产生附加损耗的原因是：在铁芯接缝处和装穿芯螺杆处的磁通密度分布不均；处于磁通中的各金属部分感应起涡流等。变压器容量小时，附加损耗也小。大容量的变压器，附加损耗有时与上述的基本铁芯损耗一样大。

空载损耗为额定容量的 0.2%～1%，这一数值并不大，但是因为电力变压器在电力系统中的使用量很大，且常年接在电网上，所以减少空载损耗具有重要意义。

自测题

一、填空题

1. 空载电流包含两个分量：_____，起激磁作用；_____，供给空载时变压器的损耗。

2. 空载电流常以它对额定电流的百分数来表示，即_____。

3. 空载电流基本上是_____性质。

4. 变压器空载时的损耗主要为_____和_____。

5. 变压器的铁耗包括_____和_____。

二、选择题

1. 普通三相变压器中一次侧的额定电流一般为（　　）。

A. $I_{1\mathrm{N}} = S_{\mathrm{N}}/\sqrt{3}U_{2\mathrm{N}}$ 　　　　　　　　　　B. $I_{1\mathrm{N}} = S_{\mathrm{N}}/\sqrt{3}U_{1\mathrm{N}}$

C. $I_{1\mathrm{N}} = S_{\mathrm{N}}/3U_{1\mathrm{N}}$ 　　　　　　　　　　D. $I_{1\mathrm{N}} = S_{\mathrm{N}}/U_{2\mathrm{N}}$

2. 普通单相变压器中一次侧的额定电流一般为（　　）。

A. $I_{1\mathrm{N}} = S_{\mathrm{N}}/\sqrt{3}U_{2\mathrm{N}}$ 　　　　　　　　　　B. $I_{1\mathrm{N}} = S_{\mathrm{N}}/U_{1\mathrm{N}}$

C. $I_{1\mathrm{N}} = S_{\mathrm{N}}/3U_{1\mathrm{N}}$ 　　　　　　　　　　D. $I_{1\mathrm{N}} = S_{\mathrm{N}}/U_{2\mathrm{N}}$

3. 普通三相变压器中二次侧的额定电流一般为（　　）。

A. $I_{2\mathrm{N}} = S_{\mathrm{N}}/\sqrt{3}U_{2\mathrm{N}}$ 　　　　　　　　　　B. $I_{2\mathrm{N}} = S_{\mathrm{N}}/\sqrt{3}U_{1\mathrm{N}}$

C. $I_{2\mathrm{N}} = S_{\mathrm{N}}/3U_{1\mathrm{N}}$ 　　　　　　　　　　D. $I_{2\mathrm{N}} = S_{\mathrm{N}}/U_{2\mathrm{N}}$

答案 2.2

4. 普通单相变压器中二次侧的额定电流一般为（   ）。

A. $I_{2N} = S_N/\sqrt{3}U_{2N}$ B. $I_{2N} = S_N/\sqrt{3}U_{1N}$

C. $I_{2N} = S_N/3U_{1N}$ D. $I_{2N} = S_N/U_{2N}$

5. 一台 Y，d11 连接的三相变压器，额定容量 $S_N = 630\ \text{kV} \cdot \text{A}$，额定电压 $U_{1N}/U_{2N} = 10/0.4\ \text{kV}$，则二次侧的额定电流是（   ）。

A. 21 A   B. 36.4 A

C. 525 A   D. 909 A

三、判断题

1. 空载电流的大小和波形与变压器铁芯的饱和程度有关。 （   ）
2. 二次绕组短路时一次绕组中流过的电流称为空载电流。 （   ）
3. 变压器的空载损耗可近似看作铜损耗。 （   ）
4. 当变压器二次绕组短路，一次绕组施加额定频率的额定电压时，一次绕组中所流过的电流称为空载电流 I_0。 （   ）
5. 铜损是指变压器的铁芯损耗，是变压器的固有损耗，在额定电压下，它是一个恒定量，并随实际运行电压成正比变化，是鉴别变压器能耗的重要指标。 （   ）

四、简答题

1. 变压器的空载损耗都有哪些？
2. 变压器的空载电流波形是正弦波吗？

2.2.3 单相变压器空载时的基本方程、等值电路和相量图

【学习任务】（1）正确写出单相变压器空载运行时的基本方程。

（2）正确画出单相变压器空载运行时的等效电路。

（3）正确画出单相变压器空载运行时的相量图。

1. 基本方程

根据前面的推导，可以得出单相变压器空载运行时的基本方程为

$$\begin{cases} \dot{U}_1 = -\dot{E}_1 + \dot{I}_0 Z_1 \\ \dot{U}_{20} = \dot{E}_2 \\ -\dot{E}_1 = \dot{I}_0 Z_m \end{cases}$$

2. 等值电路

为了便于计算和分析问题，常将电路中的一部分用另一种形式的电路来代替，但取代的条件是：两者对未取代部分的效果应相等。也就是说，取代之后，未取代部分不受影响。这种形式的电路称为等值电路。

变压器空载运行时，电路问题和磁路问题相互联系在一起，如果能将这一内在联系用纯电路形式直接表示出来，将使分析变压器运行大为简化。等值电路就是从这一观点出发建立起来的。

根据变压器空载运行时的等值方程 $\dot{U}_1 = \dot{I}_0 Z_m + \dot{I}_0 Z_1 = \dot{I}_0 (Z_m + Z_1)$ 得等值电路，如图 2-2 所示。

由图 2 - 2 可见，空载变压器可以看成是两个阻抗串联的电路。一个是漏阻抗 $Z_1 = r_1 + jx_1$，另一个是激磁阻抗 $Z_m = r_m + jx_m$。由于主磁路为非线性磁路，主磁通 $\dot{\Phi}_m$ 与建立它的空载电流 $\dot{I}_0$ 之间为非线性关系，磁阻 R_m 不是常数，磁路越饱和，R_m 越大，x_m 越小。需要注意的是 x_m 和 r_m 是随外加电压的大小而变的，也即随铁芯饱和程度而变。不过，因为变压器正常工作时外加电压等于额定电压，铁芯的饱和程度不变，所以一般 r_m 和 x_m 取对应额定电压时的值，且认为是常数。由于空载运行时铁耗 p_{Fe} 远远大于铜耗

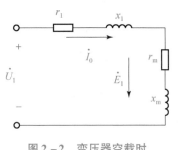

图 2 - 2 变压器空载时的等值电路

p_{Cu}，即 $r_m \gg r_1$；又由于主磁通 Φ_m 远远大于漏磁通 $\Phi_{1\sigma}$，即 $x_m \gg x_1$，所以 $Z_m \gg Z_1$，故通常将 Z_1 忽略不计。例如，一台 750 kV · A 的三相变压器，$Z_1 = 3.92\ \Omega$，$Z_m = 2\ 244\ \Omega$，即 Z_m 比 Z_1 大 560 倍左右。

3. 相量图

空载时，变压器的电路和磁路各物理量的相位关系可用相量图表示出来。根据式（2 - 4）和式（2 - 13）即可作出变压器空载时的相量图，如图 2 - 3 所示。图 2 - 3 中的电压降是放大了的。作图步骤如下：

（1）先画主磁通 $\dot{\Phi}_m$，把它放在横坐标上。

（2）根据电动势 $\dot{E}_1$ 落后主磁通 $\dot{\Phi}_m$ 90°，画出 $\dot{E}_1$ 及 $\dot{E}_2$。

（3）据空载电流 $\dot{I}_0$ 和 $\dot{\Phi}_m$ 的关系画出 $\dot{I}_0$ 的无功分量 $\dot{I}_{0W}$ 和有功分量 $\dot{I}_{0Y}$。$\dot{I}_{0W}$ 与 $\dot{\Phi}_m$ 同相，$\dot{I}_{0Y}$ 超前 $\dot{I}_{0W}$ 90°，两者相加得 $\dot{I}_0$（注意，这里的 $\dot{I}_0$ 是空载电流的等效正弦量）。

（4）作出 $\dot{U}_1$：据式 $\dot{U}_1 = -\dot{E}_1 + j\dot{I}_0 x_1 + \dot{I}_0 r_1$ 可知，$\dot{U}_1$ 由 $-\dot{E}_1$、$\dot{I}_0 r_1$、$j\dot{I}_0 x_1$ 合成。先画 $-\dot{E}_1$，再从 $-\dot{E}_1$ 的顶点画电阻压降 $\dot{I}_0 r_1$ 和漏阻抗压降 $j\dot{I}_0 x_1$，将三者叠加即得 $\dot{U}_1$。

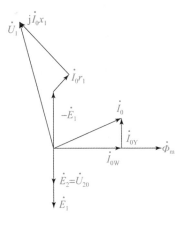

图 2 - 3 变压器空载时的向量图

$\dot{U}_1$ 和 $\dot{I}_0$ 之间的相位角 φ_0，即为变压器空载时的功率因数角，可见 $\varphi_0 \approx 90°$，空载时功率因数 $\cos\varphi_0$ 很低。

自测题

一、填空题

1. 空载电流 $\dot{I}_0$ 建立的空载磁动势大小为_____。

2. 一次漏电动势写成漏抗压降，可以表示为_____。

3. 空载电流包含两个分量，一是_____，起_____作用；二是_____，其作用为_____。

4. 变压器空载时一次侧电压 $\dot{U}_1 =$ _____。

5. 变压器空载运行时功率因数 $\cos\varphi_0$ 约为 _____。

答案 2.3

二、选择题

1. 变压器绕组中电动势的相量形式为（　　　）。

A. $\dot{E} = 4.44fN\dot{\Phi}_m$　　　　　　　　　　B. $\dot{E} = -j4.44fN\dot{\Phi}_m$

C. $\dot{E} = 4.44fNk\dot{\Phi}_m$　　　　　　　　　D. $\dot{E} = -j4.44fN\dot{\Phi}_m k_N$

2. 一台变压器，当铁芯中的饱和程度增加时，激磁电抗（　　　）。

A. 不变　　　　　　B. 变小　　　　　　C. 变大　　　　　　D. 都有可能

3. 变压器空载损耗（　　　）。

A. 全部为铜耗　　　　　　　　　　B. 全部为铁耗

C. 主要为铜耗　　　　　　　　　　D. 主要为铁耗

4. 变压器中，不考虑漏阻抗压降和饱和的影响，若原边电压不变，铁芯不变，而将匝数增加，则激磁电流（　　　）。

A. 增加　　　　　　B. 减少　　　　　　C. 不变　　　　　　D. 不能确定

5. 单相变压器通入正弦激磁电流，二次侧的空载电压波形为（　　　）。

A. 正弦波　　　　　　B. 尖顶波　　　　　　C. 平顶波　　　　　　D. 三角波

三、判断题

1. 在变压器中，主磁通若按正弦规律变化，则产生的感应电势也按正弦变化，且相位一致。　　　　　　　　　　　　　　　　　　　　　　　　　　　　　（　　　）

2. 变压器的铁芯损耗与频率没有关系。　　　　　　　　　　　　　　　（　　　）

3. 变压器的损耗越大，其效率越低。　　　　　　　　　　　　　　　　（　　　）

4. 变压器的空载电流，其有功电流部分很小。　　　　　　　　　　　　（　　　）

5. 根据 $E = 4.44fN\Phi_m$ 可知，同容量的变压器，若频率越高，则其体积越小。（　　　）

四、简答题

1. 为了得到正弦形的感应电动势，当铁芯饱和及不饱和时，空载电流各呈什么波形？为什么？

2. 试述变压器激磁电抗和漏电抗的物理意义。它们分别对应什么磁通？对已制成的变压器，它们是否是常数？

2.2.4　单相变压器负载运行时的电磁关系

【学习任务】（1）正确理解单相变压器负载运行时的电磁关系。

（2）正确理解单相变压器负载运行时的磁动势平衡关系。

微课 2.2：
单相变压器的
负载运行

1. 电磁关系

通过上述分析可知，变压器空载运行时，与空载电流 $\dot{I}_0$ 相应的磁动势 $\vec{F}_0 = N_1\dot{I}_0$ 在铁芯里建立了主磁通 $\dot{\Phi}_m$。在一次侧，外施电压 $\dot{U}_1$ 与反电动势 $-\dot{E}_1$ 及漏阻抗压降 $\dot{I}_0 Z_1$ 相平衡。各物理量的大小均有一定的值，电磁关系处于平衡状态。

负载时（变压器二次侧接上负载阻抗 Z_L，如图 2–4 所示），二次侧有了电流 $\dot{I}_2$，该电流建立的二次磁动势 $\vec{F}_2 = N_2\dot{I}_2$ 也作用在主磁路上，它会使主磁通 $\dot{\Phi}_m$ 趋于改变，电动势 $\dot{E}_1$ 也随之趋于改变，从而打破了原来的平衡状态，使一次电流也发生变化，由空载时的电流

$\dot{I}_0$ 变为负载时的 $\dot{I}_1$。因为 $U_1 \approx E_1 \propto \Phi_m$，故在外施电压 $\dot{U}_1$ 不变的前提下，主磁通 $\dot{\Phi}_m$ 应不变。因此，由 $\dot{I}_1$ 建立的一次磁动势和二次磁动势的合成磁动势所产生的主磁通，将仍保持原来的值（实际上略有变化）。

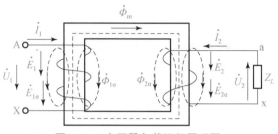

图 2-4 变压器负载运行原理图

负载时各电磁物理量的关系如下：

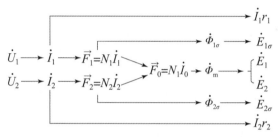

从功率的角度来看，上述二次电流增加引起一次电流也随着增加的现象，说明二次侧有输出功率时，一次侧相应地要输入功率。由此可知，变压器通过这种磁动势平衡和电磁感应关系进行能量的传递。

2. 磁动势平衡关系

空载时，作用在变压器主磁路上只有一次侧的空载磁动势 $\vec{F}_0$。负载时，在主磁路上作用着两个磁动势：$\vec{F}_1$ 和 $\vec{F}_2$。从全电流定律来看，产生主磁通的磁动势，必是交链着它的全部电流。就是说，此时的主磁通 $\dot{\Phi}_m$ 及由这两个磁动势合成的磁动势也基本不变，仍可用空载时产生主磁通的空载磁动势 $\vec{F}_0$ 来近似地代表负载时铁芯中的合成磁动势。据此，一、二次磁动势 $\vec{F}_1$ 和 $\vec{F}_2$ 的合成磁动势应该等于 $\vec{F}_0$。在如图 2-4 所示的 $\dot{I}_1$ 和 $\dot{I}_2$ 的正方向情况下，有

$$\vec{F}_1 + \vec{F}_2 = \vec{F}_0 \qquad (2-18)$$

此式称为磁动势平衡方程，也可写成下面的形式，即

$$\dot{I}_1 N_1 + \dot{I}_2 N_2 = \dot{I}_0 N_1 \qquad (2-19)$$

利用式（2-19），可以找出一、二次电流的关系，用 N_1 除式（2-19）得

$$\dot{I}_1 + \frac{N_2}{N_1}\dot{I}_2 = \dot{I}_0$$

因此

$$\dot{I}_1 = \dot{I}_0 + \left(-\frac{N_2}{N_1}\dot{I}_2\right) = \dot{I}_0 + \left(-\frac{1}{k}\dot{I}_2\right) = \dot{I}_0 + \dot{I}_{1L} \qquad (2-20)$$

式中 $\dot{I}_{1L}$——一次电流的负载分量，$\dot{I}_{1L} = -\dfrac{1}{k}\dot{I}_2$。

式（2-20）表明，变压器负载运行时，一次电流有两个分量，其一是产生主磁通所需要的激磁分量 $\dot{I}_0$，其二是用于产生抵消二次磁动势影响的负载分量 $\dot{I}_{1L}$。后者也就是供应二次负载功率的一次电流中的负载分量。

为了分析问题方便起见，常将 $\dot{I}_0$ 忽略，于是式（2-20）变为

$$\dot{I}_1 \approx -\frac{1}{k}\dot{I}_2$$

从数值上即可认为

$$\frac{I_1}{I_2} \approx \frac{1}{k} = \frac{N_2}{N_1}$$

由此可见，一、二次侧电流与相应绕组的匝数成反比，这说明变压器在变压的同时电流的大小也随着改变，这从能量守恒的角度来看也是必然的。

3. 等值电路

由变压器的基本原理图可以绘出变压器负载时的等效电路图，如图 2-5 所示。但这种电路图的一、二次侧之间只有磁的耦合，没有电的直接联系，其矛盾是一、二次侧的感应电动势 $\dot{E}_1 \neq \dot{E}_2$。若引入折算法（绕组折算），便能导出既能反映变压器内部电磁关系，又便于工程计算的纯电路（等效电路）。

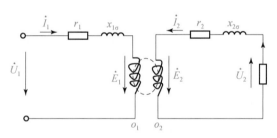

图 2-5　负载运行时的等效电路

自测题

一、填空题

1. 变压器负载运行时二次侧电流 $\dot{I}_2$ 建立的二次磁动势的大小为_____。

2. 变压器负载运行时，一、二次磁动势 $\vec{F}_1$、$\vec{F}_2$ 以及合成磁动势 $\vec{F}_0$，三者之间的关系为_____。

3. 变压器负载运行时，一、二次电流的关系为_____。

4. 变压器负载运行时，一次电流有两个分量，一是产生主磁通所需要的_____，二是用于产生抵消二次磁动势影响的_____。

二、选择题

1. 变压器过负载能力可分为正常情况下的过负载能力和（　　）下的过负载能力。

A. 事故情况　　　　　　　　　　B. 额定功率

C. 额定电压　　　　　　　　　　D. 额定电流

2. 变压器可以在绝缘及寿命不受影响的前提下，在负载高峰及冬季时（　　）过负载运行。

A. 严重　　　　　　B. 适当　　　　　　C. 不允许　　　　　D. 长时间

3. 变压器负载运行时，下列磁动势的关系正确的是（　　）。

A. $\vec{F}_1 + \vec{F}_2 = \vec{F}_0$　　　　　　　　B. $\vec{F}_1 - \vec{F}_2 = \vec{F}_0$

C. $\vec{F}_1 = \vec{F}_2 = \vec{F}_0$　　　　　　　　D. $\vec{F}_1 = \vec{F}_2 + \vec{F}_0$

答案 2.4

4. 变压器负载运行时，下列磁动势的关系正确的是（　　）。

A. $\dot{I}_1 - \dfrac{N_2}{N_1}\dot{I}_2 = \dot{I}_0$　　　　　　　　B. $\dot{I}_1 + \dfrac{N_2}{N_1}\dot{I}_2 = \dot{I}_0$

C. $\dot{I}_1 = \dfrac{N_2}{N_1}\dot{I}_2 + \dot{I}_0$　　　　　　　　D. $\dot{I}_1 = \dfrac{N_2}{N_1}\dot{I}_2 - \dot{I}_0$

三、判断题

1. 变压器端电压的变化与其负载的性质有关。　　　　　　　　　　　　　（　　）

2. 变压器的工作方式是交流异步电动机转子不动时的特殊运行形式。　　　（　　）

3. 一台变压器原边电压 U_1 不变，副边接电阻性负载或接电感性负载，如负载电流相等，则两种情况下副边电压也相等。　　　　　　　　　　　　　　　　　　　（　　）

4. 变压器从空载到满载，随着负载电流的增加，变压器的铜耗也增加，但其铁耗基本不变。　　　　　　　　　　　　　　　　　　　　　　　　　　　　　　　（　　）

四、简答题

1. 变压器铁芯中的磁动势，在空载和负载时比较，有哪些不同？

2. 请说明变压器负载运行时的磁动势平衡关系。

2.2.5　折算

【学习任务】（1）正确理解折算的目的。

（2）正确理解折算的方法。

（3）折算的正确应用。

1. 折算的定义

一、二次绕组的匝数变换成同一匝数的方法叫作绕组的折算。把二次折算到一次的意思就是：用一个假想的（满足 $k=1$）、对一次等效的二次回路，代替实际的二次回路。这样做的目的是，在等效的原则下，将二次和一次间的磁耦合变为直接电的联系，从而得到负载的等值电路，以方便分析和计算。

折算后的量与原来的量，数值虽不同，但对另一侧的作用效果是相同的，如变压器的二次电流是通过它所建立的磁动势的作用去影响一次电流的。如果将二次电流和匝数的乘积换成折算后的电流和匝数的乘积，只要保持该乘积不变（即磁动势不变），那么，从一次感受到的二次磁动势的作用是完全一样的。为区别起见，用右上角加一"′"的文字符号代表折算后的量。

由低压侧（这里设为二次侧，绕组匝数为 N_2）折算到高压侧（一次侧，绕组匝数为 N_1）时，折算前、后各量的关系如下。

2. 各参数的折算关系

1）电动势和电压的折算

主磁场、漏磁场在折算前、后不变的前提下，根据电动势和匝数成正比的关系有

$$\left.\begin{array}{l} \dfrac{E_2'}{E_2} = \dfrac{N_1}{N_2} = k \\[2mm] E_2' = kE_2 \\[2mm] U_2' = kU_2 \end{array}\right\} \qquad (2-21)$$

2）电流的折算

根据折算前、后磁动势 $\vec{F}_2$ 不变的原则，有

$$\dot{I}_2' N_1 = \dot{I}_2 N_2$$

故

$$I_2' = \dfrac{N_2}{N_1} I_2 = \dfrac{1}{k} I_2 \qquad (2-22)$$

3）阻抗的折算

从电动势和电流的关系，可以找出阻抗的关系，等值的二次阻抗应为

$$Z_2' + Z_L' = \dfrac{E_2'}{I_2'} = \dfrac{kE_2}{\dfrac{I_2}{k}} = k^2 \dfrac{E_2}{I_2} = k^2 (Z_2 + Z_L) \qquad (2-23)$$

式（2-23）说明，阻抗的折算要乘以 k^2。

根据折算前、后功率因数不变的原则，折算时电阻和电抗要分别乘以 k^2，即

$$r_2' = k^2 r_2 \qquad (2-24)$$
$$x_2' = k^2 x_2 \qquad (2-25)$$

上述这些折算的物理意义是明显的，折算不但对一次侧没有影响，而且二次侧的铜耗、无功功率和视在功率均不变。

自测题

一、填空题

1. 一、二次绕组的匝数变换成_____的方法叫作绕组的折算。

答案2.5

2. 进行绕组折算，由低压侧（绕组匝数为 N_2）折算到高压侧（绕组匝数为 N_1）时，电压 U_2 折算前、后的关系为_____。

3. 进行绕组折算，由低压侧（绕组匝数为 N_2）折算到高压侧（绕组匝数为 N_1）时，电流 I_2 折算前、后的关系为_____。

4. 进行绕组折算，由低压侧（绕组匝数为 N_2）折算到高压侧（绕组匝数为 N_1）时，阻抗 Z_2 折算前、后的关系为_____。

5. 进行绕组折算，由低压侧（绕组匝数为 N_2）折算到高压侧（绕组匝数为 N_1）时，电阻 r_2 折算前、后的关系为_____。

二、选择题

1. 变压器等效电路中阻抗的折算，下列式子正确的应是（　　）。

A. $Z_2' = kZ_2$　　　　B. $Z_2' = \dfrac{1}{k} Z_2$　　　　C. $Z_2' = k^2 Z_2$　　　　D. $Z_2' = k^2 Z_1$

2. 变压器等效电路中电动势的折算，下列式子正确的应是（　　　）。

A. $E'_2 = k^2 E_2$　　B. $E'_2 = kE_2$　　C. $E'_2 = k_e k_i E_2$　　D. $E'_2 = kE_1 E_2$

3. 变压器等效电路中电流的折算，下列式子正确的应是（　　　）。

A. $I'_2 = \dfrac{1}{k^2} I_2$　　B. $I'_2 = kI_2$　　C. $I'_2 = \dfrac{1}{k} I_1$　　D. $I'_2 = \dfrac{1}{k} I_2$

4. 变压器等效电路中电阻的折算，下列式子正确的应是（　　　）。

A. $x'_2 = kx_2$　　B. $r'_2 = kr_2$　　C. $Z'_2 = k^2 Z_2$　　D. $x'_2 = kr_2$

5. 额定电压为 220 V/110 V 的单相变压器，高压侧漏电抗为 0.3 Ω，折算到二次侧后的大小为（　　　）。

A. 0.3 Ω　　　　B. 0.6 Ω　　　　C. 0.15 Ω　　　　D. 0.075 Ω

三、判断题

1. 交流变压器的绕组与交流异步电动机绕组的形式是一样的。（　　　）

2. 变压器的空载电流，其有功电流部分很大。（　　　）

3. 铜耗是指变压器的铁芯损耗，是变压器的固有损耗，它是一个恒定量，不随实际运行电流变化，是鉴别变压器能耗的重要指标。（　　　）

4. 变压器运行时，由于绕组和铁芯中产生的损耗转化为热量，必须及时散热，以免变压器过热造成事故。（　　　）

四、分析计算题

1. 变压器绕组折算的目的和原则是什么？如何将变压器一次侧的参数折算到二次侧？

2. 有一台额定容量为 500 V·A 、额定电压为 380 V/127 V 的控制变压器，二次侧接有 127 V、260 W、功率因数为 0.5 的感性负载，求一、二次的额定电流。

2.2.6　单相变压器负载时的基本方程、等值电路和相量图

微课 2.3：
单相变压器的
负载时的
基本方程式

【学习任务】（1）正确写出单相变压器负载时的基本方程。

　　　　　　（2）正确理解并能够画出单相变压器负载时的等效电路图。

　　　　　　（3）正确画出单相变压器负载时的相量图。

1. 基本方程

1）一、二次电动势方程

根据变压器负载运行时的物理状况及基尔霍夫第二定律，可写出一、二次侧的电动势方程。

负载时，一次侧有：

（1）主磁通 $\dot{\Phi}_m$ 感应的电动势 $\dot{E}_1$。

（2）一次绕组漏磁通 $\dot{\Phi}_{1\sigma}$ 感应的漏磁电动势 $\dot{E}_{1\sigma}$，$\dot{E}_{1\sigma} = -j\dot{I}_1 x_1$。

（3）一次绕组的电阻压降 $\dot{I}_1 r_1$。

以上三者与外施电压 $\dot{U}_1$ 平衡，故有

$$\dot{U}_1 = -\dot{E}_1 - \dot{E}_{1\sigma} + \dot{I}_1 r_1 = -\dot{E}_1 + j\dot{I}_1 x_1 + \dot{I}_1 r_1 = -\dot{E}_1 + \dot{I}_1 Z_1 \tag{2-26}$$

式（2-26）与空载时电动势方程的不同之处只是把 $\dot{I}_0$ 变成了 $\dot{I}_1$。

负载时，二次侧有：

（1）主磁通 $\dot{\Phi}_{\mathrm{m}}$ 感应的电势 $\dot{E}_2$。

（2）二次绕组漏磁通 $\dot{\Phi}_{2\sigma}$ 感应的漏磁电动势 $\dot{E}_{2\sigma}$。同样，漏磁电动势 $\dot{E}_{2\sigma}$ 也可看成是二次电流在相应于漏磁通 $\dot{\Phi}_{2\sigma}$ 的漏抗 x_2 上的压降，即

$$\dot{E}_{2\sigma} = -\mathrm{j}\dot{I}_2 x_2 \tag{2-27}$$

（3）二次绕组的电阻压降 $\dot{I}_2 r_2$（r_2 是二次绕组的电阻）。

电动势平衡方程为

$$\begin{aligned}
\dot{U}_2 &= \dot{E}_2 - \dot{I}_2 r_2 + \dot{E}_{2\sigma} = \dot{E}_2 - \dot{I}_2 r_2 - \mathrm{j}\dot{I}_2 x_2 \\
&= \dot{E}_2 - \dot{I}_2(r_2 + \mathrm{j}x_2) = \dot{E}_2 - \dot{I}_2 Z_2
\end{aligned} \tag{2-28}$$

式中　Z_2——二次绕组的漏阻抗，$Z_2 = r_2 + \mathrm{j}x_2$

二次电压 $\dot{U}_2$ 又可写成二次绕组所接的负载阻抗 Z_L 中电压降的形式，即

$$\dot{U}_2 = \dot{I}_2 Z_L \tag{2-29}$$

2）基本方程组

将前述的几个重要关系式归纳起来，有

$$\left. \begin{aligned}
&\dot{U}_1 = -\dot{E}_1 + \dot{I}_1 Z_1 \\
&\dot{U}_2 = \dot{E}_2 - \dot{I}_2 Z_2 \\
&k = \frac{E_1}{E_2} \\
&\dot{I}_1 = \dot{I}_0 - \frac{1}{k}\dot{I}_2 \\
&\dot{E}_1 = -\dot{I}_1 Z_{\mathrm{m}} \\
&\dot{U}_2 = \dot{I}_2 Z_L
\end{aligned} \right\} \tag{2-30}$$

也可以写出折算后的基本方程组

$$\left. \begin{aligned}
&\dot{U}_1 = -\dot{E}_1 + \dot{I}_1 Z_1 \\
&\dot{U}_2' = \dot{E}_2' - \dot{I}_2' Z_2' \\
&k = \frac{E_1}{E_2'} \\
&\dot{I}_1 = \dot{I}_0 - \dot{I}_2' \\
&\dot{E}_1 = -\dot{I}_1 Z_{\mathrm{m}} \\
&\dot{U}_2' = \dot{I}_2' Z_L'
\end{aligned} \right\} \tag{2-31}$$

式（2-26）~式（2-31）概括地表达了变压器负载时各电、磁量的主要关系，称为变压器的基本方程。利用这组联立方程，便能对变压器的稳态运行情况进行定量计算及分析。

2. 等值电路

变压器负载时的等值电路是在空载等值电路的基础上计入二次侧的影响而作出的。

图 2-6 所示电路中各参数的意义在前面都已分别做过介绍，并且二次侧的各量都是已折算到一次侧的量。

T形等值电路是混联电路，计算时比较麻烦。在工程上允许的误差范围内，为使计算简化，常采用近似等值电路，即将 T 形等值电路的激磁支路移到 Z_1 前的等值电路，如图 2-7所示。

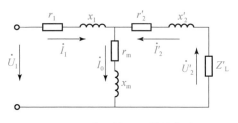
图 2-6　变压器 T 形等值电路

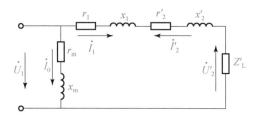
图 2-7　变压器的近似等值电路

有些工程计算中还采用更为简单的等值电路，如图 2-8 所示，它是在忽略激磁电流的情况下得到的。

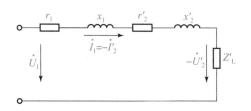
图 2-8　变压器的简化等值电路

3. 负载时的相量图

根据式（2-31）和图 2-6，可以作出变压器在感性负载时的相量图，如图 2-9 所示。假定某负载情况下的 $\dot{U}'_2$、$\dot{I}'_2$ 和功率因素 $\cos\varphi_2$ 为已知，变压器的各参数为 r_1、x_1、r'_2、x'_2、r_m、x_m，则作图步骤如下：

（1）画 $\dot{U}'_2$、$\dot{I}'_2$ 和它们间的夹角 φ_2。

（2）在 $\dot{U}'_2$ 上加电阻压降 $\dot{I}'_2 r'_2$ 和二次阻抗压降 $j\dot{I}'_2 x'_2$，得电动势 $\dot{E}'_2$。由于 $\dot{E}_1 = \dot{E}'_2$，故也得到 $\dot{E}_1$。

（3）作主磁通 $\dot{\Phi}_m$，超前 $\dot{E}_1 90°$。

（4）作 $-\dot{E}_1$。

（5）作激磁电流 $\dot{I}_0$，它的相位超前 $\dot{\Phi}_m$。

（6）作一次电流 $\dot{I}_1$，它由 $\dot{I}_0$ 和 $-\dot{I}'_2$ 相加而得。

（7）作一次电压 $\dot{U}_1$，即在 $-\dot{E}_1$ 上加一次电阻压降 $\dot{I}_1 r_1$，再加一次漏抗压降 $j\dot{I}_1 x_1$。

对应于变压器的简化等值电路图（图 2-8），可画出相应的简化相量图。简化等值电路相应的电压方程为

$$\dot{U}_1 = \dot{I}_1 (r_k + jx_k) - \dot{U}'_2 \qquad (2-32)$$

参照式（2-32）并按上述类似的方法，即可作出如图 2-10 所示的感性负载时变压器的简化相量图。

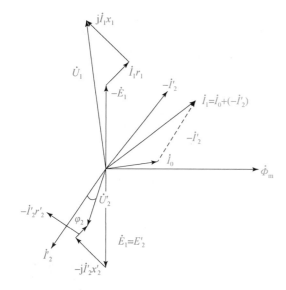

图 2-9 变压器带感性负载时的相量图

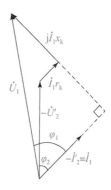

图 2-10 感性负载时变压器的简化相量图

自测题

一、填空题

1. 变压器负载运行时，二次侧电流 $\dot{I}_2$ 建立的二次磁动势大小为 _____。

2. 变压器负载运行时，一、二次磁动势 $\vec{F}_1$ 和 $\vec{F}_2$ 的合成磁动势等于 _____。

3. 变压器负载运行时，对应简化等值电路图，$\dot{U}_1 =$ _____。

4. 变压器负载运行时，一次绕组的漏磁电动势 $\dot{E}_{1\sigma} =$ _____。

5. 变压器负载运行时，二次绕组端电压折算后的值 $\dot{U}_2' =$ _____。

二、选择题

1. 变压器铁芯中的主磁通 Φ 按正弦规律变化，绕组中的感应电动势按（　　　）。

A. 正弦变化且相位一致　　　　　　B. 正弦变化且相位相反

C. 正弦变化且相位与规定的正方向有关　　D. 正弦变化且相位与规定的正方向无关

2. 电力变压器的励磁电阻表示下面哪一物理量（　　　）。

A. 输入功率　　　　B. 输出功率　　　　C. 铜耗　　　　D. 铁耗

3. 变压器绕组和铁芯在运行中会发热，其发热的主要因素是（　　　）。

A. 电流　　　　　　　　　　　　B. 电压

C. 铁耗和铜耗　　　　　　　　　　D. 电感

4. 变压器负载运行时，折算后的变比 k 等于（　　　）。

A. N_1/N_2　　　　　　　　　　　B. N_2/N_1

C. $N_1 \cdot N_2$　　　　　　　　　　D. 1

5. 变压器负载运行时，折算后一、二次绕组的电流关系为（　　　）。

A. $\dot{I}_1 = \dot{I}_0 - k\dot{I}_2$　　　　　　　　B. $\dot{I}_1 = \dot{I}_0 - \dot{I}_2'$

C. $\dot{I}_1 = \dot{I}_0 - \dot{I}_2$　　　　　　　　D. $\dot{I}_1 = \dot{I}_0 + \dfrac{1}{k}\dot{I}_2$

三、判断题

1. 当变压器运行中负载变动时，温度也随之变动。 （   ）

2. 变压器带负载时进行变换绕组分接的调压，称为有载调压。 （   ）

3. 变压器运行时，由于绕组和铁芯中产生的损耗转化为热量，故必须及时散热，以免变压器过热造成事故。 （   ）

4. 当电力系统或用户变电站发生事故时，为保证对重要设备的连续供电，允许变压器短时过负载的能力称为事故的过负载能力。 （   ）

四、简答题

1. 变压器负载时，一、二次线圈中各有哪些电动势或电压降？它们产生的原因是什么？

2. 写出变压器负载时一、二次线圈中电动势或电压降的表达式，并写出电动势平衡方程。

2.2.7 标幺值

【学习任务】 （1）正确理解标幺值的含义。

（2）正确计算各物理量的标幺值。

答案 2.6

1. 标幺值的定义

在电力工程计算中，常采用各物理量的标幺值进行运算。所谓某物理量的标幺值，就是某一个物理量（如电流、电压、阻抗、功率等）的实际数值与选定的同单位的基值之比，即

$$标幺值 = \frac{实际值}{基值}$$

为了区别实际值和标幺值，我们在物理量原来符号的右下角加"$*$"号表示标幺值。

标幺值为相对值，量纲为1，基值可任意选定。在变压器和旋转电机里，常取各物理量本身的额定值作为基值。四个基本物理量 U、I、S、Z，两个物理量的基值任选，另外两个的基值按电路理论计算。一般选取电压和电流的基值 U_b、I_b，其他两个量的基值由计算得到。

当选定各自的额定值为基值时，变压器的一、二次电压及电流的标幺值为

$$U_{1*} = \frac{U_1}{U_{1N}}; \quad U_{2*} = \frac{U_2}{U_{2N}}$$

$$I_{1*} = \frac{I_1}{I_{1N}}; \quad I_{2*} = \frac{I_2}{I_{2N}}$$

一、二次绕组的阻抗基值应分别取 $Z_{1j} = \frac{U_{1NP}}{I_{1NP}}$，$Z_{2j} = \frac{U_{2NP}}{I_{2NP}}$，则一、二次阻抗的标幺值为

$$Z_{1*} = \frac{Z_1 I_{1NP}}{U_{1NP}}, \quad Z_{2*} = \frac{Z_2 I_{2NP}}{U_{2NP}}$$

上式表明，阻抗的标幺值等于额定电流在阻抗上产生的电压降的标幺值。由此可见，使用标幺值时，短路电压就等于短路阻抗，即

$$U_{k*} = \frac{U_k}{U_{1NP}} = \frac{Z_{k75℃} I_{1NP}}{U_{1NP}} = Z_{k*} \tag{2-33}$$

并且根据计算，也可以得到

$$r_{k*} = U_{kY*}, \quad x_{k*} = U_{kW*} \tag{2-34}$$

在三相系统中，每相都可按单相系统的方法来计算。如果各物理量的标幺值乘以 100，便变成额定值的百分数，如 $U_k\% = 100U_{k*}$。

2. 标幺值的特点

采用标幺值有什么好处呢？下面我们从以下几个方面进行分析。

（1）采用标幺值表示电压和电流时，便于直观地表示变压器的运行情况。比如，给出两台变压器，运行时一次侧的端电压和电流分别为 6 kV、9 A 和 35 kV、20 A。如果不知道这两台变压器的额定值，则根据这些实际运行数据并不能判断这两台变压器的运行情况。如果给出它们的标幺值分别是 $U_{1*} = 1.0$，$I_{1*} = 1.0$ 和 $U_{2*} = 1.0$，$I_{2*} = 0.6$，就可以直观地判断出第一台变压器处于额定运行状况，而第二台变压器一次侧电压为额定值，但一次侧电流离额定值还差很多，是欠载运行情况。通常，我们称 $I_* = 1.0$ 时的负载为满载，$I_* = 0.5$ 时为半载，$I_* = 0.25$ 时为 1/4 负载，以此类推。

（2）三相变压器的电压和电流，在星形连接和三角形连接时，其线值和相值不相等，相差 $\sqrt{3}$ 倍。如果用标幺值表示，则线值与相值的基值同样相差 $\sqrt{3}$ 倍，这样，线值和相值的标幺值相等。也就是说，只要给出电压和电流的标幺值，则不必指出是线值还是相值。

（3）在进行变压器的折算时，一次侧电压和电流的数值与它们折算到二次侧的折算值大小不同；二次侧电压和电流的数值与它们折算到一次侧的折算值大小也不同，相差 k 或 $1/k$ 倍。采用标幺值表示电压和电流时，由于一、二次侧的基值也相差 k 或 $1/k$ 倍，因此标幺值相等，例如

$$U_{1*} = \frac{U_1}{U_{1N}} = \frac{kU_2}{kU_{2N}} = U_{2*}$$

这样，采用标幺值表示电压和电流大小时，不必考虑是折合到哪一侧。

（4）负载时一次侧电流和二次侧电流相差 $1/k$ 倍，而一、二次侧电流的基值也相差 $1/k$ 倍，因此 $I_{1*} = I_{2*}$。

顺便指出，在变压器的分析与计算中，常用负载系数这一概念，用 β 表示，其大小反映了负载的大小，定义为

$$\beta = \frac{I_1}{I_{1N}} = \frac{I_2}{I_{2N}} = \frac{S_1}{S_N} = \frac{S_2}{S_N} \tag{2-35}$$

可见 $\beta = I_{1*} = I_{2*} = S_{1*} = S_{2*}$。

（5）再看阻抗采用标幺值的优点。变压器各阻抗参数折算到一次侧和折算到二次侧的数值相差 k^2 倍，用标幺值表示时，二者是一样的。这样，采用标幺值说明阻抗时，不必考虑是向哪一侧折算，对每一个参数如 r_1、r_2、x_1、x_2、r_m、x_m，其标幺值只有一个数值。

电力变压器的容量从几十千伏·安到几十万伏·安，电压从几百伏到几十万伏，相差极其悬殊，它们的阻抗参数若用欧姆数值来表示，也相差悬殊。采用标幺值表示时，所有的电力变压器的各个阻抗都在一个较小的范围内，例如 $Z_{k*} = 0.04 \sim 0.14$。电力变压器短路阻抗标幺值见表 2-1。

表 2 – 1　电力变压器短路阻抗标幺值

容量/(kV·A)	额定电压/kV	Z_{k*}
10 ~ 6 300	6 ~ 10	0. 04 ~ 0. 055
50 ~ 31 500	35	0. 065 ~ 0. 08
2 500 ~ 12 500	110	0. 105
3 150 ~ 125 000	220	0. 12 ~ 0. 14

（6）采用标幺值可使物理性质不同的一系列量用相同的数值表示，公式也得到简化。例如电动势公式

用实际值表示　　　　　　用标幺值表示

$E = 4.44fN\Phi_m$　　　　　　$E_* = \Phi_{m*}$

右边的式子是这样得到的：选额定电压 U_N 为 E 的基值，把左边公式两侧除以 U_N，得

$$\frac{E}{U_N} = 4.44fN\frac{\Phi_m}{U_N}$$

因 U_N、f、N 都是固定的值，再选磁通的基值 $\Phi_{mj} = \dfrac{U_N}{4.44fN}$，即得出 $E_* = \Phi_{m*}$。

（7）采用标幺值后，各物理量的额定值为 1，运算方便。

标幺值也有缺点，譬如没有单位，因而物理概念不够明确。

【例题 2 – 3】　三相电力变压器额定值为 $S_N = 5\,600$ kV·A、$U_{1N}/U_{2N} = 35\,000/6\,300$ V，Y/△连接。由短路试验得：$U_{1k} = 2\,610$ V，$I_{1k} = 92.3$ A，$P_k = 53$ kW。当 $U_1 = U_{1N}$ 时，$I_2 = I_{2N}$，测得电压恰为额定值 $U_2 = U_{2N}$，求此时负载的性质及功率因数角的大小。

解：（1）短路阻抗：

$$Z_{1k} = \frac{U_k}{\sqrt{3}I_{1k}} = \frac{2\,610}{\sqrt{3} \times 92.3} = 16.33(\Omega)$$

短路电阻：

$$r_{1k} = \frac{P_k}{3 \times I_{1k}^2} = \frac{53 \times 10^3}{3 \times 92.3^2} = 2.074(\Omega)$$

短路电抗：

$$x_{1k} = \sqrt{Z_{1k}^2 - r_{1k}^2} = \sqrt{16.33^2 - 2.074^2} = 16.20(\Omega)$$

取阻抗的基值：

$$Z_{1N} = \frac{U_{1N}/\sqrt{3}}{S_N/\sqrt{3}U_{1N}} = \frac{U_{1N}^2}{S_N} = \frac{35\,000^2}{5\,600 \times 10^3} = 218.75(\Omega)$$

短路电阻标幺值：

$$r_{k*} = \frac{r_{1k}}{Z_{1N}} = \frac{2.074}{218.75} = 0.009\,5$$

短路电抗标幺值：

$$x_{k*} = \frac{x_{1k}}{Z_{1N}} = \frac{16.20}{218.75} = 0.074$$

当 $U_1 = U_{1N}$ 时，$I_2 = I_{2N}$，即负载系数 $\beta = 1$，$U_2 = U_{2N}$，二次电压变化率为 0，即

$$\Delta U = r_{k*}\cos\varphi_2 + x_{k*}\sin\varphi_2 = 0$$

化简得

$$\tan\varphi_2 = -\frac{r_{k*}}{x_{k*}} = -\frac{0.095}{0.074} = -0.128$$

$$\varphi_2 = -7.3°$$

即负载为容性。

自测题

一、填空题

1. 某物理量的标幺值，就是某一个物理量的_____与_____之比。

2. 当选各自的额定值为基值时，变压器一次侧电压的标幺值为_____，一次侧电流的标幺值为_____。

3. 当选电压电流的额定值为基准值时，一、二次绕组的阻抗基值应分别取_____、_____。

4. 如果各物理量的标幺值乘以 100，便变成额定值的百分数，如 $U_k\% = $_____。

5. 负载系数 β 定义为_____。

6. 容量为 $10 \sim 6\,300\ kV \cdot A$，额定电压为 $6 \sim 10\ kV$ 的电力变压器短路阻抗标幺值为_____。

二、选择题

1. 考虑线路的电压降，线路始端（电源端）电压将高于等级电压，35 kV 以下的要高 5%，35 kV 及以上的高（   ）。

A. 7%   B. 8%   C. 9%   D. 10%

2. 一台单相变压器，额定容量为 20 000 kV · A，额定电压为 $U_{1N}/U_{2N} = 220/11\ kV$，则一次侧额定电流为（   ）。

A. 157.5 A   B. 150.5 A   C. 96 A   D. 200 A

3. 阻抗的基值为 $Z_j = 604\ \Omega$，短路电阻的实际值为 $r_k = 8\ \Omega$，则短路电阻的标幺值为（   ）。

A. 13.2   B. 1.32   C. 0.013 2   D. 0.132

4. 阻抗的基值为 $Z_j = 604\ \Omega$，短路电抗的实际值为 $x_k = 28.91\ \Omega$，则短路电抗的标幺值为（   ）。

A. 47.8   B. 0.478   C. 4.78   D. 0.047 8

5. 变压器采用从二次侧向一次侧折算的原则是（   ）。

A. 保持二次侧电流不变   B. 保持二次侧电压为额定电压

C. 保持二次侧磁通不变   D. 保持二次侧绕组漏阻抗不变

三、判断题

1. 容量为 $50 \sim 31\,500\ kV \cdot A$ 的电力变压器短路阻抗标幺值一般为 $0.065 \sim 0.08$。（   ）

2. 变压器的电动势大小为 $E = 4.44fN\Phi_m$，采用标幺值表示时，$E_* = \Phi_{m*}$。（   ）

3. 给定一台变压器的 $U_* = 1.0$，$I_* = 0.6$，可以直观地判断出这台变压器处于额定运行状况。（   ）

4. 负载系数 β 的大小可以反映变压器所带负载的大小。我们称 $\beta = 1.0$ 为满载，$\beta = 0.5$ 为半载，以此类推。（　　）

四、分析计算题

1. 变压器运行，一次侧电流标幺值为 0.6 时，二次侧电流标幺值为多少？

2. 某单相变压器的额定容量 $S_N = 22$ MV · A，额定电压 $U_{1N}/U_{2N} = 220/110$ kV，一、二次侧电压、电流、阻抗的基值为多少？若一次侧电流 $I_1 = 50$ A，则一次侧电流标幺值为多少？若短路阻抗标幺值为 0.06，则其实际值为多少？

2.2.8 单相变压器的运行性能

【学习任务】　（1）正确理解电压变化率和效率的含义。
　　　　　　　　（2）正确理解负载系数的定义和含义。
　　　　　　　　（3）正确分析单相变压器的运行性能。

变压器的运行性能主要体现在外特性和效率特性上。从外特性可以确定变压器的额定电压变化率，从效率特性可以确定变压器的额定效率。这两个数据是标志变压器性能的主要指标，下面分别加以说明。

1. 外特性

变压器空载运行时，若一次侧电压 U_1 不变，则二次侧电压 U_2 也不变。变压器加上负载之后，随着负载电流 I_2 的增加，I_2 在二次绕组内的阻抗压降也会增加，使二次侧的电压 U_2 随之发生变化。另一方面，由于一次侧电流 I_1 随 I_2 增加，因此一次侧漏阻抗的压降也增加，一次侧电动势 E_1 和二次侧电动势 E_2 会有所下降，也会影响二次侧的输出电压 U_2。

外特性是指变压器的一次绕组接至额定电压，二次侧负载的功率因数保持一定时，二次绕组的端电压与负载电流的关系，即 $U_2 = U_{2N}$、$\cos\varphi_2 =$ 常数，$U_2 = f(I_2)$，如图 2 – 11 所示。外特性是一条反映负载变化时，变压器二次侧的供电电压能否保持恒定的特性曲线，它可以通过实验求得。

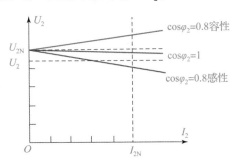

图 2 – 11　变压器的外特性

由外特性曲线可以看出，当 $\cos\varphi_2 = 1$ 时，U_2 随 I_2 的增加而下降得并不多；当 $\cos\varphi_2$ 降低，即带感性负载时，U_2 随 I_2 增加而下降的程度加大，这是因为滞后的无功电流对变压器磁路中的主磁通的去磁作用更为显著，而使 E_1 和 E_2 有所下降；但当 $\cos\varphi_2$ 为负值，即带容性负载时，超前的无功电流有助磁作用，主磁通会有所增加，E_1 和 E_2 亦相应加大，使 U_2 会随 I_2 的增加而提高。以上叙述表明，负载的功率因数对变压器外特性的影响是很大的。

2. 电压变化率

变压器一次侧接上额定电压、二次侧开路时，二次空载电压就等于二次额定电压。带上负载后，由于内部有漏阻抗压降，故二次电压就要改变。二次电压变化的大小常用电压变化率来表示。所谓电压变化率 ΔU 是指在空载和给定的功率因数下，一次侧接额定频率和额定电压的电源上，二次侧有额定电流时，两个二次电压（U_{2N}、U_2）的算术差与额定二次侧电压 U_{2N} 的比值，即

$$\Delta U = \frac{U_{2N} - U_2}{U_{2N}} = 1 - U_{2*} \qquad (2-36)$$

或

$$\Delta U = \frac{U_{2N} - U_2}{U_{2N}} \times 100\%$$

ΔU 也可用折算后的电压表示，即

$$\Delta U = \frac{k(U_{2N} - U_2)}{kU_{2N}} = \frac{U_{1N} - U'_2}{U_{1N}} \qquad (2-37)$$

电压变化率是变压器的一个重要指标，它的大小反映了供电电压的稳定性，故可以导出

$$\Delta U = \beta(r_{k*}\cos\varphi_2 + x_{k*}\sin\varphi_2) \qquad (2-38)$$

式中　β——负载系数；

　　　r_k——短路电阻；

　　　x_k——短路电抗。

由式（2-39）可以看到，电压变化率的大小与负载大小、性质及变压器的本身参数有关，在给定的负载下，短路阻抗的标幺值大，ΔU 也大。

功率因数对 ΔU 的影响也很大，若变压器带感性负载，则 $\varphi_2 > 0$，ΔU 为正值，说明带感性负载时二次电压比空载电压低；若变压器带容性负载，$\varphi_2 < 0$，ΔU 可能有负值，说明带容性负载时二次电压比空载电压高。

以 $\beta = 1$ 计算出来的 ΔU 值，即前述相应于额定电流时的电压变化率 ΔU 可写成以下形式，即

$$\Delta U_N = (r_{k*}\cos\varphi_2 + x_{k*}\sin\varphi_2) \times 100\% \qquad (2-39)$$

利用此式计算时，r_{k*} 要用换算到 75 ℃时的数值。

一般的电力变压器，当 $\cos\varphi_2 \approx 1$ 时，$\Delta U \approx 2\% \sim 3\%$；当 $\cos\varphi_2 \approx 0.8$（滞后）时，$\Delta U \approx 4\% \sim 6\%$。一般情况下，照明电源电压波动不超过 $\pm 5\%$，动力电源电压波动不超过 $+10\% \sim -5\%$。如果变压器的二次电压偏离额定值比较多，超出工业用电的允许范围，则必须进行调整。通常，在高压绕组上设有分接头，借此可调节高压绕组匝数（亦即变更变比）来达到调节二次电压的目的。利用分接开关来调节分接头，一般可在额定电压 $\pm 5\%$ 范围内进行。分接开关有两大类：一类是需要变压器断电后才能操作的，称为无激磁分接开关；另一类是在变压器通电时也能操作的，称为有载分接开关。由此，相应的变压器也就分为无激磁调压变压器和有载调压变压器。

【例题 2-4】　变压器参数同［例题 2-3］，求在额定负载，$\cos\varphi_2 = 0.8$（滞后）和 $\cos\varphi_2 - 0.8$（超前）时的电压变化率。

解： 当 $\cos\varphi_2 = 0.8$（滞后）时，$\sin\varphi_2 = 0.6$，现 $r_{k*} = 0.009$，$x_{k*} = U_{kW*} = 0.074$，可得

$$\Delta U_N = (r_{k*}\cos\varphi_2 + x_{k*}\sin\varphi_2) \times 100\%$$
$$= 0.009 \times 0.8 + 0.074 \times 0.6 = 0.051\ 6$$

又当 $\cos\varphi_2 = 0.8$（超前）时，$\sin\varphi_2 = -0.6$，则

$$\Delta U_N = (r_{k*}\cos\varphi_2 + x_{k*}\sin\varphi_2) \times 100\%$$
$$= 0.009 \times 0.8 + 0.074 \times (-0.6) = -0.037\ 1$$

3. 效率

变压器的效率 η 以输出功率 P_2 和输入功率 P_1 比值的百分数表示，即

$$\eta = \frac{P_2}{P_1} \times 100\% \qquad (2-40)$$

损耗的大小对效率有直接的影响，对于变压器，损耗可分为两大类，即铜耗和铁耗，铁耗与电压有关，基本上不随负荷而变，故又称不变损耗；铜耗与电流有关，故又称可变损耗。可用计算损耗的方法来确定变压器的效率，其关系式为

$$\eta = \frac{P_2}{P_1} = \frac{P_1 - \sum p}{P_1} = 1 - \frac{\sum p}{P_2 + \sum p} \qquad (2-41)$$

式中 $\sum p = p_{Fe} + p_{Cu}$ ——总损耗

       p_{Fe} ——铁耗

       p_{Cu} ——铜耗

考虑到输出有功功率为

$$P_2 = U_2 I_2 \cos\varphi_2 \approx U_{2N} I_2 \cos\varphi_2 = \beta U_{2N} I_{2N} \cos\varphi_2$$
$$= \beta S_N \cos\varphi_2$$

铜耗为

$$p_{Cu} = I_1^2 r_{k75\,℃} = \frac{I_1^2}{I_{1N}^2} I_{1N}^2 r_{k75\,℃} = \beta^2 p_{kN}$$

铁耗为

$$p_{Fe} \approx p_0$$

如果忽略负载时二次电压的变化，则效率公式可写成

$$\eta = \left(1 - \frac{p_0 + \beta^2 p_{kN}}{\beta S_N \cos\varphi_2 + p_0 + \beta^2 p_{kN}}\right) \times 100\% \qquad (2-42)$$

上式说明，效率与负载大小以及功率因数有关。在给定的功率因数下，效率 η 和负载系数 β 的关系曲线（即效率曲线）如图 2-12 所示。

从图 2-12 中曲线可以看出，负载增大时，开始效率也很快增大，达到定值后，效率又开始下降，这是因为可变损耗与电流平方成正比。当负载增大时，开始是输出功率增加使效率升高，到一定程度后，铜耗的迅速增大使效率又下降了。

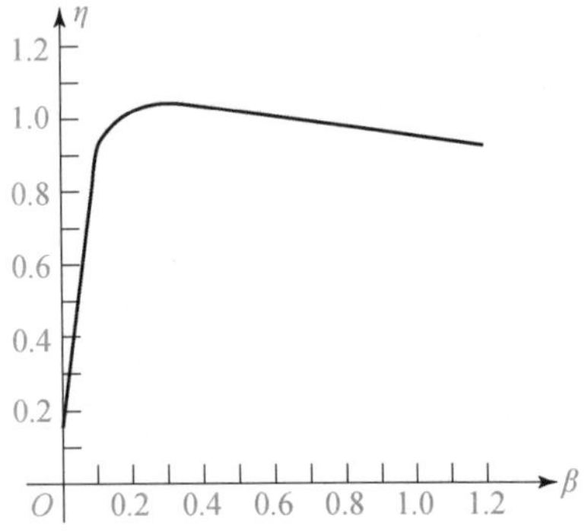

最大的效率发生在 $\dfrac{\mathrm{d}\eta}{\mathrm{d}\beta} = 0$ 时，将式（2-42）对 β 微分，并使之等于零，得对应于最大效率时的负载系数为

$$\beta_0 = \sqrt{\frac{p_0}{p_{kN}}}$$

这就是说，当铜耗等于铁耗时，效率最高。

图 2-12　效率特性曲线

由于变压器一般不会长期在额定负载下运行，因此 β_0 在 $0.5 \sim 0.6$ 范围内，相应的 $\dfrac{p_0}{p_{kN}}$ 值为 $\dfrac{1}{4} \sim \dfrac{1}{3}$。这就是说，满载时铜耗比铁耗大得多。

【**例题 2-5**】 一台三相变压器 $S_N = 1\,000$ kV·A，50 Hz，Y、d 接线，额定线电压为 $10/6.3$ kV。当外施额定电压时，空载损耗 $p_0 = 4.9$ kW，空载电流占额定电流的 5%。当短

路电流为额定值时，短路损耗 $p_{kN} = 15\text{ kW}$，短路电压为额定电压的 5.5%。试求：

（1）折算到一次侧的等值电路各个参数的欧姆值及标幺值。

（2）当有额定负载且功率因数为 0.8（滞后）时的电压变化率。

（3）当供给额定负载且功率因数为 0.8（滞后）时的效率及最高效率。

解：（1）一次额定电流为

$$I_{1N} = 1\,000 \times 10^3 \big/ \sqrt{3} \times 10 \times 10^3 = 57.7(\text{A})$$

因一次星形接线，故相电流为

$$I_{1NP} = I_{1N} = 57.7\ (\text{A}),\quad I_0 = 57.7 \times 5\% = 2.885\ (\text{A})$$

一次额定相电压为

$$U_{1NP} = \frac{10 \times 10^3}{\sqrt{3}} = 5\,773.7(\text{V})$$

取阻抗基值为

$$Z_j = \frac{5\,770}{57.7} = 100(\Omega)$$

励磁回路参数为

$$Z_m = \frac{E_1}{I_0} \approx \frac{U_{1NP}}{I_0} = \frac{5\,773.7}{57.7 \times 5\%} = 2\,001.3(\Omega)$$

$$Z_{m*} = \frac{2\,001.3}{100} \approx 20(\Omega)$$

$$r_m = \frac{p_0}{3I_0^2} = \frac{4\,900}{3 \times 2.885^2} = 196(\Omega)$$

$$r_{m*} = \frac{196}{100} = 1.96$$

$$x_m = \sqrt{Z_m^2 - r_m^2} = \sqrt{2\,001.3^2 - 196^2} = 1\,992(\Omega)$$

$$x_{m*} = \frac{1\,992}{100} = 19.92$$

短路参数为

$$U_k = 0.055 \times 5\,773.7 = 317.55(\text{V})$$

$$Z_k = \frac{U_k}{I_{1NP}} = \frac{317.55}{57.7} = 5.5(\Omega),\quad Z_{k*} = \frac{5.5}{100} = 0.055 = U_{k*}$$

$$r_k = \frac{p_{kN}}{3I_{1NP}^2} = \frac{15\,000}{3 \times 57.7^2} = 1.5(\Omega),\quad r_{k*} = \frac{1.5}{100} = 0.015$$

$$x_k = \sqrt{Z_k^2 - r_k^2} = \sqrt{5.5^2 - 1.5^2} = 5.3(\Omega),\quad x_{k*} = \frac{5.3}{100} = 0.053$$

$$U_{kY*} = r_{k*} = 0.015,\quad U_{kW*} = x_{k*} = 0.053$$

假定二次侧折算到一次侧时，其值与一次同名的参数相等，则有

$$r_1 = r_2' = \frac{r_k}{2} = 0.75,\quad r_{1*} = r_{2*}' = 0.007\,5$$

$$x_1 = x_2' = \frac{x_k}{2} = 2.65,\quad x_{1*} = x_{2*}' = 0.026\,5$$

（2）当有额定负载且功率因数为 0.8（滞后）时电压变化率为

$$\Delta U_N = (r_{k*}\cos\varphi_2 + x_{k*}\sin\varphi_2) \times 100\%$$

$$= (0.015 \times 0.8 + 0.053 \times 0.6) \times 100\% = 4.38\%$$

（3）因 $S_N = 1\ 000\ kV \cdot A$，$\cos\varphi_2 = 0.8$，$p_{kN} = 15\ kW$，$p_0 = 4.9\ kW$，$\beta = 1$，所以

$$\eta = \left(1 - \frac{p_0 + \beta^2 p_{kN}}{\beta S_N \cos\varphi_2 + p_0 + \beta^2 p_{kN}}\right) \times 100\%$$

$$= \left(1 - \frac{4.9 + 15}{1\ 000 \times 0.8 + 4.9 + 15}\right) \times 100\% = 97.57\%$$

$$p_0 = \beta^2 p_{kN} \Rightarrow \beta = \sqrt{\frac{p_0}{p_{kN}}} = \sqrt{\frac{4.9}{15}} = 0.572$$

即负载电流为额定电流的 57.2% 时有最高的效率，此时

$$\beta^2 p_{kN} = p_0 = 4.9\ kW$$

故 $\cos\varphi_2 = 0.8$（滞后）时的最高效率为

$$\eta_{max} = 1 - \frac{4.9 + 4.9}{0.572 \times 1\ 000 \times 0.8 + 4.9 + 4.9} = 0.979 = 97.9\%$$

自测题

答案 2.8

一、填空题

1. 电压变化率的计算式为 _____。

2. 引起变压器电压变化率变化的原因是 _____。

3. 变压器电源电压一定，其二次端电压的大小决定于 _____ 和 _____。

4. 变压器短路阻抗越大，电压变化率 _____。

5. 变压器原边额定电压 $U_{1N} = 220\ V$，副边额定电压 $U_{2N} = 330\ V$，当副边接负载后，实际的副边电压 $U_2 = 300\ V$，则电压变化率 $\Delta U = $ _____。

6. _____，变压器的效率最高。

二、选择题

1. 一台变压器在（　　）时效率最高。

A. $\beta = 1$ 　　　　　　　　　　　　　B. $p_0 / p_{kN} = $ 常数

C. $p_{Cu} = p_{Fe}$ 　　　　　　　　　　D. $S = S_N$

2. 某三相电力变压器带阻感性负载运行，在负载电流相同的条件下 $\cos\varphi_2$ 越高，则（　　）。

A. ΔU 越大，效率越高　　　　　　B. ΔU 越大，效率越低

C. ΔU 越小，效率越低　　　　　　D. ΔU 越小，效率越高

3. 变压器一次侧为额定电压时，其二次侧电压（　　）。

A. 必然是额定值

B. 随着负载电流的大小和功率因数的高低而变化

C. 随着所带负载的性质而变化

D. 无变化规律

4. 变压器所带的负荷是电阻、电感性的，其外特性曲线呈现（　　）。

A. 上升形曲线　　　　　　　　　　B. 下降形曲线

C. 近于一条直线　　　　　　　　　D. 无规律变化

5. 变压器负载呈容性，负载增加时，副边电压（　　）。

A. 呈上升趋势　　B. 不变　　　　C. 可能上升或下降　　D. 无规律变化

6. 变压器一次绕组加额定频率的额定电压，在给定的负载功率因数下，二次空载电压和（　　）之差与二次额定电压的比值称为变压器的电压变化率。

    A. 二次短路电压   B. 二次负载电压

    C. 一次额定电压   D. 二次开路电压

7. 某变压器空载损耗 $p_0 = 600$ W，短路损耗 $p_{kN} = 2\,100$ W，当达到最大效率时，变压器总损耗为（　　）。

    A. 2 700 W   B. 4 200 W   C. 1 200 W   D. 1 500 W

8. 在给定负载功率因数下二次空载电压和二次负载电压之差与二次额定电压的（　　），称为电压调整率。

    A. 和   B. 差   C. 积   D. 比

9. 变压器的效率为输出的（　　）与输入的有功功率之比的百分数。

    A. 有功功率   B. 无功功率

    C. 额定功率   D. 视在功率

10. 当铁耗和铜耗相等时，变压器处于最经济运行状态，一般在其额定容量的（　　）。

    A. 20%～30%   B. 30%～40%   C. 40%～60%   D. 50%～70%

11. 不论变压器分接头在任何位置，只要电源电压不超过额定值的（　　），变压器都可在额定负载下运行。

    A. ±4%   B. ±5%   C. ±6%   D. ±7%

12. 三相电力变压器带阻感性负载运行时，在负载电流相同的条件下，$\cos\varphi$ 越高，则（　　）。

    A. 二次电压变化率 ΔU 越大，效率 η 越高

    B. 二次电压变化率 ΔU 越大，效率 η 越低

    C. 二次电压变化率 ΔU 越小，效率 η 越低

    D. 二次电压变化率 ΔU 越小，效率 η 越高

13. 变压器在（　　）时，效率最高。

    A. 额定负载下运行   B. 空载运行

    C. 轻载运行   D. 超过额定负载下运行

14. 变压器带感性负载，从轻载到满载，其输出电压将会（　　）。

    A. 升高   B. 降低   C. 不变   D. 以上都不对

三、判断题

1. 变压器不论分接头在何位置，所加一次电压不应超过其额定值的5%。   （　　）

2. 变压器二次侧不带负载，一次侧也与电网断开（无电源励磁）的调压，称为无励磁调压，一般无励磁调压的配电变压器的调压范围是 ±5% 或 ±2×2.5%。   （　　）

3. 变压器接在电网上运行时，变压器二次侧电压将由于种种原因发生变化，影响用电设备的正常运行，因此变压器应具备一定的调压能力。   （　　）

4. 当电力系统或用户变电站发生事故时，为保证对重要设备的连续供电，允许变压器短时过负载的能力称为事故过负载能力。   （　　）

5. 电压调整率即说明变压器二次电压变化的程度大小，是衡量变压器供电质量的数据。

                                          （　　）

6. 通常中小型变压器的效率约为 95% 以上，大型变压器的效率在 98% ~ 99.5% 以上。

（ ）

7. 当 $\cos\varphi_2$ 降低，即变压器带感性负载时，U_2 随 I_2 增加而增加。 （ ）

8. 变压器满载时铜耗比铁耗小。 （ ）

四、分析计算题

1. 三相变压器，$U_{1N} = 10$ kV，$U_{2N} = 3.15$ kV，Y，d11 连接，每匝电压为 14.189 V，$I_{2N} = 183.3$ A。试求：

（1）原副方线圈匝数；

（2）原线圈电流及额定容量；

（3）变压器运行在额定容量且功率因数 $\cos\varphi = 1$、$\cos\varphi = 0.9$（超前）、$\cos\varphi = 0.8$（滞后）时的负载功率。

2. 三相变压器的额定值为 $S_N = 1\,800$ kV·A，$U_{1N}/U_{2N} = 6\,300/3\,150$ V，Y，d11 连接，空载损耗 $p_0 = 6.6$ kW，短路损耗 $p_k = 21.2$ kW，求：

（1）当输出电流 $I_2 = I_{2N}$，$\cos\varphi_2 = 0.8$ 时的效率；

（2）效率最大时的负载系数 β_m。

3. 变压器的有功功率及无功功率的转换与功率因数有何关系？

2.2.9　三相变压器的磁路系统

【**学习任务**】（1）正确说出三相组式变压器的结构及磁路。

　　　　　　（2）正确说出三相心式变压器的结构及磁路。

　　　　　　（3）正确理解心式变压器和组式变压器的应用场合。

电力系统均采用三相供电制，所以三相变压器可由三台变压器组合而成，称为三相组式变压器，还有一种三柱式铁芯结构的变压器称为三相心式变压器。

三相变压器在对称负载下运行时，其中每一相的电磁关系都与单相变压器相同，前面分析的单相变压器的方法及有关结论，完全适用于对称运行的三相变压器。

　　1. 组式变压器

组式变压器由三台单相变压器组合而成，其特点是每相磁路独立，互不关联，如图 2 - 13 所示，只有在特大容量时为运输方便才采用这种结构。

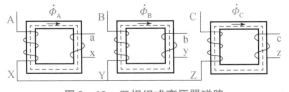

图 2 - 13　三相组式变压器磁路

　　2. 心式变压器

三相心式变压器磁路是由三个单相变压器铁芯演变而成，把三个单相铁芯合并成如图 2 - 14（a）所示的结构，由于通过中间铁芯的是三相对称磁通，其相量和为零，因此中间铁芯可以省去，形成如图 2 - 14（b）所示的形式，再将三个芯柱安排在同一平面上。如图 2 - 14（c）所示，这就是三相心式变压器磁路。

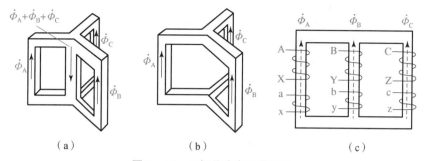

图 2 - 14　三相芯式变压器磁路

（a）三个单相铁芯的合并；（b）去掉中间铁芯柱；（c）三相心式铁芯

三相心式变压器磁路的特点是：各相磁路彼此关联，每一相磁通要通过另外两相磁路闭合。由于三相芯柱在一个平面上，使三相磁路有点不对称，由此造成三相激磁电流也有点不对称。由于激磁电流很小，故这种不对称程度在工程上造成的误差完全可以忽略不计。目前用得较多的是三相心式变压器，因它具有消耗材料少、效率高、占地面积小、维护简单等优点，大型变压器多采用这种结构。

3. 心式变压器和组式变压器的区别

1）结构不同

心式变压器中的铁芯是变压器的磁路部分，在铁芯柱上套绕组，铁轭则将铁芯柱连接起来，形成闭合的磁路；而组式变压器是由三个单相变压器在电路上做三相连接而组成的，各相的主磁通沿各自铁芯形成一个单独的回路，彼此间毫无关系。

2）适用范围不同

在大容量的巨型变压器中，为了便于运输及减少备用容量，常常采用三相组式变压器，而大、中、小容量的心式变压器广泛应用于电力系统中。

2.2.10　三相变压器的极性与连接组

【学习任务】（1）正确标注单相绕组极性。

（2）正确判断单相变压器连接组别。

（3）时钟表示法的理解和应用。

（4）正确判断三相变压器的连接组别。

（5）正确说出三相变压器的标准连接组别及应用场合。

微课 2.4：
变压器的连接组别

1. 变压器的连接组别

变压器不但能改变电压（电动势）的数值，还可以使高压、低压侧的电压（电动势）具有不同的相位关系。对电力变压器来说，三相绕组的连接方式有两种基本形式，即星形连接和三角形连接。三相绕组的连接方式、绕组的缠绕方向和绕组端头的标志这三个因素会影响三相变压器一、二次线电压的相位关系。所谓变压器的连接组别，就是讨论高、低压绕组的连接方式以及高、低压侧线电动势之间的相位关系。这里要解决的主要问题是分析一、二次线电动势的相位差。一般用时钟表示法来表明变压器一、二次线电动势的相位关系。

所谓时钟表示法，即以变压器高压侧线电动势的相量作为长针，并固定指着"12"；以低压侧同名线电动势的相量作为短针，它所指的时钟数即表示该连接组的组号。例如，对于

Y，y连接，当$\dot{E}_{AB}$与$\dot{E}_{ab}$同相时，则连接组别为 Y，y0。绕组连接图均以高压侧的视向为准，连接组的表示式中，逗号前面的符号表示高压绕组的连接方式，逗号后面的符号表示低压绕组的连接方式，后面的数字表示组号。

对于单相变压器，常以其高、低压侧电动势相量的相位关系来表示其组别。

下面先讨论单相变压器的极性及连接组，再分析三相变压器的连接组。顺便指出，高、低压侧电动势之间的相位关系完全等同于电压之间的相位关系。

2. 单相绕组的极性

对于三相变压器的任意一相（或单相变压器），其高、低压绕组之间存在瞬时极性问题，即高、低压绕组交链同一磁通感应电动势时，高压绕组某一侧端头的电位若为正（高电位），低压绕组必有一个端头的电位也为正（高电位），这两个具有正极性或另两个具有负极性的端头，称为同极性端或叫同名端，用符号"●"或"*"表示。

如图 2－15（a）所示的单相绕组，高、低压绕组套装在同一铁芯柱上，绕向相同，被同一主磁通交链。当磁通交变时，在同一瞬间，根据楞次定律可判断两个绕组感应电动势的实际方向，均由绕组上端指向下端，在此瞬间，两个绕组的上端同为负电位，即为同极性端，而两个绕组的下端同为正电位，也为同极性端，只要标出一对同极性端即可。

同样的方法分析两绕组绕向相反，同极性端的标记就要改变，如图 2－15（b）和图 2－15（e）所示。由此可见，极性与绕组的绕向有关。对已制好的变压器，其相对极性也就被确定。

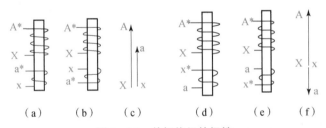

图 2－15　单相绕组的极性

（a）高、低压绕组绕向相同—正接；（b）高、低压绕组绕向相反—反接并且端头标记对换；
（c）正接和反接对换端头标记时的相量图；（d）正接低压绕组端头标记对换；
（e）反接接线图；（f）反接和端头标记对换的相量图

3. 单相变压器的连接组

下面分析单相变压器高、低压绕组感应相电动势之间的相位关系。绕组端头标记如图 2－15 所示，感应电动势正方向的规定如下：高、低压各绕组相电动势正方向从尾端指向首端。这样，高、低压绕组相电动势之间只有两种相位关系：

（1）若高、低压绕组首端为同极性端，则高、低压绕组相电动势相位相同；

（2）若高、低压绕组首端为异极性端，则高、低压绕组相电动势相位相反。

单相变压器高、低压绕组连接用 I/I 表示。数字标号用时钟的点数表示，其含义是：把高压绕组相电动势相量看成时钟上的长针（分针），低压绕组相电动势相量看成时钟上的短针（时针），并且令高压绕组相电动势相量固定在钟盘面上的数字"12"作为参考相量，那么低压绕组相电动势相量所指的时钟的数字即为组号；而高、低压绕组的相电动势的相量差即为时钟数×30°。

按照上述规定，则如图 2 - 15（a）和图 2 - 15（b）所示的连接组为 I，I0；如图 2 - 15（e）和图 2 - 15（d）所示的连接组为 I，I6。

4. 三相绕组的连接方法

三相绕组主要有星形连接和三角形连接两种。我国规定同一铁芯柱上的高、低压绕组为同一相绕组，并采用相同的字母符号为端头标记。

为了分析和使用方便起见，电力变压器绕组的首、尾都有标号，标法见表 2 - 2。

表 2 - 2　变压器绕组的端头标号

绕组标号	单相变压器		三相变压器		中性点
	首端	尾端	首端	尾端	
高压绕组	A	X	A、B、C	X、Y、Z	O
低压绕组	a	x	a、b、c	x、y、z	o
中压绕组	A_m		A_m、B_m、C_m	X_m、Y_m、Z_m	O_m

1）星形连接

以高压绕组星形连接为例，其接线图及电动势相量图如图 2 - 16 所示。

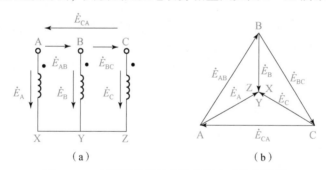

（a）　　　　　　　　　（b）

图 2 - 16　星形接法的三相绕组及电动势相量图

（a）星形接法的三相绕组；（b）电动势相量图

在如图 2 - 16 所示正方向的前提下，有 $\dot{E}_{AB} = \dot{E}_A - \dot{E}_B$；$\dot{E}_{BC} = \dot{E}_B - \dot{E}_C$；$\dot{E}_{CA} = \dot{E}_C - \dot{E}_A$。

2）三角形连接

三角形接法有两种，一种是右向三角形，另一种是左向三角形，如图 2 - 17 和图 2 - 18 所示。

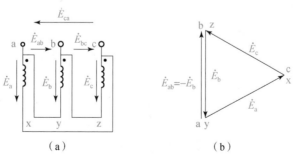

（a）　　　　　　　　　（b）

图 2 - 17　右向三角形接法三相绕组及电动势相量图

（a）右向三角形接法的三相绕组；（b）电动势相量图

以低压绕组右向三角形连接（d 连接）为例，其接线及电动势相量图如图 2 – 17 所示。在图 2 – 17（b）所规定的正方向下，有 $\dot{E}_{ab} = -\dot{E}_b$，$\dot{E}_{bc} = -\dot{E}_c$，$\dot{E}_{ca} = -\dot{E}_a$。

以低压绕组左向三角形连接（d 连接）为例，其接线及电动势相量图如图 2 – 18 所示。在图 2 – 18（b）所规定的正方向下，有 $\dot{E}_{ab} = \dot{E}_a$，$\dot{E}_{bc} = \dot{E}_b$，$\dot{E}_{ca} = \dot{E}_c$。

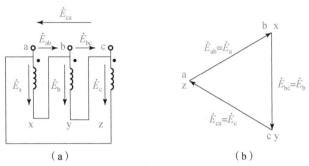

（a） （b）

图 2 – 18　左向三角形接法三相绕组及电动势相量图

（a）左向三角形接法绕组；（b）电动势相量图

5. 三相变压器的连接组别

三相变压器的连接组，是由表示高、低压绕组连接法及其对应线电动势相位关系的组号两部分组成的。

高、低压绕组对应线电动势的相位关系可用相位差表示，高、低压绕组的连接法（星形或三角形）不同，相位差也不一样，但总是 30°的整数倍，仍然可用时钟字标号来表示对应线电动势之间的相位差。具体方法是，分别作出高、低压侧电动势相量图，选高压侧线电动势相量作长针，且固定指着时钟盘面上的"12"；对应的低压侧线电动势相量作短针，其所指的钟点数即为连接组标志中的组号。

下面分别以 Y，y 及 Y，d 连接的三相变压器连接组进行分析。

1）Y，y0 连接组（见图 2 – 19

由图 2 – 19b）可见，$\dot{E}_{AB}$ 指向"12"，$\dot{E}_{ab}$ 也指向"12"，其连接组记为 Y，y0。

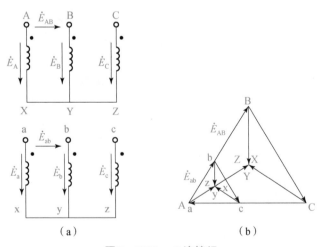

（a） （b）

图 2 – 19Y，y0 连接组

（a）接线图；（b）电动势相量图

改变低压绕组同极性端，或者在保证正相序下改变低压绕组端头标记，还可以得到2、4、6、8、10五个偶数组号。

2）Y，d11连接组（见图2-20）

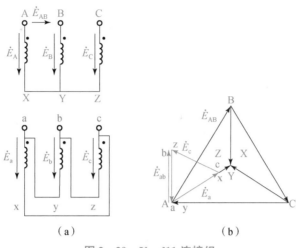

图2-20 Y，d11连接组

（a）接线图；（b）电动势相量图

改变低压绕组为右向或左向三角形连接，也可改变低压绕组同极性端或者在保证正相序的情况下改变低压绕组端头标记，还可以得到1、3、5、7、9这五个奇数组号。

综上所述，变压器有很多连接组，为了制造和使用方便及统一，避免因连接组过多造成混乱，以致引起不必要的事故，同时又能满足工业上的需要，国际规定了一些标准连接组。三相双绕组电力变压器的标准连接组有Y，y0、Y_N，y0、Y，y_n0、Y，d11、Y_N，d11五种；单相变压器只有I，I0一种。其中符号Y_N，y_n表示三相绕组为星形接法，并把中点引出箱外。

各种标准连接组使用范围如下：

（1）Y，y_n0主要用在配电变压器中，供给动力与照明混合负载。这种变压器的容量可做到1 800 kV·A，高压边额定电压不超过35 kV，低压边电压为400/230 V。

（2）Y，d11用在副边电压超过400 V的线路中，最大容量为5 600 kV·A，高压边电压在35 kV以下。

（3）Y_N，d11用在高压边需要中点接地的变压器，在110 kV以上的高压输电线路，一般需要把中点直接接地或通过阻抗接地。

（4）Y_N，y0用在原边中点需要接地的场合。

（5）Y，y0一般只供三相动力负载。

自测题

答案2.9

一、填空题

1. 组式变压器由三台单相变压器组合而成，其特点是_____。

2. 变压器的连接组，就是讨论高、低压绕组的连接法以及高、低压侧线电动势之间的_____关系。

3. 对电力变压器来说，三相绕组的连接方式有两种，即_____和_____。

4. 高、低压绕组对应线电动势的相位关系，可用相位差表示，高、低压绕组的连接法不同，相位差也不一样，但总是_____的整数倍。

5. _____主要用在配电变压器中，供给动力与照明混合负载。

二、选择题

1. 一台 Y, d11 连接的三相变压器，额定容量 $S_N = 500$ kV·A，额定电压 $U_{1N}/U_{2N} = 10/0.4$ kV，二次侧的额定电流是（   ）。

A. 21 A   B. 36.4 A   C. 525 A   D. 721 A

2. 一台三相变压器绕组连接标号为 D, y11，说明是（   ）。

A. 一次侧三角形接法，其线电势滞后星形接法的二次侧线电动势相位 330°

B. 二次侧星形接法，其线电势滞后一次侧三角形接法的线电动势相位 330°

C. 一次侧星形接法，其线电势滞后二次侧三角形接法的线电压相位 330°

D. 二次侧三角形接法，其线电压滞后一次侧星形接法的线电压相位 330°

3. 一台变压器绕组连接标号为 Y, d2，说明是（   ）。

A. 一次侧三角形接法，其线电压滞后星形接法的二次侧线电压相位 60°

B. 二次侧星形接法，其线电势滞后一次侧三角形接法的线电动势相位 60°

C. 一次侧星形接法，其线电势滞后二次侧三角形接法的线电动势相位 60°

D. 二次侧三角形接法，其线电压滞后一次侧星形接法的线电压相位 60°

4. （   ）是三相变压器绕组中有一个同名端相互连在一个公共点（中性点）上，其他三个线端接电源或负载。

A. 三角形连接   B. 球形连接

C. 星形连接   D. 方形连接

5. （   ）是三个变压器绕组相邻相的异名端串接成一个三角形的闭合回路，在每两相连接点即三角形顶点上分别引出三根线端，接电源或负载。

A. 三角形连接   B. 球形连接

C. 星形连接   D. 方形连接

6. Y, y_n0 表示三相变压器一次绕组和二次绕组的绕向相同，线端标号一致，而且一、二次绕组对应的相电势是（   ）的。

A. 同相   B. 反相   C. 相差 90°   D. 相差 270°

7. 三相变压器 D, y_n11 绕组接线表示一次绕组接成（   ）。

A. 星形   B. 三角形   C. 方形   D. 球形

8. 变压器极性接错，有可能导致两个绕组在铁芯中产生的（   ）相互抵消。

A. 磁通   B. 电流   C. 电压   D. 有功

三、判断题

1. 在使用变压器时，要注意绕组的正确连接方式，否则变压器不仅不能正常工作，甚至会烧坏变压器。   （   ）

2. 变压器星形连接是三个绕组相邻相的异名端串接成一个三角形的闭合回路，在每两相连接点即三角形顶点上分别引出三根线端，接电源或负载。 （   ）

3. 一般配电变压器常采用 Y, y_n0（即 Y/Y0—12）和 D, y_n11（即 △/Y0—11）两种连接组。   （   ）

4. 三相变压器 D，y_n11 绕组接线表示一次绕组接成星形。（　　）

5. 三相变压器高、低压绕组的连接法不同，高、低压绕组对应线电动势的相位差也不一样，但总是 60° 的整数倍。　　　　　　　　　　　　　　　　（　　）

四、分析计算题

1. 什么是变压器的连接组序号？

2. 什么是变压器的极性？

3. 求变压器的连接组别号，连接方式如图 2-21 所示。

4. 有三台单相变压器，一、二次侧额定电压均为 220/380 V，现将它们连接成 $Y，d11$ 三相变压器组（单相变压器的低压绕组连接成星形，高压绕组接成三角形），若对一次侧分别外施 380 V 和 220 V 的三相电压，试问两种情况下空载电流 I_0、励磁电抗 x_m 和漏抗 $x_{1\sigma}$ 与单相变压器比较有什么不同？

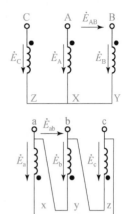

图 2-21　变压器连接方式

2.2.11　变压器的并列运行

【学习任务】（1）正确理解变压器的并列运行含义。

　　　　　　（2）正确分析变压器的并列运行条件。

1. 并列运行含义

发电厂和变电所中，常采用两台或两台以上变压器并列运行的方式。所谓并列运行，即在一定的条件下将两台或多台变压器的一、二次侧分别接在公共母线上，同时对负载供电的方式。图 2-22（a）所示为两台三相变压器并列的接线图，图 2-22（b）所示为简化表示的单线图。

微课 2.5：
压器的并列运行

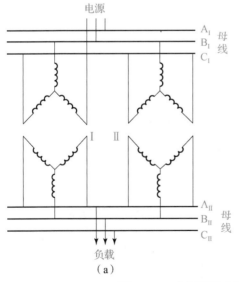

图 2-22　变压器的并列运行

（a）三相接线图；（b）单线图

并列运行有以下优点：

（1）提高供电可靠性。多台变压器并列运行，当其中一台变压器发生故障或需要检修时，另几台仍可继续供电。

（2）提高运行的经济性。可根据负载的大小变化，调整投入变压器并列运行的台数，以减少电能损耗，提高运行效率。

（3）可分期安装变压器。如变电所里负载是逐渐增加的，若一开始就安装大变压器，这样初次投资就比较大，运行费用也偏高。采用变压器并列运行，可随着用电量的增加分批安装新增变压器，以减少初次投资。

2. 并列运行条件

数台变压器并列运行时，应没有环流，负载能按各台变压器容量大小成比例地分配，且各变压器二次电流同相位，这样才能避免因并列引起的附加损耗，充分地利用变压器容量。要达到上述理想的并列情况，并列运行的变压器必须满足以下三个条件：

（1）变比相等，且一、二次额定电压分别相等。

（2）短路电压（或短路阻抗）的标幺值相等，且其短路阻抗角也相等。

（3）连接组别相同。

如果上述条件满足不了，则将产生不良后果，下面逐一进行分析。为了简单起见，在分析某一条件得不到满足的情况时，假定其他条件是满足的。

3. 变比不等时的并列运行

为简单起见，以如图 2 – 23 所示的两台单相变压器并列运行来分析。设 k_I、k_II 分别为变压器 I 和 II 的变比，且 $k_\text{II} > k_\text{I}$。

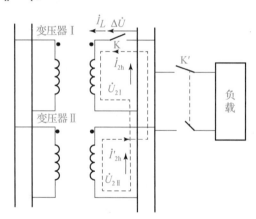

图 2 – 23　变比不等的两台变压器并列运行

1）空载时

将负载刀闸 K′ 及副边回路开关 K 断开，两台变压器的原边施加同一电压 $\dot{U}_1$，由于 $k_\text{II} > k_\text{I}$，以致两台变压器的副边电压不等，故二次电压 $\dot{U}_{2\text{I}} > \dot{U}_{2\text{II}}$，在刀闸 K 断开处的两端将出现电压差，即

$$\Delta \dot{U} = \dot{U}_{2\text{I}} - \dot{U}_{2\text{II}}$$

其中

$$\dot{U}_{2\text{I}} = \frac{-\dot{U}_1}{k_\text{I}}, \quad \dot{U}_{2\text{II}} = \frac{-\dot{U}_1}{k_\text{II}}$$

合上刀闸 K 后，由于电压差的作用，在变压器的二次回路里会产生环流 $\dot{I}_{2\text{h}}$，如图 2 – 23 中虚线所示，即

$$\dot{I}_{2h} = \frac{\dot{U}_{2I} - \dot{U}_{2II}}{Z_{kI} + Z_{kII}} = \frac{\Delta \dot{U}}{Z_{kI} + Z_{kII}} \qquad (2-43)$$

由式（2-43）可知，变比不同的两台变压器并列时会出现环流，环流的大小与电压差以及两变压器短路阻抗的大小有关。据磁动势平衡关系，此时原边不仅仅有空载电流，还会增加一个与副边环流相平衡的原边环流。由于短路阻抗值较小，故即使 $\Delta \dot{U}$ 不大，也能引起较大的环流。如当变压器的短路阻抗 $Z_{kI*} = Z_{kII*} = 0.5$、$\Delta U_* = 0.01$ 时，环流值也能达到额定电流的 10%，环流增加了变压器的损耗，且降低了输出功率的能力。一般要求环流不超过额定电流的 10%，为此变比的差值 Δk 不应大于 1%。

$$\Delta k = \frac{k_I - k_{II}}{\sqrt{k_I k_{II}}} \qquad (2-44)$$

2）负载时

再看刀闸 K′ 合上后的负载情况。此时，各变压器绕组中的总电流为负载电流和环流的相量和。设 $\dot{I}_{LI}$、$\dot{I}_{LII}$ 分别为变压器 I、II 中的负载电流，则两台变压器的二次电流分别为

$$\dot{I}_{2I} = \dot{I}_{LI} + \dot{I}_{2h}$$

$$\dot{I}_{2II} = \dot{I}_{LII} - \dot{I}_{2h}$$

一般负载电流是阻感性的，在这种负载下，使变比小的（即二次电压高）变压器 I 负担加重了（因为 $\dot{I}_{2I} > \dot{I}_{LI}$），而使变比大的变压器 II 负担减轻了（因 $\dot{I}_{2II} < \dot{I}_{LII}$）。

综上所述可知，变比不等的变压器并列运行时，会出现环流，环流的存在使变压器空载运行时发生额外损耗；负载运行时，可能有的变压器过载，有的欠载，容量利用的不合理，因此，若变比有差别，则容量较小的变压器有较大的变比为宜。

【例题 2-6】 容量为 100 kV·A、电压为 6 000/230 V 的单相变压器 I 和容量为 220 kV·A、电压为 6 000/227 V 的单相变压器 II 并列运行，$U_{kI} = U_{kII} = 5.5\%$，且阻抗角相等。求空载时的环流及其对额定电流的百分数。

解：设高压侧加额定电压，则二次空载电压差为

$$\Delta U = 230 - 227 = 3 (V)$$

因

$$Z_k = \frac{U_{kII*} U_{2N}}{I_{2N}} = \frac{U_{kII*} U_{2N}^2}{S}$$

故

$$Z_{kI} = 0.055 \times \frac{230^2}{100 \times 10^3} = 0.029 (\Omega), \quad Z_{kII} = 0.055 \times \frac{227^2}{220 \times 10^3} = 0.012\ 9 (\Omega)$$

二次环流的绝对值为

$$|I_{2h}| = \frac{\Delta U}{Z_{kI} + Z_{kII}} = \frac{3}{0.029 + 0.012\ 9} = 71.6 (A)$$

又因为二次额定电流为

$$I_{2NI} = \frac{S_{NI}}{U_{2NI}} = \frac{100 \times 10^3}{230} = 434.8 (A), \quad I_{2NII} = \frac{S_{NII}}{U_{NII}} = \frac{220 \times 10^3}{227} = 969.2 (A)$$

故环流对二次额定电流的百分数为

$$\frac{I_{2h}}{I_{2NI}} = \frac{71.6}{434.8} = 16.47\%, \quad \frac{I_{2h}}{I_{2NII}} = \frac{71.6}{969.2} = 7.39\%$$

4. 短路电压不相同时的情况

下面分析阻抗角相等而短路电压数值不等对变压器并列运行的影响。

设有 n 台变压器并列运行，不管这些变压器的阻抗如何，它们的电压降落总是相等的，即

$$\dot{I}_I Z_{kI} = \dot{I}_{II} Z_{kII} = \cdots = \dot{I}_n Z_{kn} = C \qquad (2-45)$$

$$\dot{I}_I : \dot{I}_{II} : \cdots : \dot{I}_n = \frac{1}{Z_{kI}} : \frac{1}{Z_{kII}} : \cdots : \frac{1}{Z_{kn}} \qquad (2-46)$$

式（2-46）说明，并列运行的各台变压器的负载电流（$\dot{I}_I$、$\dot{I}_{II}$、$\cdots$、$\dot{I}_n$）与其短路阻抗（Z_{kI}、Z_{kII}、$\cdots$、Z_{kn}）成反比。

并列运行变压器间的负载分配受短路阻抗的影响很大，有时可能出现短路阻抗小的变压器已满载甚至超载，而短路阻抗大的变压器仍处于欠载状态，以致使容量不能合理的利用。因 $U_{k*} = Z_{k*}$，故几台变压器并列运行时，各台变压器的短路电压 U_k 与所有短路电压算术平均值的差别不要大于 $\pm 10\%$。

【例题 2-7】 三台变压器并列运行，每台容量都是 $100 \text{ kV} \cdot \text{A}$，短路阻抗角相等，短路电压分别为 $U_{kI*} = 0.035$、$U_{kII*} = 0.04$、$U_{kIII*} = 0.055$。假设所带的总负载为 $300 \text{ kV} \cdot \text{A}$，试确定各变压器的负载。

解：先求出

$$\sum_1^n \frac{S_N}{U_{k*}} = \frac{100}{0.035} + \frac{100}{0.04} + \frac{100}{0.055} = 7\,175.32$$

可得

$$S_I = \frac{300}{7\,175.32} \times \frac{100}{0.035} = 119.45 (\text{kV} \cdot \text{A})$$

$$S_{II} = \frac{300}{7\,175.32} \times \frac{100}{0.04} = 104.52 (\text{kV} \cdot \text{A})$$

$$S_{III} = \frac{300}{7\,175.32} \times \frac{100}{0.055} = 76.03 (\text{kV} \cdot \text{A})$$

说明变压器 I 过载 19.5%，变压器 II 过载 4.52%，而变压器 III 欠载 24%。

5. 连接组别不同时的情况

变压器连接组别不同时并列运行，其后果要比变比不等时严重得多。如一台 Y，y0 与 Y，d11 变压器并列，二次线电压相位差为 $30°$。

如图 2-24 所示，其副边线电压差为

$$\Delta U = 2U_{ab}\sin 15° = 0.52 U_{ab}$$

说明 ΔU 为高达 52% 的二次线电压。由于变压器短路阻抗很小，这样大的电压差所产生的环流将超过额定电流的许多倍，所以连接组别不同的变压器绝不能并列运行。

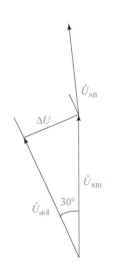

图 2-24　Y，y0 与 Y，d11
变压器并列时的电压差

自测题

一、填空题

1. 并列运行是在一定的条件下将两台或多台变压器的一、二次侧分别接在_____上，同时对负载供电的方式。

2. 三相变压器理想并联运行的条件是：（1）空载时各变压器之间_____；（2）负载后各变压器的负载系数_____；（3）负载时各变压器分担的电流_____。

3. 连接组号不同的变压器不能并联运行，是因为会引起极大的_____而把变压器烧毁。

4. 并列运行的优点有_____、_____、_____。

二、选择题

1. 两台变压器并联运行时，其负荷与短路阻抗（　　）分配。

A. 大小成反比 　　　　　　　　　　B. 标幺值成反比

C. 标幺值成正比 　　　　　　　　　D. 大小成正比

2. 多台变压器并联运行中危害最大的因素是（　　）。

A. 环流 　　　　　　　　　　　　　B. 铁芯不对称

C. 阻抗不相等 　　　　　　　　　　D. 电流不均

3. 变压器的一、二次电压一般允许有（　　）的差值，超过则可能在两台变压器绕组中产生环流，影响出力，甚至可能烧坏变压器。

A. ±0.5% 　　　　B. ±1% 　　　　C. ±1.5% 　　　　D. ±2%

4. 并列运行时，如果其中一台变压器发生故障从电网中切除，则其余变压器（　　）。

A. 必须停止运行 　　　　　　　　　B. 仍能继续供电

C. 肯定也发生故障 　　　　　　　　D. 自动切除

5. 变压器理想并列运行的条件之一是（　　）。

A. 变压器的连接组别相同 　　　　　B. 变压器的连接组别相差 30 ℃

C. 变压器的连接组别相差 60 ℃ 　　D. 变压器的连接组别相差 90 ℃

6. 变压器理想并列运行的条件之一是（　　）。

A. 变压器的一、二次电压相等 　　　B. 变压器的一、二次电压误差为 ±1%

C. 变压器的一、二次电压误差为 ±2% 　D. 变压器的一、二次电压误差为 ±3%

7. 为提高变压器运行的经济性，可根据（　　）调整投入并列运行的台数，以提高运行效率。

A. 电压的高低 　　　　　　　　　　B. 电流的大小

C. 功率因数 　　　　　　　　　　　D. 负载的大小

8. 一般两台并列变压器的容量比也不能超过（　　），否则会影响经济性。

A. 3∶1 　　　　B. 4∶1 　　　　C. 5∶1 　　　　D. 6∶1

三、判断题

1. 变压器并列运行，允许一、二次电压有 ±0.5% 的差值，超过则可能在两台变压器绕组中产生环流，影响出力，甚至可能烧坏变压器。　　　　　　　　　　　（　　　）

2. 提高供电可靠性是变压器并列运行的目的之一。　　　　　　　　　　　（　　　）

3. 提高变压器运行的经济性是变压器并列运行的目的之一。　　　　　　　（　　　）

4. 变压器并列运行，一般允许阻抗电压有 ±10% 的差值。   （   ）

四、分析计算题

1. 变压器并列运行的基本条件是什么？如不符条件后果如何？

2. 两台变压器并联运行均为 Y，d11 连接，$U_{1N}/U_{2N} = 35/10.5\ kV$，$S_{1N} = 1\ 250\ kV \cdot A$，$S_{2N} = 2\ 000\ kV \cdot A$，$U_{kI} = 6.5\%$，$U_{kII} = 6\%$，试求：总输出为 $3\ 250\ kV \cdot A$ 时，每台变压器的负载是多少？

2.3   技 能 培 养

答案 2.10

2.3.1   技能评价要点

变压器的运行管理学习情境技能评价要点见表 2 - 3。

表 2 - 3   变压器的运行管理学习情境技能评价要点

项目	技能评价要点	权重/%
1. 单相变压器空载运行时的物理状况	1. 正确理解单相变压器空载运行时的电磁关系。 2. 正确理解单相变压器空载运行时的物理状况。 3. 正确写出单相变压器空载运行时的电动势方程	10
2. 单相变压器空载运行时的各物理量	1. 正确理解空载电流的组成。 2. 正确理解空载电流各成分的作用。 3. 正确理解空载损耗的构成	5
3. 单相变压器空载运行时的基本方程、等值电路和相量图	1. 正确写出单相变压器空载运行时的基本方程。 2. 正确画出单相变压器空载运行时的等效电路。 3. 正确画出单相变压器空载运行时的相量图	10
4. 单相变压器负载运行时的电磁关系	1. 正确理解单相变压器负载运行时的电磁关系。 2. 正确理解单相变压器负载运行时的磁动势平衡关系	10
5. 折算	1. 正确理解折算的目的。 2. 正确理解折算的方法。 3. 折算的正确应用	5
6. 单相变压器负载时的基本方程、等值电路和相量图	1. 正确写出单相变压器负载时的基本方程。 2. 正确理解并能够画出单相变压器负载时的等效电路图。 3. 正确画出单相变压器负载时的相量图	10
7. 标幺值	1. 正确理解标幺值的含义。 2. 正确计算各物理量的标幺值	10
8. 单相变压器的运行性能	1. 正确理解电压变化率、效率和含义。 2. 正确理解负载系数的定义和含义。 3. 正确分析单相变压器的运行性能	10

项目	技能评价要点	权重/%
9. 三相变压器的磁路系统	1. 正确说出三相组式变压器的结构及磁路。 2. 正确说出三相心式变压器的结构及磁路。 3. 正确理解心式变压器和组式变压器的应用场合	5
10. 三相变压器的极性与连接组	1. 正确标注单相绕组极性。 2. 正确判断单相变压器的连接组别。 3. 时钟表示法的理解和应用。 4. 正确判断三相变压器的连接组别。 5. 正确说出三相变压器的标准连接组别及应用场合	15
11. 变压器的并列运行	1. 正确理解变压器的并列运行含义。 2. 正确分析变压器的并列运行条件	10

2.3.2 技能实战

一、应知部分

（1）为什么要把变压器的磁通分成主磁通和漏磁通？它们有哪些区别？并指出空载和负载时产生各磁通的磁动势。

（2）变压器空载电流的性质和作用如何？其大小与哪些因素有关？

（3）变压器空载运行时，是否要从电网中取得功率？起什么作用？为什么小负荷的用户使用大容量变压器无论是对电网还是对用户都不利？

（4）一台 220/110 V 的单相变压器，试分析当高压侧加 220 V 电压时，空载电流 I_0 呈何波形？加 110 V 时又呈何波形？若 110 V 加到低压侧，此时 I_0 又呈何波形？

（5）当变压器原绕组匝数比设计值减少而其他条件不变时，铁芯饱和程度、空载电流大小、铁损耗、副边感应电动势和变比都将如何变化？

（6）一台频率为 60 Hz 的变压器接在 50 Hz 的电源上运行，其他条件都不变，问主磁通、空载电流、铁损耗和漏抗有何变化？为什么？

（7）变压器的激磁电抗和漏电抗各对应于什么磁通？对已制成的变压器，它们是否是常数？当电源电压降至额定值的一半时，它们如何变化？我们希望这两个电抗大好还是小好？为什么？并比较这两个电抗的大小。

（8）变压器负载时，一、二次绕组各有哪些电动势或电压降？它们产生的原因是什么？并写出电动势平衡方程。

（9）试比较变压器空载和负载的磁动势的区别。

（10）为什么变压器的空载损耗可近似看成铁损耗？短路损耗可否近似看成铜损耗？

（11）试绘出变压器 T 形、近似和简化等效电路，并说明各参数的意义。

（12）变压器二次侧接电阻、电感和电容负载时，从一次侧输入的无功功率有何不同？为什么？

（13）何为变压器的并列运行？并列运行有何优点？

（14）为什么变压器并列运行时，容量比不得超过 3：1？

（15）阻抗电压标幺值不等的并列运行会产生什么后果？

（16）在什么情况下发生突然短路，短路电流最大？有多大？

（17）突然短路电流与变压器的 Z_{k*} 有什么关系？从限制短路电流的角度希望 Z_{k*} 大些还是小些？

（18）如果磁路不饱和，变压器空载合闸电流有多大？

（19）在什么情况下合闸，变压器的激磁涌流最严重？有多大？

（20）电压变化率与哪些因数有关？是否会出现负值？

二、应会部分

能正确分析变压器运行状态，会绘制三相变压器感应电动势相量图，并判断连接组别。

学习情境 3 变压器的试验

3.1 学习目标

【知识目标】 了解变压器试验的目的；掌握变压器空载试验方法、短路试验方法；理解变压器绕组极性和三相变压器连接组别的判定方法；理解变压器空载特性和负载特性测定方法。

【能力目标】 能够正确进行变压器的空载试验和短路试验；能够通过试验正确判定变压器绕组极性和三相变压器连接组别；能够通过试验测定变压器的空载特性和负载特性。

【素质目标】 具有正确的世界观、人生观、价值观；践行社会主义核心价值观，具有深厚的爱国情感和中华民族自豪感；遵法守纪、崇德向善、诚实守信、热爱劳动；具有质量意识、环保意识、安全意识、工匠精神；具有自我管理能力，有较强的集体意识和团队合作精神。

【总任务】 根据实验条件进行变压器的短路试验和空载试验。

3.2 理论基础

任务手册 3：
变压器的试验

微课 3.1：
变压器的试验

3.2.1 变压器的空载试验

【学习任务】 （1）正确进行变压器的空载试验。

（2）根据空载试验数据正确计算变压器参数。

变压器的等效参数激磁阻抗 Z_m 和短路阻抗 Z_k 对变压器的运行性能有直接影响，知道了变压器的参数，即可绘出等效电路，然后应用等效电路分析计算。对已经制成的变压器，可以通过空载试验测出激磁阻抗、短路试验测出短路阻抗。

1. 试验目的

通过测量空载电流 I_0 及空载功率 p_0 来计算变比、空载电流百分数、铁耗和激磁阻抗等参数。

2. 试验方法

（1）二次绕组开路；

（2）一次绕组加额定电压；

（3）测量此时的输入功率 p_0、一次电压 U_1 和电流 I_0，即可算出激磁阻抗。

3. 试验数据

单相变压器空载试验接线如图 3-1 所示，其等效电路如图 3-2 所示。变压器二次绕组开路时，一次绕组的空载电流 I_0 即激磁电流 I_m。由于一次漏阻抗 $Z_{1\sigma}$ 比激磁阻抗 Z_m 小很多，若将它忽略不计，可得激磁阻抗 Z_m 的大小为

$$Z_m \approx \frac{U_1}{I_0} \qquad (3-1)$$

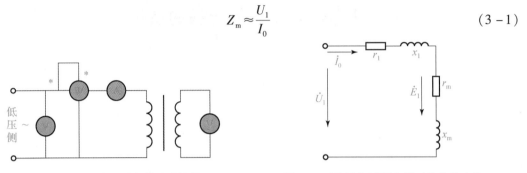

图 3-1　单相变压器空载试验接线　　　图 3-2　单相变压器空载时的等效电路

由于空载电流很小，它在一次绕组电阻中所产生的损耗可以忽略不计，所以空载输入功率 p_0 可认为基本上是供给铁芯损耗的

$$p_{Fe} = p_0 \qquad (3-2)$$

故激磁电阻应为

$$r_m \approx \frac{p_0}{I_0^2} \qquad (3-3)$$

激磁电抗为

$$x_m = \sqrt{Z_m^2 - r_m^2} \qquad (3-4)$$

变比为

$$k = \frac{U_{20}}{U_1}$$

试验时，电源电压可加在任何一侧，但为了方便和安全起见，常在低压侧加电压。不过要注意，测出来的各数值都是加于电源一侧的量值，如果要得到另一侧相应的数值，应该经过折算。

【**例题 3-1**】　三相电力变压器，Y，y 接线、$S_N = 100$ kV·A，$U_{2N}/U_{1N} = 6\ 000/400$ V，$I_{2N}/I_{1N} = 9.63/144$ A。在低压侧加额定电压做空载试验，测得 $p_0 = 600$ W，$I_0 = 9.37$ A，$U_1 = 400$ V，$U_{20} = 6\ 000$ V。求 k、$I_0\%$ 及 Z_m、r_m、x_m 的低压侧值。

解： 计算一相的值，一次相电压为

$$U_{1NP} = \frac{400}{\sqrt{3}} = 230\ (V)$$

二次相电压为

$$U_{2NP} = \frac{6\ 000}{\sqrt{3}} = 3\ 460\ (V)$$

变比为

$$k = \frac{3\ 460}{230} = 15$$

空载电流百分值为

$$I_0\% = \frac{9.37}{144} \times 100\% = 6.5\%$$

每项空载损耗为

$$p_0' = \frac{600}{3} = 200\,(\text{W})$$

折算到高压侧的激磁阻抗为

$$Z_m = \frac{U_{1N\Phi}}{I_0} \times k^2 = \frac{230}{9.37} \times 15^2 = 5\,512.5\,(\Omega)$$

$$r_m = \frac{p_0'}{I_0^2} \times k^2 = \frac{200}{(9.37)^2} \times 15^2 = 513\,(\Omega)$$

$$x_m = k^2 \times \sqrt{Z_m^2 - r_m^2} = 15^2 \times \sqrt{(24.5)^2 - (2.28)^2} \approx 5\,488.6\,(\Omega)$$

3.2.2 变压器的短路试验

【学习任务】 （1） 正确进行变压器的短路试验。

（2） 根据短路试验数据正确计算变压器参数。

（3） 正确理解短路电压的概念并进行相应计算。

1. 试验目的

为了获得变压器的短路参数及满载时的铜耗，应做变压器的短路试验，这里所谓的短路是指稳态短路。通过测量短路电流、短路电压及短路功率来计算变压器的短路电压百分数、铜耗和短路阻抗。

2. 试验方法

（1） 二次绕组短路；

（2） 一次绕组加可调的低电压 U_k，从 0 向上缓慢升高电压，使短路电流达到额定电流；

（3） 测量此时的一次侧电压 U_k、输入功率 p_{kN}（短路损耗）和一次电流 I_k。

短路试验时，电压可加在任一侧，但考虑到若低压侧加压电流大会导致选试验设备有困难，故一般均在高压侧加电压。

3. 试验数据

如图 3-3 和图 3-4 所示，短路试验时，二次侧不输出功率，但是一次侧却有有功功率输入，这些功率都变成变压器的损耗消耗掉了。那么变压器有哪些功率损耗呢？一次绕组和二次绕组都有铜耗。由于短路试验时绕组中流过的电流为额定值，因此铜耗等于额定负载时的损耗。另外还有铁芯中的涡流损耗和磁滞损耗，但这时由于 $E_1 \approx \frac{1}{2}U_k \ll U_{1N}$，与 E_1 成正比关系的主磁通比正常运行时小得多，于是铁耗也比正常运行时小得多，与铜耗相比较，可以忽略不计。因此短路试验时的输入功率近似等于变压器的铜耗，即

$$p_{CuN} = p_{kN} = I_{1N}^2 r_k \tag{3-5}$$

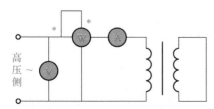

图 3-3　单相变压器短路试验接线图

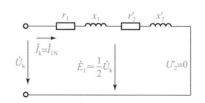

图 3-4　单相变压器短路试验等效电路

式（3-5）为一相的短路损耗，也叫负载损耗，如果是三相变压器，则总的短路损耗（负载损耗）需乘以3。

根据上述测得的数值和式（3-5），即可求出变压器的短路参数为

$$Z_k = \frac{U_{kN}}{I_{1N}}$$

$$r_k = \frac{p_{kN}}{I_{1N}^2} \tag{3-6}$$

$$x_k = \sqrt{Z_k^2 - r_k^2}$$

在作 T 形等值电路时，可认为

$$r_1 \approx r_2' = \frac{1}{2}r_k$$

$$x_1 \approx x_2' = \frac{1}{2}x_k$$

由于电阻的大小随温度而变，故按国家标准规定应把在室温下测出的电阻，换算到标准温度 75 ℃时的数值。对于铜线，有

$$r_{k75\,℃} = \frac{235 + 75}{235 + \theta}r_k \tag{3-7}$$

对于铝线，有

$$r_{k75\,℃} = \frac{225 + 75}{225 + \theta}r_k \tag{3-8}$$

式中 θ——— 试验时的室温（℃）；

$r_{k75\,℃}$——75 ℃时的电阻。

凡与其有关的各量，都应按相应的关系换算到 75 ℃时的值，如 75 ℃时的短路阻抗为

$$Z_{k75\,℃} = \sqrt{r_{k75\,℃}^2 + x_{k75\,℃}^2} \tag{3-9}$$

短路试验时电源加在哪一侧，则从上述各式算出的参数即为折算到哪侧的值；如需求另一侧的参数值，则应再经过折算。

4. 短路电压

上面提到的短路电压（阻抗电压），即二次短路、电流为额定值时一次所加的电压，它是变压器中很重要的一个参数，其值为短路阻抗 $Z_{k75\,℃}$ 与一次额定电流 I_{1N} 的乘积，即

$$U_k = I_{1N}Z_{k75\,℃} \tag{3-10}$$

短路电压常以一次额定电压的百分值表示为

$$U_k\% = \frac{I_{1N}Z_{k75\,℃}}{U_{1N}} \times 100\% \tag{3-11}$$

它的有功分量 U_{kY} 和无功分量 U_{kW} 分别为

$$U_{kY}\% = \frac{I_{1N}r_{k75\,℃}}{U_{1N}} \times 100\% \tag{3-12}$$

$$U_{kW}\% = \frac{I_{1N}x_{k75\,℃}}{U_{1N}} \times 100\% \tag{3-13}$$

从式（3-11）中可以看出，短路电压的大小反映变压器在额定电流时短路阻抗压降的大小。短路阻抗对变压器的运行有很大影响，正常运行时，短路阻抗小一些为好，这样变压

器在负载变化时二次电压波动小；在突然发生短路故障时，短路阻抗大一些为好，可使短路电流减小。一般中、小型变压器的 $U_k\%=4\%\sim10.5\%$，大型变压器的 $U_k\%=12.5\%\sim17.5\%$。上述各公式都按一相计算。若是三相变压器，则必须算出一相的数值再代入公式。

如果短路电压用标幺值表示，则它的值与短路阻抗的标幺值相等，即 $U_{k*}=Z_{k*}$。

【例题 3-2】 一单相变压器，额定容量 $S_N=100$ kV·A，额定电压 $U_{1N}=6\ 000$ V，$U_{2N}=230$ V，$f_N=50$ Hz。线圈的电阻及漏抗为 $r_1=4.32\ \Omega$，$r_2=0.063\ \Omega$，$x_{1\sigma}=8.9\ \Omega$，$x_{2\sigma}=0.001\ 3\ \Omega$。试求：

（1）折算到高压边的短路电阻 r_k、短路电抗 x_k 及阻抗 Z_k；

（2）将（1）求得的参数用标幺值表示。

解：（1）变比为

$$k=\frac{U_{1N}}{U_{2N}}=\frac{6\ 000}{230}=26.087$$

折算到高压边的短路电阻短路电抗和阻抗力

$$r_k=r_1+r_2'=r_1+k^2r_2=4.32+26.087^2\times0.006\ 3=8.61(\Omega)$$

$$x_k=x_{1\sigma}+x_{2\sigma}'=x_{1\sigma}+k^2x_{2\sigma}=8.9+26.087^2\times0.013=17.75(\Omega)$$

$$Z_k=r_k+jx_k=8.61+j17.75=19.73\angle64.12°(\Omega)$$

（2）因为

$$I_{1N}=\frac{S_N}{U_{1N}}=16.67\ A,\ I_{2N}=\frac{S_N}{U_{2N}}=434.78\ A$$

$$Z_{1N}=\frac{U_{1N}}{I_{1N}}=\frac{6\ 000}{16.67}=359.93(\Omega),\ Z_{2N}=\frac{U_{2N}}{I_{2N}}=\frac{230}{434.78}=0.529(\Omega)$$

所以

$$r_{k*}=\frac{r_k}{Z_{1N}}=\frac{8.61}{359.93}=0.023\ 9,\ x_{k*}=\frac{x_k}{Z_{1N}}=\frac{17.75}{359.93}=0.049\ 3$$

$$Z_{k*}=\frac{Z_k}{Z_{1N}}=\frac{19.73}{359.93}=0.054\ 8$$

答案 3.1

自测题

一、填空题

1. 变压器的空载试验是通过测量空载电流 I_0 及空载功率 P_0 来计算＿＿＿＿＿＿、＿＿＿＿＿＿和＿＿＿＿＿＿等参数。

2. 变压器空载试验时，电源电压可加在任何一侧，但为了方便和安全起见常在＿＿＿＿加电压，测出来的各数值都是加电源一侧的量值，如果要得到另一侧的相应数值，则应该经过＿＿＿＿。

3. 变压器的短路试验是通过测量＿＿＿＿、＿＿＿＿及＿＿＿＿来计算变压器的短路电压百分数、铜耗和短路阻抗的。

4. 短路试验时，电压可加在任一侧，但考虑到低压侧加压电流大选试验设备有困难，故一般均在＿＿＿＿加电压。

5. 短路电压（阻抗电压），即二次短路、电流为额定值时一次所加的电压，它是变压器很重要的一个参数，其值为＿＿＿＿。

二、选择题

1. 变压器运行时，其绕组和铁芯产生的损耗转变成（   ），一部分被变压器各部件吸收使之温度升高，另一部分则散发到周围介质中。

A. 热量   B. 有功   C. 无功   D. 动能

2. 变压器运行时各部件的温度是不同的，（   ）温度最高。

A. 铁芯   B. 变压器油

C. 绕组   D. 环境温度

3. 变压器的允许温度主要决定于绕组的（   ）。

A. 匝数   B. 长度   C. 厚度   D. 绝缘材料

4. 三相变压器运行效率最高时应是（   ）。

A. 不变损耗与机械损耗相等时   B. 应是铁耗与铜耗相等时

C. 铁耗与磁滞损耗相等时   D. 可变损耗与不变损耗相等时

5. 我国电力变压器大部分采用（   ）绝缘材料，即浸渍处理过的有机材料，如纸、棉纱、木材等。

A. A 级   B. B 级   C. C 级   D. D 级

三、判断题

1. 变压器过负载能力可分为正常情况下的过负载能力和事故情况下的过负载能力。（   ）

2. 施加于变压器一次绕组的电压因电网电压波动而波动。   （   ）

3. 变压器运行时各部件的温度是不同的，铁芯温度最高，绕组次之，变压器油的温度最低。   （   ）

4. 我国电力变压器大部分采用 B 级绝缘材料，即浸渍处理过的有机材料，如纸、棉纱、木材等。   （   ）

5. 当变压器过负载时，会发出很高且沉重的嗡嗡声。   （   ）

四、计算题

1. 一台单相变压器 50 kV·A、7 200/480 V、60 Hz，其空载和短路试验数据见表 3 – 1。

表 3 – 1   变压器空载和短路实验数据

试验名称	电压/V	电流/A	功率/W	电源加在
空载	480	5.2	245	低压边
短路	157	7	615	高压边

试求：

（1）短路参数及其标幺值；

（2）空载与满载时的铜耗和铁耗；

（3）额定负载电流、功率因数 $\cos\varphi_2 = 0.9$（滞后）时的电压变化率、副边电压及效率。

3.2.3　变压器的极性和三相变压器的连接组别测定

【学习任务】（1）正确进行变压器的极性和三相变压器的连接组别测定试验。

（2）正确判别变压器的连接组别。

1. 变压器的极性测定

单相变压器或三相变压器的极性可用试验法测定。

1）测定一、二次侧极性

同相的高、低压绕组之间的极性可以通过试验方法测定。如图 3－5 所示的单相变压器或三相变压器任一相的两个绕组，在一个绕组 AX 上通过刀闸 K 接上电池 E，另一绕组 ax 上接上直流电压表 V（或万用表的直流毫安挡）。在合刀闸 K 的瞬间，电压表 V 的指针正偏（向正向摆动），则说明 A 端和 a 端为同极性端，即接在干电池的"＋"极和电压表的"＋"端的两个端头是同极性的；如果指针反偏（向负向摆动），则说明 A 端和 a 端是异极性的。

附带指出，实际使用中有时把 A 和 a 同极性的变压器，叫作减极性变压器；把 a 和 x 同极性的变压器，叫作加极性变压器。

还可以用如图 3－6 所示的方法测定 A 相原、副边绕组之间的极性。

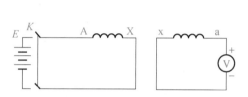

图 3－5　变压器极性测定接线图

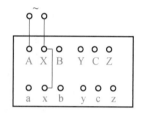

图 3－6　测定 A 相原、副边绕组间极性的接线图

将 X、x 两个端子用导线连接起来，在绕组 AX 上施加约 50% U_N 的电压，然后用电压表分别测量电压 U_{AX}、U_{ax}、U_{Aa}，如果 $U_{Aa} = |U_{AX} - U_{ax}|$，则说明标上的标号正确；若 $U_{Aa} = |U_{AX} + U_{ax}|$，则说明标上规定标号错了，只需将绕组 a、x 两个端子的标号对调一下就行了。同理可测定其他两相的原、副边绕组间的极性。

2）测定相间极性

相间同极性端仅是为说明不同相绕组间对应的首端（或尾端）而引入的。对于三相绕组式变压器，由于各相的磁路是独立的，所以不需要测定相间极性，只有心式三相变压器才需要测定三相之间的极性。如果 A、B、C 三点不是同极性端，则将会造成空载时激磁电流很大且二次三相电压不对称等不良后果。具体测定方法如下：

（1）确定 B、C 相间极性。

把 Y、Z 用导线相连，在 A、X 两端加约 50% U_N，如图 3－7 所示，然后测量 U_{BY}、U_{CZ}、U_{BC}，若测量结果为 $U_{BC} - |U_{BY} - U_{CZ}|$，则说明 B、C 所标极性正确；若 $U_{BC} = |U_{BY} + U_{CZ}|$，则说明原先所标极性不对，应把 B、C 两相中任意一相的两个端子标号互换一下（如 C、Z 换成 Z、C），这样 B、C 两相间的极性就标对了。

（2）测定 A、C 相间极性。

用导线把 X、Z 连起来，在 B、Y 两端加 50% U_N，如图 3－8 所示，测量电压 U_{AX}、U_{CZ}、U_{AC}，测量结果若为 $U_{AC} = |U_{AX} - U_{CZ}|$，则说明 A、C 相间极性标志正确，于是可知 A、B、C 三相相间极性标志全部正确；若 $U_{AC} = |U_{AX} + U_{CZ}|$，则说明 A、C 两相间极性标志不正确，也就是说 A 相的极性标志错了，只要将 A 相绕组的两个端子标号互换一下即可（A、X 换成 X、A），这样 A、B、C 三相绕组间的极性便可确定了。

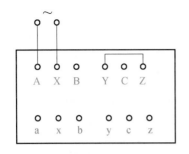

图 3-7 测定 B、C 相间极性的接线图

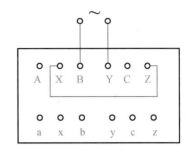

图 3-8 测定 A、C 相间极性的接线图

2. 三相变压器连接组的测定

1) 校核 Y, y0 连接组

对已经连好的, 且端头已标号的变压器, 用试验方法可以测定或校验其组别, 试验方法如下: 把高、低两个同名的出线端如 A、a 连在一起, 如图 3-9 所示。在高压侧加 50% U_N 的三相对称电压, 用电压表测一下几个端点间的电压, 如 U_{AB}、U_{ab}、U_{Bb}、U_{Cc}、U_{Bc}, 根据这些电压的大小就能判断出该变压器的组别。这是因为 A、a 连在一起, 它们为等电位, 对其他各点之间的电位关系也就确定了。

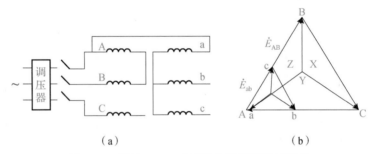

图 3-9 校核 Y, y0 连接组的接线图及相量图
(a) 接线图; (b) 相量图

设 k 为原、副边线电压之比, 即

$$k = \frac{U_{AB}}{U_{ab}}$$

$$U_{Bb} = U_{Cc} = (k-1)U_{ab}$$

$$U_{Bc} = \sqrt{k^2 - k + 1}\, U_{ab}$$

将计算值与测量值相比较, 如果一致, 则说明变压器的连接组是 Y, y0; 否则不是。

2) 校核 Y, d11 连接组

以图 3-10 所示的 Y, d11 连接组为例。当 A、a 连在一起时, 在高压侧施加 50% U_N, 则在高、低压侧电压相量三角形中, A、a 也应重合在一起。设 k 为原、副边线电压之比, 即 $k = \frac{U_{AB}}{U_{ab}}$, 根据几何关系还可求得

$$U_{Bb} = U_{Cc} = U_{Bc} = \sqrt{k^2 - \sqrt{3}k + 1}\, U_{ab}$$

若所测得电压数据与上述计算结果 (应化为 "伏" 值) 相同, 则可判定该变压器为 Y, d11 连接组; 否则不是。

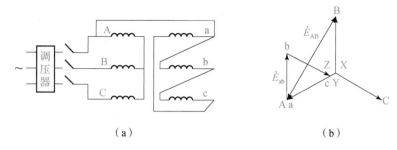

（a） （b）

图 3 – 10　校核 Y，d11 连接组的接线图及相量图

（a）接线图；（b）相量图

【例题 3 – 3】　某变压器 A、a 连在一起，高压侧加三相对称电压，测得 $U_{AB} = 10$ V、$U_{ab} = 1$ V，$U_{Bb} = 9.1$ V，$U_{Cb} = 10.05$ V，$U_{Bc} = U_{Cc} = 9.1$ V。试确定其组别。

解： 设 $U_{ab} = 1$，则

$$k = \frac{U_{AB}}{U_{ab}} = \frac{10}{1} = 10$$

$$U_{Bb} = \sqrt{k^2 - \sqrt{3}k + 1} \times U_{ab} = \sqrt{10^2 - 10\sqrt{3} + 1} \times 1 = 9.1(V)$$

$$U_{Bc} = U_{Bb} = 9.1 \text{ V}$$

上述数据满足 Y，d11 连接组各式的关系，故此变压器的连接组别为 Y，d11。

对于不同的组别，低压侧电压三角形相对于高压侧电压三角形有不同的相对位置，上述的几个电压对于每种组别有其各自相对固定的关系，根据这些关系，即能判定组别。现把这些关系列在表 3 – 2 内。

表 3 – 2　变压器连组别校核公式

组别	电压		
	$U_{Bb} = U_{Ce}$	U_{Bc}	U_{Bc}/U_{Bb}
1	$\sqrt{k^2 - \sqrt{3}k + 1}$	$\sqrt{k^2 + 1}$	>1
2	$\sqrt{k^2 - k + 1}$	$\sqrt{k^2 + k + 1}$	>1
3	$\sqrt{k^2 + 1}$	$\sqrt{k^2 + \sqrt{3}k + 1}$	>1
4	$\sqrt{k^2 + k + 1}$	$k + 1$	>1
5	$\sqrt{k^2 + \sqrt{3}k + 1}$	$\sqrt{k^2 + \sqrt{3}k + 1}$	=1
6	$k + 1$	$\sqrt{k^2 + k + 1}$	<1
7	$\sqrt{k^2 + \sqrt{3}k + 1}$	$\sqrt{k^2 + 1}$	<1
8	$\sqrt{k^2 + k + 1}$	$\sqrt{k^2 - k + 1}$	<1
9	$\sqrt{k^2 + 1}$	$\sqrt{k^2 - \sqrt{3}k + 1}$	<1
10	$\sqrt{k^2 - k + 1}$	$k - 1$	<1

组别	电压		
	$U_{Bb} = U_{Cc}$	U_{Bc}	U_{Bc}/U_{Bb}
11	$\sqrt{k^2 - \sqrt{3}k + 1}$	$\sqrt{k^2 - \sqrt{3}k + 1}$	$= 1$
12	$k - 1$	$\sqrt{k^2 - k + 1}$	> 1
注意：表中公式均以 U_{ab} 为 1（相对值）列出。			

要判断组别，只要测出表中所列出的几个电压，并将 k 值代入表 3 – 2 所给的公式，算出结果，然后进行比较，即可得知连接组别。

测定变压器的极性和组别还有其他方法，这里就不提及了。

3.2.4 三相变压器的空载特性和负载特性试验

【学习任务】正确进行三相变压器的空载特性和负载特性试验。

变压器由线圈和铁芯组成，铁芯中的磁感应强度取决于外加电压的大小；同时建立铁芯磁场还必须提供磁化电流，外加电压越高，铁芯的磁感应强度就越大，需要的磁化电流也相应越大。因此，外加电压和磁化电流的关系就反映了磁化曲线的性质。在变压器二次侧开路时，输入电压与磁化电流的关系就称为变压器的空载特性，它具有非线性的特征。负载特性是指当负载改变时，二次侧电压与电流之间的关系，其也具有非线性的特征。

1. 空载特性试验

按图 3 – 11 接线，并使变压器的二次侧开路，调节加在变压器一次侧的电压 U_1，从 0 ~ 240 V 变化，分别记录 U_1、U_2、I_1 的读数于表 3 – 3 中，并做出变压器的空载特性曲线，如图 3 – 12 所示。

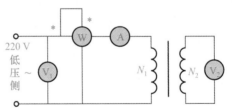

图 3 – 11　测试变压器空载外特性电路

表 3 – 3　空载特性试验数据表

U_1/V	20	50	80	120	160	200	220	240
U_2/V								
I_1/mA								

2. 负载特性试验

按图 3 – 13 接线，从大到小依次改变负载电阻 R_L 的值（即改变灯箱负载试验组件上的电灯数量）。分别测量不同负载下的 U_2、I_2、P_2，记录于表 3 – 4 中，并作出变压器的负载特性曲线 $U_2 = f(I_2)$，如图 3 – 14 所示。

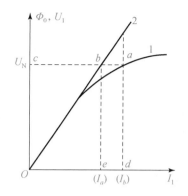

图 3 – 12 变压器空载特性曲线

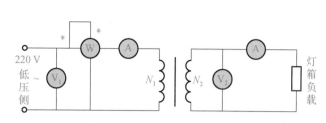

图 3 – 13   测试变压器外特性电路

表 3 – 4 负载特性试验数据表

R_L/Ω							
U_2/V							
I_1/mA							
P_1/W							

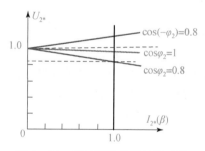

图 3 – 14 变压器的负载特性曲线

答案 3.2

自测题

一、填空题

1. 在做变压器的极性测定试验时，有时把 A 和 a 同极性的变压器，叫作_____变压器；把 a 和 x 同极性的变压器，叫作_____变压器。

2. 三相组式变压器不需要测定相间极性，只有三相_____变压器才需要测定三相之间的极性。

3. 变压器由线圈和铁芯组成，铁芯中的磁感应强度取决于_____。

4. 在变压器二次侧开路时，输入电压与磁化电流的关系称为变压器的_____。

二、选择题

1. 对于 A 级绝缘材料，其允许最高温度为（   ）。

A. 104 ℃   B. 105 ℃

C. 106 ℃   D. 107 ℃

2. 对于 A 级绝缘材料，绕组的平均温度一般比油温高（　　）。

A. 93 ℃ 　　　　　　　　B. 10 ℃ 　　　　　　　　C. 95 ℃ 　　　　　　　　D. 96 ℃

3. 变压器的电源电压一般不得超过额定值的（　　）。

A. ±4% 　　　　　　　　B. ±5% 　　　　　　　　C. ±6% 　　　　　　　　D. ±7%

4. 变压器的空载损耗（　　）。

A. 全部为铜耗 　　　　　　　　　　　　　　B. 全部为铁耗

C. 主要为铜耗 　　　　　　　　　　　　　　D. 主要为铁耗

5. 变压器的短路损耗（　　）。

A. 全部为铜耗 　　　　　　　　　　　　　　B. 全部为铁耗

C. 主要为铜耗 　　　　　　　　　　　　　　D. 主要为铁耗

6. 变压器在（　　）时，效率最高。

A. 额定负载下运行 　　　　　　　　　　　　B. 空载运行

C. 轻载运行 　　　　　　　　　　　　　　　D. 超过额定负载下运行

7. 变压器带感性负载，从轻载到满载，其输出电压将会（　　）。

A. 升高 　　　　　　　　　　　　　　　　　B. 降低

C. 不变 　　　　　　　　　　　　　　　　　D. 以上都不对

三、判断题

1. 单相变压器的极性可用实验法测定，三相变压器的极性不可以用试验的方法测定。

（　　）

2. 变压器的铁耗与电压有关，基本上不随负荷而变，故又称不变损耗。（　　）

3. 变压器的铜耗与电流有关，故又称可变损耗。（　　）

4. 变压器一般不会长期在额定负载下运行，满载时铜耗比铁耗小得多。（　　）

5. 变压器带感性负载，从轻载到满载，其输出电压将会降低。（　　）

四、分析题

1. 求连接组别号（见图 3 - 15）

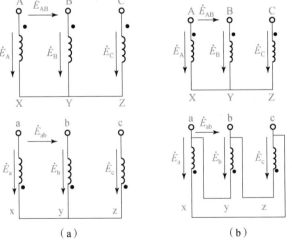

（a）　　　　　　　　　　　　　　　（b）

图 3 - 15　求变压器连接组别

3.3.1　技能评价要点

变压器的试验学习情境技能评价要点见表 3 – 5。

表 3 – 5　变压器的试验学习情境技能评价要点

项目	技能评价要点	权重/%
1. 变压器的空载试验	1. 正确进行变压器的空载试验。 2. 根据空载试验数据正确计算变压器参数	40
2. 变压器的短路试验	1. 正确进行变压器的短路试验。 2. 根据短路试验数据正确计算变压器参数。 3. 正确理解短路电压的概念并进行相应计算	40
3. 变压器的极性和三相变压器的连接组别测定	1. 正确进行变压器的极性和三相变压器的连接组别测定试验。 2. 正确判别变压器的连接组别	20

3.3.2　技能实战

一、应知部分

（1）通常做变压器的空载试验是在低压边加电源，而做短路试验是在高压边加电源，这是为什么？

（2）为什么做空载试验时，所测量的数据中一定要包含额定电压点？

（3）为什么变压器的空载功率和短路功率通常要用低功率因数表来测量？

（4）在测定三相变压器的相间极性时，为什么要用高内阻的电压表来测量？

（5）在测定三相变压器的连接组时为何要把原、副边的一个端子连接起来？

二、应会部分

（1）能正确进行单相变压器空载试验和短路试验。

（2）能正确进行三相变压器空载试验和负载试验。

（3）能正确判定变压器绕组极性和三相变压器的连接组别。

（4）能正确测定变压器空载特性与变压器负载特性。

学习情境 4　变压器的维护

4.1　学 习 目 标

【知识目标】掌握变压器吊芯检修步骤；了解变压器日常巡视项目；理解变压器故障检查方法；掌握变压器运行故障的种类以及处理方法。

【能力目标】正确进行变压器的吊芯检修；正确进行变压器的日常巡视；会分析变压器的故障原因；会进行变压器的日常维护和故障检查。

【素质目标】具有正确的世界观、人生观、价值观；践行社会主义核心价值观，具有深厚的爱国情感和中华民族自豪感；遵法守纪、崇德向善、诚实守信、热爱劳动；具有质量意识、环保意识、安全意识、工匠精神；具有自我管理能力，自主学习的能力，有较强的集体意识和团队合作精神。

【总任务】正确进行变压器的日常维护。

4.2　理 论 基 础

4.2.1　变压器日常巡视

【学习任务】正确进行变压器的日常巡视。

在值班过程中，要对变压器的异常进行观察记录，以作为检修故障分析的依据。日常巡视主要包括以下内容：

（1）检查变压器的音响是否正常。

变压器的正常音响应是均匀的嗡嗡声。如果声响比正常大，则说明变压器过负荷；如果声响尖锐，则说明电源电压过高。

（2）检查变压器油温是否超过允许值。

油浸变压器的上层油温不应超过 85 ℃，最高不得超过 95 ℃。油温过高可能是由变压器过载引起，也可能是变压器内部故障。

（3）检查储油柜及瓦斯继电器的油位和油色，检查各密封处有无渗油和漏油现象。

油面过高，可能是变压器冷却装置不正常或变压器内部有故障；油面过低，可能有渗油、漏油现象。变压器油正常时应为透明略带浅黄色，若油色变深、变暗，则说明油质变坏。

（4）检查瓷导管是否清洁，有无破损裂纹和放电痕迹；检查变压器高、低压接头螺栓是否紧固，有无接触不良和发热现象。

（5）检查防爆膜是否完整无损，检查吸湿器是否畅通、硅胶是否吸湿饱和。

（6）检查接地装置是否正常。

（7）检查冷却、通风装置是否正常。

（8）检查变压器及其周围有无其他影响安全运行的异物（易燃易爆物等）和异常现象。

在巡视过程中，如发现有异常现象，应记入专用的记录本内，重要情况应及时汇报上级，请示及时处理。

4.2.2　变压器故障检查方法及故障分析

【学习任务】（1）正确分析变压器的故障原因。

（2）正确进行变压器的日常维护与故障检查。

为了发现变压器的故障，可以通过试验对变压器进行检查，通过分析试验结果，从而确定故障的原因、发生故障的部位和程度，确定适当的处理措施。

1. 变压器基础试验检查方法及故障分析

1）兆欧表测量变压器绝缘及故障分析

用 2 500 V 兆欧表测量变压器各相绕组对绕组和绕组对地的绝缘电阻。若测得的绝缘电阻为零，则说明被测绕组或绕组对地之间有击穿故障，可考虑解体进一步检查绕组间的绝缘及对地绝缘层，确定短路点；若测得的绝缘电阻值较上次检查记录低 40% 以上，则可能是由绝缘受潮、绝缘老化引起，可对症做相应的处理（如干燥处理、修复或更换损坏的绝缘），然后再进行试验观察。

2）绕组直流电阻试验及故障分析

测量分接开关各点的直流电阻值，若测得的电阻值差别较大，故障的可能原因为分接开关接触不良、触头有污垢、分接头与开关的连接有误（主要发生在拆修后的安装错误）。处理方法：检查分接开关与分接头的连接情况及分接开关的接触是否良好。

分别测量三相电阻值，当某一相电阻大于三相平均电阻值的 2%~3% 时，其故障的原因可能为绕组的引线焊接不良、匝间短路或为引线与套管连接不良。检查的方法是分段测量直流电阻，首先将低压开路，并将高压 A 相短路，在 B、C 相间施加 5%~10% 的额定电压，测量电流值。若 A 相有故障，则在 A 相短路时测得的电流值较小，而在 B，C 短路时测得的电流值较大。

3）空载试验检测及故障分析

空载试验接线方法及励磁阻抗的测定在前面已叙述，在这里仅针对测量数据的异常进行故障分析。若测得的空载损耗功率和空载电流都很大，说明故障出在励磁回路中，可能是铁芯螺杆或铁扼螺杆与铁芯有短路处，或接地片安装不正确构成短路，或有匝间短路。检查的方法是吊出变压器铁芯，寻找接地短路处和匝间短路点，可用 1 000 V 兆欧表测量铁扼螺杆的绝缘电阻，检测绕组元件的绝缘情况。

若只是空载损耗功率过大，空载电流并不大，则表示铁芯的涡流较大，表明铁芯片间有绝缘脱落，绝缘不良，可进一步用直流—电压表法测量铁芯片间绝缘电阻，电阻值变小的为绝缘损坏的铁芯片。

若只是空载电流过大，而空载损耗功率不大，表明励磁回路的磁阻增大，气隙增大，可能是铁芯接缝装配不良（多出现在检修重新装配后）、硅钢片数量不足。可考虑吊出铁芯，检查铁芯接缝，测量扼铁面积。

4）短路试验检测及故障分析

短路试验方法与短路阻抗的计算在前面已讲述，此试验也是故障检测的重要手段之一，通过对其读数的分析来确定故障性质。若测得的阻抗电压过大（一般正常值在4%~5%额定电压值），表明短路阻抗变大了，故障可能出在从进线对分接抽头的沿途接线接头、导管或电开关接触不良、部分松动等造成的内阻增大。对于这种故障，可采用分段测量直流电阻来寻找故障点。

若短路功率读数过大，而阻抗电压并不明显增大，则表明并联导线可能出现了断裂，换位不正确，使部分导电截面减小。对于故障点，也可用分相短路试验方法来寻找，即在低压侧短路，分别对各端加额定阻抗电压值进行三次测量，对每次结果进行分析，即短路电流较小的那相绕组可能存在故障点。

5）绕组组别测量及故障分析

变压器正常的组别连接是按时钟标记的，其规律性很强，只有"12点"连接组别。通过组别试验电路，测出各引出线端电压值，找出相应的比值关系，即可判断出组别号或接线错误。试验方法请参考学习情境3中的"3.2.3 变压器的极性和三相变压器的连接组别测定"。

2. 变压器检修试验与要求

变压器在检修后，必须经过一系列试验对重要参数指标进行校核，满足运行要求以后才能投入运行。

测量穿心螺杆对铁芯和夹件的绝缘电阻及耐压试验：绝缘电阻不得低于2 MΩ。

耐压试验电压：交流为1 000 V，直流为2 500 V，耐压试验时间应持续1 min。

在变压器的各分接头上测量各绕组的直流电阻：三相变压器三相线电阻的偏差不得超过三相平均值的2%，相电阻不得超过三相平均值的4%。

测量各分接头的变压比：测量各相在相同分接头上的电压比，相差不超过1%，各相测得的电压比与铭牌相比较，相差也不超过1%。

测量绕组对与绕组间的绝缘电阻：20~30 kV的变压器绝缘电阻不低于300 MΩ；3~6 kV的变压器绝缘电阻不得低于200 MΩ；0.4 kV以下的变压器不低于90 MΩ。

测量变压器的连接组别：必须与变压器的铭牌标志相符。

测定变压器在额定电压下的空载电流：一般要求在额定电流的5%左右。

耐压试验：电压值要符合耐压试验标准，如表4-1所示，试验电压持续时间为1 min。

表4-1 油浸变压器耐压试验标准　　　　　　　　　　　　　　　　　　　kV

电压级次	0.4	3	6	10
制造厂出厂试验电压	5	18	25	35
交接和预防性试验电压	2	15	21	30

变压器油箱密封试验（油柱静压试验）：利用油盖上的滤油阀门，加装2 m高的油管，在油箱顶端焊装一个油桶，在油压不足时作补充用，持续观察24 h，应无漏油痕迹。

油箱中的绝缘油化学分析试验：其击穿电压、水分、电阻率、表面张力及酸度等都必须满足规定标准。

4.2.3 变压器运行故障分析及处理

【学习任务】（1）根据故障现象正确判断变压器运行时的故障原因。

（2）正确处理变压器的常见故障。

对于变压器运行维护人员来说，要随时掌握变压器的运行状态，做好工作记录。对于日常的异常现象，做细致分析，并针对具体问题能做出合理的处理措施，以减小故障恶化和扩散。对于重大故障，要及时做好记录、汇报，进行停运检修。变压器的常见故障及处理方法见表4-2。

表4-2　电力变压器常见故障与处理方法

故障现象	产生原因	处理方法
温升过高	1. 铁芯片间绝缘损坏。 2. 穿心螺杆绝缘损坏、铁芯短路。 3. 铁芯多点接地。 4. 铁芯接地片断裂 5. 线圈匝间短路。 6. 线圈绝缘降低。 7. 分接开关接触不良。 8. 过负荷。 9. 漏磁发热	1. 测量片间绝缘电阻，两片间在6 V直流电压下，其电阻应大于0.8 Ω。 2. 测量穿心螺杆绝缘电阻，加强绝缘。 3. 找出接地点，处理。 4. 重新连接。 5. 测量线圈直流电阻，比较三相平衡程度。 6. 测量线圈对地和线圈之间的绝缘电阻。 7. 转动分接开关，多次调整分接开关压力和位置。 8. 减少负荷，缩短过负荷运行时间。 9. 检查载流体周围铁件发热情况
响声异常	1. 过负荷。 2. 电压过高。 3. 铁芯松动。 4. 线圈、铁芯、套管局部击穿放电。 5. 外壳表面零部件固定不牢，与外壳相碰。 6. 内部发生严重故障，变压器油剧烈循环或沸腾	1. 检查输出电流。 2. 检查电压。 3. 吊芯检查铁芯。 4. 找出放电部位后采取措施。 5. 固定好零部件。 6. 立即断开电源，找出原因，排除故障后才能运行
三相输出电压不对称	1. 三相负载严重不对称。 2. 匝间短路。 3. 三相电源电压不对称。 4. 高压侧一相缺电	1. 测量三相电流，其差值不超过25%。 2. 找出短路点后修理。 3. 检查电源电压。 4. 检查高压侧开关合闸情况，特别是熔丝是否熔断
输出电压偏低	1. 分接开关位置不当。 2. 电网电压低	1. 调整分接开关，例如从"I"调至"II"。 2. 不能处理
并联运行时空载环流大	1. 连接组不同。 2. 两台变压器分接开关调整挡位不相同。 3. 变比有差异	1. 变换连接组，做定向试验。 2. 调整分接开关。 3. 视情况处理
并联运行时负载分配不均	1. 阻抗电压不等。 2. 额定容量相差悬殊	1. 通过短路试验。 2. 一般不能超过3:1

4.3 技能培养

4.3.1 技能评价要点

变压器的维护学习情境技能评价要点见表4-3。

表4-3 变压器的维护学习情境技能评价要点

项目	技能评价要点	权重/%
1. 变压器日常巡视	正确进行变压器的日常巡视	30
2. 变压器故障检查方法及故障分析	1. 正确分析变压器的故障原因。 2. 正确进行变压器的日常维护与故障检查	30
3. 变压器运行故障分析及处理	1. 根据故障现象正确判断变压器运行时的故障原因。 2. 正确处理变压器的常见故障	40

4.3.2 技能实战

一、应知部分

（1）变压器的吊芯检修的步骤有哪些？

（2）变压器日常巡视检查的项目有哪些？

（3）变压器的检查方法有哪些？

（4）变压器运行中的不正常现象有哪些？变压器运行中的故障有哪些？

（5）瓦斯保护装置的动作处理有哪些？

二、应会部分

（1）能组织实施变压器吊芯检修。

（2）能对运行中的变压器进行日常巡视。

（3）能检查变压器的故障并进行故障分析。

（4）能处理运行中变压器的故障和不正常运行状态。

模块二
异步电动机

2008 年 8 月 1 日，由中国自主研发制造的首批 6 列时速 300 公里及以上动车组顺利通过了为期 7 个月严格的试验验证、试运营考验。首批动车组在北京奥运会配套工程、我国第一条高速城际铁路——京津城际铁路正式投入运营。

弹指十余年，铁路大变样。中国高铁从零千米起步，到如今运营里程突破 4 万千米，纵横神州，驰骋天下。十几年来，中国高铁串珠成线、连线成网。从当初的"四纵四横"到现如今的"八纵八横"，四通八达的高铁以最直观的方式向世界展示了"中国速度"。而牵引着中国高铁，跑出中国速度的是高铁的核心设备之一——三相交流异步牵引电动机。

"复兴号"中国标准动车组 YQ－625 型异步牵引电动机是中车株洲电机公司自主研制的"明星产品"，具有大转矩、低噪音、高效能、高可靠性、低维护成本等优点，应用于时速 350 公里 CR400AF 型"复兴号"列车，是中国标准动车组一款完全具有自主知识产权的"动力心脏"，助力中国标准动车组以超过 420 千米的时速在郑徐线上交会而过，跑出了"世界新速度"。

学习情境 5　异步电动机的选用

5.1　学 习 目 标

【知识目标】掌握三相异步电动机的原理与结构；了解三相异步电动机绕组的基本知识和三相单层绕组的类型；理解三相异步电动机的感应电动势和旋转磁场；熟悉单相异步电动机的原理与结构；熟悉三相异步电动机的选用方法。

【能力目标】能够正确分析三相异步电动机的工作原理；能够正确安装三相异步电动机；正确进行三相交流绕组的绕制；正确分析单相异步电动机的工作原理；正确进行三相异步电动机的选用。

【素质目标】具有正确的世界观、人生观、价值观；践行社会主义核心价值观，具有深厚的爱国情感和中华民族自豪感；遵法守纪、崇德向善、诚实守信、热爱劳动；具有质量意识、环保意识、安全意识、工匠精神；具有自我管理能力，有较强的集体意识和团队合作精神。

【总任务】根据应用场合选择合适的异步电动机。

5.2　理 论 基 础

任务手册5：
异步电动机的选用

微课5.1：
三相异步
电动机的结构

5.2.1　三相异步电动机的结构

【学习任务】（1）正确说出三相异步电动机的基本结构。

（2）正确认识三相异步电动机的基本类别。

（3）正确认识三相异步电动机的功能及应用场合。

异步电机是交流电机的一种，有单相和三相之分，主要用作电动机，用来拖动各种生产机械，其结构简单，制造、使用和维护方便，运行可靠，成本低，效率高，在国民经济各行业应用极广。据统计，90%的电力拖动电动机是异步电动机，异步电动机用电量占电网总负荷的50%以上。三相异步电动机可以用来拖动机床、水泵、鼓风机、压缩机、起重卷扬设备，在水电站和发电厂中，水轮机、锅炉、汽轮机的附属设备如调速器、球磨机、水泵、风机等也大多由异步电动机驱动。单相异步电动机功率较小，主要用于家用电器和自动装置中。

异步电动机虽然有诸多优点，应用广泛，但因调速性能较差、功率因数较低，故还不能在生产中完全取代直流电动机和同步电动机。

三相异步电动机在结构上主要由两大部分组成，即静止部分和转动部分。静止部分称为定子，转动部分称为转子。定子、转子之间留有很小的气隙，一般为0.2~2 mm。此外，还有机座、端盖、轴承、接线盒、风扇等其他部分。异步电动机根据转子绕组的不同结构形式，可分为笼型（鼠笼型）和绕线型两种。图5-1所示为笼型异步电动机的结构。

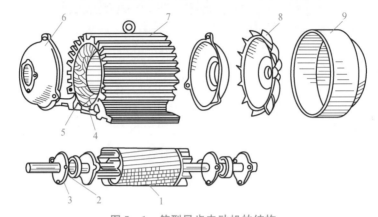

图5-1　笼型异步电动机的结构

1—转子；2—轴承；3—轴承盖；4—定子绕组；5—定子铁芯；6—端盖；7—定子；

8—风扇；9—风扇罩

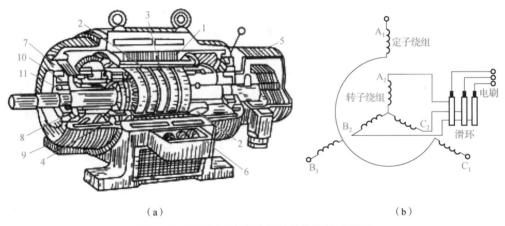

（a）　　　　　　　　　　　　　　　　　（b）

图5-2　绕线型异步电动机的结构和接线原理

（a）结构；（b）接线原理

1—定子；2—定子绕组；3—转子；4—转子绕组；5—滑环风扇；6—出线盒；

7—轴承；8—轴承盒；9—端盖；10—内盖；11—外盖

下面分别对定子、转子主要部件的结构和作用进行介绍。

1. 定子

定子主要由定子铁芯、定子绕组和机座三部分组成。

（1）定子铁芯：是电动机磁路的一部分，为减少铁芯损耗，一般由0.5 mm厚的导磁性能较好的硅钢片叠压成整体后，安放在机座内，叠片间经过绝缘处理。中小型电动机的定子铁芯和转子铁芯都采用整圆冲片，如图5-3所示。大中型电动机常将扇形冲片拼成一个圆。

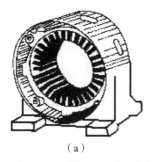
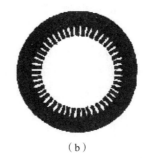

（a）　　　　　　　　　　（b）

图 5 – 3　异步电动机定子与定子铁芯

（a）定子机座；（b）定子铁芯冲片

（2）定子绕组：是电动机的电路部分，其作用是通入三相交流电后产生旋转磁场。小型异步电动机的定子绕组是用高强度漆包圆铜线或铝线绕制而成，大型异步电动机的导线截面较大，采用矩形截面的铜线或铝线制成线圈，再嵌入定子铁芯槽内。三相异步电动机的定子绕组通常有六根出线头，根据电动机的容量和需要可选择星形连接或三角形连接。

（3）机座：其作用是固定和支承定子铁芯及端盖，因此，机座应有较好的机械强度和刚度。中小型电动机一般用铸铁机座，大型电动机的机座则用钢板焊接而成。

2. 转子

转子主要由转子铁芯、转子绕组和转轴三部分组成，整个转子靠端盖和轴承支承。

转子铁芯是电动机磁路的一部分，一般也用 0.5 mm 厚的硅钢片叠压成整体的圆柱形套装在转轴上。转子铁芯叠片冲有嵌放转子绕组的槽，如图 5 – 4 所示。异步电动机的转子绕组分为笼型转子和绕线型转子两种。

图 5 – 4　转子铁芯冲片

1）笼型转子

笼型转子绕组如图 5 – 5 和图 5 – 6 所示，在转子铁芯的每一个槽中插入一根裸导条，在铁芯两端分别用两个短路环把导条连接成一个整体，形成一个自身闭合的多相短路绕组。如果去掉铁芯，绕组的外形就像一个"鼠笼"，所以称为笼型转子，其构成的电动机称为笼型异步电动机。中、小型异步电动机的笼型转子一般都采用铸铝材料，如图 5 – 6 所示，制造时，把叠好的转子铁芯放在铸铝的模具内，把"鼠笼"和端部的内风扇一次铸成。大型异步电动机转子绕组则采用铜导条，如图 5 – 5 所示。

铜导条

**图 5 – 5　大型异步电动机
笼型转子（铜导条）**

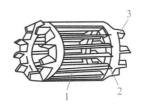

**图 5 – 6　中、小型异步电动机
笼型转子（铸铝导条）**

1—铝导条；2—端环；3—风叶

笼型转子绕组的相数、极数、绕组系数和转子磁动势与普通对称三相绕组差别很大，现分述如下。

（1）笼型转子绕组的相数 m_2 和匝数 N_2。

笼型绕组各导条电动势间通过端环并联，并非互相串联。可见，笼型转子绕组每一根导条就是一相，即每一对极下的导条数等于相数，笼型转子绕组的相数为

$$m_2 = \frac{Z_2}{p} \tag{5-1}$$

式中　Z_2——转子槽数

　　　p——磁极对数

由于绕组各导条中电流是对称的，故为对称多相绕组。由于每相只有一根导条，相当于半匝，所以每相匝数 $N_2 = \frac{1}{2}$。

（2）笼型转子绕组的极数。

笼型转子的磁极数等于定子绕组的磁极数，若磁极对数为 p，则磁极数即为 $2p$。

（3）笼型转子绕组的绕组系数 K_{W2}。

绕组系数 K_{W2} 实质上是一相绕组中各导体电动势串联叠加成一相电动势时应打的折扣，这是由绕组的分布和短距引起的。对于笼型转子来说，一根导条即为一相，各导条电动势是并联的，不存在串联叠加的问题，也不需要打折扣，故 $K_{W2} = 1$。

2）绕线型转子

绕线式转子绕组是与定子绕组相似的三相对称绕组，三相绕组尾端在内部接成星形，三相首端由转子轴中心引出接到滑环上，再经一套电刷引出来与外电路相连，如果跟外电阻相接，还可以改善电动机的起动和调速性能，其接线示意图如图 5-7 所示。

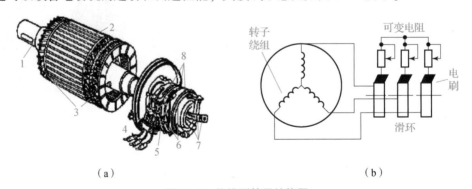

（a）　　　　　　　　　　　　　（b）

图 5-7　绕线型转子结构图

（a）绕线型转子结构图；（b）绕线型转子回路示意图

1—转轴；2—转子铁芯；3—转子绕组；4—电刷引线；5—刷架；6—电风扇；7—转子绕组；8—滑环

3）转轴

转子铁芯套在转轴上，它起着支承、固定转子和传递功率的作用。转轴一般用中碳钢制作。

3. 气隙

异步电动机的气隙是均匀的。气隙大小对异步电动机的运行性能和参数影响较大，励磁电流由电网供给，气隙越大，励磁电流也就越大，而励磁电流又属于无功性质，它会影响电

网的功率因数。气隙过小，则将引起装配困难，并导致运行不稳定。因此，异步电动机的气隙大小往往为机械条件所能允许达到的最小数值，中、小型电动机一般为 0.1 ~ 1 mm。

自测题

一、填空题

1. 异步电机是交流电机的一种，有单相和三相之分，主要用作＿＿＿＿。

2. 异步电动机虽然有诸多优点，应用广泛，但其功率因数＿＿＿＿，还不能在生产中完全取代直流电动机和同步电动机。

3. 三相异步电动机在结构上主要由两大部分组成，即＿＿＿＿和＿＿＿＿。

4. 异步电动机定子、转子之间留有很小的气隙，一般为＿＿＿＿＿＿。

5. 笼型转子绕组的相数为＿＿＿＿＿＿。

6. 异步电动机根据转子结构的不同可分为＿＿＿＿式和＿＿＿＿式两大类。＿＿＿＿式电动机调速性能较差，＿＿＿＿式电动机调速性能较好。

7. 三相异步电动机的定子铁芯是用薄的硅钢片叠装而成，它是定子的＿＿＿＿的一部分，其内表面冲有槽孔，用来嵌放＿＿＿＿。

8. 三相异步电动机的三相定子绕组通以＿＿＿＿＿＿，则会产生＿＿＿＿。

二、选择题

1. 一台三相交流异步电机，其定子槽数为 24，极对数为 2，则其电角度应该是（　　）。

A. 15°　　　　　B. 30°　　　　　C. 40°　　　　　D. 50°

2. 三相绕组在空间位置应互相间隔（　　）。

A. 180°　　　　B. 120°　　　　C. 90°　　　　D. 360°

3. 绕线式异步电动机的转子三相绕组通常接成＿＿＿＿，与定子绕组磁极对数＿＿＿＿。（　　）

A. 三角形/不同　　　　　　　B. 星形/可能相同也可能不同

C. 三角形/相同　　　　　　　D. 星形/相同

4. 双笼型异步电动机，为了确保电动机启动和运行都能有较大的转矩，双笼安排在（　　）。

A. 定子　　　　B. 励磁一侧

C. 转子　　　　D. 根据定子、转子或励磁一侧的具体情况而定

三、判断题

1. 通常三相笼型异步电动机定子绕组和转子绕组的相数不相等，而三相绕线转子异步电动机的定、转子相数则相等。（　　）

2. 笼型异步电机转子的相数一般都和定子的相数一样。（　　）

3. 某交流电动机的定子 30 槽，是一个 4 极电动机，则电角度是 10°。（　　）

4. 目前我国功率在 4 kW 以上的 Y 系列三相异步电动机均采用星形连接。（　　）

5. 双笼型异步电动机，转子上有上笼、下笼两套笼型绕组。（　　）

四、简答题

1. 异步电动机的转子有哪两种类型？各有何特点？

2. 异步电动机的气隙比同步电动机的气隙大还是小？为什么？

3. 绕线型异步电动机转子绕组的相数、极对数总是设计得与定子相同，鼠笼型异步电动机的转子相数、极对数又是如何确定的呢？与鼠笼条的数量有关吗？

4. 异步电动机的定子和转子分别起什么作用？

5.2.2 三相异步电动机工作原理与铭牌

微课 5.2：三相异步电动机的原理

【学习任务】（1）正确说出三相异步电动机的基本工作原理。

（2）正确理解转差率的概念并进行相关计算。

（3）正确识读三相异步电动机的铭牌。

1. 基本工作原理

以笼型异步电动机为例来分析，在异步电动机的定子铁芯槽里嵌放着对称的三相绕组 AX、BY、CZ，转子是一个闭合的多相对称的笼型转子绕组，如图 5-8 所示。

当异步电动机定子三相对称绕组中通入三相对称的电流时，就会产生一个以同步转速 n_1 旋转的圆形旋转磁场，而转子是静止的，转子与定子旋转磁场之间有相对运动，转子导体因切割定子旋转磁场而产生感应电动势。因为转子绕组是闭合的短路绕组，故转子绕组内有感应电流流过。转子载流导体在定子旋转磁场中受到电磁力的作用，从而形成电磁转矩，驱使电动机转子转动。

异步电动机的转速 n 恒小于定子旋转磁场的转速 n_1，因为只有这样，转子绕组才能切割定子旋转磁场感应电动势从而产生电磁转矩，使电动机旋转。如果 $n = n_1$，转子

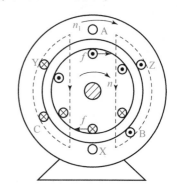

图 5-8 三相异步电动机工作原理图

绕组与定子旋转磁场之间便无相对运动，则转子绕组中无感应电动势和感应电流产生，可见 $n < n_1$，是异步电动机正常运行的必要条件。

2. 转差率

转差率是异步电动机的一个重要参数，定义为同步转速 n_1 与转子转速 n 之差再与同步转速 n_1 的比值，用字母 s 表示：

$$s = \frac{n_1 - n}{n_1} \qquad (5-2)$$

同步转速为

$$n_1 = \frac{60f_1}{p} \qquad (5-3)$$

由式（5-2）可知当转子静止时，$n = 0$，转差率 $s = 1$；当转子转速接近同步转速（空载运行）时，$n = n_1$，此时转差率 $s = 0$。由此可见，作为异步电动机，转差率在 $0 < s < 1$ 范围内变化。在额定工作状态下，转差率的数值很小，一般为 $0.01 \sim 0.06$，即异步电动机的转速很接近同步转速。

异步电动机负载越大，转速就越慢，其转差率就越大；反之，负载越小，转速就越快，其转差率就越小，故转差率直接反映了转子转速的快慢或电动机负载的大小。异步电动机的转速与同步转速、转差率之间的关系可由式（5-2）推出：

$$n = (1-s)n_1 \tag{5-4}$$

3. 异步电机的运行状态

异步电机的转差率 s 一般在 $0 \sim 1$ 之间变化，根据转差率的大小和正负，可得出异步电机的三种运行状态。

1）电动机运行状态

当定子绕组接至三相对称交流电源时，转子就会切割磁力线感应电动势产生电流，转子电流与定子旋转磁场相互作用产生电磁力进而产生电磁转矩，在电磁转矩的驱动下转子就开始旋转，电磁转矩与旋转磁场方向相同，如图 5-9（b）所示，此时电动机从电网取得电功率转变成机械功率，由转轴传输给负载。在电动机状态运行时，转速范围 $n_1 > n > 0$，转差率范围为 $0 < s < 1$。

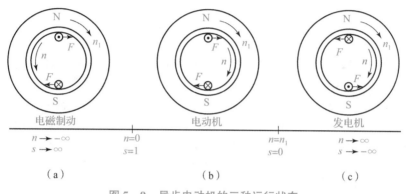

图 5-9　异步电动机的三种运行状态

（a）电磁制动；（b）电动机；（c）发电机

2）发电机运行状态

异步电机定子绕组仍接至电源，用一台原动机拖动异步电机的转子以大于同步转速 n_1 顺着旋转磁场方向旋转，如图 5-9（c）所示。显然，此时电磁转矩方向与转子转向相反，起制动作用，为制动转矩。为克服电磁转矩的制动作用而使转子继续旋转，并保持 $n > n_1$，原动机必须输入更多的机械功率从而克服电磁转矩做功，把机械能转变成电能输出，异步电机在发电机运行状态。在发电机状态运行时，转速范围 $n > n_1$，转差率 $s < 0$。

3）电磁制动状态

异步电动机定子绕组仍接至三相交流电源产生定子旋转磁场，如果用外力拖着电动机逆着旋转磁场的旋转方向旋转，如图 5-9（a）所示，则此时电磁转矩与电动机旋转方向相反，起制动作用。电动机定子仍从电网吸收电功率，同时转子从轴上吸收机械功率，这两部分功率都在电动机内部转变成热能消耗掉，这种运行状态称为电磁制动运行状态。此时 $n < 0$，且转差率 $s > 1$。

由此可知，区分这三种运行状态的依据是转差率 s 的大小：当 $0 < s < 1$ 时，为电动机运行状态；当 $s < 0$ 时，为发电机运行状态；当 $s > 1$ 时，为电磁制动状态。

综上所述，异步电机可以作为电动机运行，也可以作为发电机运行，还可以运行于电磁制动状态。一般情况下，异步电机多作为电动机运行；而电磁制动状态则是异步电动机在完成某一生产过程中出现的短时运行状态，例如，起重机下放重物时，为了安全、平稳，需限制下放速度，此时应使异步电动机短时处于电磁制动状态；至于异步发电机一般不使用，有时也用于农村小型水电站和风力发电站中。

4. 铭牌值

三相异步电动机的铭牌见表 5 - 1。

表 5 - 1   三相异步电动机的铭牌

型号	Y180M2 - 4	功率	18.5 kW	电压	380 V
电流	35.9 A	频率	50 Hz	转速	1 470 r/min
接法	△	工作方式	连续	绝缘等级	E
防护形式	IP44（封闭式）			产品编号	
××××电机厂				×年×月	

1）型号

异步电动机的型号主要包括产品代号、设计序号、规格代号和特殊环境代号等，产品代号表示电动机的类型，如电动机名称、规格、防护型式及转子类型等，一般采用大写印刷体的汉语拼音字母表示。设计序号是指电动机产品设计的顺序，用阿拉伯数字表示。规格代号用中心高、铁芯外径、机座号、机座长度、铁芯长度、功率、转速或极数表示。型号中汉语拼音字母是根据电动机的全名称选择有意义的汉字，再用该汉字第一个拼音字母组成。常用的字母含义是：

J——交流异步电动机；

Y——异步电动机（新系列）；

O——封闭式（没有 O 是防护式）；

R——绕线式转子（没有 R 为鼠笼式转子）；

S——双鼠笼式转子；

C——深槽式转子；

Z——冶金和起重用的铜条鼠笼式转子；

Q——高起重转矩；

L——铝线电动机；

D——多速；

B——防爆。

现以 Y 系列异步电动机为例说明型号中各字母及阿拉伯数字所代表的含义：

中、小型异步电动机

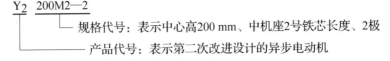

大型异步电动机

2）额定值

额定值是电动机使用和维修的依据，是电机制造厂对电动机在额定工作条件下长期、安全、连续运行而不至于损坏所规定的一个量值，标注在电动机铭牌上。现将铭牌额定数据解释如下：

（1）额定功率 P_N。

额定功率指电动机在额定状态下运行时转子轴上输出的机械功率，单位为 W 或 kW。对于三相感应电动机，其额定功率为

$$P_N = \sqrt{3} U_N I_N \eta_N \cos\varphi_N$$

（2）额定电压 U_N。

额定电压指在额定运行状态下运行时规定的加在电动机定子绕组上的线电压值，单位为 V 或 kV。

（3）额定电流 I_N。

额定电流指在额定运行状态下运行时，流入电动机定子绕组中的线电流值，单位为 A 或 kA。

（4）额定频率 f_N。

额定频率指在额定状态下运行时，电动机定子侧电源电压的频率，单位为 Hz。我国电网 $f_N = 50$ Hz。

（5）额定转速 n_N。

额定转速指额定运行时电动机的转速，单位为 r/min。

3）接线

电动机定子三相绕组每相有两个端头，三相共六个端头，可以接成三角形连接，也可以为星形连接，也有每相中间有抽头的，这样每三相共有九个端头，可以接成三角形连接、星形连接、沿边三角形连接和双速电动机绕组接线，具体如何连接一定要按铭牌指示操作，否则电动机不能正常运行，甚至烧毁。

如一台相绕组能承受 220 V 电压的三相异步电动机，铭牌上额定电压标有 220 V/380 V、△/Y 连接，这时需采用什么连接方式视电源电压而定。若电源电压为 220 V，则用三角形连接；若为 380 V，则用星形连接。这两种情况下，每相绕组实际上都只承受 220 V 电压。

国产 Y 系列电动机接线端的首端用 A、B、C 表示，末端用 X、Y、Z 表示，其星形、三角形连接如图 5 – 10 所示。

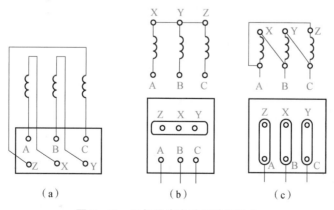

图 5 – 10　三相异步电动机的接线盒

（a）接线盒中 6 个出线端的排列次序；（b）星形连接；（c）三角形连接

4）电动机的运行方式

电动机运行方式是指允许的持续时间，分"连续""短时""断续"，后两种运行方式的电动机只能短时、间歇地使用。

5）绝缘等级与温升

电动机的绝缘等级取决于所用绝缘材料的耐热等级，按材料的耐热有 A、E、B、F、H 级五种常见的规格，C 级不常用，具体内容见表 5-2。

表 5-2　电动机绝缘等级、极限温度与温升

绝缘等级		A	E	B	F	H
极限工作温度/℃		105	120	130	155	188
热点温差/℃		5	5	10	15	15
温升/K	电阻法	60	75	80	100	125
	温度计法	55	65	70	85	105
注：环境温度规定为 40 ℃。						

绝缘等级表示电动机所用绝缘材料的耐热等级，温升表示电动机发热时允许的升高温度。

6）电动机的防护等级

电动机外壳防护等级是用字母"IP"和其后面的两位数字表示的。"IP"为国际防护的缩写，IP 后面第一位数字代表第一种防护形式（防尘）的等级，共分 0~6 七个等级；第二个数字代表第二种防护形式（防水）的等级，共分 0~8 九个等级。数字越大，表示防护的能力越强。例如 IP44 表示电动机能防护大于 1 mm 的固体物入内，同时能防止溅水入内。

7）异步电动机产品简介

我国生产的异步电动机种类很多，原有的旧系列电动机逐步被新系列电动机所取代。新系列电动机符合国际电工委员会（IEC）标准，技术经济指标更高。

（1）Y 系列。

Y 系列是用一般用途的小型笼式电动机系列，它具有效率高、启动转矩大、噪声低、振动小、防护性能好、安全可靠、外观美观等优点。该系列主要用于金属切削机床、通用机械、矿山机械和农业机械等。

（2）YR 系列（旧型号 JR、JR0）。

YR 系列是一种大型三相绕线型异步电动机系列，是我国统一设计的升级换代产品，用于电源线路容量不足、不能用笼式异步电动机启动及要求启动转矩或启动惯量较大的机械设备上，容量为 250~2 500 kW，主要用于冶金和矿山工业中。

（3）YD 系列（旧型号 JD、JDO）。

YD 系列为变极多速三相异步电动机，它主要用于各式机床以及起重传动设备等需要多种速度的传动装置。

（4）YQ 系列（旧型号 JQ）。

YQ 系列为高启动转矩异步电动机，用在启动静止参数或惯性负载较大的机械上，如压缩机、粉碎机等。

（5）YZ 和 YZR 系列。

YZ 和 YZR 系列其是起重运输机械和冶金厂专用异步电动机，YZ 为笼型，YZR 为绕线

转子型。

（6）YCT 系列。

YCT 系列为电磁调速异步电动机，主要用于纺织、印染、化工、造纸、造船及要求变速的机械上。

（7）YJ 系列。

YJ 系列为精密机床用异步电动机，用于要求振动小、噪声低的精密机床。

【例题 5 - 1】 一台三相异步电动机，额定功率 $P_N = 55$ kW，电网频率为 50 Hz，额定电压 $U_N = 380$ V，额定效率为 0.79，额定功率因数 $\cos\varphi_N = 0.89$，额定转速 $n_N = 570$ r/min。试求其同步转速、极对数、额定电流和额定负载时的转差率。

解： 极数 $2p$ 与 n_1 的关系见表 5 - 3。

表 5 - 3 极数 $2p$ 与 n_1 的关系

$2p$	2	4	6	8	10	12
$n_1/(\text{r}^{-1}\cdot\text{min})$	3 000	1 500	1 000	750	600	500

因电动机额定运行时转速接近同步转速，所以同步转速为 600 r/min。电动机极对数为

$$p = \frac{60f_1}{n_1} = \frac{60 \times 50}{600} = 5$$

额定电流为

$$I_N = \frac{P_N}{\sqrt{3}U_N\cos\varphi_N\eta_N} = \frac{55 \times 10^3}{\sqrt{3} \times 380 \times 0.89 \times 0.79} = 119 \text{（A）}$$

转差率为

$$s_N = \frac{n_1 - n_N}{n_1} = \frac{600 - 570}{600} = 0.05$$

答案 5.2

自测题

一、填空题

1. 当异步电动机定子三相对称绕组中通入三相对称电流时，会产生_____。

2. 异步电动机正常运行的必要条件是转子转速_____同步转速。

3. 转差率是异步电动机的一个重要参数，定义为_____。

4. 同步转速的大小为_____。

5. 三相感应异步电机转速为 n，定子旋转磁场的转速为 n_1，当 $n < n_1$ 时为_____运行状态，当 $n > n_1$ 时为_____运行状态，当 n 与 n_1 反向时为_____运行状态。

6. 当 s 在_____范围内，三相异步电机运行于电动机状态，此时电磁转矩性质为_____；在_____范围内运行于发电机状态，此时电磁转矩性质为_____。

7. 一台 6 极三相异步电动机接于 50 Hz 的三相对称电源，其 $s = 0.05$，则此时转子转速为_____r/min，定子旋转磁势相对于转子的转速为_____r/min。

8. 三相异步电动机旋转磁场的转速称为_____，它与电源频率和_____有关。

9. 三相异步电动机旋转磁场的转向是由_____决定的，运行中若旋转磁场的转向改变了，则转子的转向_____。

10. 一台三相四极异步电动机，如果电源的频率 $f_1 = 50$ Hz，则定子旋转磁场每秒在空间

转过_____r。

11. 交流旋转电动机的同步转速是指的_____转速。若电动机转子转速低于同步转速，则该电动机叫_____。

12. 一台三相异步电动机的额定电压为 380 V/220 V，Y/△接法，其绕组额定电压为_____，当三相对称电源线电压为 220 V 时，必须将电动机接成_____。

13. 两极异步电动机的同步转速 n_1 = _____，六极异步电动机的同步转速 n_1 = _____。

二、选择题

1. 一台异步电动机的频率是 60 Hz，额定转速为 870 r/min，则其极数为（　　）。

A. 8　　　　　　　　B. 4　　　　　　　　C. 10　　　　　　　　D. 6

2. 异步电动机旋转磁场的转向与（　　）有关。

A. 电源频率　　　　B. 转速　　　　　　C. 电源相序　　　　D. 电源电压大小

3. 某三相异步电动机的额定转速为 735 r/min，相对应的转差率为（　　）。

A. 0.265　　　　　　B. 0.02　　　　　　C. 0.51　　　　　　D. 0.183

4. 工频条件下，三相异步电动机的额定转速为 1 420 r/min，则电动机的磁极对数为（　　）。

A. 1　　　　　　　　B. 2　　　　　　　　C. 3　　　　　　　　D. 4

5. 一台磁极对数为 3 的三相异步电动机，其转差率为 0.03，则转速为（　　）r/min。

A. 2 910　　　　　　B. 1 455　　　　　　C. 970　　　　　　　D. 1 200

6. 异步电动机的转动方向与（　　）有关。

A. 电源频率　　　　B. 转子转速　　　　C. 负载转矩　　　　D. 电源相序

三、判断题

1. 一台连续工作制的三相异步电动机，当满载运行时，运行的时间越长，三相异步电动机的温升就越高。　　　　　　　　　　　　　　　　　　　　　　　（　　）

2. 三相异步电动机，无论怎样使用，其转差率都在 0 ~ 1 之间。　　　　　　（　　）

3. 三相异步电动机在满载运行时，若电源电压突然降低到允许范围以下，三相异步电动机转速下降，则三相电流同时减小。　　　　　　　　　　　　　　　　（　　）

4. 不管异步电动机转子是旋转还是静止，定、转子磁通势都是相对静止的。（　　）

5. 三相异步电动机定子磁极数越多，则转速越高，反之则越低。　　　　　（　　）

四、分析计算题

1. 图 5 – 11 所示为一异步电动机的铭牌，请根据铭牌数据计算电动机额定运行时的转差率、输入功率和效率。

三相异步电动机				
型号	Y132S2–2	电压	380 V	接法	△
功率	7.5 kW	电流	15 A	工作方式	连续
转速	2 900 r/min	功率因数	0.88	温升	80℃
频率	50 Hz	绝缘等级	B	重量	××
×××电机厂　　　　产品编号×××　　　　年　　月				

图 5 – 11　三相异步电动机铭牌示意图

2. 已知一台三相异步电机的额定转速为 1 437 r/min，试求这台电动机的极对数和额定转差率。

3. 一台 50 Hz、8 极的三相感应电动机，额定转差率 $s_N = 0.04$，问该机的同步转速是多少？当该机运行在 700 r/min 时，转差率是多少？当该机运行在 800 r/min 时，转差率是多少？当该机运行在启动状态时，转差率是多少？

4. 一台异步电动机的技术数据为：$P_N = 2.2$ kW，$n_N = 1$ 430 r/min，$\eta_N = 0.82$，$\cos\varphi = 0.83$，$U_N = 220/380$ V。求 Y 形和 △ 形接法时的额定电流 I_N。

5.2.3 三相交流绕组

微课 5.3：
三相交流绕组

【学习任务】(1) 正确说出三相交流绕组的分类和绕制原则。

(2) 正确说出不同类型三相交流绕组的特点。

1. 绕组的分类

三相异步电动机定子绕组的种类很多，按相数分为单相绕组、三相绕组和多相绕组；按每极下每相绕组所占槽数分为整数槽绕组和分数槽绕组；按槽内层数分单层、双层和单双层混合绕组；按绕组端接部分的形状分单层绕组（又有链式、交叉式和同心式之分）、双层绕组，双层绕组又有叠绕组和波绕组之分；按绕组跨距大小分为整距绕组 ($y = \tau$)、短距绕组 ($y < \tau$) 和长距绕组 ($y > \tau$)，其中 y 为绕组节距，τ 为极距。三相双层绕组将在学习情境 13 中作详细介绍。

2. 绕组绕制原则

绕组是电动机的主要部件，交流绕组的形式虽然各不相同，但它们的构成原则却基本相同，这些原则如下：

(1) 每相绕组的阻抗要求相等，即每相绕组的匝数和形状都是相同的；

(2) 在导体数目一定的情况下，争取获得较大的电动势和磁动势，并使它们力求接近正弦波；

(3) 要有一定的绝缘强度和机械强度，散热条件要好；

(4) 端部连线尽可能短，以节省用铜量，制造、维修方便。

3. 三相单层绕组

单层绕组在每个槽内只安放一个线圈边，而一个线圈有两个线圈边，所以一台单层绕组电动机定子总的线圈数等于总槽数的一半。

1) 单层链式绕组

单层链式绕组由形状、几何尺寸和节距相同的线圈连接而成，整个外形如长链。设 $Z = 24$，$2p = 4$，其单层链式绕组 A 相展开图如图 5 – 12 所示。

链式绕组的每个线圈节距相等并且制造方便，线圈端部连线较短并且省铜，主要用于 $q = 2$ 的 4、6、8 极小型三相异步电动机。

2) 单层交叉式绕组

单层交叉式绕组由线圈数和节距不相同的两种线圈组构成，同一组线圈的形状、几何尺寸和节距均相同，各线圈组的端部互相交叉。设 $Z = 36$，$2p = 4$，其单层交叉式绕组 A 相展开图如图 5 – 13 所示。

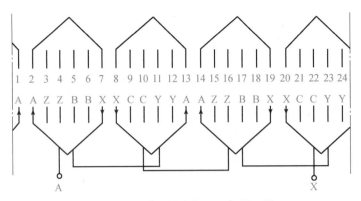

图 5-12　单层链式绕组 A 相展开图

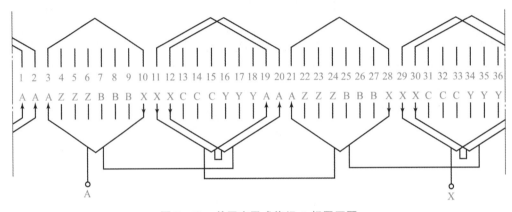

图 5-13　单层交叉式绕组 A 相展开图

交叉式绕组由两大一小线圈交叉布置，线圈端部连线较短，有利于节省材料，并且省铜，广泛用于 $q>1$ 且为奇数的小型三相异步电动机。

3）单层同心式绕组

同心式绕组由几个几何尺寸和节距不等的线圈连成同心形状的线圈组构成。

设 $Z=24$，$2p=4$，其单层同心绕组 A 相展开图如图 5-14 所示。同心式绕组端部连线较长，适用于 $q=4$、6、8 等偶数的 2 极小型三相异步电动机。

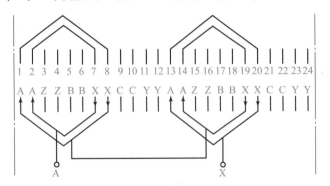

图 5-14　单层同心式绕组 A 相展开图

单层绕组与双层绕组相比，电气性能稍差，但槽利用率高，制造工时少，因此小容量电动机中（$P_N \leqslant 10$ kW）一般都采用单层绕组。

自测题

一、填空题

1. 三相异步电动机的定子绕组，按相数分为_____、_____和_____。
2. 三相异步电动机的定子绕组，按绕组端接部分的形状分为_____、_____。
3. 三相异步电动机的定子绕组，按绕组跨距大小分为_____、_____和_____。
4. 三相异步电动机的定子绕组，其中单层绕组可以分为_____、_____和_____。
5. 三相异步电动机的定子绕组，其中双层绕组又有_____和_____。
6. 单层链式绕组由_____、_____和_____相同的线圈连接而成，整个外形如长链。

二、选择题

1. 三相绕组在空间位置应互相间隔（   ）。
   A. 180°　　　　　B. 120°　　　　　C. 90°　　　　　D. 360°
2. 一台四极三相异步电动机定子槽数为 24，槽距角度为（   ）。
   A. 15°　　　　　B. 30°　　　　　C. 60°　　　　　D. 45°
3. 三相绕组的相带应按（   ）的分布规律排列。
   A. U1—W2—V1—U2—W1—V2　　　　B. U1—V1—W1—U2—V2—W2
   C. U1—U2—V1—V2—W1—W2　　　　D. U1—W1—V1—U2—W2—V2
4. 频率为 50 Hz 的 48 极交流电动机，旋转磁势的转速为（   ）r/min。
   A. 48　　　　　B. 62.5　　　　　C. 250　　　　　D. 125

答案5.3

三、分析计算题

1. 一个整距线圈的两个边，在空间上相距的电角度是多少？如果电动机有 p 对极，那么它们在空间上相距的机械角度是多少？
2. 有一台交流电动机，$Z = 36$，$2p = 4$，$y_1 = 7$，$2a = 2$，试绘出槽电势星形图，并标出 60° 相带分相情况。

5.2.4　交流绕组的感应电动势与磁动势

【学习任务】（1）正确说出定子绕组的感应电动势。
　　　　　　（2）正确说出转子绕组的感应电动势。
　　　　　　（3）正确认识单相绕组和三相绕组的磁动势。

1. 定子绕组的感应电动势

异步电动机气隙中的磁场旋转时，定子绕组切割旋转磁场将产生感应电动势，每相定子绕组的基波感应电动势为

$$E_1 = 4.44 f_1 N_1 K_{W1} \Phi_0 \qquad (5-5)$$

式中　f_1——定子绕组的电流频率，即电源频率（Hz）；

　　　Φ_0——每极基波磁通（Wb）；

　　　N_1——每相定子绕组的串联匝数；

　　　K_{W1}——定子绕组的基波绕组系数，它反映了集中、整距绕组（如变压器绕组）变为

分布、短距绕组后，基波电动势应打的折扣。

式（5-5）不但是异步电动机每相定子绕组电动势有效值的计算公式，也是交流绕组感应电动势有效值的普遍公式。该公式与变压器一次绕组的感应电动势 $E_1 = 4.44f_1N_1\Phi_m$ 在形式上相似，只是多了一个绕组系数 K_{W1}，若 $K_{W1} = 1$，两个公式的形式就一致了。这说明变压器的绕组是集中整距绕组，其 $K_{W1} = 1$；异步电动机的绕组是分布短距绕组，其 $K_{W1} < 1$，故 N_1K_{W1} 也可以理解为每相定子绕组基波电动势的有效串联匝数。

虽然异步电动机的绕组采用分布、短距后，基波电动势略有减小，但是可以证明，由磁场的非正弦波引起的高次谐波电动势将大大削弱，使电动势波形接近正弦波，这将有利于电动机的正常运行。

2. 转子绕组的感应电动势

同理可得转子转动时每相转子绕组的基波感应电动势为

$$E_{2s} = 4.44f_2N_2K_{W2}\Phi_0 \tag{5-6}$$

式中　f_2——转子绕组的转子电流频率（Hz）；

　　　N_2——每相转子绕组的串联匝数；

　　　K_{W2}——转子绕组的基波绕组系数。

3. 交流绕组的磁动势

1）单相脉振磁动势

一相交流绕组的基波磁动势就是该绕组在一对磁极下的线圈组所产生的基波磁动势的叠加，若每相电流为 I_ϕ，则有

$$f_{\phi1}(x,t) = F_{\phi1}\cos\frac{\pi}{\tau}x\sin\omega t = 0.9\frac{NI_\phi}{p}K_{W1}\cos\frac{\pi}{\tau}x\sin\omega t \tag{5-7}$$

结论：单相绕组的基波磁动势是在空间按余弦规律分布，幅值大小随时间按正弦规律变化的脉振磁动势。

2）单相脉振磁动势的分解

$$\begin{aligned}
f_{\phi1}(x,t) &= F_{\phi1}\cos\frac{\pi}{\tau}x\sin\omega t \\
&= \frac{1}{2}F_{\phi1}\sin\left(\omega t - \frac{\pi}{\tau}\right) + \frac{1}{2}F_{\phi1}\sin\left(\omega t + \frac{\pi}{\tau}\right) \\
&= f_{\phi1}^+(x,t) + f_{\phi1}^-(x,t)
\end{aligned} \tag{5-8}$$

结论：（1）单相绕组的基波磁动势为脉振磁动势，它可以分解为大小相等、转速相同而转向相反的两个旋转磁动势。

（2）反之，满足上述性质的两个旋转磁动势的合成即为脉振磁动势。

（3）由于正方向或反方向的旋转磁动势在旋转过程中大小不变，两矢量顶点的轨迹为一圆形，所以这两个磁动势为圆形旋转磁动势。

3）三相旋转磁动势

由三个单相脉振磁动势合成的磁动势数学表达式如下：

$$\begin{aligned}
f_1(x,t) &= f_{A1}(x,t) + f_{B1}(x,t) + f_{C1}(x,t) \\
&= \frac{3}{2}F_{\phi1}\sin\left(\omega t - \frac{\pi}{\tau}x\right) = F_1\sin\left(\omega t - \frac{\pi}{\tau}x\right)
\end{aligned} \tag{5-9}$$

结论：

（1）对称三相交流电流通入对称三相绕组时，在气隙中产生的综合磁场是一个圆形旋转磁场。

（2）旋转磁场的转速：

$$n_1 = \frac{60f}{p}$$

（3）旋转磁场的旋转方向：旋转的方向从 A→B→C，即由电流超前相转向电流滞后相，与通入异步电动机定子三相对称绕组的电流相序有关。如果三相绕组通入负序电流，则电流出现正的最大值的顺序是 A→C→B，旋转磁场的旋转方向也为 A→C→B。

自测题

一、填空题

1. 如果三相绕组通入负序电流，则电流出现正的最大值的顺序是_____，旋转磁场的旋转方向也为_____。

2. 单相绕组的基波磁动势是在空间按余弦规律分布，幅值大小随时间按正弦规律变化的_____。

3. 单相绕组的基波磁动势为脉振磁动势，它可以分解为_____、_____而_____的两个旋转磁动势。

4. 对称三相交流电流通入对称三相绕组时，产生的综合磁场是一个_____。

二、选择题

1. 对交流电动机进行绕组分析时，我们知道一个线圈所产生的磁场波形一般为（   ）。

A. 锯齿波   B. 矩形波   C. 正弦波   D. 脉冲波

2. 一个元件所产生的磁场波形一般为（   ）。

A. 锯齿波   B. 矩形波   C. 正弦波   D. 脉冲波

3. 不属于交流电动机绕组排列的基本原则是（   ）。

A. 一个极距内所有导体的电流方向必须一致

B. 相邻两个极距内所有导体的电流方向必须相反

C. 若为双层绕组，则以上层绕组为准，或以下层绕组为准

D. 定、转子绕组的相数必须一致

4. 线圈组产生的电势集中安放和分布安放时，其（   ）。

答案 5.4

A. 电势相等，与绕组无关   B. 电势不等，与绕组无关

C. 分布电势大于集中电势   D. 分布电势小于集中电势

三、判断题

1. 单相绕组通以交流电时，其磁动势为脉动磁动势。   （   ）

2. 三相合成磁动势的基波幅值为单相脉振磁动势基波幅值的 2/3 倍。   （   ）

3. 一台 6 极三相异步电动机定子槽数为 24，槽距角度为 30°。   （   ）

4. 频率为 50 Hz 的 24 极交流电动机，旋转磁动势的转速为 125 r/min。（   ）

5. 三相绕组通以直流电时，其磁势为脉动磁动势。   （   ）

四、分析计算题

1. 三相交流感应电动机中，三相基波合成磁动势的特性是什么？

2. 定子表面在空间相距 α 电角度的两根导体，它们的感应电动势大小与相位有何关系？

3. 为了得到三相对称的基波感应电动势，对三相绕组的安排有什么要求？

4. 试述短距系数和分布系数的物理意义，为什么这两系数总是小于或等于1？

5.2.5 单相异步电动机的原理与结构

微课 5.4：
单相异步电动机

【学习任务】（1）正确说出单相异步电动机的结构。

（2）正确认识单相异步电动机的转矩特性。

（3）正确说出单相异步电动机的启动方法。

单相异步电动机是由单相交流电源供电、转速随其负载变化稍有变化的一种小容量交流异步电动机。因为其具有结构简单、成本低廉、运行可靠、维修方便的特点，所以被广泛用于办公场所、家用电器和医疗器械方面。在工、农业生产及其他领域中，单相异步电动机的应用也越来越广泛，如电风扇、电冰箱、洗衣机、空调设备、小型鼓风机、小型车床等均需要使用单相异步电动机作为原动机。

1. 结构

单相异步电动机的结构与三相笼型异步电动机相似，其转子也为笼型，只是定子绕组为一单相工作绕组。但通常为启动的需要，定子上还设有产生启动转矩的启动绕组。

电动机结构都由定子和转子两部分组成，定子部分由机座、定子铁芯、定子绕组、端盖等组成，如图5-15所示。除罩极式单相异步电动机的定子具有凸出的磁极外，其余各类单相异步电动机定子与普通三相异步电动机相似。转子部分主要由转子铁芯、转子绕组组成，现简要介绍如下。

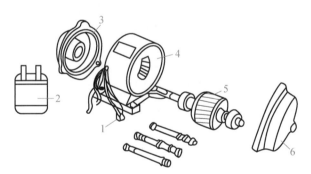

图 5-15 单相异步电动机结构

1—电源接线；2—电容器；3—端盖；4—定子；5—转子；6—端盖

1）机座

随电动机冷却方式、防护形式、安装方式和用途的不同，单相异步电动机采用不同的机座结构，就其材料可分为铸铁、铸铝和钢板结构等几种。

2）铁芯

定子铁芯和转子铁芯与三相异步电动机一样，用相互绝缘的电工钢片冲制后叠成，其作用是构成电动机磁路。定子铁芯有隐极和凸极两种，转子铁芯与三相异步电动机转子铁芯相同。

3）绕组

单相异步电动机定子上有两套绕组，一套是工作绕组，用来建立工作磁场；一套是启动绕组，用来帮助电动机启动，且工作绕组和启动绕组的轴线在空间错开一定的角度。转子绕组通常采用笼型绕组。

4）端盖及轴承

相应于不同材料的机座，端盖也有铸铁件、铸铝件及钢板冲压件三种，单相异步电动机的轴承有滚珠轴承和含油轴承两种。滚珠轴承价格高、噪声大，但寿命长；含油轴承价格低、噪声小，但寿命短。

2. 转矩特性

当单相异步电动机的工作绕组接通单相正弦交流电源后，便产生一个脉动磁场，双旋转磁场理论认为脉动磁场是由两个幅度相同、转速相等、旋转方向相反的旋转磁场合成的。这里我们把与转子旋转方向相同的称为正向旋转磁场，用 $\dot{\Phi}^+$ 表示；与转子旋转方向相反的称为反向旋转磁场，用 $\dot{\Phi}^-$ 表示。与普通三相异步电动机一样，正向与反向旋转磁场切割转子导体，并分别在转子导体中感应电动势和电流，产生相应的电磁转矩，由正向旋转磁场产生的正向转矩 T^+ 企图使转子沿正向旋转磁场方向旋转，而反向旋转磁场所产生的反向转矩 T^- 企图使转子沿反向旋转磁场方向旋转。如图 5-16 所示，T^+ 与 T^- 方向相反，单相异步电动机的电磁转矩为两者合成产生的有效转矩。

无论是正向转矩 T^+ 还是反向转矩 T^-，它们的大小与转差率的关系和三相异步电动机相同。若电动机的转速为 n，则对正向旋转磁场而言，转差率为

$$s^+ = \frac{n_1 - n}{n_1}$$

而对反向旋转磁场而言，转差率为

$$s^- = \frac{n_1 - (-n)}{n_1} = \frac{2n_1 - (n_1 - n)}{n_1} = 2 - s^+$$

即当 $s^+ = 0$ 时，相当于 $s^- = 2$；当 $s^- = 0$ 时，相当于 $s^+ = 2$。

由此作出单相异步电动机的转矩特性曲线，如图 5-17 所示，从曲线上可以看出单相异步电动机的几个主要特点：

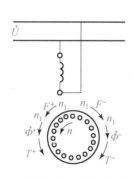

图 5-16 单相异步电动机的磁场和转矩

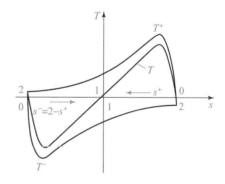

图 5-17 单相异步电动机的 $T-s$ 曲线

（1）当单相异步电动机只有工作绕组时，启动时的合成转矩为零，即刚启动时，$n = 0$，$s = 0$，由于正方向的电磁转矩和反方向的电磁转矩大小相等、方向相反，故合成转矩 $T = T^+ + T^- = 0$，即电动机没有相应的驱动转矩而不能自行启动。

（2）在 $s = 1$ 的两边，合成转矩曲线是对称的，因此，单相异步电动机没有固定的旋转方向，当外力驱动电动机正向旋转时，合成转矩为正，该转矩能维持电动机继续正向旋转；

反之，当外力驱动电动机反向旋转时，合成转矩为负，该转矩能维持电动机继续反向旋转。由此可见，电动机的旋转方向取决于电动机启动时的方向。

（3）由于反向转矩的制动作用，使电动机合成转矩减小，最大转矩随之减小，且电动机输出功率也减小，同时反向磁场在转子绕组中感应电流，增加了转子铜耗。所以单相异步电动机的效率、过载能力等各种性能指标都较三相异步电动机低。

（4）反向旋转磁场在转子中引起的感应电流，增加了转子铜损耗，降低了电动机的效率。单相异步电动机的效率为同容量三相异步电动机效率的 75%~90%。

3. 单相异步电动机的启动

为了使单相异步电动机能够产生启动转矩自行启动，与三相异步电动机相同，要设法在电动机气隙中建立一个旋转磁场。

可以证明，具有 90° 相位差的两个电流通过空间位置相差 90° 的两相绕组时，产生的合成磁场为旋转磁场。图 5-18 说明了产生旋转磁场的过程。

其两相电流为

$$\begin{cases} i_1 = \sqrt{2}I_1 \sin\omega t \\ i_2 = \sqrt{2}I_2 \sin(\omega t + 90°) \end{cases}$$

由此可知，在单相异步电动机定子铁芯上放置两相空间位置相差 90° 的定子绕组，当绕组中分别通入具有一定相位差的两相交流电流时，就可以产生沿定子和转子空间气隙旋转的旋转磁场，从而解决了单相异步电动机的启动问题。

根据启动方法的不同，单相异步电动机一般可分为分相式和罩极式，其中分相式又可以分为电容分相和电阻分相两种。

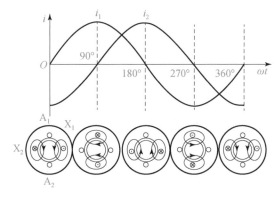

图 5-18　两相旋转磁场的产生

自测题

答案 5.5

一、填空题

1. 单相异步电动机按启方式的不同可分为_____和_____。

2. 单相双值电容异步电动机中的两只电容是_____、_____，其中_____电容容量较大。

3. 定子铁芯仅嵌有一个绕组（也未设短路铜环）的单相异步电动机，其_____方向是不固定的，当朝某个方向施加一个外力后转子沿着_____的方向转动起来。

4. 为解决单相异步电动机的启动问题，通常单相异步电动机定子上安装两套绕组，一套是____，又称主绕组；另一套是_____，又称副绕组。它们的空间位置相差_____电角度。

二、选择题

1. 一交流异步电动机，定子槽数为24，极对数是2，则它的电角度是（　　）。

A. 15°　　　　　　　B. 30°　　　　　　　C. 40°　　　　　　　D. 50°

2. 一台国外进口的设备中，交流电动机的频率是60 Hz，额定转速为1 700 r/min，则其极对数为（　　）。

A. 8　　　　　　　　B. 4　　　　　　　　C. 2　　　　　　　　D. 6

3. 一台国外进口的设备中，交流异步电动机的频率是60 Hz，额定转速为860 r/min，则其极对数为（　　）。

A. 8　　　　　　　　B. 4　　　　　　　　C. 10　　　　　　　D. 6

4. 单相异步电动机的主、副绕组在空间位置上应互差（　　）。

A. 120°　　　　　　B. 180°　　　　　　C. 60°　　　　　　　D. 90°

5. 电动机铭牌上的功率是指（　　）。

A. 输入功率　　　　B. 输出的机械功率　C. 损耗的功率　　　D. 输入与输出功率

6. 家用台扇最常用的调速方法是（　　）。

A. 抽头调速　　　　B. 电抗器调速　　　C. 晶闸管速带　　　D. 自耦变压器调速

7. 单相交流电通入单相绕组产生的磁场是（　　）。

A. 旋转磁场　　　　B. 恒定磁场　　　　C. 脉动磁场　　　　D. 不确定

8. 单相交流异步电动机的结构中定子绕组（　　）。

A. 有时可以是单相绕组　　　　　　　　B. 应该是两相绕组

C. 视具体情况而定　　　　　　　　　　D. 以上三项全对

三、判断题

1. 单相交流异步电动机中电枢与直流电动机中一样，指的是转子。（　　）

2. 单相交流异步电动机从结构上看，实质上是两相电动机。（　　）

3. 要改变罩极式异步电动机的转向，只要改变电源接线即可。（　　）

4. 单相异步电动机，在没有副绕组的情况下也能产生旋转磁场。（　　）

5. 单相异步电动机只要调换两根电源线就能改变转向。（　　）

6. 单相异步电动机的体积较同容量的三相异步电动机大，但功率因数、效率和过载能力都比同容量的三相异步电动机低。（　　）

7. 单相电动机中的旋转磁场速度为 $n_1 = 60f/p$。（　　）

8. 单相异步电动机只在工作绕组中通以正弦交流电，它的磁场波形也是正弦波，只不过不旋转而已。（　　）

9. 单相异步电动机工作绕组直流电阻小，启动绕组直流电阻大。（　　）

10. 空间互差90°的两相绕组内通入同相位交流电，可以产生旋转磁场。（　　）

四、问答题

1. 单相异步电动机的工作原理是什么？

2. 如何用万用表来判别吊扇电动机的工作绕组和启动绕组？

3. 改变单相异步电动机的转向有几种方法？分别是如何实现的？

5.2.6 三相异步电动机的选用

【学习任务】（1）正确说出异步电动机的选用原则。

（2）根据应用场合正确选择合适的电动机。

电动机的选用应考虑安全运行和节约能量，不仅要使电动机本身消耗的能量最小，而且要使电动机的驱动系统效率最高，通常选择一台电动机的基本步骤包括确定电源、额定频率、转速、工作周期、电动机的类型、工作机环境条件、安装方式、电动机与负载的连接方式等。

1. 电动机的种类选择

在选择电动机的过程中，通常涉及电动机的种类、电压、转速和结构形式的选择，这些是在预选电动机时就必须考虑的。

对于电动机种类的选择，应在满足生产机械对拖动性能的要求下，优先选用结构简单、运行可靠、维护方便、价格便宜的电动机。在选择电动机时，应考虑以下因素：

（1）电动机的机械特性应与所拖动生产机械的机械特性相匹配。

（2）电动机的调速性能应该满足生产机械的要求。

（3）电动机的启动性能应满足生产机械对电动机启动性能的要求，电动机的启动性能主要是启动转矩的大小，同时还应注意电网容量对电动机启动电流的限制。

（4）电源种类。电源种类有交流和直流两种，由于交流电源可以直接从电网获得，且价格较低、维护简便、运行可靠，所以应该尽量选用交流电动机。直流电源需要由变流装置来提供，而且直流电动机价格较高、维护麻烦、可靠性较低，因此只在要求调速性能好和启动、制动快的场合采用。随着近代交流调速技术的发展，交流电动机已经获得越来越广泛的应用，在满足性能的前提下应优先采用交流电动机。

（5）经济性。一是电动机及其相关设备（如启动设备、调速设备等）的经济性；二是电动机拖动系统运行的经济性，主要是效率高、节省电能。

目前，各种形式的异步电动机在我国应用得非常广泛，表5-4给出了电动机的主要种类、性能特点及典型生产机械应用实例。需要指出的是，表5-4所示电动机的主要性能及相应的典型应用基本上是对电动机本身而言的。随着电动机控制技术的发展，交流电动机拖动系统的运行性能越来越高，使电动机的一些传统应用领域发生了很大变化，例如原来使用直流电动机调速的一些生产机械，现在则改用可调速的交流电动机系统并具有同样的调速性能。

表5-4　电动机的主要种类、性能特点及典型应用实例

电动机种类			主要性能特点	典型生产机械举例
交流电动机	三相异步电动机	普通笼形	机械特性硬，启动转矩不大，调速时需要调速设备	调速性能要求不高的各种机床、水泵和通风机
		高起动转矩	启动转矩大	带冲击性负载的机械，如剪床、冲床、锻压机；静止负载或惯性负载较大的机械，如压缩机、粉碎机、小型起重机

电动机种类			主要性能特点	典型生产机械举例
交流电动机	三相异步电动机	多速	有几挡转速（2~4速）	要求有级调速的机床、电梯和冷却塔等
		绕线式	机械特性硬（转子串电阻后变软），启动转矩大，调速方法多，调速性能及启动性能好	要求有一定调速范围、调速性能较好的机械，如桥式起重机；启动、制动频繁且对启动、制动要求高的生产机械，如起重机、矿井提升机、压缩机、不可逆轧钢机
	同步电动机		转速不随负载变化，功率因数可调节	转速恒定的大功率生产机械，如大、中型鼓风机及排风机、泵、压缩机、连续式轧钢机、球磨机
直流电动机	他励、并励		机械特性硬，启动转矩大，调速范围宽，平滑性好	调速性能要求高的生产机械，如大型机床（车、铣、刨、磨镗）、高精度车床、可逆轧钢机、造纸机、印刷机
	串励		机械特性软，启动转矩大，过载能力强，调速方便	要求启动转矩大、机械特性软的机械，如电车、电气机车、起重机、吊车、卷扬机、电梯等
	复励		机械特性硬度适中，启动转矩大，调速方便	

2. 电动机的电压选择

电动机的电压等级、相数、频率都要与供电电源一致。因此，电动机的额定电压应根据其运行场所供电电网的电压等级来确定。

我国的交流供电电源，低压通常为 380 V，高压通常为 3 kV、6 kV 或 10 kV。中等功率（约 200 kW）以下的交流电动机，额定电压一般为 380 V；大功率的交流电动机，额定电压一般为 3 kV 或 6 kV。额定功率为 1 000 kW 以上的电动机，额定电压可以是 10 kV。需要说明的是，笼式异步电动机在采用 Y - △ 降压启动时，应该选用额定电压为 380 V、△ 接法的电动机。

3. 电动机的转速选择

电动机的额定功率决定于额定转矩与额定转速的乘积，其中额定转矩又决定于额定磁通与额定电流的乘积。因为额定磁通的大小决定了铁芯材料的多少，额定电流的大小决定了绕组用铜的多少，所以电动机的体积是由额定转矩决定的，可见电动机的额定功率正比于它的体积与额定转速的乘积。对于额定功率相同的电动机来说，额定转速越高，体积越小；对于体积相同的电动机来说，额定转速越高，额定功率越大。电动机的用料和成本都与体积有关，额定转速越高，用料越少，成本越低。这就是电动机大多制成具有较高额定转速的缘故。

（1）对不需要调速的高、中速生产机械（如泵、鼓风机），可选择相应额定转速的电动机，从而省去减速传动机构。

（2）对不需要调速的低速生产机械（如球磨机、粉碎机），可选用相应的低速电动机或者传动比较小的减速机构。

（3）对于经常启动、制动和反转的生产机械，选择额定转速时则应主要考虑缩短启、制动时间，以提高生产率。启、制动时间的长短主要取决于电动机的飞轮矩和额定转速，应选择较小的飞轮矩和额定转速。

（4）对调速性能要求不高的生产机械，可选用多速电动机或者选择额定转速稍高于生产机械的电动机配以减速机构，也可以采用电气调速的电动机拖动系统，在可能的情况下，应优先选用电气调速方案。

（5）对调速性能要求较高的生产机械，应使电动机的最高转速与生产机械的最高转速相适应，直接采用电气调速。

4. 电动机的容量选择

电动机容量的选择就是电动机额定功率的选择，通俗地说，就是选择多大的电动机。这个问题涉及电动机、电力拖动、热力学等方面的知识。电动机额定功率选择的一般原则如下：

（1）电动机的功率尽可能得到充分利用。

（2）电动机的最高运行温度不超过允许值。

（3）电动机的过载能力和启动能力均应满足负载要求。

电动机额定功率选择的一般步骤如下：

（1）确定负载的功率 P_L。

（2）根据负载功率预选一台功率相当的电动机：$P_N \geqslant P_L$。

（3）对预选的电动机进行发热、过载能力和启动能力校验，若不合格，应另选一台额定功率稍大一点的再进行校验，直至合格为止。

5. 电动机的绝缘材料及允许温度

根据绝缘材料允许的最高温度不同，把绝缘材料分为 Y、A、E、B、F、H 和 C 七个等级，其中 Y 级和 C 级在电动机中一般不采用。

电动机在运行时，由于内部损耗引起发热，故使电动机的温度升高。电动机温度 T 与周围环境温度 T_0 的差值用 τ 来表示，即

$$\tau = T - T_0$$

规定标准环境温度为 40 ℃。电动机的允许温升，是指电动机允许的最高温度与标准环境温度的差值，即

$$\tau_{max} = T_{max} - T_0$$

例如，使用 A 级绝缘材料的电动机，其允许温升为

$$\tau_{max} = 105 - 40 = 65 \ (℃)$$

6. 电动机的工作制

电动机的温升不仅与负载的大小有关，而且与负载持续时间的长短有关。为充分利用电动机的容量，按电动机发热的不同情况，可将电动机分为连续工作制、短时工作制和断续周期工作制三种。

（1）连续工作制：连续工作制是指电动机在恒定的负载下连续运行，工作时间 $t_W > (3 \sim 4)t$，属于这一类的生产机械有水泵、鼓风机、造纸机、机床主轴等。

（2）短时工作制：短时工作制是指电动机在恒定负载下作短时间运行，工作时间 $t_W < (3 \sim 4)t$，而停止运行的时间又较长 $t_S > (3 \sim 4)t$。属于短时工作的生产机械有管道和水库闸门等。

（3）断续周期工作制：是指电动机运行和停机周期性交替进行，其运行时间与停机时间都比较短，即工作时间 $t_W < (3 \sim 4)t$，停止运行的时间 $t_S < (3 \sim 4)t$。在断续周期工作制中，负载工作时间 t_W 与整个工作周期 t_P 之比称为负载持续率，用 $Z_c\%$ 表示，即

$$Z_C\% = \frac{t_W}{t_W + t_S} \times 100\%$$

我国规定的标准负载持续率有 15%、25%、40%、60% 四种定额，一个工作周期 $t_P = t_W + t_S \leqslant 10 \ \text{min}$。

7. 电动机选用的其他问题

（1）若电动机安装在居民住宅区或公众开放的场所，则应选用 IP44 或 IP23 加适当防护措施。

（2）若电动机使用时预期会在低于额定或基本转速下运行，除非已采用有效措施，否则必须降低功率使用，以免电动机过热。

（3）直流电动机必须加装防过速装置，以免并励磁场去励时造成电枢飞逸事故；串励电动机必须与被驱动负载可靠连接，以免无载飞车。

（4）当电动机转移母线、异相同步、反接制动或多速电动机变速时，会产生很大的瞬时转矩（可达 5 ~ 20 倍的额定转矩），可能会损坏连接设备。因此，在系统设计时应考虑到可能出现的瞬时转矩峰值。

（5）当电动机承受外来过度的扭转振动时，会造成转轴或联轴器的过应力及其他事故，因此，对产生周期性转矩脉动的设备，如往复式机械、电凿、粉碎机等，必须考虑扭转振动。

（6）同步电动机在启动或加速过程中会产生脉动转矩，叠加在平均转矩上，其频率相当于 2 倍电源频率乘转差率。任何机械系统都有 1 个自然扭转频率。

5.3　技 能 培 养

5.3.1　技能评价要点

异步电动机的选用学习情境技能评价要点见表 5 – 5。

表 5 – 5　异步电动机的选用学习情境技能评价要点

项目	技能评价要点	权重/%
1. 三相异步电动机的结构	1. 正确说出三相异步电动机的基本结构。 2. 正确认识三相异步电动机的基本类别。 3. 正确认识三相异步电动机的功能及应用场合	20

项目	技能评价要点	权重/%
2. 三相异步电动机工作原理与铭牌	1. 正确说出三相异步电动机的基本工作原理。 2. 正确理解转差率的概念并进行相关计算。 3. 正确识读三相异步电动机的铭牌	20
3. 三相交流绕组	1. 正确说出三相交流绕组的分类和绕制原则。 2. 正确说出不同类型三相交流绕组的特点	15
4. 交流绕组的感应电动势与磁动势	1. 正确说出定子绕组的感应电动势。 2. 正确说出转子绕组的感应电动势。 3. 正确认识单相绕组和三相绕组的磁动势	15
5. 单相异步电动机的原理与结构	1. 正确说出单相异步电动机的结构。 2. 正确认识单相异步电动机的转矩特性。 3. 正确说出单相异步电动机的启动方法	15
6. 三相异步电动机的选用	1. 正确说出异步电动机的选用原则。 2. 根据应用场合正确选择合适的电动机	15

5.3.2 技能实战

一、应知部分

（1）简述三相异步电动机的基本结构和各部分的主要功能。

（2）什么是转差率？为什么异步电动机不能在转差率 $s = 0$ 时正常工作？

（3）把一台绕线式电动机定子三相绕组的出线端短接，在其转子的对称三相绕组中通入工频（50 Hz）的三相对称电流，试问：

①如果转子固定、定子可动，定子能转吗？为什么？如果能转，转向如何？

②如果转子可动、定子固定，转子能转吗？如果能转，转向如何？

（4）三相异步电动机的旋转磁场是怎样产生的？旋转磁场的转向和转速各由什么因素决定？

（5）试述三相异步电动机的转动原理，并解释"异步"的含义。异步电动机为什么又称为感应电动机？

（6）一台三相异步电动机，$P_N = 75$ kW，$n_N = 975$ r/min，$U_N = 3\,000$ V，$I_N = 18.5$ A。

求：①电动机的极数。

②额定负载下的转差率。

③额定负载下的效率。

（7）一台三角形连接、型号为 Y132M – 4 的三相异步电机，$P_N = 7.5$ kW，$U_N = 380$ V，$n_N = 1\,440$ r/min，$\eta_N = 87\%$，求其额定电流和对应的相电流。

（8）异步电动机转速变化时，为什么定子和转子磁动势之间没有相对运动？

（9）一台三相异步电动机，定子绕组为 Y 形连接，若定子绕组有一相断线，仍接三相对称电源时，绕组内将产生什么性质的磁动势？

（10）单相异步电动机与三相异步电动机相比有哪些主要的不同之处？

（11）单相异步电动机按启动及运行原理与方式不同可分为哪几类？它们各有什么特点及各自的应用范围？

（12）在单相异步电动机达到额定转速时，离心开关不能断开会有什么后果？

（13）拆装一台吊扇，写出工艺过程。

（14）说明单相电容运转异步电动机的工作原理。

（15）家用吊风扇电容电动机有三个出线头 a、b、c，如何判断它们中哪两个端子直接接电源？另一个端子与电容串联后接电源的哪一端？

（16）为什么说转子鼠笼绕组是一个对称多相绕组？它的相数、匝数、绕组系数各是多少？

二、应会部分

某泵站安装了一台离心式水泵，已知该泵轴上功率为 30 kW，转速为 1 480 r/min，效率 $\eta = 0.88$，电动机与泵之间由联轴器直接传动，试为该泵站选择一台合适的电动机。

学习情境 6　异步电动机的运行管理

6.1　学习目标

【知识目标】掌握三相异步电动机空载运行时的基本电磁关系、电动势方程式、等效电路；掌握三相异步电动机负载运行时的基本电磁关系、电动势方程式、等效电路；了解三相异步电动机参数的测定方法；掌握三相异步电动机的功率与转矩的平衡关系；理解三相异步电动机的运行特性。

【能力目标】能够分析三相异步电动机基本运行规律；能够通过实验验证异步电动机的运行特性；能够通过实验测定异步电动机的参数；能够正确使用电气设备规程规范；能够根据生产实际需要正确管理异步电动机的运行。

【素质目标】具有正确的世界观、人生观、价值观；践行社会主义核心价值观，具有深厚的爱国情感和中华民族自豪感；具有良好的职业道德、职业素养、法律意识；崇德向善、诚实守信，爱岗敬业；尊重劳动、热爱劳动，具有较强的实践能力；良好的质量意识、环保意识、安全意识、工匠精神、创新精神；勇于奋斗、乐观向上，具有良好的身心素质。

【总任务】根据实际应用场合管理异步电动机。

6.2　理论基础

任务手册6：
异步电动机的
运行管理

微课6.1：
三相异步电动机
的空载运行

6.2.1　三相异步电动机的空载运行

【学习任务】（1）正确理解三相异步电动机空载运行时的电磁关系。

（2）正确写出三相异步电动机空载运行时的电动势平衡方程。

（3）正确画出三相异步电动机空载运行时的等效电路。

1. 空载运行时的电磁关系

三相异步电动机定子绕组接对称的三相交流电源，转轴上不带机械负载时的运行，称为空载运行。为了便于分析，根据磁通经过的路径和性质的不同，异步电动机的磁通可分为主磁通和漏磁通两大类。

1) 主磁通

当三相异步电动机定子绕组通入三相对称交流电流时，将产生旋转磁动势，该磁动势产生的磁通绝大部分穿过气隙，并同时交链定、转子绕组，这部分磁通称为主磁通，用 Φ_0 表示。其路径为：定子铁芯→气隙→转子铁芯→气隙→定子铁芯，构成闭合磁路，如图 6 - 1 (a) 所示。

主磁通同时交链定、转子绕组并在其中分别产生感应电动势。转子绕组为三相或多相对称短路绕组，在电动势的作用下，转子绕组中有感应电流通过。转子电流与定子磁场相互作用产生电磁转矩，实现异步电动机的机—电能量转换，即将电能转化为机械能从电动机轴上输出，从而带动机械负载做功，因此，主磁通是能量转换的媒介。

2) 漏磁通

除主磁通外的磁通称为漏磁通，用 $\Phi_{1\sigma}$ 表示，包括定、转子绕组的槽部漏磁通和端部漏磁通，如图 6 - 1 (a) 和图 6 - 1 (b) 所示。

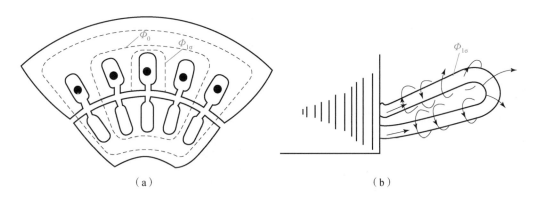

图 6 - 1 主磁通与漏磁通

(a) 主磁通和槽漏磁通；(b) 端部漏磁通

漏磁通沿磁阻很大的空气隙形成闭合回路，空气中的磁阻较大，所以它比主磁通小很多。漏磁通仅在定子绕组上产生漏磁电动势，因此不能起能量转换的媒介作用，只起电抗压降的作用。

3) 空载电流和空载磁动势

异步电动机空载运行时的定子电流称为空载电流，用 $\dot{I}_0$ 表示。当异步电动机空载运行时，定子三相绕组有空载电流 $\dot{I}_0$ 通过，三相空载电流将产生一个旋转磁动势，称为空载磁动势，用 $\vec{F}_0$ 表示，其基波幅值为

$$F_0 = \frac{m_1}{2} \times 0.9 \times \frac{N_1 K_{W1}}{p} I_0 \tag{6 - 1}$$

式中 m_1——定子绕组相数；

N_1——定子绕组匝数；

K_{W1}——定子绕组系数；

p——电动机极对数。

异步电动机空载运行时，由于轴上不带机械负载，因而其转速很高，接近同步转速，即 $n \approx n_1$，s 很小。此时定子旋转磁场与转子之间的相对速度几乎为零，于是转子感应电动势 $E_2 = 0$，转子电流 $I_2 \approx 0$。

与变压器的分析类似，空载电流 $\dot{I}_0$ 由两部分组成，一部分是专门用来产生主磁通 Φ_0 的无功分量 $\dot{I}_{0W}$，另一部分是用于补偿铁芯损耗的有功分量 $\dot{I}_{0Y}$，即

$$\dot{I}_0 = \dot{I}_{0W} + \dot{I}_{0Y} \tag{6-2}$$

4）电磁关系

由以上分析可以得出空载运行时异步电动机的电磁关系如下：

$$\dot{U}_1 \rightarrow \dot{I}_0 \rightarrow \begin{cases} \Phi_0 \begin{cases} \dot{E}_1 \\ \dot{E}_2 \end{cases} \\ \Phi_{1\sigma} \rightarrow \dot{E}_{1\sigma} \end{cases}$$
$$\rightarrow \dot{I}_0 r_1$$

2. 空载运行时的电动势平衡方程

1）主、漏磁通感应的电动势

异步电动机主磁通在绕组中感应的电动势与变压器类似，只是多了一个绕组系数

$$\dot{E}_1 = -\mathrm{j}4.44 f_1 N_1 K_{W1} \dot{\Phi}_0 \tag{6-3}$$

式中　f_1——电源频率；

　　　N_1——定子绕组匝数；

　　　K_{W1}——定子绕组系数。

漏磁通在定子绕组中感应的漏电动势可用漏抗压降的形式表示为

$$\dot{E}_{1\sigma} = -\mathrm{j}x_1 \dot{I}_0 \tag{6-4}$$

式中　x_1——定子漏电抗，与定子漏磁通对应的漏电抗。

2）空载时的电动势平衡方程

设定子绕组外加电压为 $\dot{U}_1$，相电流为 $\dot{I}_0$，主磁通 $\dot{\Phi}_0$ 在定子绕组中感应的电动势为 $\dot{E}_1$，定子漏磁通在定子每相绕组中感应的漏电动势为 $\dot{E}_{1\sigma}$，定子每相电阻为 r_1，类似于变压器空载时的一次侧，根据基尔霍夫第二定律，可列出异步电动机空载时每相定子绕组的电动势平衡方程为

$$\dot{U}_1 = -\dot{E}_1 - \dot{E}_{1\sigma} + r_1 \dot{I}_0 = -\dot{E}_1 + (r_1 + \mathrm{j}x_1)\dot{I}_0 = -\dot{E}_1 + Z_1 \dot{I}_0 \tag{6-5}$$

式中　Z_1——定子绕组的漏阻抗，$Z_1 = r_1 + \mathrm{j}x_1$。

3）空载时的等效电路

与变压器的分析方法相似，可写出空载时的主磁通感应电动势的数学表达式为

$$\dot{E}_1 = -(r_m + \mathrm{j}x_m)\dot{I}_0 = -Z_m \dot{I}_0 \tag{6-6}$$

式中　Z_m——励磁阻抗，$Z_m = r_m + \mathrm{j}x_m$；

　　　r_m——励磁电阻，是反映铁芯损耗的等效电阻；

　　　x_m——励磁电抗，与主磁通 Φ_0 相对应。

于是电压方程可改写为

$$\begin{aligned} \dot{U}_1 &= -\dot{E}_1 + \mathrm{j}x_1 \dot{I}_0 + r_1 \dot{I}_0 \\ &= (r_m + \mathrm{j}x_m)\dot{I}_0 + (r_1 + \mathrm{j}x_1)\dot{I}_0 = Z_m \dot{I}_0 + Z_1 \dot{I}_0 \end{aligned} \tag{6-7}$$

因为 $E_1 \gg Z_1 I_0$，故可近似地认为

$$\dot{U}_1 \approx \dot{E}_1 = -\mathrm{j}4.44 f_1 N_1 K_{W1} \dot{\Phi}_0 \tag{6-8}$$

由定子侧电动势平衡方程可作出异步电动机的等效电路，如图6-2所示。上述分析结果表明，异步电动机空载时的物理现象和定子侧电动势平衡关系式与变压器十分相似。但是在变压器中不存在机械损耗，主磁通所经过的磁路气隙也很小，因此变压器的空载电流很小，仅为额定电流的2%~8%；而异步电动机的空载电流则较大，在小型异步电动机中，I_0 甚至可达额定电流的60%。

图6-2　异步电动机空载时
的等效电路

自测题

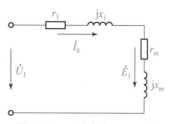

答案6.1

一、填空题

1. 异步电动机空载磁动势的基波幅值为_____。

2. 与变压器的类似，异步电动机的空载电流由两部分组成，一部分是_____，另一部分是_____。

3. 异步电动机的空载电流较大，在小型异步电动机中可达额定电流的_____。

4. 异步电动机空载运行时，由于轴上不带机械负载，故转速很高，接近_____。

5. 三相异步电动机空载运行时，气隙磁通的大小主要取决于_____。

二、选择题

1. 三相异步电动机能画出像变压器那样的等效电路是由于（　　　　）。

A. 它们的定子或原边电流都滞后于电源电压

B. 气隙磁场在定、转子或主磁通在原、副边都感应电动势

C. 它们都有主磁通和漏磁通

D. 它们都由电网取得励磁电流

2. 三相异步电动机的空载电流比同容量变压器大的原因是（　　　　）。

A. 异步电动机是旋转的　　　　　　　　B. 异步电动机的损耗大

C. 异步电动机有气隙　　　　　　　　　D. 异步电动机有漏抗

3. 三相异步电动机的转速越高，则其转差率绝对值越（　　　　）。

A. 小　　　　　　　B. 大　　　　　　　C. 不变　　　　　　　D. 不一定

4. 三相异步电动机的同步转速与电源频率 f 磁极对数 p 的关系是（　　　　）。

A. $n_1 = 60f/p$　　　B. $n_1 = 60p/f$　　　C. $n_1 = pf/60$　　　D. $n_1 = p/60f$

5. 三相对称电流加在三相异步电动机的定子端，将会产生（　　　　）。

A. 静止磁场　　　　　　　　　　　　　B. 脉动磁场

C. 旋转圆形磁场　　　　　　　　　　　D. 旋转椭圆形磁场

6. 计算异步电动机转差率 s 的公式是 $s = (n_1 - n)/n_1$，其中 n_1 表示（　　　　）

A. 同步转速　　　B. 转子空载转速　　　C. 定子转速　　　D. 转子负载转速

三、判断题

1. 电机是可逆的，既可用作发电机，也可用作电动机。　　　　　　　　　（　　　）

2. 三相交流电动机中电枢与直流电动机中一样指的是定子。　　　　　　　（　　　）

3. 三相交流异步电动机中电枢指的是定子。　　　　　　　　　　　　　　（　　　）

4. 三相交流异步电动机中电枢与直流电动机中一样指的是转子。　　　　　（　　　）

5. 三相异步电动机转子的转速越低，转差率越大，转子电动势的频率越高。　（　　）

6. 三相异步电动机中当转子不动时，转子绕组电流的频率与定子电流的频率相同。（　　）

四、简答题

1. 三相异步电动机中，主磁通与漏磁通的性质和作用有什么不同？

2. 为什么相同容量的三相异步电动机的空载电流比变压器的大很多？

3. 三相异步电动机空载运行时，电动机的功率因数为什么很低？

4. 异步电动机中的空气隙为什么做得很小？

6.2.2　三相异步电动机的负载运行

微课 6.2：
三相异步电动机
的负载运行

【学习任务】　（1）正确理解三相异步电动机负载运行时的电磁关系。

（2）正确理解三相异步电动机转子绕组的各电磁物理量。

（3）正确写出三相异步电动机负载运行时的定、转子电动势平衡方程。

（4）正确理解折算的目的、方法和结果。

（5）正确画出三相异步电动机负载运行时的等值电路。

所谓负载运行，是指异步电动机的定子绕组接入对称三相电压，转子带上机械负载时的运行状态。当异步电动机负载运行时，由于轴上带上了机械负载，原空载时的电磁转矩不足以平衡轴上的负载转矩，电动机转速开始降低，旋转磁场与转子之间的相对运动速度增加，于是转子绕组中感应的电动势 $\dot{E}_{2s}$ 及转子电流 $\dot{I}_2$ 都增大了，不但定子三相电流 $\dot{I}_1$ 要在气隙中建立一个转速为 n_1 的旋转磁动势 $\vec{F}_1$，而且转子多相对称电流 $\dot{I}_2$ 也要在气隙中建立一个旋转的转子磁动势 $\vec{F}_2$。这个 $\vec{F}_2$ 的性质怎样？它与 $\vec{F}_1$ 的关系如何？下面将一一进行分析。

1. 负载运行时电磁关系

1）转子磁动势 $\vec{F}_2$

转子磁动势 $\vec{F}_2$ 也是一个旋转磁动势，这是因为不管电动机是绕线型转子还是笼型转子，其转子绕组都是多相对称绕组，故转子磁动势 $\vec{F}_2$ 是旋转磁动势。下面分析 $\vec{F}_2$ 的旋转方向及转速大小。

（1）$\vec{F}_2$ 的旋转方向。

若定子电流产生的旋转磁场按逆时针方向旋转，则 $\vec{F}_2$ 在空间的转向也是逆时针，与定子磁动势 $\vec{F}_1$ 空间的旋转方向相同。

（2）$\vec{F}_2$ 的转速大小。

转子不转时，气隙旋转磁场以同步转速 n_1 切割转子绕组，当转子以转速 n 旋转后，旋转磁场就以 $n_1 - n$ 的相对速度切割转子绕组。因为感应电动势的频率正比于导体与磁场的相对切割速度，因此，当转子转速 n 变化时，转子电动势的频率为

$$f_2 = \frac{p(n_1 - n)}{60} = \frac{n_1 - n}{n_1} \times \frac{pn_1}{60} = sf_1 \tag{6-9}$$

式中　s——电动机转差率；

　　　f_1——电源频率，$f_1 = \dfrac{pn_1}{60}$。

因为转子电流形成的转子磁动势 $\vec{F}_2$ 相对于转子本身的转速为 $n_1 - n$，而转子本身以转速 n 旋转，而且转子相对于定子的转向与转子磁动势 $\vec{F}_2$ 相对于转子的转向一致，所以 $\vec{F}_2$ 相对于定子的转速应为

$$\Delta n + n = n_1 - n + n = n_1 \tag{6-10}$$

式（6-10）说明转子磁动势 $\vec{F}_2$ 和定子磁动势 $\vec{F}_1$ 在空间的转速相同，均为 n_1，故 $\vec{F}_2$ 与 $\vec{F}_1$ 在空间保持相对静止。

（3）定子磁动势 $\vec{F}_1$ 与转子磁动势 $\vec{F}_2$ 之间的电磁关系。

电动机负载运行时的电磁关系如图6-3所示。由于转子磁动势 $\vec{F}_2$ 与定子磁动势 $\vec{F}_1$ 在空间相对静止，因此可把 $\vec{F}_1$ 与 $\vec{F}_2$ 进行叠加，于是负载运行时，产生旋转磁场的励磁磁动势就是定、转子的合成磁动势 $\vec{F}_1 + \vec{F}_2$，即由 $\vec{F}_1 + \vec{F}_2$ 共同建立气隙内的每极主磁通。与变压器相似，从空载到负载运行时，由于电源的电压和频率都不变，因此每极主磁通 Φ_0 几乎不变，这样励磁磁动势也基本不变，负载时的励磁磁动势等于空载时的励磁磁动势，即

$$\vec{F}_1 + \vec{F}_2 = \vec{F}_0 \tag{6-11}$$

这就是三相异步电动机负载运行时的磁动势平衡方程。

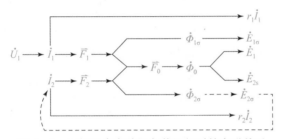

图6-3　三相异步电动机负载运行时的电磁关系

2. 转子绕组的各电磁物理量

1）转子绕组的感应电动势

由上述讨论可知，转子旋转时的转子绕组感应电动势大小为

$$E_{2s} = 4.44 f_2 N_2 K_{W2} \Phi_0 \tag{6-12}$$

式中　N_2——转子每相绕组匝数；

K_{W2}——转子绕组系数。

若转子不转，则其感应电动势频率 $f_2 = f_1$，故此时感应电动势 $\dot{E}_{20}$ 大小为

$$E_{20} = 4.44 f_1 N_2 K_{W2} \Phi_0 \tag{6-13}$$

因此

$$E_{2s} = s E_{20} \tag{6-14}$$

当电源电压 U_1 一定时，Φ_0 一定，故 E_1、E_{20} 为常数，则 $E_{2s} \propto s$，即转子绕组感应电动势与转差率 s 成正比。

当转子不转时，转差率 $s = 1$，主磁通切割转子的相对速度最快，此时转子电动势最大。当转子转速增加时，转差率将随之减小。因正常运行时转差率很小，故转子绕组感应电动势也很小。

2）转子绕组的漏阻抗

由于电抗与频率成正比，因此转子旋转时的转子绕组漏电抗 x_{2s} 为

$$x_{2s} = 2\pi f_2 L_2 = 2\pi s f_1 L_2 = s x_{20} \tag{6-15}$$

显然，x_{20} 是个常数，故转子旋转时的转子绕组漏电抗也正比于转差率 s。

同样，在转子不转（如起动瞬间）时，$s = 1$，转子绕组漏电抗最大。当转子转动时，漏电抗随转子转速的升高而减小，即转子旋转得越快，转子绕组中的漏电抗就越小。

3）转子绕组的电流和功率因数

转子绕组中除了有漏抗 x_{2s} 外，还存在电阻 r_2，故转子每相电流 I_2 为

$$\dot{I}_2 = \frac{\dot{E}_{2s}}{r_2 + jx_{2s}} = \frac{s\dot{E}_{20}}{r_2 + jsx_{20}} \tag{6-16}$$

其有效值为

$$I_2 = \frac{sE_{20}}{\sqrt{r_2^2 + (sx_{20})^2}} \tag{6-17}$$

转子绕组的功率因数为

$$\cos\varphi_2 = \frac{r_2}{\sqrt{r_2^2 + (sx_{20})^2}} \tag{6-18}$$

式（6-17）和式（6-18）说明，转子绕组电流 $\dot{I}_2$ 和转子回路功率因数与转差率 s 有关。当 $s = 0$ 时，$\cos\varphi_2 = 1$；当转子转速降低时，转差率 s 增大，转子电流随着增大，而 $\cos\varphi_2$ 则减小。

综上所述，除 r_2 外，转子各电磁量均与转差率 s 有关，转差率是异步电动机的一个重要参数。转子各物理量随转差率变化的情况如图 6-4 所示。转子频率 f_2、转子电抗 x_2、电动势 E_2 与转差率 s 成正比；转子电流 $\dot{I}_2$ 随转差率增大而增大，转子功率因数随转差率增大而减小。例如：异步电动机启动时，$n = 0$，$s = 1$，此时，转子回路频率 $f_2 = f_1$，转子回路电抗 x_2、电动势 E_2、转子电流 I_2 最大，功率因数 $\cos\varphi_2$ 最小。

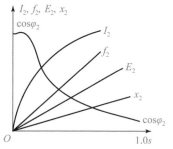

图 6-4 转子各物理量
随转差率变化图

【例题 6-1】 一台三相异步电动机接到 50 Hz 的交流电源上，其额定转速 $n_N = 1\,445$ r/min，求：

（1）该电动机的极对数 p；

（2）额定转差率 s_N；

（3）额定转速运行时，转子电动势的频率 f_2。

解：根据电动机的额定转速 $n_N = 1\,445$ r/min，直接判断出最接近 n_N 的气隙旋转磁场的同步转速 $n_1 = 1\,500$ r/min，则

$$p = \frac{60f}{n_1} = \frac{60 \times 50}{1\,500} = 2$$

$$s_N = \frac{n_1 - n_N}{n_1} = \frac{1\,500 - 1\,455}{1\,500} = 0.03$$

$$f_2 = sf_1 = 0.03 \times 50 = 1.5 \,(\text{Hz})$$

3. 定、转子电动势平衡方程

在定子电路中，主电动势 E_1、漏磁电动势 $E_{1\sigma}$、定子绕组电阻压降 $r_1 I_1$ 与外加电源电压 U_1 相平衡；在转子电路中，因转子为短路绕组，故主电动势 E_{2s}、漏磁电动势 $E_{2\sigma}$ 与转子绕组电阻压降 $r_2 I_2$ 相平衡。因此，可写出负载时定子、转子的电动势平衡方程为

$$\begin{cases} \dot{U}_1 = -\dot{E}_1 + r_1\dot{I}_1 + jx_1\dot{I}_1 \\ 0 = \dot{E}_{2s} - r_2\dot{I}_2 - jx_{2s}\dot{I}_2 \end{cases} \tag{6-19}$$

【例题 6-2】 有一台三相四极的异步电动机，采用星形连接，其额定技术数据为：$P_N = 90 \text{ kW}$，$U_N = 3\,000 \text{ V}$，$I_N = 22.9 \text{ A}$，电源频率 $f = 50 \text{ Hz}$，额定转差率 $s_N = 2.85\%$，定子每相绕组匝数 $N_1 = 320$，转子每相绕组匝数 $N_2 = 20$，旋转磁场的每极磁通 $\Phi = 0.023 \text{ Wb}$，求：

（1）定子每相绕组感应电动势 E_1；

（2）转子每相绕组开路电压 $U_{20}(E_{20})$；

（3）额定转速时转子每相绕组感应电动势 E_{2N}。

解：（1）$\quad E_1 = 4.44 f_1 N_1 K_{W1} \Phi_0 = 4.44 \times 50 \times 320 \times 0.023 = 1\,634 \,(\text{V})$

（2）转子绕组开路时，转子电路电流 $I_2 = 0$，转子转速 $n = 0$，转子绕组电动势频率为

$$f_2 = f_1 = 50 \text{ Hz}$$

故开路电压为

$$E_{20} = 4.44 f_1 N_2 K_{W2} \Phi_0 = 4.44 \times 50 \times 20 \times 0.023 = 102 \,(\text{V})$$

（3）$\qquad\qquad f_2 = s_N f_1 = 0.028 \times 50 = 1.43 \,(\text{Hz})$

$$E_{2N} = 4.44 f_2 N_2 K_{W2} \Phi_0 = 4.44 \times 1.43 \times 20 \times 0.023 = 0.29 \,(\text{V})$$

4. 折算

异步电动机与变压器一样，定子电路与转子电路之间只有磁的耦合而无电的直接联系。为了便于分析和简化计算，也采用了与变压器相似的等效电路的方法，即设法将电磁耦合的定、转子电路变为有直接电联系的电路。根据定、转子电动势平衡方程，可画出如图 6-5 所示异步电动机旋转时定、转子电路图。但由于异步电动机定、转子绕组的有效匝数、绕组系数不相等，因此在推导等效电路时与变压器相仿，必须进行相应的绕组折算。此外，由于定、转子电流频率也不相等，故还要进行频率折算。在折算时，必须保证转子对定子绕组的电磁作用和异步电动机的电磁性能不变。

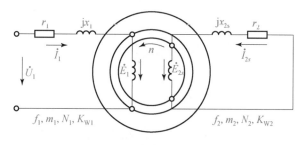

图 6-5 异步电动机等效电路

1）频率折算

频率折算就是要寻求一个等效的转子电路来代替实际旋转的转子电路，而该等效的转子电路应与定子电路有相同的频率。当异步电动机转子静止时，转子频率等于定子频率，即 $f_2 = f_1$，所以频率折算的实质就是把旋转的转子等效成静止的转子。

在等效过程中，为了保持电动机的电磁效应不变，折算必须遵循的原则有两条：一是折算前后转子磁动势不变，以保持转子电路对定子电路的影响不变；二是被等效的转子电路功率和损耗与原转子旋转时一样。

由于转子磁动势 $\dot{F}_2 = \dfrac{m_2}{2} \times 0.9 K_{\mathrm{w2}} \dfrac{N_2}{p} \dot{I}_2$，因此要使折算前后 $\vec{F}_2$ 不变，只要保证折算前、后转子电流 $\dot{I}_2$ 的大小和相位不变即可。

转子旋转时的转子电流为

$$\dot{I}_2 = \frac{\dot{E}_{2s}}{r_2 + \mathrm{j}x_{2s}} = \frac{s\dot{E}_{20}}{r_2 + \mathrm{j}sx_{20}}(频率为 f_2) \qquad (6-20)$$

将式（6-20）分子、分母同除以 s，得

$$\dot{I}_2 = \frac{\dot{E}_{2s}}{\dfrac{r_2}{s} + \mathrm{j}x_{2s}} = \frac{s\dot{E}_{20}}{r_2 + \dfrac{1-s}{s}r_2 + \mathrm{j}sx_{20}} = \frac{s\dot{E}_{20}}{\dfrac{r_2}{s} + \mathrm{j}sx_{20}}(频率为 f_1) \qquad (6-21)$$

式（6-21）说明，进行频率折算后，只要用 $\dfrac{r_2}{s}$ 代替 r_2，即可保持转子电流的大小和相位角 φ_2 也不变。频率折算后，转子电流的频率为 f_1，因此 $\vec{F}_2$ 在空间的转速为同步转速，这就保证了在频率折算前后转子对定子的影响不变。

因为 $\dfrac{r_2}{s} = r_2 + \dfrac{(1-s)}{s}r_2$，说明频率折算时，相当于在转子电路中串入一个附加电阻 $\dfrac{(1-s)}{s}r_2$，而这正好能满足折算前、后电磁能量不变这一原则。转子转动时，转子具有动能（转化为输出的机械功率），当用静止的转子代替实际转动的转子时，这部分动能用消耗在电阻 $\dfrac{(1-s)}{s}r_2$ 上的电能来表示，这样则可得出经过频率归算后的三相异步电动机定、转子电路，如图6-6所示。

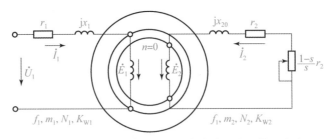

图6-6　频率折算后的三相异步电动机定、转子电路

在图6-6中，r_2 为转子的实际电阻，$\dfrac{1-s}{s}r_2$ 相当于转子电路串入的一个附加电阻。在附加电阻 $\dfrac{1-s}{s}r_2$ 上会产生损耗 $I_2^2 \times \dfrac{1-s}{s}r_2$，而实际转子电路中并不存在这部分损耗，只产生

机械功率，因此附加电阻就相当于等效负载电阻，即附加电阻上的损耗实质上就是异步电动机的总机械功率。

2）绕组折算

对异步电动机进行频率折算之后，其定、转子电路如图 6 - 6 所示。定、转子频率虽然相同了，但是还不能把定、转子电路连接起来，所以还要像变压器那样进行绕组折算，才可得出等效电路。与变压器一样，三相异步电动机的绕组折算就是把实际上的相数为 m_2、每相匝数为 N_2、绕组系数为 K_{W2} 的转子绕组折算成与定子绕组完全相同的一个等效绕组。

（1）电流的折算。

根据转子磁动势保持不变，可得

$$0.9 \frac{m_1}{2} \frac{N_1 K_{W1}}{p} \dot{I}_2' = 0.9 \frac{m_2}{2} \frac{N_2 K_{W2}}{p} \dot{I}_2$$

所以

$$I_2' = \frac{m_2 N_2 K_{W2}}{m_1 N_1 K_{W1}} I_2 = \frac{1}{K_i} I_2 \qquad (6-22)$$

式中　K_i——电流变比，$K_i = \dfrac{m_1 N_1 K_{W1}}{m_2 N_2 K_{W2}}$。

（2）电动势的折算。

根据转子总的视在功率保持不变，可得

$$m_1 E_2' I_2' = m_2 E_2 I_2$$

所以

$$E_2' = \frac{N_1 K_{W1}}{N_2 K_{W2}} E_2 = K_e E_2 \qquad (6-23)$$

式中　K_e——电动势变比，$K_e = \dfrac{N_1 K_{W1}}{N_2 K_{W2}}$。

（3）阻抗的折算。

根据转子绕组铜损耗不变，可得

$$m_1 I_2'^2 r_2' = m_2 I_2^2 r_2$$

$$r_2' = \frac{m_2}{m_1} \left(\frac{I_2}{I_2'} \right)^2 r^2 = \frac{m_2}{m_1} \left(\frac{m_1 N_1 K_{W1}}{m_2 N_2 K_{W2}} \right)^2 r_2 = K_e K_i r_2 \qquad (6-24)$$

同理可得

$$x_{20}' = K_e K_i x_{20} \qquad (6-25)$$

$$Z_2' = K_e K_i Z_2 \qquad (6-26)$$

应该注意：折算只改变转子各物理量的大小，并不改变其相位。

经过频率折算和绕组折算后的三相异步电动机定、转子电路如图 6 - 7 所示。

5. 异步电动机的 T 形等效电路

经过频率折算和绕组折算后，异步电动机转子绕组的频率、相数、每相串联匝数以及绕组系数都和定子绕组一样。三相异步电动机的基本方程变为

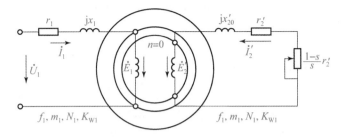

图 6 – 7　绕组折算后的三相异步电动机的定、转子电路

$$\begin{cases}\dot{U}_1 = -\dot{E}_1 + \dot{I}_1 r_1 + j\dot{I}_1 x_1 = -\dot{E}_1 + \dot{I}_1 Z_1 \\ \dot{E}_2' = \dot{I}_2' \dfrac{1-s}{s} r_2' + \dot{I}_2'(r_2' + jx_{20}') = \dot{I}_2' \dfrac{1-s}{s} r_2' + \dot{I}_2' Z_2' \\ \dot{I}_1 + \dot{I}_2' = \dot{I}_0 \\ \dot{E}_1 = \dot{E}_2' \\ \dot{E}_1 = -\dot{I}_0(r_m + jx_m) = -\dot{I} Z_m\end{cases} \qquad (6-27)$$

根据基本方程，再仿照变压器的分析方法，可以得出三相异步电动机的 T 形等效电路，如图 6 – 8 所示。

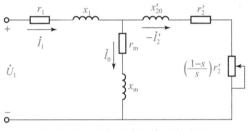

图 6 – 8　异步电动机等值电路图

【例题 6 – 3】　有一台星形连接的三相绕线型异步电动机，其参数为 $U_N = 380$ V，$f_N = 50$ Hz，$n_N = 1\ 440$ r/min，$r_1 = 0.4\ \Omega$，$x_1 = 1\ \Omega$，$x_m = 40\ \Omega$，忽略 r_m，已知定、转子有效匝数比为 4，求：

（1）额定负载时的转差率 s_N 和转子电流频率 f_{2N}；

（2）根据近似等效电路求额定负载时的定子电流 I_1、转子电流 I_2、励磁电流 I_0 和功率因数 $\cos\varphi_1$。

解：（1）额定负载时的转差率为

$$s_N = \frac{n_1 - n_N}{n_1} = \frac{1\ 500 - 1\ 440}{1\ 500} = 0.04$$

额定负载时的转子电流频率为

$$f_{2N} = s_N f_N = 0.04 \times 50 = 2\ (\text{Hz})$$

（2）根据近似等效电路可知，负载支路阻抗为

$$Z_1 + \frac{r_2'}{s_N} + jx_{20}' = 0.4 + j1 + \frac{0.4}{0.04} + j1 = 10.4 + j2 \approx 10.59\angle 10.89°\ \Omega$$

励磁支路阻抗为

$$Z_m \approx jx_m = j40 \ \Omega$$

设以定子相电压为参考相量，则

$$\dot{U}_1 = \frac{380}{\sqrt{3}} = 220(\text{V})$$

转子电流为

$$-\dot{I}_2' = \frac{\dot{U}_1}{Z_1 + \dfrac{r_2'}{s_N} + jx_{20}'} = \frac{220\angle 0°}{10.59\angle 10.89°} \approx 20.72\angle -10.89° \ (\text{A})$$

励磁电流为

$$\dot{I}_0 = \frac{\dot{U}_1}{Z_m} = \frac{220\angle 0°}{j40} = 5.5\angle -90° \ (\text{A})$$

定子电流为

$$\dot{I}_1 = -\dot{I}_2' + \dot{I}_0 = 20.72\angle -10.89° + 5.5\angle -90° \approx 23.4\angle -23.65°$$

由于定子绕组为星形连接，相电流即线电流，所以各线电流有效值为

$$I_{1L} = 23.4\text{A}, \quad I_{0L} = 5.5\text{A}$$

因为绕线型异步电动机的定、转子相数相等，所以该电动机的 $K_e = K_i = 4$，转子线电流有效值为

$$I_2 = K_i I_2' = 4 \times 20.72 = 82.88(\text{A})$$

功率因数为

$$\cos\varphi_1 = \cos 23.65° \approx 0.92(\text{滞后})$$

自测题

答案 6.2

一、填空题

1. 三相异步电动机等效电路中的附加电阻是模拟_____的等值电阻。

2. 三相异步电动机在额定负载运行时，其转差率 s 一般在_____范围内。

3. 转子磁动势 $\vec{F}_2$ 和定子磁动势 $\vec{F}_1$ 在空间的转速_____，为_____。

4. 异步电动机转子旋转时的转子绕组感应电动势大小为_____。

二、选择题

1. 在三相异步电动机磁场理论中，定子磁场、转子磁场和励磁磁场三者有以下关系（　　）。

A. $m_2 N_2 K_{W2} \dot{I}_2 + m_1 N_1 K_{W1} \dot{I}_0 = m_1 N_1 K_{W1} \dot{I}_1$

B. $m_2 N_2 K_{W2} \dot{I}_2 + m_1 N_1 K_{W1} \dot{I}_1 = m_1 N_1 K_{W1} \dot{I}_0$

C. $m_2 N_2 K_{W2} \dot{I}_2 + m_1 N_1 K_{W1}(\dot{I}_0 + \dot{I}_1) = 0$

D. $m_1 N_1 K_{W1} \dot{I}_1 + m_1 N_1 K_{W1} \dot{I}_1 = m_2 N_2 K_{W2} \dot{I}_2$

2. 某三相异步电动机的额定转速为 735 r/min，相对应的转差率为（　　）。

A. 0.265　　　　　　B. 0.02　　　　　　C. 0.51　　　　　　D. 0.183

3. 三相异步电动机的旋转方向与（　　）有关。

A. 三相交流电源的频率大小　　　　　　B. 三相电源的频率大小

C. 三相电源的相序　　　　　　　　　　D. 三相电源的电压大小

4. 三相异步电动机能画出像变压器那样的等效电路是由于（　　　）。

A. 它们的定子或原边电流都滞后于电源电压

B. 气隙磁场在定、转子或主磁通在原、副边都感应电动势

C. 它们都有主磁通和漏磁通

D. 它们都由电网取得励磁电流

5. 三相异步电动机处于电动机工作状态时，其转差率一定为（　　　）。

A. $s > 1$　　　　　　B. $s = 0$　　　　　　C. $0 < s < 1$　　　　　　D. $s < 0$

6. 下列对于异步电动机定、转子之间的空气隙说法，错误的是（　　　）。

A. 空气隙越小，空载电流越小　　　　　　B. 空气隙越大，漏磁通越大

C. 一般来说，空气隙做得尽量小　　　　　　D. 空气隙越小，效率越低

7. 鼠笼型异步电动机空载运行与满载运行相比，其电动机的电流应（　　　）。

A. 大　　　　　　B. 小　　　　　　C. 相同　　　　　　D. 不能确定

三、判断题

1. 当三相异步电动机转差率 $s < 0$ 时，电动机工作处于反向运行状态。　　　　（　　　）

2. 一般三相异步电动机在额定负载时的转差率为 0.02 ~ 0.06。　　　　（　　　）

3. 当三相异步电动机转差率 $0 < s < 1$ 时，电动机工作处于正向运行状态。　　（　　　）

4. 当三相异步电动机转差率 $s > 1$ 时，电动机工作处于反向制动状态。　　（　　　）

四、简答题

1. 三相异步电动机在轻载下运行时，试分析其效率和功率因数都较额定负载时低的原因。如将定子绕组为三角形连接的三相异步电动机改为星形连接运行，在轻载下结果如何？

2. 三相异步电动机等效电路中的 $\left(\dfrac{1-s}{s}\right)r_2'$ 代表什么含义？能否用电感或电容代替？为什么？

3. 说明三相异步电动机转子绕组折算和频率折算的意义，并分析折算是在什么条件下进行的。

4. 说明在三相异步电动机等效电路中，参数 r_1，x_1，r_m，x_m，r_2'，x_2' 各代表什么意义？

6.2.3　异步电动机的参数测定

【学习任务】（1）正确进行异步电动机的空载试验和短路试验。

（2）根据空载试验和短路试验数据正确计算异步电动机参数。

对于已制成的异步电动机，可通过做空载试验和短路（堵转）试验来测定其参数，以便使用等值电路对电动机运行进行计算。

1. 空载试验

空载试验的目的是测定励磁参数 r_m、x_m 以及铁损耗 p_{Fe} 和机械损耗 p_Ω。试验时，电动机转轴上不带任何机械负载，即电动机处于空载状态，定子三相绕组接额定频率的三相电源。用调压器改变外加电压，使定子电压从 $(1.1 \sim 1.3)U_N$ 开始，逐渐降低电压，直到电机转速明显下降、电流开始回升为止，测量数点，记录电动机的端电压 U_1、空载电流 I_0、空载损耗 p_0 和转速 n，并绘成空载特性曲线 $I_0 = f(U_1)$ 和 $p_0 = f(U_1)$，曲线如图 6 – 9（b）所示。

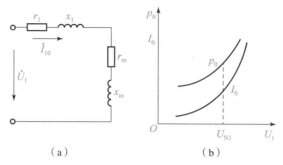

（a）   （b）

图 6 - 9　空载试验

（a）空载等效电路；（b）空载试验曲线

1）铁耗和机械损耗的确定

异步电动机空载时，转子电流很小，转子里的铜损耗和附加损耗较小，忽略不计，此时电动机输入的功率全部消耗在定子铜耗、铁耗和机械损耗上，即

$$p_0 = m_1 I_0^2 r_1 + p_{\text{Fe}} + p_{\Omega} \tag{6-28}$$

所以，铁耗与机械损耗之和为

$$p_{\text{Fe}} + p_{\Omega} = p_0 - m_1 I_0^2 r_1$$

铁损耗 p_{Fe} 与磁通密度平方成正比，即正比于 U_1^2；而机械损耗与电压无关，转速变化不大时，可认为 p_{Ω} 为一常数。因此，在如图 6 - 10 所示的 $p_{\text{Fe}} + p_{\Omega} = f(U_1^2)$ 曲线中可将铁耗 p_{Fe} 和机械损耗 p_{Ω} 分开。只要将曲线延长使其与纵轴相交，交点的纵坐标就是机械损耗，过这一点作与横坐标平行的直线，该线上面的部分就是铁耗，如图 6 - 10 所示。

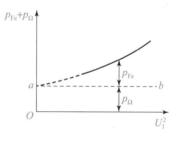

图 6 - 10　铁耗和机械损耗分离图

2）励磁参数的确定

由空载等值电路，根据空载试验测得的数据，可以计算空载参数：

$$Z_0 = \frac{U_1}{I_0}$$

$$r_0 = \frac{p_0 - p_{\Omega}}{3 I_0^2}$$

$$x_0 = \sqrt{Z_0^2 - r_0^2}$$

励磁参数为

$$x_{\text{m}} = x_0 - x_1 \ (x_1 \ \text{可由空载试验求取})，r_{\text{m}} = r_0 - r_1$$

2. 短路（堵转）试验

短路（堵转）试验的目的是确定异步电动机的短路参数 r_{k} 和 x_{k}，以及转子电阻 r_2'，定、转子漏抗 x_1 和 x_2'。试验时，堵住转子使其停转，$s = 1$，电动机等值电路中附加电阻 $\frac{1-s}{s} r_2' = 0$，定子短路电流很大，故与变压器相似，在做异步电动机短路试验时也要降低电源电压。调节施加到定子绕组上的电压 U_1 约从 $0.4 U_{\text{N}}$ 逐渐降低，再次记录定子相电压 U_1、定子短路电流 I_{k} 和短路功率 p_{k}。根据试验数据，即可绘出短路特性曲线 $I_{\text{k}} = f(U_1)$ 和 $p_{\text{k}} = f(U_1)$，如图 6 - 11（a）所示。（注意：为避免绕组过热损坏，试验应尽快进行。）

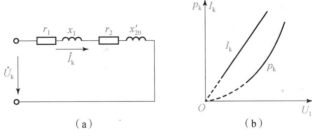

图 6 – 11　异步电动机短路试验

(a) 短路等效电路；(b) 短路试验曲线

由于短路试验时电动机不转，机械损耗为零，而降压后铁损耗和附加损耗很小，可以略去，$I_0 \approx 0$，可以认为励磁支路开路，所以等值电路如图 6 – 11（a）所示，这时功率表读出的短路功率 p_k 都消耗在定、转子的电阻上。由于 $I_0 = 0$，则 $I_2' = I_1 = I_k$，所以

$$p_k = m_1 I_k^2 (r_1 + r_2') = m_1 I_k^2 r_k$$

根据短路试验测得的数据，可以计算出短路阻抗 Z_k、短路电阻 r_k 和短路电抗 x_k，即

$$Z_k = \frac{U_k}{I_k}$$

$$r_k = \frac{p_k}{3 I_k^2}$$

$$x_k = \sqrt{Z_k^2 - r_k^2}$$

对大、中型异步电动机，可以认为

$$r_1 = r_2' = \frac{1}{2} r_k$$

$$x_1 = x_{20}' = \frac{1}{2} x_k$$

答案 6.3

自测题

一、填空题

1. 对于已制成的异步电动机，可通过做_____和_____来测定其参数，以便使用等值电路对电动机运行进行计算。

2. 空载试验的目的是测定_____、_____和_____。

3. 异步电动机空载时，转子电流很小，转子里的_____，可以忽略不计。

4. 短路试验时，堵住转子使其停转，电动机等值电路中附加电阻的大小为_____。

二、选择题

1. 交流异步电动机等效电路讨论中阻抗折算，下列式子正确的应是（　　）。

A. $x_2' = kx_2$　　　　B. $r_2' = k_e k_i r_2$　　　　C. $Z_2' = k^2 x_2 r_2$　　　　D. $x_2' = k_e k_i r_2$

2. 一台八极三相异步电动机，其同步转速为 6 000 r/min，则需接入频率为（　　）的三相交流电源。

A. 50 Hz　　　　B. 60 Hz　　　　C. 100 Hz　　　　D. 400 Hz

3. 异步电动机空载时的功率因数与满载时比较，前者比后者（　　）。

A. 高　　　　B. 低　　　　C. 都等于 1　　　　D. 都等于 0

4. 异步电动机在（　　）运行时转子感应电流频率最高。

A. 空载 B. 堵转 C. 启动 D. 额定

5. 异步电动机空载运行时转差率 s 接近（　　）。

A. 0 B. 1 C. 2 D. 3

6. 异步电动机在启动瞬间的转差率为（　　）。

A. 1 B. 0 C. 0.1 D. 2

三、分析计算题

1. 在三相交流感应电动机中，过高的电源电压或过低的电源电压都会烧毁电动机，试利用等值电路分析其烧毁的理论原因。

2. 一台 JQ_2 – 52 – 6 异步电动机，额定电压为 380 V，定子三角形接法，频率为 50 Hz，额定功率为 7.5 kW，额定转速为 960 r/min，额定负载时 $\cos\varphi_1 = 0.824$，定子铜耗为 474 W，铁耗为 231 W，机械损耗为 45 W，附加损耗为 37.5 W，试计算额定负载时：

（1）转差率；

（2）转子电流的频率；

（3）转子铜耗；

（4）效率；

（5）定子电流。

3. 三相异步电动机定子绕组与转子绕组之间没有直接的联系，为什么负载增加时，定子电流和输入功率会自动增加，试说明其物理过程。

6.2.4 三相异步电动机的功率和转矩

【学习任务】（1）正确理解异步电动机的功率流程。

（2）正确写出异步电动机各个功率表达式及物理意义。

（3）正确理解异步电动机的功率与转矩关系。

微课 6.3：
三相异步电动机
的功率和转矩

1. 三相异步电动机的功率平衡

异步电动机运行时，把输入到定子绕组中的电功率转换成转子转轴上输出的机械功率。在能量变换过程中，不可避免地会产生一些损耗。根据能量守恒定律，输出功率应等于输入功率减去总损耗。本部分着重分析能量转换过程中各种功率和损耗之间的关系。功率变换过程还可以结合 T 形等效电路的知识更加直观形象地说明各部分消耗的功率。图 6 – 12 所示为异步电动机的功率流程图，在等效电路上的功率和损耗表示见图 6 – 13。

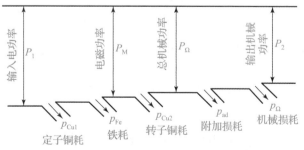

图 6 – 12 异步电动机的功率流程图

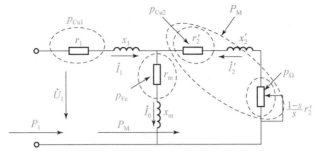

图 6-13　等效电路上表示功率和损耗

1）输入电功率 P_1

异步电动机由电网向定子输入的电功率 P_1 为

$$P_1 = m_1 U_1 I_1 \cos\varphi_1 \tag{6-29}$$

式中　U_1，I_1——定子绕组的相电压和相电流；

　　　$\cos\varphi_1$——异步电动机的功率因数。

2）功率损耗

（1）定子铜耗 p_{Cu1}：定子电流 I_1 通过定子绕组时，电流 I_1 在定子绕组电阻上的功率损耗，即

$$p_{Cu1} = m_1 I_1^2 r_1 \tag{6-30}$$

（2）铁芯损耗 p_{Fe}：由于异步电动机正常运行时，额定转差率很小，转子频率很低，一般为 $1\sim3$ Hz，转子铁耗很小，可略去不计。定子铁耗实际上就是整个电动机的铁芯损耗，根据 T 形等效电路可知，电动机铁耗为

$$p_{Fe} = m_1 I_0^2 r_m \tag{6-31}$$

（3）转子铜耗 p_{Cu2}：根据 T 形等效电路可知，转子铜耗为

$$p_{Cu2} = m_1 I_2'^2 r_2' \tag{6-32}$$

（4）机械损耗 p_Ω 及附加损耗 p_{ad}：机械损耗是由于通风、轴承摩擦等产生的损耗。附加损耗是由于电动机定、转子铁芯存在齿槽以及高次谐波磁势的影响，而在定、转子铁芯中产生的损耗。

3）电磁功率 P_M

输入电功率扣除定子铜耗和铁耗后，为由气隙旋转磁场通过电磁感应传递到转子的电磁功率 P_M，即

$$P_M = P_1 - p_{Cu1} - p_{Fe} \tag{6-33}$$

由 T 形等效电路看能量传递关系，输入功率 P_1 减去 r_1 和 r_m 上的损耗 p_{Cu1} 和 p_{Fe} 后，应等于在电阻 $\dfrac{r_2'}{s}$ 上所消耗的功率，即

$$P_M = m_1 E_2' I_2' \cos\varphi_2 = m_1 I_2'^2 \frac{r_2'}{s} \tag{6-34}$$

4）总机械功率 P_Ω

电磁功率减去转子绕组的铜损耗后，电动机转子上的总机械功率，即

$$P_\Omega = P_M - p_{Cu2} = m_1 I_2'^2 \frac{r_2'}{s} - m_1 I_2'^2 r_2' = m_1 I_2'^2 \frac{1-s}{s} r_2' \tag{6-35}$$

式（6-35）说明了 T 形等值电路中引入电阻$\frac{1-s}{s}r'_2$ 的物理意义。

由式（6-33）~式（6-35）可得

$$p_{Cu2} = sP_M \tag{6-36}$$
$$P_\Omega = (1-s)P_M \tag{6-37}$$

以上两式说明，转差率 s 越大，电磁功率消耗在转子铜耗中的比重就越大，电动机效率就越低，故异步电动机正常运行时，转差率较小，通常在 0.01~0.06 的范围内。当电动机负载增加时，s 增加会使 p_{Cu2} 增加；如果人为地增加转子电阻 r'_2，p_{Cu2} 相应地增加，也会增加 s，使电动机转速下降。

5）输出机械功率 P_2

总机械功率减去机械损耗 p_Ω 和附加损耗 p_{ad} 后，才是转子输出的机械功率 P_2，即

$$P_2 = P_\Omega - (p_\Omega + p_{ad}) = P_\Omega - p_0 \tag{6-38}$$

式中　p_0——空载时的转动损耗。

综上所得，功率平衡方程为

$$P_2 = P_1 - (p_{Cu1} + p_{Fe} + p_{Cu2} + p_\Omega + p_{ad}) = P_1 - \sum p \tag{6-39}$$

式中　$\sum p$——电动机总损耗。

三相异步电动机的效率为

$$\eta = \frac{P_2}{P_1} \times 100\% \tag{6-40}$$

2. 转矩平衡方程

总机械功率 P_Ω 除以轴的角速度 Ω 就是电磁转矩 T_M，即

$$T_M = \frac{P_\Omega}{\Omega}$$

还可以找出电磁转矩与电磁功率之间的关系，为

$$T_M = \frac{P_\Omega}{\Omega} = \frac{P_\Omega}{2\pi\frac{n}{60}} = \frac{P_\Omega}{\frac{2\pi n_1}{60}(1-s)} = \frac{P_M}{\Omega_1} \tag{6-41}$$

式中　Ω_1——同步角速度。

由此可知，电磁转矩从转子方面看，它等于总机械功率除以转子机械角速度；从定子方面看，它又等于电磁功率除以同步机械角速度。

式（6-38）两边除以角速度 Ω，得出转矩平衡方程为

$$T_2 = T_M - T_0 \quad 或 \quad T_M = T_2 + T_0 \tag{6-42}$$

式中　T_M——电磁转矩；

T_2——负载转矩，$T_2 = \frac{P_2}{\Omega}$；

T_0——空载转矩，$T_0 = \frac{p_0}{\Omega}$。

式（6-42）表明，当电动机稳定运行时，驱动性质的电磁转矩与制动性质的负载转矩及空载转矩相平衡。

【例题 6 - 4】 一台 $P_N = 7.5$ kW，$U_N = 380$ V，$n_N = 962$ r/min 的六极三相异步电动机，定子三角形连接，额定负载 $\cos\varphi_N = 0.827$，$p_{Cu1} = 470$ W，$p_{Fe} = 234$ W，$p_\Omega = 45$ W，$p_{ad} = 80$ W，求额定负载时的转差率 s_N、转子频率 f_2、转子铜损耗 p_{Cu2}、定子电流 I_1 以及负载转矩 T_2、空载转矩 T_0 和电磁转矩 T_M。

解： 因为

$$n_1 = \frac{60f_1}{p} = \frac{60 \times 50}{3} = 1\ 000\,(\text{r/min})$$

则额定转差率 s_N 为

$$s_N = \frac{n_1 - n_N}{n_1} = \frac{1\ 000 - 962}{1\ 000} = 0.038$$

转子频率 f_2 为

$$f_2 = s_N f_1 = 0.038 \times 50 = 1.9\,(\text{Hz})$$

$$P_M = P_2 + p_\Omega + p_{ad} = 7\ 500 + 45 + 80 = 7\ 625\,(\text{W})$$

转子铜耗 p_{Cu2} 为

$$p_{Cu2} = s_N P_M = 0.038 \times 7\ 625 = 290\,(\text{W})$$

$$P_1 = P_2 + \sum p = 7\ 500 + (470 + 234 + 45 + 80 + 301) = 8\ 630\,(\text{W})$$

定子电流 I_1 为

$$I_1 = \frac{P_1}{\sqrt{3}U_1\cos\varphi_1} = \frac{8\ 630}{\sqrt{3} \times 380 \times 0.827} = 15.85\,(\text{A})$$

转矩 T_M、T_2、T_0 为

$$T_2 = \frac{P_2}{\Omega} = \frac{7\ 500}{2\pi\dfrac{962}{60}} = 74.44\ (\text{N} \cdot \text{m})$$

$$T_0 = \frac{p_\Omega + p_{ad}}{\Omega} = \frac{45 + 80}{2\pi\dfrac{962}{60}} = 1.24\ (\text{N} \cdot \text{m})$$

$$T_M = T_2 + T_0 = 74.44 + 1.24 = 75.68\,(\text{N} \cdot \text{m})$$

3. 电磁转矩的物理表达式

电磁功率除以同步机械角速度，得电磁转矩为

$$T_M = \frac{P_M}{\Omega_1} = \frac{m_1 E_2' I_2' \cos\varphi_2}{\dfrac{2\pi n_1}{60}} = \frac{m_1 \times 4.44 f_1 N_1 K_{W1} \Phi_m I_2' \cos\varphi_2}{\dfrac{2\pi f_1}{p}}$$

$$= \frac{m_1 \times 4.44 p N_1 K_{W1}}{2\pi} \Phi_m I_2' \cos\varphi_2 = C_T \Phi_m I_2' \cos\varphi_2$$

式中　$C_T = \dfrac{m_1 \times 4.44 p N_1 K_{W1}}{2\pi}$——转矩系数，与电动机结构有关，对于已制成的电动机 C_T 为一常数。

当磁通单位为 Wb，电流单位为 A，上式转矩的单位为 N · m。

从上式看出，异步电动机的电磁转矩 T_M 与气隙每级磁通 Φ_m、转子电流 I_2' 以及转子功率因数 $\cos\varphi_2$ 成正比，或者说与气隙每级磁通和转子电流的有功分量乘积成正比。

一、填空题

1. 三相异步电动机的额定电流是满载时定子绕组的_____电流。

2. 在额定工作情况下的三相异步电动机，转速为 960 r/min，则同步转速为_____，磁极对数为 $p=3$，转差率为_____。

3. 电动机的额定转矩应_____最大转矩。

4. 三相异步电动机机械负载加重时，其定子电流将_____。

5. 异步电动机转矩系数的表达式为_____。

二、选择题

1. 一台三相异步电动机拖动额定转矩负载运行时，若电源电压下降 10%，则电动机的电磁转矩（　　）。

A. $T_M = T_N$ 　　　　　　　　　B. $T_M = 0.81 T_N$

C. $T_M = 0.9 T_N$ 　　　　　　　　D. $T_M = 0.8 T_N$

2. 三相异步电动机的电磁功率表达式应为（　　）。

A. $P_M = E_2 I_2' \cos\varphi_2$ 　　　　　　B. $P_M = m_2 I_2'^2 r_2 / s$

C. $P_M = m_1 I_1'^2 r_2 / s$ 　　　　　　D. $P_M = m_2 I_1'^2 r_2 / s$

3. 一台三相异步电动机的 $s = 0.02$，则由定子通过气隙传递给转子的功率中有（　　）。

A. 2% 是电磁功率 　　　　　　　B. 2% 是总机械功率

C. 2% 是机械损耗 　　　　　　　D. 2% 是转子铜耗

4. 三相异步电动机的转矩与电源电压的关系是（　　）。

A. 成正比 　　　　　　　　　　B. 成反比

C. 无关 　　　　　　　　　　　D. 与电压平方成正比

5. 某三相异步电动机的工作电压较额定电压下降了 10%，其转矩较额定转矩下降了大约（　　）。

A. 10% 　　　　B. 20% 　　　　C. 30% 　　　　D. 40%

6. 三相异步电动机带恒转矩负载运行，如果电源电压下降，则当电动机稳定运行后，此时电动机的电磁转矩（　　）。

A. 下降 　　　B. 增大 　　　C. 不变 　　　D. 不能确定

7. 当电源电压恒定时，异步电动机在满载和轻载下的启动转矩是（　　）。

A. 完全相同的 　　B. 完全不同的 　　C. 基本相同的 　　D. 不能确定

8. 当三相异步电动机的负载增加时，如定子端电压不变，则其旋转磁场速度（　　）。

A. 增加 　　　B. 减少 　　　C. 不变 　　　D. 不能确定

9. 三相异步电动机的最大转矩与（　　）。

A. 电压成正比 　　　　　　　　B. 电压平方成正比

C. 电压成反比 　　　　　　　　D. 电压平方成反比

10. 异步电动机的功率平衡方程中，总机械功率可表示为（　　）。

A. $3 I_2'^2 r_2' / s$ 　　　　　　　　B. $I_2^2 r_2 (1-s)/s$

C. $3 I_2^2 r_2 (1-s)/s$ 　　　　　　D. $s P_M$

三、判断题

1. 当三相异步电动机转子绕组短接并堵转时，轴上的输出功率为零，则定子边输入功率亦为零。 （ ）

2. 三相异步电动机转子不动时，经由空气隙传递到转子侧的电磁功率全部转化为转子铜损耗。 （ ）

3. 三相异步电动机的机械负载增加时，如定子端电压不变，则其转子的转速不变。 （ ）

4. 当三相异步电动机的机械负载增加时，如定子端电压不变，则其输入功率增加。 （ ）

5. 三相异步电动机电磁转矩的大小和电磁功率成正比。 （ ）

四、计算题

一台 4 极三相异步电动机，$P_N = 90$ kW，$U_N = 380$ V，$\triangle$ 连接，$f_N = 50$ Hz，$p_{Cu1} = 1\ 450.9$ W，$p_{Fe} = 1\ 428.8$ W，$p_{Cu2} = 819.1$ W，机械损耗 $p_\Omega = 1\ 800$ W，附加损耗 $p_{ad} = 1\ 000$ W。试求：

（1）总机械功率；

（2）电磁功率；

（3）额定转速；

（4）电磁转矩；

（5）空载转矩；

（6）额定效率。

答案 6.4

6.2.5 三相异步电动机的运行特性

【学习任务】（1）正确理解三相异步电动机的各运行特性。

（2）正确识读三相异步电动机的各运行特性曲线。

异步电动机的运行特性是指在额定电压和额定频率运行时，电动机的转速 n、输出转矩 T_2、定子电流 I_1、功率因数 $\cos\varphi_1$、效率 η 与输出功率 P_2 之间的关系。工作特性可以通过电动机直接加负载试验得到。图 6 – 14 所示为三相异步电动机的运行特性曲线，下面分别加以说明。

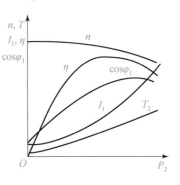

图 6 – 14 异步电动机工作特性

1. 转速特性 $n = f(P_2)$

异步电动机空载时，$P_2 = 0$，转子电流很小，$n \approx n_1$，$s = 0$，即转子转速接近同步转速；负载时，随着 P_2 的增大，T_2 增大，s 也增大，转子电流也增大，因此随着负载的增大，转速 n 则降低。额定运行时，s_N 很小，一般 $s_N \approx$ 0.01 ~ 0.06，相应的转速 n 与同步转速 n_1 接近，故转速特性 $n = f(P_2)$ 是一条稍向下倾斜的曲线，如图 6 – 14 所示。

2. 转矩特性 $T_2 = f(P_2)$

稳定运行时，异步电动机的转矩方程为

$$T_M = T_2 + T_0$$

因为输出功率与电磁转矩之间有以下关系：

$$T_2 = \frac{P_2}{\Omega}$$

故

$$T_M = \frac{P_2}{\Omega} + T_0$$

当电动机空载时，电磁 $T_M = T_0$。随着负载的增加，P_2 也随之增加。由于机械角速度 Ω 变化不大，故电磁转矩 T_M 随着 P_2 的变化近似地为一条直线。

3. 定子电流特性 $I_1 = f(P_2)$

异步电动机空载时，$P_2 = 0$，定子电流 $I_1 = I_0$。负载时，随着输出功率 P_2 的增加，转子转速下降，转子电流增大，于是定子电流的负载分量及其磁动势也随之增大，以抵消转子电流产生的磁动势，从而保持磁动势的平衡，所以 I_1 随 P_2 的增大而增大。

4. 定子功率因数特性 $\cos\varphi_1 = f(P_2)$

异步电动机空载时 $P_2 = 0$，定子电流几乎全部为励磁电流，主要用于建立旋转磁场，因此定子电流主要是无功励磁电流，所以功率因数很低，通常不超过 0.2。

负载运行时，随着负载 P_2 的增加，转子电流和定子电流的有功分量增加，使功率因数逐渐上升，在额定负载附近，功率因数最高。当超过额定负载后，由于转差率 s 迅速增大，致使转子电抗 x_2 增大，使 φ_2 增大、$\cos\varphi_2$ 下降，于是转子电流无功分量增大，相应的定子电流无功分量也增大，因此定子功率因数 $\cos\varphi_1$ 反而下降。

5. 效率特性 $\eta = f(P_2)$

根据

$$\eta = \frac{P_2}{P_1} = 1 - \frac{\sum P}{P_2 + \sum P}$$

当电动机空载时，$P_2 = 0$，$\eta = 0$。当负载运行时，随着输出功率 P_2 的增加，效率 η 也在快速增加，此后负载 P_2 继续增大，由于 I_1、I_2 增加使可变损耗增加，故 η 反而趋于降低。异步电动机也是在可变损耗与不变损耗相等时，η 最高。过了最大点，若负载 P_2 继续增大，则与电流平方成正比的定、转子铜耗增加很快，故效率 η 反而下降。通常中、小型异步电动机负载在 $P_2 = 0.75P_N$ 时效率最高。

$\cos\varphi_1 = f(P_2)$ 和 $\eta = f(P_2)$ 是异步电动机的两个重要特性。它们表明，要求电动机有满意的使用效果，运行时 $\cos\varphi_1$ 和 η 值都要高，因此电动机额定容量 P_N 和负载容量 P_2 要相匹配。选择过大额定容量的电动机，将使 P_2/P_N 值过小，运行中 $\cos\varphi_1$ 和 η 也低。当这种情况发生超载运行时，还会造成电动机过热影响电动机寿命，甚至烧坏。

自测题

一、填空题

1. 随着三相异步电动机负载转矩增大，定子电流将_____。

2. 异步电动机是在_____与_____相等时，效率最高。

3. 异步电动机的额定容量和_____要相匹配。

4. 一台三相异步电动机的额定数据为 $P_N = 10$ kW，$n_N = 970$ r/min，则额定转差率

答案 6.5

为_____。

二、选择题

1. 三相异步电动机带额定负载运行，当电源电压降为 90% 额定电压时，定子电流（   ）。

A. 低于额定电流   B. 超过额定电流

C. 等于额定电流   D. 为额定电流的 80%

2. 三相异步电动机在满载运行中，三相电源电压突然从额定值下降了 10%，这时三相异步电动机的电流将会（   ）。

A. 下降 10%   B. 增加   C. 减小 20%   D. 不变

3. 随着三相异步电动机负载转矩的增大，转差率将（   ）。

A. 减小   B. 不变

C. 增加   D. 不能确定

4. 普通型号的三相异步电动机直接启动的电流比额定电流（   ）。

A. 增加不多   B. 增加很多

C. 不变   D. 不能确定

5. 三相异步电动机在空载与额定负载之间运行时，其转矩 T 与转差率 s 的关系是（   ）。

A. T 与 s 成反比   B. T 与 s^2 成正比

C. T 与 s 成正比   D. T 与 s 无关

6. 一台三相异步电动机，$P_N = 10$ kW，$n_N = 970$ r/min，则额定转差率 s_N 为（   ）。

A. 0.03   B. 0.04   C. 0.05   D. 0.06

7. 三相异步电动机在额定的负载转矩下工作，如果电源电压降低，则电动机会（   ）。

A. 过载   B. 欠载

C. 满载   D. 工作情况不变

8. 下列对于异步电动机定、转子之间的空气隙说法，错误的是（   ）。

A. 空气隙越小，空载电流越小   B. 空气隙越大，漏磁通越大

C. 一般来说，空气隙做得尽量小   D. 空气隙越小，转子转速越高

9. 三相异步电动机在电源电压过高时，将会产生的现象是（   ）。

A. 转速下降，电流增大   B. 转速升高，电流增大

C. 转速升高，电流减小   D. 转速下降，电流增大

三、判断题

1. 当加在定子绕组上的电压降低时，将引起转速下降、电流减小。 （   ）

2. 电动机的电磁转矩与电源电压的平方成正比。 （   ）

3. 电动机正常运行时负载转矩不得超过最大转矩，否则将出现堵转现象。 （   ）

4. 电动机的转速与磁极对数有关，磁极对数越多，转速越高。 （   ）

四、分析计算题

1. 一台笼型感应电动机，原来转子是插铜条的，后因损坏改为铸铝的。如输出同样转矩，电动机运行性能有什么变化？

2. 极数为 8 的三相异步电动机，电源频率 $f = 50$ Hz，额定转差率 $s_N = 0.04$，额定功率 $P_N = 10$ kW，求额定转速和额定电磁转矩。

3. 分析转差率 s 对感应电动机效率的影响。

6.3　技 能 培 养

6.3.1　技能评价要点

异步电动机的运行管理学习情境技能评价要点见表 6-1。

表 6-1　异步电动机的运行管理学习情境技能评价要点

项目	技能评价要点	权重/%
1. 三相异步电动机的空载运行	1. 正确理解三相异步电动机空载运行时的电磁关系。 2. 正确写出三相异步电动机空载运行时的电动势平衡方程。 3. 正确画出三相异步电动机空载运行时的等效电路	20
2. 三相异步电动机的负载运行	1. 正确理解三相异步电动机负载运行时的电磁关系。 2. 正确理解三相异步电动机转子绕组的各电磁物理量。 3. 正确写出三相异步电动机负载运行时的定、转子电动势平衡方程。 4. 正确理解折算的目的、方法和结果。 5. 正确画出三相异步电动机负载运行时的等值电路	30
3. 异步电动机的参数测定	1. 正确进行异步电动机的空载试验和短路试验。 2. 根据空载试验和短路试验数据正确计算异步电动机参数	20
4. 三相异步电动机的功率和转矩	1. 正确理解异步电动机的功率流程。 2. 正确写出异步电动机各个功率表达式及物理意义。 3. 正确理解异步电动机的功率与转矩关系	20
5. 三相异步电动机的运行特性	1. 正确理解三相异步电动机的各运行特性。 2. 正确识读三相异步电动机的各运行特性曲线	10

6.3.2　技能实战

一、应知部分

（1）三相绕组中通入三相负序电流时，与通入幅值相同的三相正序电流时相比较，磁动势有何不同。

（2）三相异步电动机的旋转磁场是怎样产生的？旋转磁场的转向和转速各由什么因素决定？

（3）异步电动机转速变化时，为什么定子和转子磁动势之间没有相对运动？

（4）一台三相异步电动机，定子绕组为星形连接，若定子绕组有一相断线，仍接三相对称电源时，绕组内将产生什么性质的磁动势？

（5）导出三相异步电动机的等效电路时，转子边要进行哪些归算？归算的原则是什么？如何归算？

（6）异步电动机等效电路中的 Z_m 反映什么物理量？在额定电压下电动机由空载到满载，Z_m 的大小是否变化？若有变化，是怎样变化的？

（7）异步电动机的等效电路有哪几种？试说明 T 形等效电路中各个参数的物理意义。

（8）用等效静止的转子来代替实际旋转的转子，为什么不会影响定子边的各种物理量？定子边的电磁过程和功率传递关系会改变吗？

（9）异步电动机等效电路中 $\frac{1-s}{s}r_2'$ 代表什么意义？能不能不用电阻而用一个电感或电容来表示？为什么？

（10）一台三相四极异步电动机，已知其额定数据和每相参数 $P_N = 10\ \text{kW}$，$U_N = 380\ \text{V}$，$f_N = 50\ \text{Hz}$，$n_N = 1\ 445\ \text{r/min}$，$r_1 = 1.375\ \Omega$，$x_1 = 2.43\ \Omega$，$r_2' = 1.04\ \Omega$，$x_2' = 4.4\ \Omega$，$r_m = 8.34\ \Omega$，$x_m = 82.6\ \Omega$，定子绕组为三角形接法，求额定转速时的定子电流、功率因数、输入功率及效率（用近似等效电路计算）。

（11）异步电动机拖动额定负载运行时，若电网电压过高或过低，会产生什么后果？为什么？

（12）已知一台三相四极异步电动机的额定数据 $P_N = 10\ \text{kW}$，$U_N = 380\ \text{V}$，$f_N = 50\ \text{Hz}$，定子绕组为星形接法，额定运行时 $p_{Cu1} = 557\ \text{W}$，$p_{Cu2} = 314\ \text{W}$，$p_{Fe} = 276\ \text{W}$，$p_\Omega = 77\ \text{W}$，$p_{ad} = 200\ \text{W}$，求：

① 额定转速；
② 空载转矩；
③ 电磁转矩；
④ 电动机轴上的输出转矩。

（13）三相异步电动机的运行特性曲线有哪些？是在什么条件下作出的？

（14）一台异步电动机，磁极对数 $2p = 4$，$f = 50\ \text{Hz}$，$P_N = 5.5\ \text{kW}$，$\lambda = 2.2$，$K_{st} = 2$，额定运行状态下电力系统输入定子功率 $P_{1N} = 6.43\ \text{kW}$，且 $p_{Cu1} = 341\ \text{W}$，$p_{Cu2} = 237.5\ \text{W}$，$p_{Fe} = 167.5\ \text{W}$，试求：电磁功率 P_M、总机械功率 P_Ω、效率 η_N、转差率 s_N、转速 n_N、电磁转矩 T_{MN}、T_{Mmax}、T_{st}。

（15）一台三相异步电动机，磁极对数 $2p = 6$，$U_N = 380\ \text{V}$，$f = 50\ \text{Hz}$，$P_N = 28\ \text{kW}$，$n_N = 950\ \text{r/min}$，$\cos\varphi_N = 0.88$，$p_{Cu1} + p_{Fe} = 2.2\ \text{kW}$，$p_\Omega + p_{ad} = 1.1\ \text{kW}$。求：转差率 s_N、转子电流频率 f_2、转子铜耗 p_{Cu2}、效率 η_N 及定子电流 I_{1N}。

（16）一台三相异步电动机，$P_N = 7.5\ \text{W}$，额定电压 $U_N = 380\ \text{V}$，定子为三角形接法，频率为 50 Hz。额定负载运行时，定子铜耗为 474 W，铁耗为 231 W，机械损耗 45 W，附加损耗 37.5 W，已知 $n_N = 960\ \text{r/min}$，$\cos\varphi_N = 0.824$，试计算转子电流频率、转子铜耗、定子电流和电动机效率。

二、应会部分

（1）能通过试验测定一台给定的三相异步电动机的参数。
（2）能通过试验验证一台给定的三相异步电动机的运行特性。
（3）能正确分析三相异步电动机运行过程中的现象。

学习情境7 异步电动机的控制

7.1 学习目标

【知识目标】了解电力拖动的动力学基本知识；理解三相异步电动机的机械特性；掌握三相异步电动机的启动、调速、制动和反转的实现方式和控制电路；了解单相异步电动机的启动、调速、制动和反转的实现方式和控制电路；掌握三相异步电动机电力拖动基本控制电路的设计方法。

【能力目标】能够正确分析不同性质的负载转矩特性；能够正确分析三相异步电动机的机械特性；能够设计、安装和调试异步电动机的启动、调速、制动及反转控制电路。

【素质目标】具有深厚的爱国情感和中华民族自豪感；具有良好的职业道德、职业素养、法律意识；崇德向善、诚实守信，爱岗敬业；尊重劳动、热爱劳动，具有较强的实践能力；良好的质量意识、环保意识、安全意识、工匠精神、创新精神；勇于奋斗、乐观向上，具有良好的身心素质。

【总任务】依据应用场合及电机类型进行异步电动机的电力拖动控制。

7.2 理论基础

任务手册7：
异步电动机的控制

7.2.1 电力拖动基础

【学习任务】(1) 正确理解电力拖动系统。

(2) 正确说出不同性质的负载转矩特性。

1. 电力拖动的基础知识

电力拖动系统是指由各种电动机作为原动机，拖动各种生产机械（如起重机的大车和小车、龙门刨床的工作台等），完成一定生产任务的系统。拖动系统的组成如图7-1所示，电动机是把电能转换为机械能，用来拖动生产机械工作的；生产机械是执

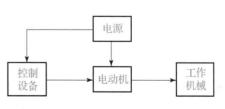

图7-1 电力拖动系统示意图

行某一生产任务的机械设备（通过传动机构或直接与电动机相连接）；控制设备是由各种控制电动机、电器、自动化元件或工业控制计算机等组成，用以控制电动机的运动，从而实现对生产机械的控制；电源完成对电动机和电气控制设备的供电。

1）单轴电力拖动系统的运动方程

图7-2所示为一单轴电力拖动系统，其运动方程可以表示为

$$T_M - T_L = \frac{GD^2}{375} \cdot \frac{\mathrm{d}n}{\mathrm{d}t} \tag{7-1}$$

式中　T_M——电动机的电磁转矩，N·m；

　　　T_L——负载转矩，N·m；

　　　GD^2——旋转体的飞轮矩，N·m²。

　　　$\frac{\mathrm{d}n}{\mathrm{d}t}$——系统的加速度，r/s²。

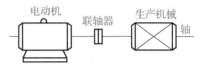

图7-2　单轴电动机拖动系统

由式（7-1）可知，电力拖动系统运行可分为三种状态：

（1）当 $T_M > T_L$，$\frac{\mathrm{d}n}{\mathrm{d}t} > 0$ 时，系统做加速运动，电动机把从电网吸收的电能转变为旋转系统的动能，使系统的动能增加。

（2）当 $T_M < T_L$，$\frac{\mathrm{d}n}{\mathrm{d}t} < 0$ 时，系统做减速运动，系统将放出的动能转变为电能反馈回电网，使系统的动能减少。

（3）当 $T_M = T_L$，$\frac{\mathrm{d}n}{\mathrm{d}t} = 0$ 时，$n =$ 常数（或 $n = 0$），系统处于恒转速运行（或静止）状态。系统既不放出动能，也不吸收动能。

由此可见，只要 $\frac{\mathrm{d}n}{\mathrm{d}t} \neq 0$，系统就处于加速或减速运行（也可以说是处于瞬态过程），而 $\frac{\mathrm{d}n}{\mathrm{d}t} = 0$ 叫作稳态运行。

2）运动方程中转矩正、负号的规定

在电力拖动系统中，由于生产机械负载类型的不同，电动机的运行状态也会发生变化，即电动机的电磁转矩并不都是驱动性质的转矩，生产机械的负载转矩也并不都是阻力转矩，它们的大小和方向都可能随系统运行状态的不同而发生变化。因此，运动方程中的 T_M 和 T_L 是带有正、负号的代数量。一般规定如下：

首先规定电动机处于电动状态时的旋转方向为转速 $\vec{n}$ 的正方向。电动机的电磁转矩 $\vec{T}_M$ 与转速 $\vec{n}$ 的正方向相同时为正，相反时为负；负载转矩 $\vec{T}_L$ 与转速 $\vec{n}$ 的正方向相反时为正，相同时为负；$\frac{\mathrm{d}n}{\mathrm{d}t}$ 的正、负由 T_M 和 T_L 的代数和决定。

2. 负载的转矩特性

负载的转矩特性也即生产机械的负载特性，表示同一转轴上转速与负载转矩之间的函数关系，即 $n = f(T_L)$。虽然生产机械的类型很多，但是大多数生产机械的转矩特性可概括为下列三大类。

1）恒转矩负载的转矩特性

这一类负载比较多，它的机械特性的特点是：负载转矩 T_L 的大小与转速 n 无关，即当转速变化时，负载转矩保持常数。根据负载转矩的方向是否与转向有关，恒转矩负载又分为反抗性恒转矩负载和位能性恒转矩负载两种。

（1）反抗性恒转矩负载。

这类负载的特点是负载转矩的大小恒定不变，而负载转矩的方向总是与转速的方向相反，即负载转矩始终是阻碍运动的。属于这一类的生产机械有起重机的行走机构、皮带运输机等。图 7 - 3（a）所示为桥式起重机行走机构的行走车轮，在轨道上的摩擦力总是和运动方向相反的。图 7 - 3（b）所示为对应的机械特性曲线，显然，反抗性恒转矩负载特性位于第一和第三象限内。

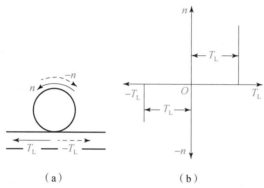

图 7 - 3 反抗性负载转矩与旋转方向关系
（a）示意图；（b）机械特性曲线

（2）位能性恒转矩负载。

这类负载的特点是不仅负载转矩的大小恒定不变，而且负载转矩的方向也不变。属于这一类的负载有起重机的提升机构，如图 7 - 4（a）所示，负载转矩是由重力作用产生的，无论起重机是提升重物还是下放重物，重力作用方向始终不变。图 7 - 4（b）所示为对应的机械特性曲线，显然位能性恒转矩负载特性位于第一与第四象限内。

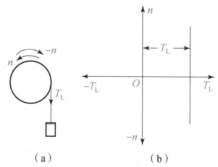

图 7 - 4 位能性负载转矩与旋转方向的关系
（a）示意图；（b）机械特性曲线

2）恒功率负载的转矩特性

对于恒功率负载，因为 $P_L = T_L \Omega = T_L \dfrac{2\pi n}{60} =$ 常数，所以恒功率负载的特点是负载转矩 T_L 与转速 n 成反比，它的机械特性是一条双曲线，如图 7 - 5 所示。

在机械加工工业中，有许多机床（或车床）在粗加工时切削量比较大，切削阻力也大，宜采用低速运行；而在精加工时，切削量比较小，切削阻力也小，宜采用高速运行。这就使在不同情况下，负载功率基本保持不变。需要指出，恒功率只是机床加工工艺的一种合理选择，并非必须如此。另外，一旦切削量选定以后，当转速变化时，负载转矩并不改变，在这段时间内应属于恒转矩性质。

3）风机、泵类负载的转矩特性

转矩随转速而变的其他负载有通风机、水泵、油泵等，它们的特点是负载转矩与转速的平方成正比，即 $T_L \propto Kn^2$，其中 K 是比例常数。这类机械的负载特性是一条抛物线，如图 7-6 中曲线 1 所示。

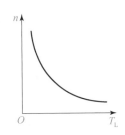

图 7-5　恒功率负载特性

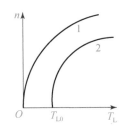

图 7-6　泵与风机类负载特性

以上介绍的是三种典型的负载转矩特性，而实际的负载转矩特性往往是几种典型特性的综合。如实际的鼓风机除了主要是通风机负载特性外，由于轴上还有一定的摩擦转矩 T_{L0}，因此实际通风机的负载特性应为 $T_L = T_{L0} + Kn^2$，如图 7-6 中曲线 2 所示。

自测题

一、填空题

1. 在电力拖动系统中，电动机是_____设备。

2. 在电力系统中，传动机构是在电动机和生产机械的工作机构之间_____的装置。

3. 水泵、通风机的负载转矩与速度的平方成_____。

4. 负载转矩可分为两大类：_____和位能转矩。

答案7.1

二、选择题

1. 电动机与工作机构的轴直接连接的系统称为（　　）。

A. 单轴拖动系统　　　B. 机械传动图　　　C. 多轴拖动系统　　　D. 可逆拖动系统

2. 动态转矩为正时，系统处于（　　）状态。

A. 加速　　　　　　　B. 减速　　　　　　　C. 停止　　　　　　　D. 发电

3. 负载转矩可分为两大类，即反抗转矩和（　　）。

A. 电磁转矩　　　　　B. 位能转矩　　　　　C. 摩擦转矩　　　　　D. 滑动转矩

4. 可在两个方向运行的拖动系统称为（　　）。

A. 单轴拖动系统　　　　　　　　　　　B. 机械传动图

C. 多轴拖动系统　　　　　　　　　　　D. 可逆拖动系统

三、判断题

1. 动态转矩为正时，系统处于加速运行状态。　　　　　　　　　　　　　（　　）

2. 电力拖动的发展过程经历了成组拖动、单机拖动和多机拖动三个过程。（　　）

3. 从电力拖动的控制方式来分，可以分为直流拖动系统和交流拖动系统。 （　　）

4. 在电力拖动系统中，电机是机电能量转换设备。 （　　）

5. 电力拖动系统是由电源、控制设备、传动机构、电动机和开关组成的。 （　　）

四、简答题

1. 试叙述电力拖动的组成及各部分的作用。

2. 什么是电力拖动？

3. 试述动态转矩的三种可能性。

微课 7.1：
三相异步
电动机的机械特性

7.2.2　三相异步电动机的机械特性

【学习任务】 （1）正确写出三相异步电动机机械特性的表达式。

（2）正确理解固有机械特性在不同象限的物理意义。

（3）正确理解与分析固有机械特性上几个特殊点的物理状况。

（4）正确理解三相异步电动机的人为机械特性。

三相异步电动机的机械特性是指在定子电压、频率和参数固定的条件下，电磁转矩 T_M 和转速 n（或转差率 s）之间的函数关系。

1. 机械特性的参数表达式

已知电磁转矩的物理表达式为

$$T_M = C_T \Phi_m I'_2 \cos\varphi_2 \tag{7-2}$$

式（7-2）常用于定性分析，不能直接反映转矩与转速的关系，而电力拖动系统却常常需要用转速或转差率与转矩的关系进行系统的运行分析，为便于计算，需推导出电磁转矩的参数表达式。

电磁转矩与转子电流的关系为

$$T_M = \frac{P_M}{\Omega_1} = \frac{m_1 I'^2_2 \dfrac{r'_2}{s}}{\dfrac{2\pi f_1}{p}} \tag{7-3}$$

根据异步电动机简化等值电路，可得转子电流为

$$I'_2 = \frac{U_1}{\sqrt{\left(r_1 + \dfrac{r'_2}{s}\right)^2 + (x_1 + x'_{20})^2}}$$

代入上面的电磁转矩物理表达式中，可得电功率磁转矩的参数表达式为

$$T_M = \frac{P_M}{\Omega_1} = \frac{m_1 I'^2_2 \dfrac{r'_2}{s}}{\dfrac{2\pi f_1}{p}} = \frac{m_1 p U_1^2 \dfrac{r'_2}{s}}{2\pi f_1 \left[\left(r_1 + \dfrac{r'_2}{s}\right)^2 + (x_1 + x'_{20})^2\right]} \tag{7-4}$$

式中　p——磁极对数；

　　　U_1——定子相电压；

　　　f_1——电源频率；

　　　r_1，x_1——定子每相绕组电阻和漏抗；

　　　r'_2，x'_2——折算到定子侧的转子电阻和漏抗。

由上式可得以下几点重要结论：

（1）异步电动机的电磁转矩与定子每相电压 U_1 的平方成正比；

（2）若不考虑 U_1、f_1 及参数变化，电磁转矩仅与转差率 s 或转速 n 有关。

2. 固有机械特性

三相异步电机的固有机械特性是指异步电机工作在额定电压和额定频率下，按规定的接线方式接线，定、转子外接电阻为零时，n 与 T_M 的关系，其 $T_M - s$ 曲线（也即 $T_M - n$ 曲线）如图 7-7 所示。

从图 7-7 中可以看出，三相异步电机的固有机械特性不是一条直线，其具有以下特点：

（1）在 $0 < s \leqslant 1$，即 $n_1 > n \geqslant 0$ 范围内，特性曲线在第一象限内。电磁转矩 $\vec{T}_M$ 和转速 $\vec{n}$ 都为正，$\vec{T}_M$ 与 $\vec{n}$ 同方向，$\vec{n}$ 与 $\vec{n}_1$ 同方向，电机工作在电动状态。

（2）在 $s > 1$ 范围内，即 $n < 0$，特性曲线在第四象限内。电磁转矩 $\vec{T}_M$ 为正值，为规定正方向，但因转速 $\vec{n} < 0$，即转速方向与规定正方向相反，$\vec{T}_M$ 与 $\vec{n}$ 方向相反，也是一种制动状态。

为了进一步描述机械特性的特点，下面介绍几个反映电机工作情况的特殊点：

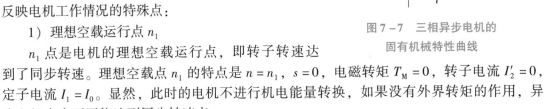

图 7-7　三相异步电机的
固有机械特性曲线

1）理想空载运行点 n_1

n_1 点是电机的理想空载运行点，即转子转速达到了同步转速。理想空载点 n_1 的特点是 $n = n_1$，$s = 0$，电磁转矩 $T_M = 0$，转子电流 $I_2' = 0$，定子电流 $I_1 = I_0$。显然，此时的电机不进行机电能量转换，如果没有外界转矩的作用，异步电机本身不可能达到同步转速点。

2）额定运行点 A

异步电机带额定负载运行，$n = n_N$，$s = s_N$，$T_M = T_N$。若忽略空载转矩，T_N 即为额定输出转矩。

$$T_N = \frac{P_N \times 10^3}{\Omega} = \frac{P_N \times 10^3}{\dfrac{2\pi n_N}{60}} = 9\ 550\ \frac{P_N}{n_N}(\text{N} \cdot \text{m}) \tag{7-5}$$

式中　P_N 单位为 kW；

　　　n_N 的单位是 r/min。

3）最大电磁转矩点 C

（1）最大电磁转矩 T_m 与临界转差率 s_m

用数学方法将式（7-4）对 s 求导，令 $\dfrac{dT_M}{ds} = 0$，即可求得最大电磁转 T_m 和临界转差率 s_m 为

$$T_m = \frac{m_1 p U_1^2}{4\pi f_1 \left[r_1 + \sqrt{r_1^2 + (x_1 + x_{20}')^2} \right]} \tag{7-6}$$

$$s_m = \frac{r_2'}{\sqrt{r_1^2 + (x_1 + x_{20}')^2}} \tag{7-7}$$

通常 $r_1 \ll (x_1 + x'_{20})$，不计 r_1，有

$$s_m \approx \frac{r'_2}{x_1 + x'_{20}} \qquad (7-8)$$

$$T_m \approx \frac{m_1 p U_1^2}{4\pi f_1 (x_1 + x'_{20})} \qquad (7-9)$$

由式（7-8）和式（7-9）可得以下结论：

①当电机各参数与电源频率不变时，T_M 与 U_1^2 成正比，s_m 则保持不变，与 U_1 无关；

②当电源频率及电压 U_1 不变时，s_m 和 T_m 近似地与 $x_1 + x'_{20}$ 成反比；

③当电源频率及电压 U_1 与电动机其他各参数不变时，s_m 与 r'_2 成正比，T_m 则与 r'_2 无关。由于该特点，对绕线型异步电机，当转子电路串联电阻时，可使 s_m 增大，但 T_m 不变。也就是说，选择不同的转子电阻值，可以在某一特定的转速时使电机产生的转矩为最大，这一性质对于绕线型异步电机具有特别重要的意义。

（2）过载倍数 λ_m

T_m 是异步电动机可能产生的最大转矩，为了保证电动机不会因短时过载而停转，一般电动机都具有一定的过载能力。最大电磁转矩越大，电动机短时过载能力越强，因此把最大电磁转矩与额定转矩之比称为电动机的过载倍数，用 λ_m 表示，即

$$\lambda_m = \frac{T_m}{T_N} \qquad (7-10)$$

λ_m 是异步电动机的一个重要性能指标，它反映了电动机短时过载的能力。一般异步电动机的过载倍数 $\lambda_m = 1.6 \sim 2.2$，对于起重冶金用的异步电动机，其 λ_m 值可达 3.5。应用于不同场合的三相异步电动机都有足够大的过载倍数，当电压突然降低或负载转矩突然增大时，电动机转速变化不大，当干扰消失后又恢复正常运行。但是要注意，决不能让电动机长期工作在最大转矩处，这样电流过大，温升超出允许值，将会烧毁电动机，同时，在最大转矩处运行也不稳定。

4）启动点 D

（1）堵转转矩

在启动转矩点 D，$n=0$，$s=1$，电磁转矩 $T_M = T_{st}$，T_{st} 称为启动转矩（因此时 $n=0$，转子不动，故也称为堵转转矩），它是异步电动机接到电源开始起动瞬间的电磁转矩。将 $s=1$ 代入式（7-4），即可求得

$$T_{st} = \frac{m_1 p U_1^2 r'_2}{2\pi f_1 [(r_1 + r'_2)^2 + (x_1 + x'_{20})^2]} \qquad (7-11)$$

由式（7-11）可知，启动转矩具有以下特点：

①启动转矩与电源电压的平方成正比。

②启动转矩与转子回路电阻有关，转子回路串入适当电阻可以增大启动转矩。绕线式异步电动机可以通过转子回路串入电阻的方法来增大启动转矩，改善启动性能。

③启动时绕线式异步电动机在转子回路中所串电阻 R_{st} 适当，可以使启动时电磁转矩达到最大值。启动时获得最大电磁转矩的条件是 $s_m = 1$，即

$$r'_2 + R'_{st} = \sqrt{r_1^2 + (x_1 + x'_{20})^2} \approx x_1 + x'_{20}$$

（2）启动转矩倍数 K_{st}

启动转矩与额定转矩之比，称为启动转矩倍数，即

$$K_{st} = \frac{T_{st}}{T_N} \qquad\qquad (7-12)$$

启动转矩倍数也是反映电动机性能的另一个重要参数，它反映了电动机启动能力的大小，电动机启动的条件是启动转矩不小于 1.1 倍的负载转矩，即 $T_{st} \geqslant 1.1 T_L$。一般异步电动机的启动转矩倍数为 $K_{st} = 0.8 \sim 1.2$。

3. 机械特性的实用表达式

前面介绍的参数表达式，对于分析电磁转矩与电动机参数间的关系，进行某些理论分析，是非常有用的，但是在电动机的产品目录中，定子及转子的内部参数是查不到的，往往只给出额定功率 P_N、额定转速 n_N 及过载倍数 λ_m 等，所以用参数表达式进行定量计算很不方便，进行定量计算时常用一个较为实用的表达式（推导从略），即

$$\frac{T_M}{T_m} = \frac{2}{\dfrac{s}{s_m} + \dfrac{s_m}{s}} \qquad\qquad (7-13)$$

从实用表达式可以看出，必须先知道最大转矩和临界转差率才能计算。利用产品目录中给出的数据来估算 $T = f(s)$ 曲线，其大体步骤如下：

（1）根据额定功率 P_N 及额定转速 n_N 求出 T_N。

$$T_N = \frac{P_N \times 10^3}{\Omega} = \frac{P_N \times 10^3}{\dfrac{2\pi n_N}{60}} = 9\,550 \frac{P_N}{n_N}(\text{N} \cdot \text{m})$$

式中　P_N 的单位为 kW；

　　　n_N 的单位是 r/min。

（2）由过载能力倍数 λ_m 求得最大电磁转矩 T_m。

$$T_m = \lambda_m T_N$$

（3）根据过载能力倍数 λ_m，求取临界转差 s_m。因为

$$\frac{T_N}{T_m} = \frac{2}{\dfrac{s_N}{s_m} + \dfrac{s_m}{s_N}} = \frac{1}{\lambda_m}$$

求得

$$s_m = s_N (\lambda_m + \sqrt{\lambda_m^2 - 1}) \qquad\qquad (7-14)$$

（4）把上述求得的 T_m、s_m 代入式（7-13）即可获得机械特性方程。在式（7-13）中，给定一系列 s 值，便可求出相应的电磁转矩，并作为 $T = f(s)$ 曲线。

当电动机运行在 $T-s$ 曲线的线性段时，因为 s 很小，所以 $\dfrac{s}{s_m} \ll \dfrac{s_m}{s}$，式（7-13）可简化为

$$T_M = \frac{2T_m}{s_m} \qquad\qquad (7-15)$$

式（7-15）即为电磁转矩的简化实用表达式，又称直线表达式，用起来更为简单。但需注意，为了减小误差，s_m 的计算应采用以下公式：

$$s_m = 2\lambda_m s_N \qquad\qquad (7-16)$$

异步电动机的三种电磁转矩表达式，应用场合有所不同。一般物理表达式适用于定性分析 T 与 φ_1 及 $I_2' \cos\varphi_2$ 之间的关系；参数表达式适用于定性分析电动机参数变化对其运行性能

的影响；实用表达式适用于工程计算。

【例题 7 - 1】 已知一台三相异步电动机，额定功率 $P_N = 70$ kW，额定电压 220 V/ 380 V，额定转速 $n_N = 725$ r/min，过载倍数 $\lambda_m = 2.4$。求其转矩的实用公式（转子不串电阻）。

解：

额定转矩为

$$T_N = 9\,550 \times \frac{P_N}{n_N} = 9\,550 \times \frac{70}{725} = 922 \ （N \cdot m）$$

最大转矩为

$$T_m = \lambda_m T_N = 2.4 \times 922 = 2\,212.9 \ （N \cdot m）$$

根据额定转速 $n_N = 725$ r/min，可知同步转速为

$$n_1 = 750 \ （r/min）$$

额定转差率为

$$s_N = \frac{n_1 - n_N}{n_1} = \frac{750 - 725}{750} = 0.033$$

临界转差率为

$$s_m = s_N(\lambda_m + \sqrt{\lambda_m^2 - 1}) = 0.033 \times (2.4 + \sqrt{2.4^2 - 1}) = 0.15$$

转子不串电阻时的电磁转矩实用公式为

$$T_M = \frac{2T_m}{\dfrac{s}{s_m} + \dfrac{s_m}{s}} = \frac{2 \times 2\,212.9}{\dfrac{s}{0.15} + \dfrac{0.15}{s}}$$

4. 三相异步电动机的人为机械特性

由电磁转矩的参数表达式可知：人为地改变异步电动机的任何一个或多个参数（U_1，f_1，p，r_1，x_1，r_2，x_2），都可以得到不同的机械特性，这些机械特性统称为人为机械特性。下面介绍改变某些参数时的人为机械特性。

1）降低定子电压时的人为机械特性

由前面介绍可知，电动机的电磁转矩（包括最大转矩 T_m 和起动转矩 T_{st}）与 U_1^2 成正比。当定子电压 U_1 降低时，最大转矩 T_m 和启动转矩 T_{st} 成平方地降低，但产生最大转矩的临界转差率 s_m 与电压无关，保持不变。由于电动机的同步转速 n_1 也与电压无关，因此同步点也不变。可见降低定子电压的人为机械特性是一组通过同步点的曲线族。图 7 - 8 所示为 $U_1 = U_N$ 的固有特性曲线和 $U_1 = 0.8U_N$ 及 $U_1 = 0.5U_N$ 时的人为机械特性曲线。

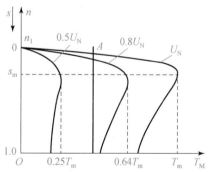

图 7 - 8　异步电动机电阻降压时的人为机械特性

由图 7 - 8 可知，当电动机在某一负载下运行时，若降低电压，则电动机转速降低，转差率增大，转子电流将因此而增大，从而引起定子电流的增大。若电动机电流超过额定值，则电动机最终温升将超过容许值，导致电动机寿命缩短，甚至使电动机烧坏。如果电压降低过多，致使最大转矩 T_m 小于总的负载转矩，则会发

生电动机停转事故。

2）转子回路串三相对称电阻时的人为机械特性

对于绕线型三相异步电动机，可以通过滑环，把三相对称电阻 R_s 串入转子回路。由电磁转矩的参数表达式可知最大电磁转矩与转子每相电阻值无关，即串入电阻后，T_m 不变。但临界转差率 s_m 随 R_s 的增大而增大（或临界转速 n_m 随 R_s 的增大而减小）。转子电路串接不同电阻 R_s 时的人为机械特性曲线如图 7-9 所示。

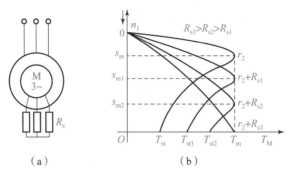

（a）　　　　　　　　　　　（b）

图 7-9　绕线式异步电动机转子电路串接对称电阻

（a）电路图；（b）机械特性

3）定子回路串三相对称电阻或电抗器时的人为机械特性

在其他参数不变的情况下，仅改变异步电动机定子回路的阻抗，例如串入三相对称电阻 R_s 或电抗 X_s，因为 $n_1 = \dfrac{60f_1}{p}$，不影响同步转速 n_1。但是串入电阻 R_s 或电抗 X_s 后，最大转矩 T_m 及临界转差率 s_m 都随 $R_s(X_s)$ 的增大而减小。定子电路串接电阻时的人为机械特性曲线如图 7-10 所示。

5. 电力拖动系统稳定运行的条件

前面分别分析了负载的机械特性和电动机的机械特性。当将电动机与负载构成电力拖动系统时就有一个两者特性相配合的问题，配合得当才能正常运行。为便于比较，将一台异步电动机的力矩转差特性 $T_M = f(s)$ 与一恒转矩负载特性 $n = f(T_L)$ 画于同一坐标图中，如图 7-11（a）所示，同时将异步电动机的机械

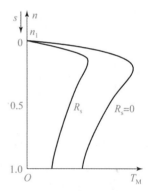

图 7-10　定子电路串接电阻时的人为机械特性

特性 $n = f(T_M)$ 与一恒转矩负载特性 $n = f(T_L)$ 画于同一坐标图中，如图 7-11（b）所示。

根据单轴电力拖动系统的运动方程

$$T_M - T_L = \frac{GD^2}{375} \cdot \frac{\mathrm{d}n}{\mathrm{d}t}$$

可知，此电力拖动系统稳定运行的必要条件是 $T_M = T_L$，就是电动机必须工作在两条特性的交点，如图 7-11 中的 A、B 点。但是否满足运行的充分条件，还要看电力拖动系统在受到某种干扰（例如电源电压波动、加负载、启动、制动、调速等）时能不能移到新的工作点稳定运行，当干扰消失时能否回到原来的工作点稳定运行，如能，则此系统是稳定的；反之则是不稳定的。

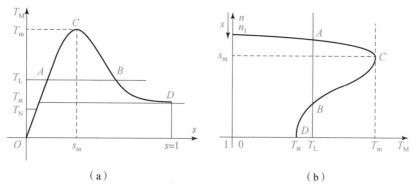

图 7 – 11 特性曲线

（a）力矩 – 转差率特性曲线；（b）固有机械特性曲线

电力拖动系统工作在 A 点时，是异步电动机力矩转差特性 $T_M = f(s)$ 的上升分支，随着转差率 s 的增大，电磁力矩 T_M 上升；而 B 点在力矩转差特性 $T_M = f(s)$ 的下降分支，随着转差率 s 的增大，电磁力矩 T_M 反而下降。因此 A 点是稳定的，B 点不稳定。将此结论用数学表达式表示如下：

$$\begin{cases} 在 T_M = T_L 处，\dfrac{dT_M}{ds} > 0 & 系统稳定 \quad （图 7 – 11（a）的 A 点） \\[3mm] 在 T_M = T_L 处，\dfrac{dT_M}{dn} < \dfrac{dT_L}{dn} & 系统稳定 \quad （图 7 – 11（b）的 A 点） \end{cases}$$

如满足上述条件，则系统是稳定的，否则就不稳定。

自测题

答案7.2

一、填空题

1. 三相异步电动机电磁转矩的物理表达式为＿＿＿＿＿＿＿＿＿＿＿。

2. 电磁转矩的参数表达式为＿＿＿＿＿＿＿＿＿＿＿。

3. 三相异步电动机的最大电磁转 T_m 为＿＿＿＿＿＿，临界转差率 s_m 为＿＿＿＿＿＿。

4. 把最大电磁转矩与额定转矩之比称为电动机的＿＿＿＿＿＿＿＿＿。

5. 启动转矩与额定转矩之比称为＿＿＿＿＿＿＿＿＿。

6. 机械特性的实用表达式为＿＿＿＿＿＿＿＿＿。

7. 电力拖动系统稳定运行的必要条件是＿＿＿＿＿＿＿＿。

二、选择题

1. 三相异步电动机带额定负载运行，当电源电压降为90%额定电压时，定子电流（　　）。

A. 低于额定电流   B. 超过额定电流

C. 等于额定电流   D. 为额定电流的80%

2. 三相异步电动机的最大转矩为 900 N·m，额定转矩为 450 N·m，则电动机的过载倍数 λ 是（　　）。

A. 0.5   B. 1   C. 1.5   D. 2

3. 随着三相异步电动机负载转矩增大，转差率将（　　）。

A. 减小   B. 不变   C. 增加   D. 不能确定

4. 三相异步电动机的正反转机械特性如图 7 - 12 所示，表示处于电动机工作状态的工作点是（　　）。

A. a　　　　　　B. b　　　　　　C. c　　　　　　D. d

5. 三相异步电动机的机械特性如图 7 - 12 所示，表示处于反接制动工作状态的工作点是（　　）。

A. a　　　　　　　　　　B. b

C. c　　　　　　　　　　D. d

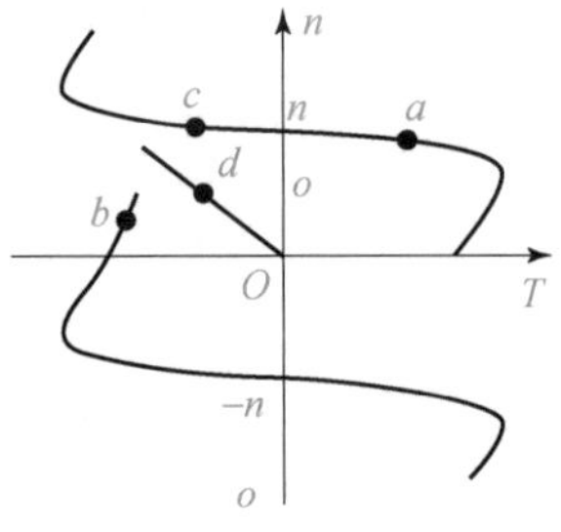

图 7 - 12　三相异步电动机机械特性曲线

6. 三相异步电动机在额定的负载转矩下工作，如果电源电压降低，则电动机会（　　）。

A. 过载　　　　　　　　　　B. 欠载

C. 满载　　　　　　　　　　D. 工作情况不变

7. 一般来说，三相异步电动机直接启动的电流是额定电流的（　　）。

A. 10 倍　　　　B. 1～3 倍　　　　C. 4～7 倍　　　　D. 1/3 倍

8. 一台三相异步电动机的额定数据为 $P_N = 10$ kW，$n_N = 970$ r/min，它的额定转矩 T_N 为（　　）N·m。

A. 98.5　　　　B. 68.5　　　　C. 78.5　　　　D. 88.5

9. 三相异步电动机转子电阻增大时，电动机临界转差率 s_m 和临界转矩 T_m 应（　　）。

A. s_m 减小，T_m 增大　　　　　　　B. s_m 增大，T_m 不变

C. s_m 增大，T_m 减小　　　　　　　D. s_m 减小，T_m 减小

10. 金属切削机床产生的负载转矩是（　　）。

A. 反抗性恒转矩负载机械特性　　　　B. 位能性恒转矩负载机械特性

C. 恒功率负载机械特性　　　　　　　D. 通风机负载机械特性

三、判断题

1. 当加在定子绕组上的电压降低时，将引起转速下降、电流减小。（　　）

2. 电动机的电磁转矩与电源电压的平方成正比。（　　）

3. 电动机正常运行时，负载的转矩不得超过最大转矩，否则将出现堵转现象。（　　）

4. 电动机的转速与磁极对数有关，磁极对数越多，转速越高。（　　）

5. 鼠笼型异步电动机空载运行与满载运行相比，最大转矩减小。（　　）

四、分析计算题

1. 某三相异步电动机，$P_N = 50$ kW，$n_N = 720$ r/min，$f = 50$ Hz，$K_T = 2.6$，试绘出电动机的固有机械特性曲线。

2. 漏抗大小对感应电动机的起动电流、启动转矩、最大转矩、功率因数等有何影响？

3. 一三相异步电动机，型号为 Y225M - 4，定子绕组采用三角形连接，$P_{2N} = 45$ kW，$n_N = 1\,480$ r/min，$U_N = 380$ V，$\eta_N = 92.3\%$，$\cos\varphi_N = 0.88$，$I_{st}/I_N = 7.0$，$T_{st}/T_N = 1.9$，$T_{max}/T_N = 2.2$，求：

（1）额定电流 I_N；

（2）额定转差率 s_N；

（3）额定转矩 T_N、最大转矩 T_{max} 和启动转矩 T_N。

4. 绕线型感应电动机，若（1）转子电阻增加；（2）漏电抗增大；（3）电源电压不变，但频率由 50 Hz 变为 60 Hz，试问这三种情况下最大转矩、启动转矩、启动电流会有什么变化？

7.2.3　三相异步电动机的启动

【学习任务】（1）正确理解三相异步电动机的启动要求。
　　　　　　（2）正确说出三相异步电动机的启动方法。
　　　　　　（3）正确说出三相异步电动机不同启动方法的适用范围。

微课 7.2：三相
异步电动机的启动

1. 三相异步电动机的启动要求

电动机从静止状态一直加速到稳定转速的过程，称为启动过程。电动机带动生产机械的启动过程中，不同的生产机械有不同的启动情况。有些生产机械在启动时负载转矩很小，但负载转矩随着转速增加近似地与转速平方成正比地增加，例如鼓风机负载；有些生产机械在启动时的负载转矩与正常运行时的一样大，例如电梯、起重机和皮带运输机等；有些生产机械在启动过程中接近空载，待转速上升至接近稳定转速时才加负载，例如机床、破碎机等；此外，还有频繁启动的机械设备等。以上这些因素都将对电动机的启动性能提出不同的要求，故总体来说，对三相异步电动机启动的要求如下：

（1）启动转矩要大，以便加快启动过程，保证其能在一定负载下启动；

（2）启动电流要小，以避免启动电流在电网上引起较大的电压降落，影响到接在同一电网上其他电器设备的正常工作；

（3）启动时所需的控制设备应尽量简单，力求操作和维护方便；

（4）启动过程中的能量损耗尽量小。

2. 三相异步电动机的直接启动

直接启动是指在额定电压下，将电动机三相定子绕组直接接到额定电压的电网上来启动电动机，因此又称全压启动。这是一种最简单的启动方式。这种方式的优点是简单易行，缺点是启动电流很大，启动转矩 T_{st} 不大。一般笼型异步电动机的直接启动电流为 $(4 \sim 7)\ I_N$，直接启动转矩为 $(1.5 \sim 2)\ T_N$。

1）启动电流

电动机启动瞬间的电流叫启动电流。刚启动时，$n = 0$，$s = 0$，气隙旋转磁场与转子相对速度最大，因此，转子绕组中的感应电动势也最大，由转子电流公式 $I_2 = \dfrac{E_{20}}{\sqrt{(r_2/s)^2 + x_{20}^2}}$ 可知，启动时 $s = 1$，异步电动机转子电流达到最大值，一般转子启动电流 I_{st2} 是额定电流 I_{2N} 的 $4 \sim 7$ 倍。根据磁动势平衡关系，定子电流随转子电流而相应变化，故启动时定子电流 I_{st1} 也很大，可达到额定电流的 $4 \sim 7$ 倍。这么大的启动电流将带来以下不良后果：

（1）使线路产生很大电压降，导致电网电压波动，从而影响到接在电网上其他用电设备正常工作，特别是容量较大的电动机启动时，此问题更加突出。

（2）电压降低，电动机转速下降，严重时使电动机停转，甚至可能烧坏电动机。另一方面，电动机绕组电流增加、铜耗过大，使电动机发热、绝缘老化，特别是对需要频繁启动的电动机影响较大。

（3）电动机绕组端部受电磁力冲击，甚至会发生形变。

2）启动转矩

异步电动机启动时，启动电流很大，但启动转矩却不大。因为启动时，$s=1$，$f_2=f_1$，转子漏抗 x_{20} 很大，$x_{20}\gg r_2$，转子功率因数角 $\varphi_2=\text{arctg}\dfrac{x_{20}}{r_2}$ 接近 $90°$，功率因数 $\cos\varphi_2$ 很低；同时，启动电流大，定子绕组漏阻抗压降大，由定子电动势平衡方程 $\dot{U}_1=-\dot{E}_1+\dot{I}_1 Z_1$ 可知，定子绕组感应电动势 E_1 减小，使电动机主磁通有所减小。由于这两方面因素，根据电磁转矩公式 $T=C_{\mathrm{T}}\Phi_{\mathrm{m}}I_2'\cos\varphi_2$ 可知尽管 I_2 很大，但异步电动机的启动转矩并不大。

通过以上分析可知，异步电动机启动的主要问题是启动电流大，而启动转矩却不大。为了限制启动电流，并得到适当的启动转矩，根据电网的容量、负载的性质、电动机启动的频繁程度，对不同容量、不同类型的电动机应采用不同的启动方法。异步电动机的启动电流为

$$I_{\mathrm{st1}}\approx I_{\mathrm{st2}}'=\frac{U_1}{\sqrt{(r_1+r_2')^2+(x_1+x_{20}')^2}} \tag{7-17}$$

由式（7-17）可知，减小启动电流有以下两种方法：

（1）降低异步电动机电源电压 U_1。

（2）增加异步电动机定、转子阻抗。对鼠笼型和绕线型异步电动机，可采用不同的方法来改善启动性能。

直接启动时的启动性能是不理想的。过大的启动电流对电网电压的波动及电动机本身均会带来不利的影响，因此，直接启动一般只在小容量电动机中使用。一般容量在 7.5 kW 以下或用户由专用变压器供电时，或电动机的容量小于变压器容量的 20% 的电动机可采用直接启动。若电动机的启动电流倍数 K_i、容量与电网容量满足下列经验公式，则

$$K_{\mathrm{i}}=\frac{I_{\mathrm{st}}}{I_{\mathrm{N}}}\leqslant\frac{3}{4}+\frac{P_{\mathrm{s}}}{4\times P_{\mathrm{N}}} \tag{7-18}$$

才可以直接启动。如果不能满足式（7-18）的要求，则必须采用降压启动方法，通过降压把启动电流限制到允许的范围内。

3. 笼型异步电动机的启动

由于笼型异步电动机转子绕组不能串电阻，故只能采用降压启动。降压启动是通过降低直接加在电动机定子绕组的端电压来减小启动电流的。由于启动转矩 T_{st} 与定子端电压 U_1 的平方成正比，因此降压启动时，启动转矩将大大减小。所以降压启动只适用于对启动转矩要求不高的设备，如离心泵、通风机械等。笼型异步电动机常用的降压启动方法有以下几种。

1）定子三相电路串电阻或电抗器降压启动

定子电路串电阻或电抗器降压启动是利用电阻或电抗器的分压作用降低加到电动机定子绕组的实际电压，其原理接线如图 7-13 所示。

在图 7-13 中，X 为电抗器。启动时，首先合上开关 S_1，然后把转换开关 S_2 合在启动位置，此时启动电抗器便接入定子回路中，电动机开始启动。待电动机接近额定转速时，再迅速地把转换开关 S_2 转换到运行位置，此时电网电压全部施加于定子绕组上，启动过程完毕。有时为了减小能量损耗，电抗器也可以用电阻器代替。

采用定子串电抗器降压启动时，虽然降低了启动电流，但也使

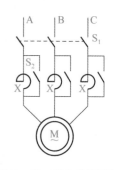

图 7-13 用电抗器降压
启动原理接线图

启动转矩大大减小。当电动机的启动电压减小到 $1/k$ 时，由电网所供给的启动电流也减少到 $1/k$。由于启动转矩正比于电压平方，故启动转矩也减少到 $1/k^2$，此法通常用于高压电动机。

定子串电阻或电抗器降压启动的优点是：启动较平稳，运行可靠，设备简单。缺点是：定子串电阻启动时电能损耗较大；启动转矩随电压成平方降低，只适合轻载或空载启动。

2）星—三角（Y—△）转换降压启动

星—三角转换降压启动只适用于定子绕组在正常工作时是三角形连接的电动机，其启动接线原理如图 7 – 14 所示。

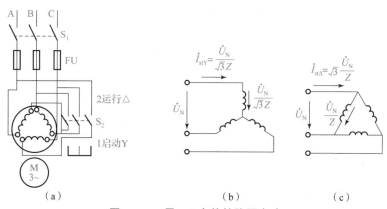

图 7 – 14　星—三角换接降压启动

（a）接线原理图；（b）星形启动；（c）三角形启动

启动时，首先合上开关 S_1，然后将开关 S_2 合在启动位置，此时定子绕组接成星形，定子每相的电压为 $U_1/\sqrt{3}$，其中 U_1 为电网的额定线电压。待电动机接近额定转速时，再迅速地把转换开关 S_2 换接到运行位置，这时定子绕组改接成三角形，定子每相承受的电压便为 U_1，于是启动过程结束。另外，也可利用接触器、时间继电器等电器元件组成自动控制系统，实现自动控制电动机的星—三角转换降压启动过程。

设电动机额定电压为 U_N，每相漏阻抗为 Z，由图 7 – 14（b）所示可得星形连接时的启动电流为

$$I_{stY} = \frac{U_N/\sqrt{3}}{Z}$$

三角形连接时的启动电流为

$$I_{st\triangle} = \sqrt{3}I_{相} = \sqrt{3}\frac{U_N}{Z}$$

于是得到星—三角转换降压启动时启动电流减小的倍数为

$$I_{stY} = \frac{1}{3}I_{st\triangle} \qquad\qquad (7-19)$$

根据 $T_{st} \propto U_1^2$，可得启动转矩的倍数为

$$\frac{T_{stY}}{T_{st\triangle}} = \left(\frac{U_N/\sqrt{3}}{U_N}\right)^2 = \frac{1}{3}$$

即

$$T_{stY} = \frac{1}{3}T_{st\triangle} \qquad\qquad (7-20)$$

可见，星—三角降压启动时，启动电流和启动转矩都降为直接启动时的1/3倍。

星—三角降压启动的优点是：设备简单，成本低，运行可靠，体积小，重量轻，且检修方便，可谓物美价廉，所以 Y 系列容量等级在 4 kW 以上的小型三相笼型异步电动机都设计成三角形连接，以便采用星—三角降压启动。其缺点是：只适用于正常运行时定子绕组为三角形连接的电动机，并且只有一种固定的降压比；启动转矩随电压的平方降低，只适合轻载或空载启动。

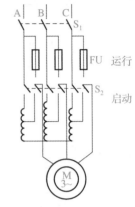

图 7 – 15　自耦变压器降压启动的接线原理图

3）自耦变压器降压启动

这种启动方法是利用自耦变压器降低加到电动机定子绕组上的电压以减小启动电流，图 7 – 15 所示为自耦变压器降压启动的原理接线图。

启动时开关投向启动位置，这时自耦变压器的一次绕组加全电压，降压后的二次电压加在定子绕组上，电动机降压启动。当电动机转速接近额定值时，把开关迅速投向运行位置，自耦变压器被切除，电动机全压运行，启动过程结束。

设自耦变压器的变比为 k，经过自耦变压器降压后，加在电动机定子绕组上的电压便为 $\dfrac{U_1}{k}$。此时电动机的最初启动电流

I'_1 便与电压成比例地减小，为额定电压下直接启动时电流 I_{st} 的 $\dfrac{1}{k}$，即 $I'_{st}=\dfrac{1}{k}I_{st}$。

由于电动机接在自耦变压器的低压侧，自耦变压器的高压侧接在电网，故电网所供给的直接启动电流 I''_{st} 为

$$I''_{st}=\frac{1}{k}I'_{st}=\frac{1}{k^2}I_{st} \tag{7-21}$$

直接启动转矩 T_{st} 与自耦变压器降压后的启动转矩 T'_{st} 的关系为

$$\frac{T'_{st}}{T_{st}}=\left(\frac{U'_1}{U_N}\right)^2=\frac{1}{k^2} \tag{7-22}$$

由式（7 – 21）和式（7 – 22）可知，电网提供的启动电流减小倍数和启动转矩减小倍数均为 $\dfrac{1}{k^2}$。

自耦变压器降压启动的优点是：在限制启动电流同时，用自耦变压器降压启动将比用其他降压启动方法获得的降压比更多，可以更灵活地选择合适的降压比；启动用自耦变压器的二次绕组一般有三个抽头（二次侧电压分别为 80%，60%，40% 的电源电压），用户可根据电网允许的启动电流和机械负载所需要的启动转矩进行合理选配。其缺点是：自耦变压器体积和重量大、价格高、维护检修不方便；启动转矩随电压成平方降低，只适合轻载或空载启动。

自耦变压器降压启动适用于容量较大的低压电动机做降压启动时使用，可以手动，也可以自动控制，应用很广泛。

【例题 7 – 2】　有一台三相笼型异步电动机，其额定数据为：$P_N=10$ kW，三角形连接，$U_N=380$ V，$n_N=1\,460$ r/min，$\eta_N=0.868$，$\cos\varphi_N=0.88$，$T_{st}/T_N=1.5$，$I_{st}/I_N=6.5$，求：

（1）额定输入功率 P_{1N}；

（2）额定转差率 s_N；

（3）额定电流 I_N；

（4）输出的额定转矩 T_N；

（5）采用星—三角换接启动时的启动电流和启动转矩。

解：（1）
$$P_{1N} = \frac{P_N}{\eta_N} = \frac{10}{0.858} = 11.52 (\text{kW})$$

（2）
$$s_N = \frac{n_1 - n_N}{n_1} = \frac{1\,500 - 1\,460}{1\,500} = 0.027$$

（3）
$$I_N = \frac{P_{1N}}{\sqrt{3}\,U_N \cos\varphi} = \frac{11.52 \times 10^3}{\sqrt{3} \times 380 \times 0.88} = 20 (\text{A})$$

（4）
$$T_N = 9.55\frac{P_N}{n_N} = 9.55 \times \frac{10 \times 10^3}{1\,460} = 65.4 (\text{N} \cdot \text{m})$$

（5）
$$I_{stY} = \frac{I_{st}}{3} = \frac{6.5 I_N}{3} = 43.3 (\text{A})$$

$$T_{stY} = \frac{T_{st}}{3} = \frac{1.5 T_N}{3} = 32.7 (\text{N} \cdot \text{m})$$

【例题 7 - 3】　有一台鼠笼式异步电动机，额定功率 $P_N = 28$ kW，三角形连接，额定电压 $U_N = 380$ V，$\cos\varphi_N = 0.88$，$\eta = 0.83$，$n_N = 1\,455$ r/min，$T_{st}/T_N = 1.1$，$I_{st}/I_N = 6$，$\lambda_m = 2.3$。要求启动电流 I_{st1} 小于 150 A，负载转矩为 $T_L = 73.5$ N·m，试求：

（1）额定电流 I_N 及额定转矩 T_N；

（2）能否采用星—三角换接降压启动？

解（1）电动机额定电流：
$$I_N = \frac{P_N}{\sqrt{3}\,U_N \eta_N \cos\varphi_N} = \frac{28 \times 10^3}{\sqrt{3} \times 380 \times 0.83 \times 0.88} = 58.25 (\text{A})$$

电动机额定转矩
$$T_N = 9\,550\frac{P_N}{n_N} = 9\,550 \times \frac{28}{1\,455} = 183.78 (\text{N} \cdot \text{m})$$

（2）用星—三角换接降压启动。

启动电流：
$$I_{stY} = \frac{1}{3}I_{st\triangle} = \frac{1}{3} \times 6 \times 58.25 = 116.5 (\text{A})$$

启动转矩：
$$T_{stY} = \frac{1}{3}T_{st\triangle} = \frac{1}{3} \times 1.1 \times 183.78 = 67.39 (\text{N} \cdot \text{m})$$

正常启动通常要求启动转矩应不小于负载转矩的 1.1 倍。由上面计算可知启动电流满足要求，但启动转矩小于负载转矩，故不能采用星—三角换接降压启动。

4. 绕线型异步电动机的启动

1）转子回路串入三相对称电阻启动

三相笼型异步电动机直接启动时，启动电流大，启动转矩不大。降压启动时，虽然减小了启动电流，但启动转矩也随之成平方减小，因此笼型异步电动机只能用于空载或轻载启动。

而绕线型异步电动机在转子回路串入适当的电阻，则既能限制启动电流，又能增大启动转矩，还可以提高功率因数，克服了笼型异步电动机启动电流大、启动转矩不大的缺点，适用于大、中容量异步电动机重载启动。

为了在整个启动过程中得到较大的加速转矩，并使启动过程比较平滑，应在转子回路中串入多级对称电阻。启动时，随着转速的升高逐段切除启动电阻，这与直流电动机电枢串电阻启动类似，称为电阻分级启动。图 7-16 所示为三相绕线型异步电动机转子串接对称电阻分级启动的接线原理图和对应三级启动时的机械特性。

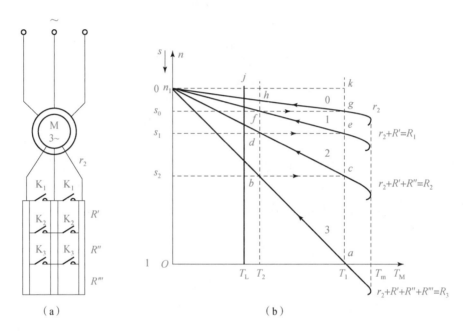

图 7-16　转子回路串入三相对称电阻启动
（a）接线原理图；（b）机械特性曲线图

启动时，三个接触器触头 K_1、K_2、K_3 都断开，电动机转子电路总电阻为

$$R_3 = r_2 + R' + R'' + R'''$$

与此相对应，电动机转速处于人为机械特性曲线 $0a$ 的 a 点，如图 7-16（b）所示在启动瞬间，转速 $n = 0$，于是电动机从 a 点沿曲线 3 开始加速。随着 n 的上升，电磁力矩逐渐减小，当减小到 T_2 时（对应于 b 点），触点 K_3 闭合，切除 R'''，切换电阻时的转矩值 T_2 称为切换转矩。切除后，转子每相电阻变为 $R_3 = r_2 + R' + R''$，对应的机械特性变为曲线 2。

切换瞬间，转速 n 不突变，电动机的运行点由 b 点跃变到 c 点，电磁力矩由 T_2 跃升为 T_1。此后，工作点 $c(n, T)$ 沿曲线 2 变化，待电磁力矩又减小到 T_2 时（对应 d 点），触点 K_2 闭合，切除 R''。此后转子每相电阻变为 $R_3 = r_2 + R'$，电动机运行点由 d 点跃变到 e 点，工作点 $e(n, T)$ 沿曲线 1 变化，最后在 f 点触点 K_1 闭合，切除 R'，转子绕组直接短路。电动机运行点由 f 点变到 g 点后，沿固有特性加速到负载点 h，此时电磁力矩与负载力矩平衡而稳定运行，启动结束。启动过程中一般取最大加速转矩 $T_1 = (0.6 \sim 0.85) T_{max}$，而最小切换转矩为 $T_2 = (1.1 \sim 1.2) T_N$。

2）转子串频敏变阻器启动

绕线型异步电动机采用转子串接电阻启动时，若想在启动过程中保持有较大的启动转矩且启动平稳，则必须采用较多的启动级数，这必然导致启动设备复杂化，而且在每切除一段电阻的瞬间，启动电流和启动转矩会突然增大，造成电气和机械冲击。为了克服这个缺点，可采用转子电路串频敏变阻器启动。

频敏变阻器是一个铁耗很大的三相电抗器，从结构上看，相当于一个没有二次绕组的三相心式变压器，铁芯由较厚的钢板叠成，其等效电阻为代表铁芯损耗的 r_m，随着通过其中的电流频率 f_m 的变化而自动变化，因此称为频敏变阻器，它相当于一种无触点的变阻器，如图 7–17 所示。

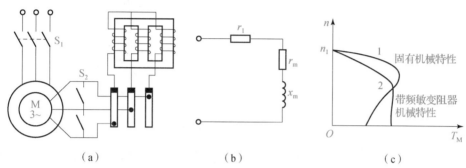

图 7–17　绕线式异步电动机转子串频敏变阻器的启动
（a）接线图；（b）等效电路；（c）机械特性曲线

在启动过程中，频敏变阻器能自动、无级而平滑地减小电阻。如果参数选择适当，则可以在启动过程中保持转矩近似不变，使启动过程平稳、快速。转子串接频敏变阻器启动时，电动机的机械特性如图 7–17（c）中的曲线 2 所示，曲线 1 是电动机的固有机械特性。

转子串频敏变阻器启动的优点：不但具有减小启动电流、增大启动转矩的优点，而且具有等效启动电阻随转速升高而自动连续减小的优点。所以其启动的平滑性优于转子串电阻启动。此外，频敏变阻器还具有结构简单、价格便宜、运行可靠和维护方便等优点。目前转子串频敏变阻器启动已被大量地推广与应用。

5. 深槽型和双笼型异步电动机的启动

深槽型和双笼型异步电动机具有启动过程自动改变转子电阻的性能，它们兼有笼型电动机直接启动和绕线型电动机转子串入电阻启动的一些优点，在需要较大启动转矩的大容量电动机中得到了广泛使用。

1）深槽型异步电动机

深槽型异步电动机与普通笼型电动机的主要区别在于转子导条的截面形状，图 7–18 所示为深槽型异步电动机的转子结构。

转子导条的截面窄而深（一般槽深与槽宽之比为 10~12，如果在导条中流过电流，深槽型电动机转子槽漏磁通分布如图 7–19（a）所示。图 7–19 中表明，如果把整个转子导条看作

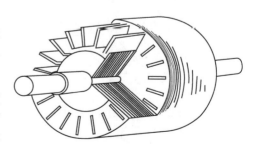

图 7–18　深槽型异步电动机转子结构

由上、下部的若干导体并联而成，导条下部导体所交链的漏磁通远比上部导体的要多，则下

部导体漏抗大、上部导体漏抗小。启动时，由于转子电流频率高（$f_2 = f_1$），转子导条的漏抗比电阻大得多，这时转子导条中电流的分配主要决定于漏抗。因此，导条的下部漏抗大、电流小，上部导体漏抗小、电流大，这样在相同的电动势作用下，转子导条中电流密度的分布如图7-19（b）所示，这种现象称为集肤效应，其效果相当于减小了导条的高度和截面，使 r_2 增大，增大了启动转矩，进而改善了启动性能。

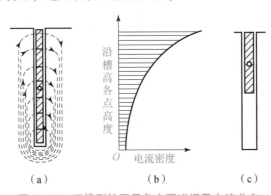

图7-19　深槽型转子导条中漏磁通及电流分布

（a）漏磁通的分布；（b）电流密度分布；（c）导条的有效截面

与普通笼型异步电动机相比，深槽型电动机具有较大的启动转矩和较小的启动电流。

2）双笼型异步电动机

双笼型异步电动机与深槽型异步电动机的差别在于把转子矩形导条分成了上、下两部分，图7-20所示为双笼型异步电动机的转子结构。转子导条的上部称为上笼，下部称为下笼，上、下笼的导条都由端环短接构成双笼绕组。双笼型异步电动机的上笼用电阻系数较大的黄铜或青铜材料制成，且截面积较小；下笼用电阻系数较小的紫铜材料制成，且截面积较大。转子导条截面及槽形如图7-21所示。从图7-21中可见，上、下鼠笼导条之间有一窄缝，其作用是使主磁通与下笼磁通相互交链以及改变槽漏磁通分布，使下笼漏抗较大、上笼漏抗较小。

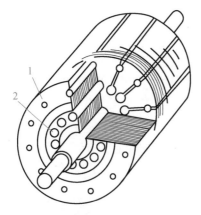

图7-20　双笼型异步电动机转子结构

1—上笼；2—下笼

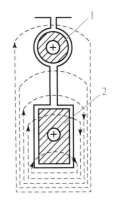

图7-21　双笼转子导条截面及槽型

1—上笼；2—下笼

双笼型与深槽型电动机启动原理相似，启动时，由于集肤效应，转子电流的分配主要决定于导条的漏抗，此时转子电流流过电阻系数较大、截面较小的上鼠笼，使导条的电阻增大，从而增大启动转矩、减小启动电流，改善了启动性能。正常运行时，转子电流的分配主要决定于导条的电阻，此时转子电流流过电阻系数较小、截面较大的下笼，使导条的电阻减小，电动机仍具有良好的运行性能。

启动时上笼起主要作用，又称为启动笼；正常运行时下笼起主要作用，又称为运行笼。实际上，上、下笼都同时流过电流，电磁转矩由两者共同产生。

深槽型和双笼型异步电动机也有一些缺点。由于导条截面的改变，使它们的槽漏磁通增多，转子漏抗比普通笼型电动机增大，这将使电动机的功率因数、过载能力比普通笼型异步电动机稍差。

自测题

答案 7.3

一、填空题

1. 双笼型异步电动机，为了确保电动机启动和运行都能有较大的转矩，所以双笼安排在_____。

2. 星—三角降压启动，由于启动时每相定子绕组的电压为额定电压的 1.732 倍，所以启动转矩也只有直接启动时的_____倍。

3. 三相异步电动机启动转矩不大的主要原因是_____。

4. 降低电源电压后，三相异步电动机的启动转矩将_____。

5. 大功率三相异步笼式电动机可以采用_____。

6. 降低电源电压后，三相异步电动机的启动电流将_____。

7. 绕线式异步电动机通过转子回路串接_____来改善启动和调速性能。

8. 三相异步电动机采用星—三角降压启动时，其启动电流是三角形连接全压启动电流的_____，启动转矩是三角形连接全压启动时的_____。

二、选择题

1. 三相鼠笼型异步电动机采用星—三角换接启动，其启动电流和启动转矩为直启启动的（　　）。

   A. $1/\sqrt{3}$　　　　　B. $1/3$　　　　　C. $1/\sqrt{2}$　　　　　D. $1/2$

2. 三相鼠笼型异步电动机采用启动补偿器启动，其启动电流和启动转矩为直接启动的（　　）。

   A. $1/k_A^2$　　　　　B. $1/k_A$　　　　　C. k_A　　　　　D. k_A^2

3. 线绕型异步电动机在转子绕组中串变阻器启动时，（　　）。

   A. 启动电流减小，启动转矩减小　　　　　B. 启动电流减小，启动转矩增大

   C. 启动电流增大，启动转矩减小　　　　　D. 启动电流增大，启动转矩增大

4. 三相异步电动机启动的时间较长，加载后转速明显下降，电流明显增加，可能的原因是（　　）。

   A. 电源缺相　　　B. 电源电压过低　　　C. 某相绕组断路　　　D. 电源频率过高

5. 绕线型异步电动机转子串电阻启动是为了（　　）。

   A. 空载启动　　　B. 增加电动机转速　　　C. 轻载启动　　　D. 增大启动转矩

6. 降低电源电压后，三相异步电动机的启动转矩将（　　）。

   A. 减小　　　　　B. 不变　　　　　C. 增大　　　　　D. 不能确定

7. 降低电源电压后，三相异步电动机的启动电流将（　　　）。

A. 减小　　　　　　　　B. 不变　　　　　　　　C. 增大　　　　　　　　D. 不能确定

8. 三相异步电动机的启动电流与启动时的（　　　）。

A. 电压成正比　　　　　　　　　　　　　B. 电压平方成正比

C. 电压成反比　　　　　　　　　　　　　D. 电压平方成反比

9. 从降低启动电流来考虑，三相异步电动机可以采用降压启动，但启动转矩将（　　　），因而只适用空载或轻载启动的场合。

A. 降低　　　　　　　　B. 升高　　　　　　　　C. 不变　　　　　　　　D. 不能确定

10. 频敏变阻器适用（　　　）的启动。

A. 同步电动机　　　　　　　　　　　　　B. 直流电动机

C. 三相绕线型异步电动机　　　　　　　　D. 步进电动机

三、判断题

1. 三相鼠笼型异步电动机铭牌标明："额定电压 380/220 V，接线 Y/△"，当电源电压为 380 V 时，这台三相异步电动机可以采用星—三角换接启动。（　　　）

2. 三相鼠笼型异步电动机采用降压启动的目的是降低启动电流，同时增加启动转矩。（　　　）

3. 采用星—三角换接启动，启动电流和启动转矩都减小为直接启动时的 1/3 倍。（　　　）

4. 频敏变阻器启动时的阻抗比较大，而运行时阻抗几乎为零。（　　　）

5. 转子深槽型异步电动机启动时利用集肤效应，能产生较大的启动转矩。（　　　）

6. 长期闲置的异步电动机，在使用时可以直接启动。（　　　）

7. 直接启动的异步电动机一般容量只要不大于 100 kW 就可以。（　　　）

8. 单台直接启动异步电动机的容量和电源无关。（　　　）

9. 启动电流会随着转速的升高而逐渐减小，最后达到稳定值。（　　　）

10. 三相异步电动机在满载和空载下启动时，启动电流是一样的。（　　　）

四、分析计算题

1. 某三相异步电动机 $T_{st} = 1.4T_N$，采用星—三角启动，问在下述情况下电动机能否启动？

（1）负载转矩为 $0.5T_N$；

（2）负载转矩为 $0.25T_N$。

2. 一台 Y132 – 52 – 4 型三相异步电动机，额定数据如下：$n_N = 1\ 450$ r/min，$P_N = 10$ kW，三角连接，$U_N = 380$ V，$\eta_N = 87.5\%$，$\cos\varphi_N = 0.87$，$T_{st}/T_N = 1.4$，$T_{max}/T_N = 2.0$。试求：

（1）接 380 V 电压直接启动时的 T_{st}；

（2）采用星—三角降压启动时的 T'_{st}。

3. 普通笼型感应电动机在额定电压下启动时，为什么启动电流很大而启动转矩并不大？

4. 某三相异步电机，三角形连接，以 200 kV·A 的三相变压器供电。已知：$P_N = 30$ kW，$U_N = 380$ V，$I_N = 63$ A，$n_N = 740$ r/min，$K_{st} = 1.8$，$\alpha_{sc} = 6$，$T_L = 0.8T_N$。试分析能否：直接启动？星—三角启动？选用变比为 0.73 的自耦变压器启动？

7.2.4 三相异步电动机的调速

【学习任务】（1）正确说出三相异步电动机的调速方法。

（2）正确说出三相异步电动机不同调速方法的实现方式及适用范围。

1. 三相异步电动机的调速方法

下面着重介绍异步电动机调速的基本原理、调速方法和调速性能。

根据异步电动机的转速公式 $n = \dfrac{60f_1}{p}(1-s)$ 可以看出，要改变电动机的转速，可以通过以下方法来实现：

（1）改变定子绕组的极对数 p，即通过改变定子绕组的接线方式来改变定子磁极对数 p，以改变同步转速 n_1 进行调速，即变极调速。

（2）改变电源的频率 f_1，即通过改变电源频率 f_1 来改变同步转速 n_1，以进行调速，即变频调速。

（3）改变电动机的转差率 s。保持同步转速 n_1 不变，改变转差率 s 进行调速。

改变转差率的具体方法主要有：

①改变定子端电压 U_1，即变压调速；

②改变转子回路中串入的附加电阻，即串变阻器调速；

③改变转子回路中串入的附加电势，即串极调速。

2. 变压调速

当改变施加于定子绕组上的端电压进行调速时，如负载转矩不变，则电动机的转速将发生变化，如图 7-22 所示，A 点为固有机械特性上的运行点，B 点为降低电压后的运行点，分别对应的转速为 n_A 与 n_B，可见，$n_B < n_A$。降压调速方法比较简单，但是，对于一般的笼型异步电动机，降压调速范围很窄，没有多大的实用价值。

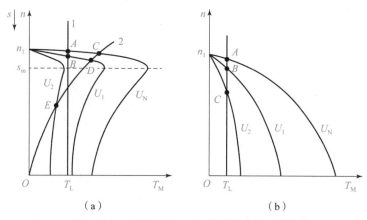

图 7-22　三相异步电动机降压调速机械特性

若电动机拖动泵类负载，如通风机，降压调速有较好的调速效果，如图 7-22（a）所示，C、D、E 三个运行点的转速相差很大。但是应注意电动机在低速运行时存在的过电流及功率因数低的问题。

若要求电动机拖动恒转矩负载并且有较宽的调速范围，则应选用转子电阻较大的高转差率笼型异步电动机，其降低定子电压时的人为机械特性如图 7 - 22（b）所示，但此时电动机的机械特性很软，其转差率常不能满足生产机械的要求，而且低压时的过载能力较低，一旦负载转矩或电源电压稍有波动，就会引起电动机转速的较大变化甚至停转，如图 7 - 22（b）中的 C 点所示。

3. 绕线型异步电动机转子回路中串变阻器调速

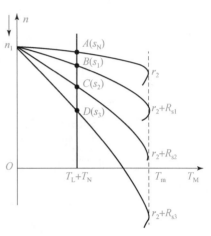

图 7 - 23　绕线型异步电动机转子
回路中串变阻器调速机械特性

在绕线型异步电动机转子回路中串入电阻后，例如转子绕组本身电阻为 r_2，分别串入电阻 R_{s1}、R_{s2}、R_{s3} 时，会使电动机的机械特性发生变化，最大转矩不变，但最大转矩对应的临界转差率发生了改变，如图 7 - 23所示。

当拖动恒转矩负载，且为额定负载转矩，即 $T_L = T_N$ 时，电动机的转差率由 s_N 分别变为 s_1、s_2、s_3。显然，所串入电阻越大，转速越低。

这种方法的优点是简单、易于实现；缺点是调速电阻中要消耗一定的能量，调速是有级的，不平滑。由于转子回路的铜耗 $p_{Cu2} = sP_M$，故转速调得越低，转差率越大，铜耗就越多，效率就越低。同时转子加入电阻后，电动机的机械特性变"软"，于是负载变化时电动机的转速将发生显著变化。这种方法主要用在中、小容量的异步电动机中，例如交流供电的桥式起重机目前大部分采用此法调速。

4. 笼型三相异步电动机变极调速

1）变极调速的原理及接线图

变极调速是通过改变定子绕组的接线方式来改变定子磁极对数 p，从而改变同步转速 n_1，以达到调速的目的。图 7 - 24 所示为三相异步电动机定子绕组接线及产生的磁极数，图中只画出了 A 相绕组的情况。

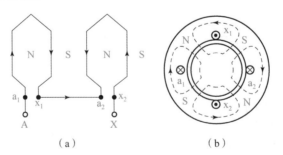

（a）　　　　　　　　　　（b）

图 7 - 24　四极三相异步电动机定子 A 相绕组连接原理图

（a）定子绕组接线；（b）磁极数

改变定子绕组磁极对数的方法是将一相绕组中一半线圈的电流方向反过来。例如 AX 绕组为 a_1x_1 与 a_2x_2 头尾串联，如图 7 - 24（a）所示，由 AX 绕组产生的磁极数便是四极，如图 7 - 24（b）所示。如果把图中的接线方式改变一下，每相绕组不再是两个线圈头尾串联，而变成两个线圈尾尾串联，即 A 相绕组 AX 为 a_1x_1 与 a_2x_2 反向串联，如图 7 - 25（a）所示；或者将每相绕组两个线圈变成头尾串联后再并联，即 AX 为 a_1x_1 与 a_2x_2 反向并联，如图 7 - 25（b）

所示。改变后的两种接线方式，三相绕组产生的磁极数都是二极的，如图 7 – 25（c）所示，即为二极异步电动机。

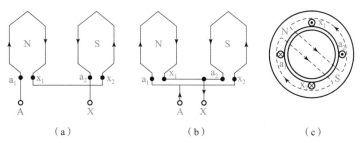

（a）　　　　　　　　　（b）　　　　　　　　　（c）

图 7 – 25　二极三相异步电动机定子 A 相绕组连接原理图

（a）反向串联；（b）反向并联；（c）磁极数

从上面分析可以看出：三相笼型异步电动机的定子绕组，若把每相绕组中一半线圈的电流改变方向，即半相绕组反向，则电动机的极对数便成倍变化。因此，同步转速 n_1 也成倍变化，对拖动恒转矩负载运行的电动机来讲，运行的转速也接近成倍改变。

绕线型异步电动机转子磁极对数不能自动随定子磁极对数变化，如果同时改变定、转子绕组磁极对数，则又比较麻烦，因此不宜采用变极调速。

需要说明的是，如果外部电源相序不变，则变极后，不仅电动机的运行转速发生了变化，而且因三相绕组空间相序的改变也会引起旋转磁场转向的改变，从而引起转子转向的改变。所以为了保证变极调速前后电动机的转向不变，在改变定子绕组接线的同时，必须把 V、W 两相出线端对调，使接入电动机的电源相序改变，这是在工程实践中必须注意的问题。

2）变极调速的常用接线方法

能够实现上述变极原理的线路很多。但是，不管三相绕组的接法如何，其极对数仅能改变一次。下面介绍变极调速的两种典型方案：一种是 Y – YY 方式，Y 接是低速，YY 接是高速，如图 7 – 26（a）所示；另一种是△ – YY 方式，△接是低速，YY 接是高速，如图 7 – 26（b）所示。由图可见，这两种接线方式都是使每相一半绕组内的电流改变了方向，因而定子磁场的磁极对数减少一半。

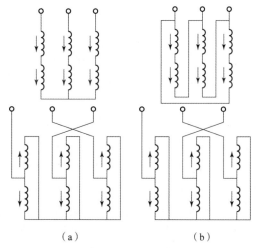

（a）　　　　　　　　　（b）

图 7 – 26　双速电动机变极接线方式

（a）Y/YY 方式；（b）△/YY 方式

3）变极调速时的功率和转矩

（1） Y – YY 变极调速时的机械特性。

由于 Y 形连接时的磁极对数是 Y 形连接时的两倍，因此 $n_{YY} = 2n_Y$。又因为 Y 形连接和 YY 形连接时每相绕组的电压相等，所以根据前面所学的知识可得出以下结论：

$$T_{mYY} = 2T_{mY}$$
$$s_{mYY} = s_{mY}$$
$$T_{stYY} = 2T_{stY}$$

（7 – 23）

为了使电动机得到充分利用，假定改接前、后使电动机绕组内流过额定电流，效率和功率因数近似不变，则输出功率和转矩为

$$P_{YY} = 2P_Y$$
$$T_{YY} = T_Y$$

（7 – 24）

可见，采用 Y – YY 变极调速时，电动机的转速增大一倍，允许输出功率增大一倍，而允许输出的转矩保持不变，所以采用这种变极调速方案属于恒转矩调速，适用于恒转矩负载。

（2） △ – YY 变极调速时的机械特性

当△接法改接成 YY 连接后，磁极数减少一半，转速增大一倍，即 $n_{YY} = 2n_△$。又由于 YY 接法时相电压 $U_{YY} = \dfrac{U_△}{\sqrt{3}}$，所以根据前面所学的知识可得出以下结论：

$$T_{mYY} = \frac{2}{3}T_{m△}$$
$$s_{mYY} = s_{m△}$$
$$T_{stYY} = \frac{2}{3}T_{st△}$$

（7 – 25）

为了使电动机得到充分利用，假定改接前后使电动机绕组内流过额定电流，效率和功率因数近似不变，则输出功率和转矩为

$$P_{YY} = 1.15P_△$$
$$T_{YY} = 0.58T_△$$

（7 – 26）

可见，从△形连接变成 YY 形连接后，极对数减少一半，转速增加一倍，输出转矩近似减小一半，而输出功率近似保持不变，所以这种变极调速属于恒功率调速方式，适用于车床切削等恒功率负载，如粗加工时，进给量大、转速低；精加工时，进给量小、转速高，但两者的功率近似不变。

综上所述，变极调速的优点是设备简单、运行可靠，机械特性硬、效率高、损耗小，为了满足不同生产机械的需要，定子绕组采用不同的接线方式，可获得恒转矩调速或恒功率调速；缺点是电动机绕组引出头较多，转速只能成倍变化，调速的平滑性差，只能分级调节转速，且调速级数少，必要时需与齿轮箱配合，才能得到多极调速。除了利用上述倍极比变极方法获得多速电动机外，还可利用改变定子绕组接法达到非倍极比变极的目的，如 4/6 极等。另外，多速电动机的体积比同容量的普通笼型电动机大，运行特性也稍差一些，电动机的价格也较贵，故多速电动机多用于一些不需要无级调速的生产机械，如金属切削机床、通风机、升降机等。

5. 串极调速

由于绕线型异步电动机转子串电阻调速时，低速时效率低损耗大，故经济性能不高，有必要设法将消耗在外串电阻上的大部分转差功率利用起来，不让它白白浪费掉，而是送回到电网中去。串级调速就是根据这一指导思想而设计出来的。

1）串级调速的原理

串级调速是指在绕线型异步电动机的转子电路中串入一个与转子同频率的附加电动势以实现调速，该附加电动势 E_{ad} 可与转子电动势 E_2 的相位同相，也可反相。

假设调速前后电源电压的大小与频率不变，则主磁通也基本不变。

当 E_{ad} 引入之前，电动机在固有特性上稳定运行时，转子电流的有效值为

$$I_2 = \frac{sE_{20}}{\sqrt{r_2^2 + (sx_{20})^2}} \tag{7-27}$$

当 E_{ad} 引入之后，电动机转子电流的有效值为

$$I_2' = \frac{sE_{20} \pm E_{ad}}{\sqrt{r_2^2 + (sx_{20})^2}} \tag{7-28}$$

若与 E_{20} 反相，式（7-28）中 E_{ad} 前取"−"号，则串入 E_{ad} 的瞬间，由于机械惯性使电动机的转速来不及变化，sE_{20} 不变，使 $I_2' < I_2$，对应的 $T_M < T_L$（因为定子电压、主磁通 Φ_m 和功率因数 $\cos\varphi_1$ 不变），因此 n 下降，s 上升，sE_{20} 上升，转子电流 I_2' 开始上升，电磁转矩 T_M 也开始上升，直至 $T_M = T_L$ 时，电动机在较以前低的转速下稳定运行。串入的电势 E_{ad} 值越大，电动机稳定运行的转速越低。

若 E_{ad} 与 E_{20} 同相，式（7-28）中 E_{ad} 前取"+"号，则串入 E_{ad} 的瞬间，由于机械惯性使电动机的转速来不及变化，sE_{20} 不变，使 $I_2' > I_2$ 对应的 $T_M > T_L$，因此 n 上升，s 下降，sE_{20} 下降，转子电流 I_2' 开始下降，电磁转矩 T_M 也开始下降，直至 $T_M = T_L$ 时，电动机在较以前高的转速下稳定运行。如果 E_{ad} 足够大，则转速可以达到甚至超过同步转速。串级调速的机械特性如图7-27所示。

2）串级调速的实现

实现串级调速的关键是在绕线型异步电动机的转子电路中串入一个大小、相位可以自由调节，其频率能自动随转速变化而变化，始终等于转子频率的附加电动势。要获得这样一个变频电源不是一件容易的事。因此，在工程上往往是先将转子电动势通过整流装置变成直流电动势，然后串入一个可控的附加直流电动势去和它作用，从而避免了随时变频的麻烦。根据附加直流电动势作用而吸收转子转差功率后回馈方式的不同，可将串级调速方法分为电动机回馈式串级调速和晶闸管串级调速两种类型。下面只简单介绍最常用的晶闸管串级调速。

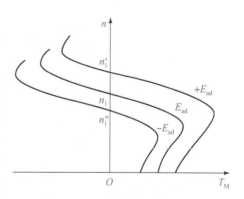

图7-27　串极调速时的机械特性

图7-28所示为晶闸管串级调速系统的原理示意图，系统工作时将异步电动机 M 的转子电动势 E_{2S} 经整流装置整流后变为直流电压 U_d，再由晶闸管逆变器将直流电压 U_B 逆变为工频交流电压，然后经变压器 T 变压与电网电压相匹配，从而使转差功率 sP_M 反馈回交流电

网。这里的逆变电压 U_B 可视为加在异步电动机转子电路中的附加电动势 E_{ad}，改变逆变角 β 就可以改变 U_B 的数值，从而实现异步电动机的串级调速。

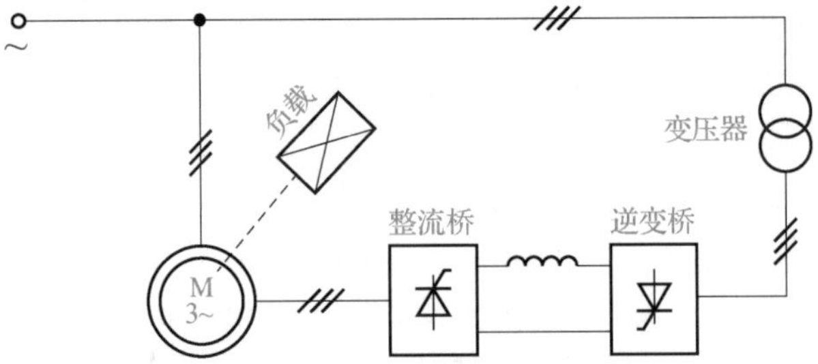

图 7-28　晶闸管串级调速系统的组成

晶闸管串级调速具有机械特性“硬”、调速范围大、平滑性好、效率高、便于向大容量发展等优点。对于绕线型异步电动机，它是很有发展前途的一种调速方法。其缺点是功率因数较低，但采用电容补偿等措施可使功率因数有所提高。

晶闸管串级调速的应用范围很广，既可适用于风机型负载，也可适用于恒转矩负载。

自测题

一、填空题

1. 一台三相二极异步电动机，电源频率 $f_1 = 50$ Hz，则定子旋转磁场转速为______r/min。

2. 三相异步电动机旋转磁场的转速称为__________转速，它与电源频率和磁极对数有关。

3. 三相异步电动机的转速取决于磁场极对数 p、________和__________。

4. 三相异步电动机的调速方法有__________、__________和____________。

5. 在额定工作情况下的三相异步电动机，已知其转速为 960 r/min，电动机的同步转速为__________r/min，磁极对数为________对，转差率为________。

6. 三相异步电动机旋转磁场的转速称为________转速，它与电源频率和________有关。

7. 三相异步电动机旋转磁场的转向是由____________决定的。

8. 三相异步电动机负载不变而电源电压降低时，其转子转速将____________。

二、选择题

1. 在交流电动机调速控制中，一般不采用的方法是（　　）。

A. 变极调速、变频调速、转差调速

B. 变频调速、转差调速、串极调速

C. 转差调速、变极调速、串极调速

D. 串极调速、变频调速、变相调速

答案 7.4

2. 三相异步电动机在运行中，把定子两相反接，则转子的转速会（　　）。

A. 升高　　　　B. 下降一直到停转

C. 下降至零后再反向旋转　　　　D. 下降到某一稳定转速

3. 三相异步电动机拖动恒转矩负载，当进行变极调速时应采用的连接方式为（　　）。

A. Y-YY　　　　B. △-YY

C. 正串 Y-反串 Y　　　　D. YY-△

4. 三相异步电动机在一定的负载转矩下运行，若电源电压降低，则电动机的转速将
（   ）。

    A. 增大   B. 降低   C. 不变   D. 不能确定

5. 工频条件下，三相异步电动机的额定转速为 1 420 r/min，则电动机的磁极对数为
（   ）。

    A. 1   B. 2   C. 3   D. 4

6. 一台三相异步电动机，磁极对数为3，转差率为3%，此时的转速为 （   ） r/min。

    A. 2 910   B. 1 455   C. 970   D. 1 250

7. 三相异步电动机改变定子磁极对数 p 的调速方法适用于 （   ） 调速。

    A. 绕线电动机   B. 直流电动机

    C. 三相笼式异步电动机   D. 步进电动机

8. 三相异步电动机带恒转矩负载运行，如电源电压下降，则电动机的转速（   ），定子电流上升。

    A. 下降   B. 不变   C. 上升   D. 以上都不对

三、判断题

1. 三相异步电动机的变极调速只能用在笼型转子电动机上。   （   ）

2. 绕线型异步电动机可以改变极对数进行调速。   （   ）

3. 若三相异步电动机的端电压按不同规律变化，则变频调速的方法具有优异的性能，适应于不同的负载。   （   ）

4. 单相异步电动机一般采用降压和变极进行调速。   （   ）

5. 绕线型异步电动机串电阻调速时，电阻不能太大。   （   ）

6. 交流电动机变频调速只能是向下改变电动机的速度。   （   ）

四、简答题

1. 三相异步电动机的调速方法一般有哪些？各有什么特点？

2. 什么叫恒功率调速？什么叫恒转矩调速？

3. 试述三相异步电动机的串极调速原理。

4. 异步电动机变极调速的可能性和原理是什么？其接线图是怎样的？

7.2.5 三相异步电动机的制动

微课 7.4：三相
异步电动机的制动

【学习任务】（1） 正确说出三相异步电动机的制动方法。

                   （2） 正确说出三相异步电动机不同制动方法的实现方式及适用范围。

三相异步电动机既可工作于电动状态，也可工作于制动状态。电动状态是指电动机的电磁转矩 T 与转速 n 方向相同，机械特性位于第一、三象限，电动机从电网中吸取电能，并把电能转换成机械能输出。制动状态是指电动机的电磁转矩 T_M 与转速 n 方向相反，机械特性位于第二、四象限。

1. 能耗制动

实现能耗制动的方法是：将定子绕组从三相交流电源断开，然后立即加上直流励磁电源，同时在转子电路串入制动电阻。其接线图如图 7-29 所示，此时直流电流在气隙中产生一个恒定的磁场，因惯性作用，转子还未停止转动，运动的转子导体切割此恒定磁场，在其

中便产生感应电动势。由于转子是闭合绕组，因此能产生感应电流，继而产生电磁转矩，此转矩与转子因惯性作用而旋转方向相反，起制动作用，迫使转子迅速停下来。这时储存在转子中的动能转变为电能消耗在转子电阻上，以达到迅速停车的目的，故称这种制动方法称为能耗制动。

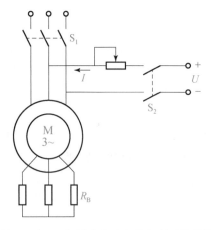 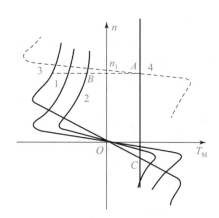

图 7-29　三相异步电动机能耗制动接线图　　　　图 7-30　三相异步电动机能耗制动机械特性

在图 7-30 中，曲线 4 为转子不串电阻时的固有机械特性曲线；曲线 1 为能耗制动时增大励磁电流 I_f 而转子不串电阻时的机械特性曲线，此时最大制动转矩增大，但产生最大转矩时的转速不变；曲线 3 为能耗制动时励磁电流 I_f 不变而转子串电阻时的机械特性曲线，此时最大制动转矩不变，但产生最大转矩时的转速增大。

当绕线型异步电动机采用能耗制动时，最大制动转矩取 $(1.25 \sim 2.2)T_N$，可以求出直流励磁电流和转子应串接电阻的大小，即

$$I_{fav} = (2 \sim 3)I_0 \tag{7-29}$$

$$R_B = (0.2 \sim 0.4)\frac{E_{2N}}{\sqrt{3}I_{2N}} \tag{7-30}$$

式中　I_{fav}——直流励磁电流；

　　　I_0——异步电动机的空载电流，一般取 $I_0 = (0.2 \sim 0.5)I_{1N}$；

　　　E_{2N}——转子堵转时的额定线电动势；

　　　I_{2N}——转子额定电流；

　　　R_B——转子应串接电阻的大小。

三相异步电动机的能耗制动具有以下特点：

（1）能够使反抗性恒转矩负载准确停车；

（2）制动平稳，但制动至转速较低时制动转矩也较小，制动效果不理想；

（3）由于制动时电动机不从电网中吸取交流电能，只吸取少量的直流电能，因此制动比较经济。

2. 反接制动

当三相异步电动机转子的旋转方向与定子旋转磁场方向相反时，电动机便处于反接制动状态。反接制动分为两种情况：一种是电源反接制动，其实现方式为在电动状态下将电源两相反接，使定子旋转磁场的方向由原来的顺转子转向改变为逆转子转向；另一种是倒拉反接

制动，其实现方式为保持定子磁场的转向不变，即电磁转矩方向不变，由外部因素使电动机转子的转向倒转，故电磁转矩方向与转子实际转向相反，使转子减速，这种制动类似于直流电动机的倒拉反接制动。

1）电源反接制动

图 7 – 31（a）所示为绕线式三相异步电动机，反接制动时，将三相异步电动机任意两相定子绕组的电源进线对调，同时在转子电路串入制动电阻。这种制动类似于他励直流电动机的电压反接制动。反接制动前，电动机处于正向电动状态（K_1 闭合），以转速 n 逆时针旋转；反接制动时，把定子绕组的两相电源进线对调（K_1 断开，K_2 闭合），同时在转子电路中串入制动电阻 R，使电动机气隙旋转磁场方向反转，这时的电磁转矩方向与电动机惯性转矩方向相反，成为制动转矩，使电动机转速迅速下降。

由图 7 – 31（b）可知，反接制动前，电动机拖动恒转矩负载稳定运行于固有机械特性曲线 1 的 A 点。电源反接后，旋转磁场的转向改变，电动机转速来不及变化，工作点由 A 点平移到 B 点，这时系统在制动的电磁转矩和负载转矩的共同作用下迅速减速，工作点沿曲线 2 移动，当到达 C 点时，转速为零，制动结束。对于反抗性恒转矩负载，若要停车，制动到了 C 点时应快速切断电源，否则电动机可能会反向启动。如制动仅是为了迅速停车，则当转速降到零以后一般应采用速度继电器或时间继电器控制，以便电动机速度为零或接近零时立即切断电源，防止电动机反转。

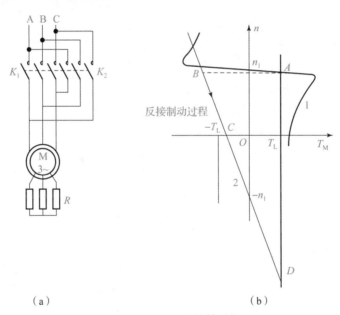

（a）　　　　　　　　　　　　（b）

图 7 – 31　电源两相反接的反接制动

（a）反接制动电路图；（b）反接制动机械特性曲线

定子两相反接制动时，n_1 为负，n 为正，所以电动机的转差率为

$$s = \frac{-n_1 - n}{-n_1} = \frac{n_1 + n}{n_1} > 1$$

通过公式

$$\frac{r_2}{s} = \frac{r_2 + R}{s'}$$

可推导求出制动电阻的大小为

$$R = \left(\frac{s'}{s} - 1 \right) r_2 \tag{7-31}$$

式中 s'——固有机械特性线性段上对应任意给定转矩 T_M 的转差率，$s' = \dfrac{s_N}{T_N} T_M$；

   s——转子串电阻 R 的人为机械特性线性段上与 s' 对应相同转矩 T_M 的转差率。

由以上分析可知，三相异步电动机的电源反接制动具有以下特点：

（1）制动转矩即使在转速降至很低时仍较大，因此制动强烈而迅速；

（2）能够使反抗性恒转矩负载快速实现正反转，若要停车，则需在制动到转速为零时立即切断电源；

（3）电源反接制动时 $s > 1$，从电源输入的电功率 $P_1 \approx P_M \dfrac{m_1 I_2'^2 r_2'}{s} > 0$，从电动机轴上输出的机械功率 $P_2 \approx P_M = T\Omega < 0$。这说明制动时，电动机既要从电网吸取电能，又要从轴上吸取机械能并转换为电能，这些电能全部消耗在转子电路的电阻上，因此制动时能耗大、效率差。

2）倒拉反接制动

倒拉反接制动主要用于以绕线型异步电动机为动力的起重机械拖动系统。实现倒拉反接制动的方法是在转子电路串入一个足够大的电阻，其机械特性如图 7-32 所示。

在图 7-32 中，设电动机原来工作在固有特性曲线上的 A 点提升重物，当在转子回路串入电阻 R 时，其机械特性变为曲线 2。串入 R 的瞬间，转速来不及变化，工作点由 A 点平移到 B 点，此时电动机的提升转矩 T_M 小于位能性负载转矩 T_L，因此提升速度减小，工作点沿曲线 2 由 B 点向 C 点移动。在减速过程中，电动机仍运行在电动状态。当转速降为零时，仍然有 $T_M < T_L$，因此位能性负载（重物）便迫使电动机转子反转，电动机开始进入倒拉反接制动状态。在重物的作用下，电动机反向加速，电磁转矩逐渐增大，直到 D 点 $T_M = T_L$ 时为止，电动机处于稳定的倒拉反接制动运行状态，电动机以较低的速度匀速下放重物。

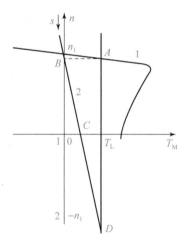

图 7-32 三相异步电动机倒拉
反接制动机械特性曲线

倒拉反接制动时的转差率为

$$s = \frac{n_1 - (-n)}{n_1} = \frac{n_1 + n}{n_1} > 1$$

这一点与电源反接制动一样，所以 $s > 1$ 是反接制动的共同特点。

当电动机工作在机械特性的线性段时，制动电阻 R 的近似计算仍然采用式（7-31）。

由以上分析可知，倒拉反接制动具有以下特点：

（1）能够低速下放重物，安全性好；

（2）由于制动时 $s > 1$，因此与电源反接制动一样，$P_1 > 0$，$P_2 > 0$。这说明在制动时，电动机既要从电网吸取电能，又要从轴上吸取机械能并转换为电能，这些电能全部消耗在转子电路的电阻上，因此制动时能耗大、经济性差。

3. 回馈制动

若异步电动机在电动状态运行，由于某种原因，使电动机的转速超过了同步转速（转向不变），电动机转子绕组切割旋转磁场的方向将与电动运行状态时相反，因此转子电动势 E_{2S}、转子电流 I_2 和电磁转矩 T_M 的方向也与电动状态时相反，即 T_M 与 n 反向，T_M 成为制动转矩，电动机便处于制动状态，这时电磁转矩由原来的驱动作用转为制动作用，电动机转速便减慢下来。同时，由于电流方向反向，电磁功率回送至电网，故称为回馈制动。其机械特性如图 7 – 33 所示。

回馈制动常用来限制转速，例如当电车下坡时，重力的作用使电车转速增大，当 $n > n_1$ 时，电动机自动进入回馈制动。回馈制动可以向电网回输电能，所以经济性能好，但只有在特定状态下才能实现制动，而且只能限制电动机的转速而不能停转。

此时电动机的转差率为

$$s = \frac{n_1 - n}{n_1} < 0 \qquad （正向运转，n > 0）$$

1）下放重物时的回馈制动

在图 7 – 33 中，设 A 点是电动状态提升重物工作点，D 点是回馈制动状态下放重物工作点，电动机从提升重物工作点 A 过渡到下放重物工作点 D 的过程如下：

首先，将电动机定子两相反接，这时定子旋转磁场的同步转速为 $-n_1$，机械特性如图 7 – 33 中曲线 2 所示。反接瞬间，转速不能突变，工作点由 A 平移到 B，然后电动机经过反接制动过程（工作点沿曲线 2 由 B 变到 C）、反向电动加速过程（工作点由 C 向同步点 $-n_1$ 变化），最后在位能性负载作用下反向加速并超过同步转速，直到 D 点保持稳定运行，即匀速下放重物。如果在转子电路中串入制动电阻，对应的机械特性如图 7 – 33 中曲线 3 所示，这时的回馈制动工作点为 D'，其转速增加，重物下放的速度增大。为了限制电动机的转速，回馈制动时在转子电路中串入的电阻值不应太大。

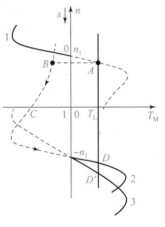

图 7 – 33　三相异步电动机
回馈制动机械特性曲线

2）变极或变频调速过程中的回馈制动

图 7 – 34 所示为笼型异步电动机的 YY – △变极调速时的回馈制动过程。设电动机原来在机械特性曲线 1 上的 A 点稳定运行，当电动机采用变极（如增加极数）或变频（如降低频率）进行调速时，其机械特性曲线变为曲线 2，同步转速为 n_1。在调速瞬间，转速不能突变，工作点由 A 变到 B。在 B 点，转速 $n_B > 0$，电磁转矩 $T_{MB} < 0$，为制动转矩，且因为 $n_B > n_1$，故电动机处于回馈制动状态。工作点沿曲线 2 的 B 点到 n_1 点，这一段变化过程称为回馈制动过程，在此过程中，电动机吸收系统释放的动能，并转换成电能回馈到电网。电动机沿曲线 2 的 n_1 点到 D 点的变化过程称为电动状态的减速过程，D 点为调速后的稳态工作点。

由以上分析可知，回馈制动具有以下特点：

（1）电动机转子的转速高于同步转速，即 $|n| > n_1$；

（2）只能高速下放重物，安全性差；

（3）制动时电动机不从电网吸取有功功率，反而向电网回馈有功功率，制动很经济。

综上所述，三相异步电动机的各种运转状态所对应的机械特性画在一起，如图 7 - 35 所示。

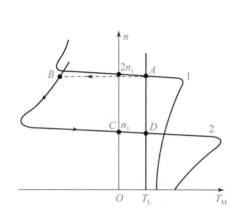

图 7 - 34　三相异步电动机变极
调速时回馈制动过程

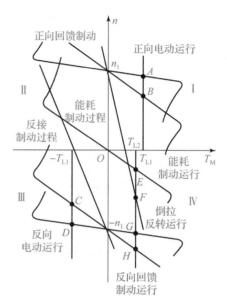

图 7 - 35　三相异步电动机各种
运行状态的机械特性

4. 三相异步电动机的反转

由三相异步电动机的工作原理可知：三相异步电动机转动的方向始终与定子绕组所产生的旋转磁场方向相同，而旋转磁场方向与通入定子绕组的三相电流的相序有关，所以要想改变转向，只需改变通入定子绕组三相电流的相序来实现。

自测题

一、填空题

1. 当切断电动机电源后，由于电动机转动部分具有惯性，所以停电后仍继续旋转，要经过较长时间才能停转的这一过程叫_____。

2. 三相异步电动机的电气制动方法有_____、_____、_____。

3. 欲使运转中的三相异步电动机迅速停转，可将电动机三根电源线中的_____，旋转磁场立即反向旋转，转子中的感应电动势和电流也都随之反向，短时间后迅速断开电源的制动方法称为_____。

4. 异步电动机的旋转方向取决于_____的旋转方向，而磁场的旋转方向取决于通入定子绕组的三相电流的_____。因此，只要将电动机三根电源线中的任意两根对调，电动机就能反转。

二、选择题

1. 三相绕线转子异步电动机拖动起重机的主钩、提升重物时，电动机运行于正向电动状态，若在转子回路串接三相对称电阻下放重物时，电动机运行状态是（　　）。

A. 能耗制动运行　　　　　　　　　　　　B. 回馈制动运行

C. 倒拉反转运行　　　　　　　　　　　　　D. 反接制动运行

2. 改变三相异步电动机转子旋转方向的方法是（　　）。

A. 改变三相异步电动机的接法方式　　　　B. 改变定子绕组电流相序

C. 改变电源电压　　　　　　　　　　　　D. 改变电源频率

3. 向电网反馈电能的三相异步电动机的制动方式称为（　　）。

A. 能耗制动　　　　B. 电控制动　　　　C. 再生制动　　　　D. 反接制动

4. 能耗制动的方法就是在切断三相电源的同时（　　）。

A. 给转子绕组中通入交流电　　　　　　　B. 给转子绕组中通入直流电

C. 给定子绕组中通入交流电　　　　　　　D. 给定子绕组中通入直流电

5. 异步电动机要实现回馈制动，则应满足以下条件（　　）。

A. 转子转速应小于旋转磁场转速，且同向

B. 转子转速应等于旋转磁场转速，且同向

C. 转子转速应小于旋转磁场转速，且反向

D. 转子转速应大于旋转磁场转速，且同向

答案7.5

三、判断题

1. 异步电动机回馈制动时，转子的速度大于同步速度。　　　　　　　　　（　　）

2. 电枢反接制动主要用于位能性负载的下降运行。　　　　　　　　　　　（　　）

3. 交流电动机的回馈制动属于发电制动。　　　　　　　　　　　　　　　（　　）

4. 三相交流异步电动机发生回馈制动时，转子的速度大于同步速度。　　　（　　）

5. 转速反接制动主要用于位能性负载的下降运行。　　　　　　　　　　　（　　）

6. 倒拉反接制动主要用于位能性负载的下降运行。　　　　　　　　　　　（　　）

7. 交流电动机的回馈制动时当前运行的速度小于同步速度。　　　　　　　（　　）

8. 罩极式异步电动机的转向可以改变。　　　　　　　　　　　　　　　　（　　）

四、简答题

1. 将三相异步电动机接三相电源的三根引线中的两根对调，此电动机是否会反转？为什么？

2. 三相异步电动机正在运行时，转子突然被卡住，这时电动机的电流会如何变化？对电动机有何影响？

7.2.6　三相异步电动机电力拖动控制电路设计举例

【学习任务】（1）正确设计三相异步电动机的正、反转控制电路。

　　　　　　（2）正确安装三相异步电动机的正、反转控制电路。

　　　　　　（3）正确调试三相异步电动机的正、反转控制电路。

三相异步电动机正、反转控制电路设计举例如图7-36所示。

图7-36（a）所示为接触器互锁的正反转控制线路，KF、KR分别为电动机正、反转控制的交流接触器，SB₁、SB₂为电动机正、反转启动按钮，SB₃为停止按钮，熔断器FU作短路保护，热继电器FR作过载保护。

合上开关S，接通电源，按下正转按钮SB₁，正转控制电路接通，电流流过的路径是电源A相→停止按钮SB₃→正转按钮SB₁→接触器常闭辅助触点KR→接触器线圈KF→热继电

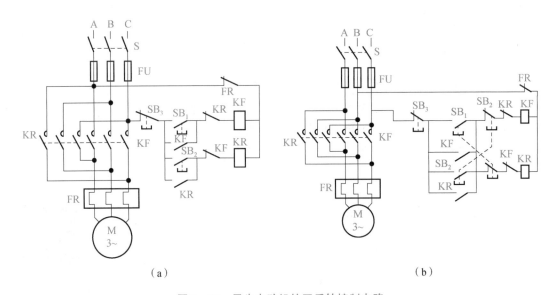

图 7 – 36　异步电动机的正反转控制电路

（a）接触器互锁的正反转控制电路；（b）双重连锁的正、反转控制电路

器 FR 常闭触点→电源 C 相。接触器线圈 KF 带电，其主触点 KF 闭合，电动机与电源接通，通入定子绕组的电源相序为 A→B→C，电动机启动，正转运行。

按下按钮 SB₃，无论原来电动机是正转还是反转，控制电路都将断电，交流接触器线圈 KF 和线圈 KR 都将失电，使电动机停下来。

电动机若要反转，可在 S 接通情况下按下反转按钮 SB₂，反转控制电路通电，接触器线圈 KR 带电，其主触点 KR 闭合，此时通入电动机定子绕组电源的相序为 A→C→B，电动机反转。

接触器 KF（KR）的常开触点与按钮 SB₁（SB₂）并联，起自保持（自锁）作用，而 KF（KR）的常闭辅助触点串联在反转（正转）控制电路中，起联锁（互锁）作用，以防止因误操作而使两只接触器主触点同时闭合所造成的短路事故。两个接触器 KF、KR 中的任一个通电后，它的常闭辅助触点应断开，但有时遇到该触点已损坏，并未断开，则不能实现互锁。为了安全起见，采用了如图 7 – 36（b）所示的双重联锁的正、反转控制电路，分别把正、反转启动按钮 SB₁、SB₂ 的常闭触点串在反转、正转接触器 KR、KF 电路中，该控制电路安全可靠，在实际应用中较多。

自测题

一、填空题

1. 常用的低压电器是指工作电压在交流＿＿＿＿＿＿V 以下、直流＿＿＿＿＿＿V 以下的电器。

2. 按钮常用于控制电路，＿＿＿＿＿＿色表示启动，＿＿＿＿＿＿色表示停止。

3. 在机床电气线路中异步电动机常用的保护环节有＿＿＿＿＿＿、＿＿＿＿＿＿、＿＿＿＿＿＿和

＿＿＿＿＿＿。

4. 电气原理图一般分为＿＿＿＿＿＿和＿＿＿＿＿＿两部分画出。

5. 接触器的额定电压指＿＿＿＿＿＿＿＿＿＿的额定电压。

二、选择题

1. 熔断器的作用是（　　　）。

A. 控制行程 　　　　　　　　　　　B. 控制速度

C. 短路或严重过载 　　　　　　　　D. 弱磁保护

2. 低压断路器的型号为 DZ10 - 100，其额定电流是（　　　）。

A. 10 A 　　　B. 100 A 　　　C. 10 ~ 100 A 　　　D. 大于 100 A

3. 交流接触器的作用是（　　　）。

A. 频繁通断主回路 　　　　　　　　B. 频繁通断控制回路

C. 保护主回路 　　　　　　　　　　D. 保护控制回路

4. 在控制电路中，如果两个常开触点串联，则它们是（　　　）。

A. 与逻辑关系 　　　　　　　　　　B. 或逻辑关系

C. 非逻辑关系 　　　　　　　　　　D. 与非逻辑关系

5. 欲使接触器 KM_1 动作后接触器 KM_2 才能动作，需要（　　　）。

A. 在 KM_1 的线圈回路中串入 KM_2 的常开触点

B. 在 KM_1 的线圈回路中串入 KM_2 的常闭触点

C. 在 KM_2 的线圈回路中串入 KM_1 的常开触点

D. 在 KM_2 的线圈回路中串入 KM_1 的常闭触点

答案 7.6

三、判断题

1. 交流接触器在控制电路中可以实施短路保护。　　　　　　　　　　（　　　）

2. 熔断器在电路中既可作短路保护，又可作过载保护。　　　　　　　（　　　）

3. 熔断器的额定电流大于或等于熔体的额定电流。　　　　　　　　　（　　　）

4. 接触器按主触点通过电流的种类分为直流和交流两种。　　　　　　（　　　）

5. 继电器在任何电路中均可代替接触器使用。　　　　　　　　　　　（　　　）

四、简答题

1. 短路保护和过载保护有什么区别？

2. 电动机"正—反—停"控制线路中，复合按钮已经起到了互锁作用，为什么还要用接触器的常闭触点进行联锁？

7.3　技 能 培 养

7.3.1　技能评价要点

异步电动机的控制学习情境技能评价要点见表 7 - 1。

表 7 - 1　异步电动机的控制学习情境技能评价要点

项目	技能评价要点	权重/%
1. 电力拖动基础	1. 正确理解电力拖动系统。 2. 正确说出不同性质负载的转矩特性	10

项目	技能评价要点	权重/%
2. 三相异步电动机的机械特性	1. 正确写出三相异步电动机机械特性的表达式。 2. 正确理解固有机械特性在不同象限的物理意义。 3. 正确理解与分析固有机械特性上几个特殊点的物理状况。 4. 正确理解三相异步电动机的人为机械特性	20
3. 三相异步电动机的启动	1. 正确理解三相异步电动机的启动要求。 2. 正确说出三相异步电动机的启动方法。 3. 正确说出三相异步电动机不同启动方法的适用范围	20
4. 三相异步电动机的调速	1. 正确说出三相异步电动机的调速方法。 2. 正确说出三相异步电动机不同调速方法的实现方式及适用范围	20
5. 三相异步电动机的制动	1. 正确说出三相异步电动机的制动方法。 2. 正确说出三相异步电动机不同制动方法的实现方式及适用范围	20
6. 三相异步电动机电力拖动控制电路设计举例	1. 正确设计三相异步电动机的正、反转控制电路。 2. 正确安装三相异步电动机的正、反转控制电路。 3. 正确调试三相异步电动机的正、反转控制电路	10

7.3.2 技能实战

一、应知部分

（1）什么是三相异步电动机的固有机械特性和人为机械特性？

（2）当三相异步电动机的电源电压，电源频率，定、转子的电阻和电抗发生变化时，对同步转速、临界转差率和启动转矩有何影响？

（3）异步电动机拖动额定负载运行时，若电网电压过高或过低，会产生什么后果？为什么？

（4）为什么三相异步电动机全压启动时的启动电流可达额定电流的 4~7 倍，而启动转矩仅为额定转矩的 0.8~1.2 倍？

（5）为什么异步电动机的功率因数总是滞后的？为什么负载过大和过小都使异步电动机功率因数降低？如果使用异步电动机时额定容量选择不当，会有何不良后果？

（6）一台笼式异步电动机，$\dfrac{T_{st}}{T_N} = 1.1$，如果用定子电路中串入电抗器启动，使电动机启动电压降到 $80\% U_N$。试问，当负载转矩为额定转矩的 85% 时，电动机能否启动？

（7）发电厂中输煤皮带使用异步电动机 $2p = 4$，$P_N = 37$ kW，$\dfrac{T_{st}}{T_N} = 2.2$，三角形接法。

现需带动负载转矩为 65% T_N 的输煤皮带启动，问采用星—三角形换接能否启动？

（8）一台笼式异步电动机，$P_N = 10$ kW，$n_N = 1\ 460$ r/min，Y 接法，$U_N = 380$ V，$\eta_N = 0.868$，$\cos\varphi_N = 0.88$，$\dfrac{T_{st}}{T_N} = 1.5$，$\dfrac{I_{st}}{I_N} = 6.5$，试求：

①额定电流；

②采用自耦变压器降压起动，使 $\dfrac{T_{st}}{T_N} = 0.8$，试确定所选的抽头（设三个抽头 100% U_N、80% U_N、60% U_N）；

③电网供给的启动电流。

（9）一台绕线式电动机，$P_N = 155$ kW，$I_N = 294$ A，$2p = 4$，$U_{1N} = 380$ V，Y 接法，$r_1 = r_2' = 0.012$ Ω，$x_1 = x_{20}' = 0.06$ Ω，$K_e = K_i = 1.1$，该电动机启动时，要求启动电流限制为 $3.5I_N$，试问：

①在转子回路中每相应接入多大电阻？

②启动转矩有多大？

（10）一台绕线式电动机，$2p = 4$，$f = 50$ Hz，$r_2' = 0.2$ Ω，$n_N = 1\ 475$ r/min，$K_e = K_i = 1.34$，若带恒转矩负载，要求把电动机转速下降到 1 200 r/min，转子每相绕组应串入多大的调速电阻？

（11）三相异步电动机拖动的负载越大，是否启动电流就越大？为什么？负载转矩的大小对电动机启动的影响表现在什么地方？

（12）三相笼型异步电动机在何种情况下可全压启动？绕线转子异步电动机是否也可进行全压启动？为什么？

（13）三相笼型异步电动机的几种降压启动方法各适用于什么情况？绕线转子异步电动机为何不采用降压启动？

（14）一台三相笼型异步电动机的铭牌上标明：定子绕组接法为 Y – △，额定电压为 380/220 V，则当三相交流电源为 380 V 时，能否进行 Y – △降压启动？为什么？

（15）绕线转子异步电动机串适当的启动电阻后，为什么既能减小启动电流，又能增大起动转矩？如把电阻改为电抗，其结果又将怎样？

（16）为什么说绕线转子异步电动机转子串频敏变阻器启动比串电阻启动效果更好？

（17）变极调速时，改变定子绕组的接线方式有何不同？其共同点是什么？

（18）为什么变极调速时需要同时改变电源相序？

（19）三相异步电动机有哪几种电磁制动方法？如何使电动运行状态的三相异步电动机转变到各种制动状态运行？

（20）三相绕线转子异步电动机反接制动时，为什么要在转子电路中串入比启动电阻还要大的电阻？

（21）三相异步电动机的各种电磁制动方法各有什么优、缺点？分别应用在什么场合？

（22）某三相异步电动机，其启动能力为 1.3，当电源电压下降 30%（即电源电压只有额定电压的 70%）时，电动机轴上的负载为额定负载的一半。问电动机能否启动起来？（通过计算说明）

（23）一台三相笼型异步电动机的数据为 $P_N = 40$ kW，$U_N = 380$ V，$n_N = 2\ 930$ r/min，$\eta_N = 0.9$，$\cos\varphi_N = 0.85$，$K_i = 5.5$，$K_{st} = 1.2$，定子绕组为三角形连接，供电变压器允许启动

电流为 150 A，能否在下列情况下用 Y – △ 降压启动？

①负载转矩为 $0.25T_N$；

②负载转矩为 $0.5T_N$。

二、应会部分

能根据给定要求设计三相异步电动机的控制电路。

学习情境 8　异步电动机的维护

8.1　学习目标

【知识目标】掌握三相异步电动机的常规维护方法；掌握三相异步电动机绕组故障种类及分析方法；掌握三相异步电动机运行中的常见故障种类及分析、处理方法；掌握三相异步电动机的基本检测方法。

【能力目标】能够监测三相异步电动机的运行状况；能够正确分析和处理三相异步电动机的绕组故障；能够正确分析和处理三相异步电动机运行中的常见故障；能够对三相异步电动机进行基本的检测；能够对异步电动机进行日常维护。

【素质目标】具有深厚的爱国情感和中华民族自豪感；具有良好的职业道德、职业素养、法律意识；崇德向善、诚实守信，爱岗敬业；尊重劳动、热爱劳动，具有较强的实践能力；良好的质量意识、环保意识、安全意识、工匠精神、创新精神；勇于奋斗、乐观向上，具有良好的身心素质。

【总任务】正确进行异步电动机的日常维护。

8.2　理论基础

8.2.1　三相异步电动机的常规维护

【学习任务】(1) 正确分析三相异步电动机的常规故障原因。

　　　　　　(2) 正确进行三相异步电动机的常规维护。

常规维护主要包括运行监视及现场异常的分析处理、基本装卸方法及常规维修技术。

1. 启动检查及运行维护

1）启动准备

对新安装或较长时间未使用的电动机，在启动前必须做认真检查，以确定电动机是否可以通电。

（1）安装检查。

要求电动机装配灵活、螺栓拧紧、轴承运行无阻、联轴器中心无偏移。

（2）绝缘电阻检查。

要求用兆欧表检查电动机的绝缘电阻，包括三相相间绝缘电阻和三相定子绕组对地绝缘电阻。

对于500 V以下的三相异步电动机，可用500～1 000 V兆欧表测量，其绝缘电阻不应小于0.5 MΩ。对于1 000 V以上的电动机，可用1 000～2 500 V兆欧表测量，定子每千伏不小于1 MΩ，绕线型电动机转子绕组绝缘电阻不小于0.5 MΩ。

（3）测量各相直流电阻。

对于40 kW以上的电动机，各相绕组的电阻值互差不超过2%。如果超过上述值，绕组可能出现问题（绕组断线、匝间短路、接线错误、线头接触不良），应查明原因并排除。

（4）电源检查。

一般要求电源波动电压不超过±10%，否则应改善电源电压后再投入。

（5）启动、保护措施检查。

要求启动设备接线正确，电动机所配熔丝的型号合适。

（6）清理电动机周围异物，准备好后方可合闸启动。

2）启动监视

（1）合闸后，若电动机不转，应迅速、果断地拉闸，以避免烧毁电动机。

（2）电动机启动后，应实时观察电动机状态，若有异常情况，应立即停机，待查明故障并排除后，才能重新合闸启动。

（3）笼型电动机采用全压启动时，次数不宜过于频繁，对于功率过大的电动机要随时注意电动机的温升。

（4）绕线型电动机启动前，应注意检查启动电阻，必须保证接入了电阻。接通电源后，随着启动，电动机转速增加，应逐步切除各级启动电阻。

（5）当多台电动机由同一台变压器供电时，尽量不要同时启动，在必须首先满足工艺启动顺序要求的情况下，最好是从大到小逐台启动。

3）运行监视

对于运行中的电动机应经常检查它的外壳有无裂纹、螺钉是否有脱落或松动、电动机有无异响或振动等。监视时，要特别注意电动机有无冒烟和异味出现，若嗅到焦煳味或看到冒烟，则必须立即停车检查处理。

对轴承部位，要注意它的温度和响度。若温度升高、响声异常，则表征缺油或磨损。

用联轴器传动的电动机，若联轴器与电动机中心校正不好，会在运行中发出响声，并伴随发生电动机振动和联轴器螺栓胶垫的磨损，必须停车重新校正中心线。用皮带传动的电动机，应注意皮带不能松动或打滑，但也不能因过紧而使电动机轴承过热。

发生以下严重故障时，应立即停车处理：

（1）人员触电事故；

（2）电动机冒烟；

（3）电动机剧烈振动；

（4）电动机轴承剧烈发热；

（5）电动机转速迅速下降，温度迅速升高。

2. 异步电动机的定期维修

异步电动机定期维修是消除故障隐患、防止故障发生的重要措施。电动机维修分为月维修和年维修，也称小修和大修。前者不用拆开电动机，后者需要将电动机全部拆开进行维修。

1）定期大修

三相异步电动机定期大修应结合负载机械的大修进行。大修时，拆开电动机后的检修项目包括：

（1）检查电动机各部件有无机械损伤，按损伤程度做出相应的修理方案。

（2）对拆开的电动机和启动设备进行清理，清除所有的油泥、污垢，清理过程中应注意观察绕组的绝缘状况，若绝缘呈现暗褐色，说明绝缘已老化，对这种绝缘要特别注意不要碰撞使它脱落，若发现脱落应进行修复和刷漆。

（3）拆下轴承，浸在柴油或汽油中清洗一遍，清洗后的轴承应转动灵活、不松动，若轴承表面粗糙，表明油脂不合格。若轴承表面发蓝，则表明已经退火，根据检查结果，对油脂或轴承进行更换，并消除故障原因（清除油中砂、铁屑等杂物；正确安装电动机等），轴承新安装时，加油应从一侧加入。油脂占轴承同容积的 1/3～2/3 即可。

（4）检查定、转子有无变形和磨损，若观察到有磨损处和发亮点，则说明可能存在定转子铁芯磨损，应使用锉刀或刮刀把亮点刮掉。

（5）用兆欧表测定子绕组有无短路与绝缘损坏，根据故障程度做相应处理。

（6）对各项检查修复后，对电动机进行装配。

（7）装配完毕的电动机应进行必要的测试，各项指标符合要求后即可启动试运行观察。

（8）各项运行记录都表明达到技术要求后，方可带负载投入使用。

2）定期小修

定期小修是对电动机的一般性清理与检查，应经常进行。其基本内容包括：

（1）清擦电动机外壳，除去运行中积累的污垢；

（2）测量电动机绝缘电阻，测量后应注意重新接好线，拧紧接线头螺钉；

（3）检查电动机与接地是否坚固；

（4）检查电动机盖、地角螺钉是否坚固；

（5）检查与负载机械之间的传动装置是否良好；

（6）拆下端盖，检查润滑介质是否变脏、干涸，应及时加油、换油；

（7）检查电动机的附属启动和保护设备是否完好。

【例题 8-1】 一台三相四极异步电动机，通电后不能启动。

解：检查诊断：经询问用户，该电动机在重新绕制后通电试机时，声音发闷，振动强烈，配电盘闪火，电动机不能启动。根据上述情况，可初步判断前维修人员在电动机接引出线时，首、尾标号出现错误，此时相当于其中的某一相的首尾接反，从而引发故障。

检测方式：如图 8-1 所示，将一相接于 36 V 交流电源，另外两相按原先首尾串联后接入低压灯泡上，如发现灯不亮，将串联的某一相绕组端子倒接后，测试灯亮，三相依次试验。

检测结果说明，灯不亮的一次测试中的串联相首尾接错，两相感应电动势相减，灯上的电压减小，所以灯不亮。倒接以后，感应电动势相加，灯上电压变大，故灯亮。

处理方法：将接错的相绕组首尾对调后，三相定子绕组

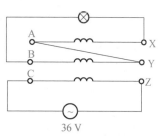

图 8-1 三相电动机首尾接错故障检测

故障分析及维修试验正确，接入三相交流电源，试机正常，故障排除。

8.2.2 三相异步电动机绕组故障及维护

【学习任务】（1）正确分析三相异步电动机绕组的故障原因。

（2）正确进行三相异步电动机绕组的常规维护。

三相异步电动机定子绕组是电动机工作的核心，它不但要产生工作的旋转磁场，还要负责提供能量交换过程中的交流电能，其性能、工作状态的变化都将影响电动机的工作。下面重点分析定子绕组的故障原因、诊断方法及处理。

1. 三相定子绕组接地故障分析及维修

1）三相异步电动机定子绕组接地原因

异步电动机定子绕组接地，是指绕组与铁芯或绕组与机壳的绝缘破坏而引起接地现象。绕组接地后，会使机壳带电，绕组发热，甚至引起绕组短路，使电动机无法正常运行。

绕组接地主要有以下几种原因造成：

（1）绕组受潮，长期备用的电动机常常由于受潮而使绝缘电阻值降低，甚至失去绝缘作用。

（2）绝缘老化，电动机使用过久或长期过载运行，使绕组绝缘长期受热焦脆，以致开裂、分层和脱落。

（3）绕组工艺缺陷或由于操作疏忽，使绕组绝缘擦伤破裂，导致导线与铁芯接触。

（4）铁芯硅钢片凸出，或有尖刺等损坏绕组绝缘。

（5）转子扫膛，即转子与定子相擦，使铁芯局部过热，烧毁槽楔和绝缘。

（6）绕组端部过长或线圈在槽内松动，绕组端部绑扎不良，使绝缘磨损或折断。

（7）引出线绝缘损坏，与机壳相碰。

（8）绕组绝缘因受雷击或电力系统过电压击穿而损坏等。

2）定子绕组接地检测

检查三相定子绕组接地故障，常用以下几种方法：

（1）观察法。

由于绕组接地故障经常发生在端部或铁芯及槽口部分，而且绝缘常有破裂和烧伤痕迹，所以当电动机拆开后，可先在这些地方寻找接地处。如果引出线和这些地方没有接地的迹象，则接地可能在槽里。

（2）兆欧表检查。

测量三相绕组对地的绝缘电阻。一般 6 kV 以上的电动机采用 2 500 V 的兆欧表，其他低压电动机选用 500 V 的兆欧表。检测步骤：将 Y 接法或 △ 接法的各相绕组连接拆开；兆欧表一端接机壳，另一端分别接绕组首尾端；以约 120 r/min 的转速摇动手柄，若指针指向零，表明绕组有接地故障。

（3）用万用表检查。

将三相绕组的连接线拆开，万用表置于"R×10 k"量程上，测试棒一根与绕组的一端相接，另一根与机壳相接，若测出的电阻很小或为零，则表明该相绕组的引线有接地故障；反之则表明无接地故障。

（4）试验灯测验。

将电动机的端盖拆开，抽出转子，拆除连接片。用测试灯的一端接机壳上，相线上串接一个 220 V、100 W 的灯泡，分别与每一相的引出线相接，若灯泡发亮，表明该相绕组无接地故障。若接触某一相后，灯灭了，则表明该相绕组存在接地故障。为了继续找到该相接地具体位置，可将试验灯相线与故障相绕组固定相接，而将另一端与机壳断续碰接，这样在故障点的铁芯及槽口可能发生火花或冒烟，表明该处正是接地点；若测试灯暗红，则表明绕组受潮，绝缘等级降低。

采用此法时，要特别注意安全，操作人员必须穿绝缘靴、戴绝缘手套，人体不要接触铁芯。试验检测完后要立即拆除电源。

3）定子绕组接地的一般处理

只要绕组接地故障程度较轻，又便于查找和修理时，都可进行局部修理。接地点在槽口的一般处理步骤如下：

（1）在接地的绕组中通入低压电流加热，在绝缘软化后打出槽楔。

（2）用划线板把槽口的接地点撬开，使导线与铁芯之间产生间隙，再将与电动机绝缘材料相同的绝缘材料（E 级电动机可用 0.3 mm 厚的环氧酚醛玻璃布板 3240，B 级电动机可以用天然支母板等）剪成适当尺寸，插入接地处的导线与铁芯之间，用小锤轻轻打入。

（3）在接地位置垫放绝缘后，再将绝缘纸对折起来，最后打入槽楔。

8.2.3 三相异步电动机运行中的常见故障分析与处理

【学习任务】（1）正确分析三相异步电动机运行故障的原因。

（2）正确进行三相异步电动机运行的常规维护。

三相异步电动机的运行故障可分为两大类，即电气故障与机械故障。一旦运行出现异常，则应根据故障现象分析原因作出检测诊断，找出故障，制定维修方案，组织故障处理。

1. 电动机不能启动

理论基础：电动机的启动必须有启动转矩，而且启动转矩要大于启动时的负载总转矩，才能产生足够的加速度，电动机方可正常启动。无论是何种原因造成电动机启动转矩、负载总转矩的异常，都将使启动异常。电动机不能启动的故障原因与处理方法见表 8-1。

表 8-1 三相异步电动机不能起动的故障原因与处理方法

故障原因	处理方法
1. 三相供电线路断路； 2. 定子绕组中有一相或两相断路； 3. 开关或启动装置的触点接触不良； 4. 电源电压过低； 5. 负载过大或传动机械有故障； 6. 轴承过度磨损，转轴弯曲，定子铁芯松动； 7. 定子绕组重新绕制后短路； 8. 定子绕组接法与规定不合	1. 检测供电回路的开关、熔断器，恢复供电； 2. 测量三相绕组电压，若不对称，则确定断路点，修复断路相； 3. 三相电压过低，则应分析原因，判断是否有接线错误；若是由于供电绝缘线太细造成的电压降过大，则应更换粗线； 4. 减轻启动负载； 5. 检查传动部位有无堵塞阻碍，若有，应排除； 6. 若有短路迹象，应检测出短路点，做绝缘处理或更换绕组

2. 温升过高或冒烟

理论基础：电动机温升超过正常值，主要是由于电流增大，各种损耗增加，与散热失去平衡，温度过高时，将使绝缘材料燃烧冒烟。电动机温升过高或冒烟的故障原因与处理方法见表8-2。

表8-2　三相异步电动机温升过高或冒烟的故障原因与处理方法

故障原因	处理方法
1. 电源电压过高或过低； 2. 电动机过载； 3. 电动机的通风不畅或积尘太多； 4. 环境温度过高； 5. 定子绕组有短路或断路故障； 6. 定子缺相运行； 7. 定、转子摩擦，轴承摩擦等引起气隙不均匀； 8. 电动机受潮或浸漆后烘干不够； 9. 铁芯硅钢片间的绝缘损坏，使铁芯涡流增大，损耗增大	1. 检查电源电压值，检查是否将三角形接法的电动机与星形接法的电动机接反，反之亦然； 2. 对于过载原因引起的温升，应降低负载或更换容量较大的电动机； 3. 检查风扇是否脱落，改善散热条件； 4. 采取降温措施，避免阳光直晒或更换绕组； 5. 检查三相熔断器的熔丝有无熔断及启动装置的三相触点是否接触良好，排除故障或更换； 6. 检查定子绕组的断路点，进行局部修复或更换绕组； 7. 更换磨损的轴承； 8. 校正转子轴； 9. 检查绕组的受潮情况，必要时进行烘干处理

3. 负载运行转速低于额定值

理论基础：在额定负载时的运行转速低于标定额定转速，说明电动机在此时并没有运行在固有特性曲线上，输出的功率低于额定功率。三相异步电动机负载运行转速低于额定值的故障原因与处理方法见表8-3。

8.2.4　三相异步电动机的基本检测

【学习任务】正确进行三相异步电动机的常规检测。

三相异步电动机的基本检测是电工维护技术人员必须具备的基本技能。

表8-3　三相异步电动机负载运行转速低于额定值的故障原因与处理方法

故障原因	处理方法
1. 电源电压过低（低于额定电压）； 2. 三角形接法的电动机误接成了星形； 3. 笼型电动机笼条断裂或脱焊； 4. 绕线型电动机的集电环与电刷接触不良，从而使接触电阻增大损耗增大，输出功率减小； 5. 电源缺相； 6. 定子绕组的并联支路或并联导体断路； 7. 绕线型电动机转子回路串电阻过大； 8. 机械损耗增加，从而使总负载转矩增大	1. 检测接线方式，纠正接线错误； 2. 采用焊接法或冷接法修补笼型电动机的转子断条； 3. 对于有转子绕组短路或断路的，应检测修复或更换绕组； 4. 调整电刷压力，用细砂布磨好电刷与集电环的接触面； 5. 对于由于熔断器断路出现的断相运行，应更换熔断器熔丝； 6. 对于机械损耗过大的电动机，应检查损耗原因，处理故障； 7. 减轻负载； 8. 适当减小转子回路串接的变阻器阻值

1. 三相异步电动机首尾端测定

在维修电动机时，常常会遇到线端标记已丢失或标记模糊不清，从而无法辨识的情况。为了正确接线，就必须重新确定定子绕组的首、尾端，常用的方法有直流法、交流法与灯泡检测法。

1）直流法

按图 8-2（a）接线，先任意指定某一相绕组的始端为 A、末端为 X，A 端接直流电源"＋"极、X 端接"－"极。C 相绕组接毫安表。合上开关 QS 时，毫安表正指，则毫安表"－"端所接的出线端 C 为首端；毫安表反指，则毫安表"－"端所连接的为尾端。反之，拉开 QS 开关时，毫安表反指，则毫安表"－"端接的是首端。用同样的方法可以判断 B 相绕组的首、尾端。这是由于三相绕组在定子上是对称布置的，如图 8-2（b）所示，根据楞次定律，A 相电流变化，引起磁场变化，而另外两相感应电流产生的附加磁场总是要阻碍原磁场的变化，即可确定各绕组的首、尾端。

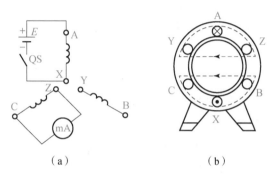

图 8-2　直流法测定定子绕组首尾端

（a）测量接线图；（b）磁场示意图

2）交流法

首先任意指定某一相绕组的始端 A 和末端 X，然后将这一相和另一相 B 绕组串联，接上交流电源 u（60 V），并测量 C 相绕组的电压，若测定电压接近零，则两相是首—首或尾—尾连接，如图 8-3 所示，说明合成磁场并不穿过 C 相绕组。

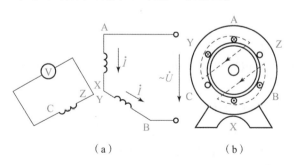

图 8-3　尾—尾相接

（a）电压表读数为零；（b）C 相绕组无磁场交链

若测定电压读数接近电源电压，说明串联两相属于首—尾相连，如图 8-4 所示，说明合成磁场与 C 相交链。

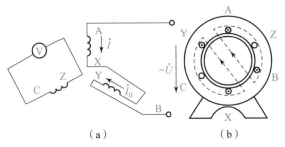

图 8 - 4　首—尾相接

（a）电压表读数接近电源值；（b）磁场与 C 相绕组交链

用同样的方法也可以判断 C 相的首、尾端。

3）灯泡法检测

先用兆欧表判定三相的端子，再将任意两相（如 U、V）串联到 220 V 交流电源上并在第三相（W）两端接上 36 V 灯泡。如果灯亮，表示 U 相末端与 V 相首端相连接，如图 8 - 5（a）所示；如果灯不亮，表示 U 相末端与 V 相末端相连接，如图 8 - 5（b）所示。若用同样的办法，则可以确定 W 相的首、尾。

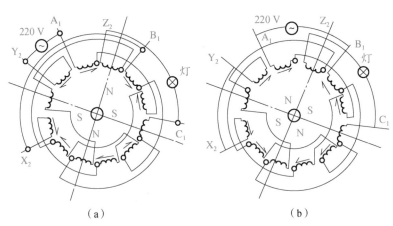

图 8 - 5　确定三相绕组首、尾

（a）尾—首相连，灯亮；（b）尾—尾相连，灯不亮

2. 基本测试项目及要求

为了保证检修质量，三相异步电动机检修后可参考 GB/T 755—1987 进行相关项目的测试。

1）测量绕组的绝缘电阻和吸收比

测量要求：额定电压在 1 000 V 以下的电动机，常温下绝缘电阻不低于 0. 5 MΩ；额定电压在 1 000 V 以上的电动机，常温下绝缘电阻不低于 1 MΩ；转子绕组不应低于 0. 5 MΩ。

测量说明：容量为 500 kW 以上的电动机应测量吸收比。1 000 V 以下的电动机使用 1 000 V 兆欧表；1 000 V 以上的电动机使用 2 500 V 兆欧表。

2）测量绕组的直流电阻

测量要求：1 000 V 以上或 100 kW 以上的电动机，各相绕组直流电阻互差不应超过 2%，并要注意相间差别的历年相对变化，变化过大则说明绝缘老化加快。

测量说明：对于中性点无抽头不能测量各相绕组的直流电阻，可测量线间电阻，1 000 V 以上或 100 kW 以上的电动机直流电阻的差别不应超过 1%。

3）直流耐压试验

测量要求：1 000 V 以上且容量在 500 kW 以上的电动机，要做定子绕组直流耐压试验。其试验电压的标准为：对于全更换后绕组，应为 3.0 倍额定电压；对于局部更换后绕组，应为 2.5 倍额定电压；对于小修后绕组，应为 2.0 倍额定电压。

4）定子绕组交流耐压试验

测量要求：额定电压在 0.4 kV 以下的电动机，试验电压为 1 kV；额定电压在 0.5 kV 以下的电动机，试验电压为 1.5 kV；额定电压在 2 kV 以下的电动机，试验电压为 4 kV；额定电压在 3 kV 以下的电动机，试验电压为 5 kV；额定电压在 6 kV 以下的电动机，试验电压为 10 kV；额定电压在 10 kV 以下的电动机，试验电压为 16 kV。

测量说明：大修中不更换定子绕组和局部更换绕组后，一般取 1.5 倍额定电压，但不低于 1 000 V；全部更换定子绕组后，试验电压 = 2.0 倍额定电压 + 1 000 V，但不应低于 1 500 V。

5）绕线型电动机转子绕组耐压试验

测量要求：局部更换转子绕组后，对于不可逆运行电动机，选取试验电压值为 1.5 倍 U_k，但不小于 1 000 V；对于可逆运行电动机，选取试验电压为 3.0 倍 U_k，但不小于 2 000 V。对于转子绕组全部更换后，试验电压取值标准：对于不可逆运行电动机，试验电压 = $2U_k + 1 000$ V；对于可逆运行电动机，试验电压 = $4U_k + 1 000$ V。

测量说明：U_k 为转子开路并静止，在定子绕组上加额定电压时于集电环上测得的转子绕组电压。

6）定子绕组极性（首、尾）的确定（前面已叙述）

7）测定电动机的振动

测量要求：同步速度为 3 000 r/min，振动值为 0.06 mm；同步速度为 1 500 r/min，振动值为 0.10 mm；同步速度为 1 000 r/min，振动值为 0.13 mm；同步速度为 750 r/min 以下，振动值为 0.16 mm。

8）空载试验（前面已叙述），确定励磁阻抗值

9）短路试验（前面已叙述），确定短路阻抗值

【例题 8-2】 JO61-8 型 7.5 kW 电动机，工作时机壳带电，温升快，无法正常运行。

解：检查诊断：该电动机与小型提升绞车配用。长期过载运行，很可能导致绝缘性能降低，从而引起接地故障。

检测方法：拆开各相绕组连线端子，用 500 V 兆欧表测绕组与机壳的绝缘电阻，观察指针接近于 "0" 位，说明该相绕组存在接地故障。经仔细检查，发现当兆欧表摇动时线圈伸出槽口位置有微弱放电闪烁，并伴有 "吱吱" 声，由此可判断该处为接地点。

处理方法：该点接地不严重，故可用增加绝缘的方法进行修复，具体做法如下：

（1）用电烙铁对接地线圈加热软化；

（2）在接地线圈与铁芯之间插入绝缘材料；

（3）在接地点涂上绝缘漆，并用耐温等级相同的漆绸带包扎好；

（4）涂上绝缘漆干燥后，装机试验，故障排除。

8.3 技 能 培 养

8.3.1 技能评价要点

异步电动机的维护学习情境技能评价要点见表 8 - 4。

表 8 - 4 异步电动机的维护学习情境技能评价要点

章节	技能评价要点	权重/%
1. 三相异步电动机的常规维护	1. 正确分析三相异步电动机的常规故障原因。 2. 正确进行三相异步电动机的常规维护	25
2. 三相异步电动机绕组故障及维护	1. 正确分析三相异步电动机绕组的故障原因。 2. 正确进行三相异步电动机绕组的常规维护	25
3. 三相异步电动机运行中的常见故障分析与处理	1. 正确分析三相异步电动机运行故障的原因。 2. 正确进行三相异步电动机运行的常规维护	25
4. 三相异步电动机的基本检测	正确进行三相异步电动机的常规检测	25

8.3.2 技能实战

一、应知部分

（1）三相异步电动机的常规检查项目有哪些？

（2）三相异步电动机的定期检修项目有哪些？

（3）三相异步电动机绕组的故障有哪些？

（4）三相异步电动机运行中有哪些故障？有哪些不正常运行状态？

（5）三相异步电动机的基本检测方法有哪些？

二、应会部分

（1）能对三相异步电动机进行常规维护。

（2）能正确处理三相异步电动机绕组故障。

（3）能正确处理三相异步电动机运行中的常见故障。

（4）能正确运用三相异步电动机基本检测方法。

模块三

直流电机

直流电机是指能将直流电能转换成机械能（直流电动机）或将机械能转换成直流电能（直流发电机）的旋转电机。它能实现直流电能和机械能的互相转换。

直流电机广泛应用于各种便携式的电子设备或器具中，如录音机、VCD机、电唱机、电动按摩器及各种玩具，也广泛应用于汽车、摩托车、电动自行车、蓄电池车、船舶、航空、机械等行业，在一些高精尖产品中也有广泛应用，如录像机、复印机、照相机、手机、精密机床、银行点钞机、捆钞机等。计算机行业中的打印机、扫描仪、硬盘驱动器、光盘驱动器、刻录机、冷却风扇等都要用到大量的直流电机。

汽车行业中的各种风扇、刮水器、喷水泵、熄火器、反视镜、打气泵更是用到各种直流电机。宾馆中的自动门、自动门锁、自动窗帘、自动给水系统、柔巾机等都用到直流电机。在武器装备中，直流电机广泛应用于导弹、火炮、人造卫星、宇宙飞船、舰艇、飞机、坦克、火箭、雷达、战车等。

在工农业方面，直流电机也广泛用于电气和自动化控制及仪器仪表中。在医用方面，直流电机用处更不小，如医用的各种仪器、手术工具，如开脑手术中的电动锯骨刀，特别是野外手术中的各种仪器基本上都是用的直流电机。在残疾人用品方面，如机械手、残疾车等都用到直流电机。在生活方面，用处更多，现在连牙刷也用直流电机做成电动牙刷了。直流电机的应用真是举不胜举，可以说是无处不在。

随着时代的发展，直流电机的应用会更多。特别是出现永磁无刷电机后，永磁直流电机的生产数量在不断地上升。我国每年生产的各种永磁直流电机超过数十亿台，生产永磁直流电机的厂家不计其数。

学习情境 9　直流电机的选用

9.1　学习目标

【知识目标】掌握直流电机的原理与结构；了解直流电机的电枢绕组；理解直流电机磁场、感应电动势与转矩的概念；掌握直流电机的选用方法。

【能力目标】能够正确分析直流电机的原理；能够正确识别直流电机的结构；能够进行直流电机电枢绕组的绕制；能够正确分析直流电机的磁场、感应电动势与转矩；能够根据应用场合正确选用直流电机。

【素质目标】具有深厚的爱国情感和中华民族自豪感；具有良好的职业道德、职业素养、法律意识；崇德向善、诚实守信，爱岗敬业；尊重劳动、热爱劳动，具有较强的实践能力；良好的质量意识、环保意识、安全意识、工匠精神、创新精神；勇于奋斗、乐观向上，具有良好的身心素质。

【总任务】根据应用场合选择合适的直流电机。

9.2　理论基础

任务手册9：
直流电机的选用

微课9.1：
直流电机的原理

9.2.1　直流电机的原理与结构

【学习任务】（1）正确说出直流电机的基本结构。

（2）正确理解直流电机的基本工作原理。

（3）正确认识直流电机的功能及应用场合。

直流电机是一种将直流电能和机械能相互转化的旋转电机，直流电机既可用作发电机将机械能转换为直流电能，又可用作电动机将直流电能转换为机械能。直流发电机具有电压波形好、过载能力大的特点，常用于发电厂同步发电机的励磁，由于可控硅技术的发展，直流励磁机有逐步被替代的趋势；而直流电动机具有良好的启动性能和调速性能，被广泛用于某些工业部门。但是直流电机存在电流换向的问题，因而结构复杂，造价高，运行维护困难。

1. 直流电机的结构

直流电机主要由静止的定子和旋转的转子两大部分组成。定子与转子之间有空隙称为气隙。定子部分包括机座、主磁极、换向极、端盖、电刷等装置；转子部分包括电枢铁芯、电枢绕组、换向器、转轴、风扇等部件。

下面介绍直流电机主要部件的作用与基本结构，如图9-1所示。

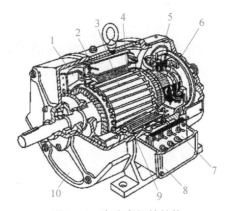

图9-1　直流电机的结构

1—风扇；2—机座；3—电枢；4—主磁极；5—刷架；
6—换向器；7—接线板；8—出线盒；9—换向极；10—端盖

1）定子部分

（1）机座。

作用：固定主磁极、换向极、端盖等，机座还是磁路的一部分，用以通过磁通的部分称为磁轭。

材料：铸钢或厚钢板焊接而成，具有良好的导磁性能和机械强度。

（2）主磁极。

作用：产生气隙磁场。

组成：如图9-2所示，主磁极包括铁芯和励磁绕组两部分。主磁极铁芯柱体部分称为极身，靠近气隙一端较宽的部分称为极靴，极靴做成圆弧形，使气隙磁通均匀，极身上套有产生磁通的励磁绕组。

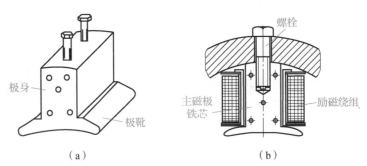

图9-2　直流电机的主磁极

（a）主磁极结构图；（b）主磁极刨面图

材料：主磁极铁芯一般由1.0~1.5 mm厚的低碳钢板冲片叠压铆接而成。

（3）换向极。

作用：改善换向。

组成：如图9-3所示，有铁芯和绕组。

材料：铁芯用整块钢制成，如要求较高，则用1.0～1.5 mm厚的钢板叠压而成；绕组用粗铜线绕制，流过的是电枢电流。

安装位置：在相邻两主磁极正中间。

（4）电刷装置。

作用：既起连接内外电路的作用，又起交流、直流变换的作用。

组成：电刷、刷握、刷杆、刷杆架、弹簧、铜辫构成，如图9－4所示。一般情况下，电刷组的个数等于主磁极的个数。

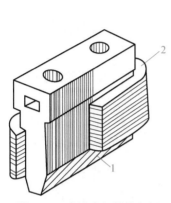

图9－3　直流电机的换向极

1—换向极铁芯；2—换向极绕组

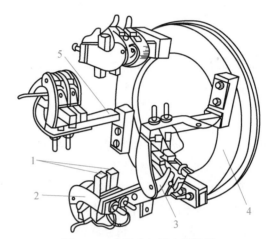

图9－4　直流电机的电刷装置

1—电刷；2—刷握；3—弹簧压板；4—座圈；5—刷杆

2）转子部分

（1）电枢铁芯。

作用：磁路的一部分。

结构：如图9－5所示，用0.5 mm厚、两边涂有绝缘漆的硅钢片冲片叠压而成。其外圆周开槽，用来嵌放电枢绕组。

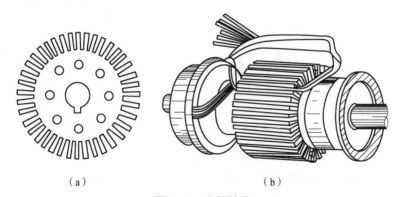

（a）　　　　　　　　　　　（b）

图9－5　电枢铁芯

（a）电枢铁芯剖面图；（b）电枢铁芯结构图

（2）电枢绕组。

作用：产生感应电动势、通过电枢电流，它是电机实现机电能量转换的关键。

组成：绝缘导线绕成的线圈（或称元件），按一定规律连接而成。

（3）换向器。

作用：使绕组中电流换向。

组成：如图9-6所示，多个压在一起的梯形铜片构成的一个圆筒，片与片之间用一层薄云母绝缘，电枢绕组各元件的始端和末端与换向片按一定规律连接。换向器与转轴固定在一起。

2. 直流电机工作原理

1）直流电动机的工作原理

直流电动机是根据通电导体在磁场中受力而运动的原理制成的。根据电磁力定律可知，通电导体在磁场中要受到电磁力的作用。

电磁力的方向用左手定则来判定，左手定则规定：将左手伸平，使拇指与其余四指垂直，并使磁力线的方向指向掌心，四指指向电流的方向，则拇指所指的方向就是电磁力的方向。

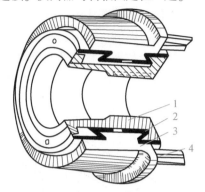

图9-6　换向器

1—V形套筒；2—云母片；

3—换向片；4—连接片

如图9-7（a）所示，导体 ab 在 N 极下，电流方向由 a 到 b，根据左手定则可知导体 ab 受力方向向左；导体 cd 在 S 极下，电流方向由 c 到 d，因此导体 cd 的受力方向向右。两个电磁力所产生的电磁转矩使电枢按逆时针方向旋转。当转子旋转180°，转到如图9-7（b）所示的位置时，导体 ab 转到 S 极下，电流方向由 b 到 a，导体的受力方向向右；而导体 cd 在 N 极下，电流方向由 d 到 c，导体的受力方向向左，故电枢仍按逆时针方向旋转。

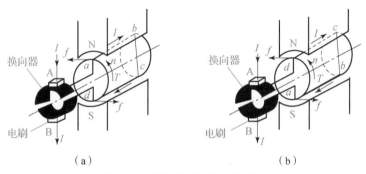

（a）　　　　　　　　　　　　　　　（b）

图9-7　直流电动机的工作原理

（a）导体 ab 与 cd 分别处在 N 极和 S 极下时；（b）导体 cd 与 ab 分别处在 N 极和 S 极下时

由此可知，通过换向器的作用与电源负极相连的电刷 B 始终和 S 极下导体相连，故 S 极下导体中电流方向恒为流出；而与电源正极相连的电刷 A 始终和 N 极下导体相连，故 N 极下导体中电流方向恒为流入。当导体 ab 与 cd 不断交替出现在 N 极和 S 极下时，两导体所受电磁力矩始终为逆时针方向，因而使电枢按一定方向旋转。

直流电动机是把直流电能转变为机械能的设备。它有以下几方面的优点：

（1）调速范围广，且易于平滑调节；

（2）过载能力强，启动、制动转矩大；

（3）易于控制，可靠性高。

直流电动机调速时的能量损耗较小，所以在调速要求高的场所，如轧钢车、电车、电气铁道牵引、高炉送料、造纸、纺织拖动、吊车、挖掘机械、卷扬机拖动等方面，直流电动机均得到了广泛的应用。

2）直流发电机的工作原理

直流发电机是根据导体在磁场中做切割磁力线运动，从而在导体中产生感应电动势的电磁感应原理制成的。为获得直流电动势输出，就要把电枢绕组先连接到换向器上，再通过电刷输给负载，其工作原理如图9-8所示。

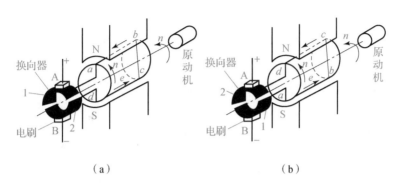

（a）   （b）

图9-8 直流发电机的工作原理

（a）导体 ab 与 cd 分别处在 N 极和 S 极下时；（b）导体 cd 与 ab 分别处在 N 极和 S 极下时

1，2—换向片

定子上的主磁极 N 和 S 可以是永久磁铁，也可以是电磁铁。嵌在转子铁芯槽中的某一个元件 abcd 位于一对主磁极之间，元件的两个端点 a 和 d 分别接到换向片 1 和 2 上，换向片表面分别放置固定不动的电刷 A 和 B，而换向片随同元件同步旋转，由电刷、换向片把元件 abcd 与外负载连接成电路。

当转子在原动机的拖动下按逆时针方向恒速旋转时，元件 abcd 中将有感应电势产生。在如图9-8（a）所示时刻，导体 ab 处在 N 极下面，根据右手定则判断其感应电势方向由 b 到 a；导体 cd 处在 S 极下面，其感应电势方向由 d 到 c。元件中的电动势方向为 d-c-b-a，此刻 a 点通过换向片 1 与电刷 A 接触，d 点通过换向片 2 与电刷 B 接触，则电刷 A 呈正电位，电刷 B 呈负电位，流向负载的电流是由电刷 A 指向电刷 B。

当转子旋转180°到如图9-8（b）所示时刻时，导体 cd 处在 N 极下面，根据右手定则判断其感应电势方向由 c 到 d；导体 ab 处在 S 极下面，其感应电势方向由 a 到 b。元件中的电势方向为 a-b-c-d，与图9-8（a）所示的时刻恰好相反，但此刻 d 点通过换向片 2 与电刷 A 相接触，a 点通过换向片 1 与电刷 B 相接触，从两电刷间看电刷 A 仍呈正电位，电刷 B 仍呈负电位，流向负载的电流仍是由电刷 A 指向电刷 B。可以看出，当转子旋转360°经过一对磁极后，元件中电动势将变化一个周期，转子连续旋转时，元件中产生的是交变电动势，而电刷 A 和电刷 B 之间的电动势方向却保持不变。

由以上分析可以看出，由于换向器的作用，使处在 N 极下面的导体永远与电刷 A 相接触，处在 S 极下面的导体永远与电刷 B 相接触，使电刷 A 总是呈正电位，电刷 B 总是呈负电位，从而获得直流输出电动势。

一个线圈产生的电动势波形如图9-9（a）所示，这是一个脉动的直流，不能作直流电源使用。实际应用的直流发电机是由很多个元件和相同个数的换向片组成电枢绕组的，这样可以在很大程度上减少其脉动幅值，可以看作是恒稳直流电源，如图9-9（b）所示。经验表明：一对磁极范围内电枢绕组匝数不低于8匝即可得到近似恒稳的直流电压。

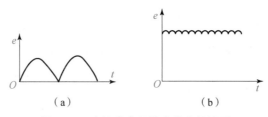

图 9－9　直流发电机输出的电势波形

（a）单匝线圈电刷间输出电势；（b）多匝线圈电刷间输出电势

从以上分析可以看出：一台直流电机原则上既可以作为电动机运行，也可以作为发电机运行。将直流电源加于电刷输入直流电流，电机能将直流电能转换为机械能；如用原动机拖动直流电机的电枢旋转，输入机械能，电机能将机械能转换为直流电能而从电刷输出。同一台电机既能作电动机运行又能作发电机运行的原理，称为电机的可逆原理。

从直流电机的工作原理分析还可知：无论是发电机还是电动机，其绕组内的感应电动势和电枢电流都是交流，而正、负电刷的极性却是固定的，即通过电刷输出的（发电机）或输入的（电动机）都是直流。电刷和换向片起着机械整流的作用，可将电刷外部的直流变成电枢绕组内的交流（电动机）或将内部的交流变成电刷外部的直流（发电机）。

3. 直流电机铭牌

电机制造厂在每台电机机座的显著位置上都钉有一块金属标牌，这块标牌称为铭牌。铭牌上标明的各物理量的数值是电机制造厂根据国家有关标准的要求规定的，称为额定值。如果电机运行时的全部电量和机械量都等于额定值，就称为电机的"额定运行"。

铭牌数据主要包括电机型号、额定功率、额定电压、额定电流、额定转速和励磁电流及励磁方式等，此外还有电机的出厂数据，如出厂编号、出厂日期等。

1）型号

直流电机的型号一般采用大写印刷体的汉语拼音字母和阿拉伯数字表示。

$$\boxed{1}\ \boxed{2}-\boxed{3}\ \boxed{4}$$

1——用大写的拼音表示产品代号；

2——用阿拉伯数字表示设计序号；

3——用阿拉伯数字表示机座代号；

4——用阿拉伯数字表示电枢铁芯长度代号。

比如 Z2—92，Z 表示一般用途直流电机；2 表示设计序号，第二次改型设计；9 表示机座代号；2 表示电枢铁芯长度代号。

国产的直流电机种类很多，下面列一些常见的产品系列。

Z2 系列——一般用于中、小型直流电机，如 Z2，Z3，Z4 等系列，包括发电机和电动机；

Z 和 ZF 系列——一般用于大、中型直流电机系列，Z 是直流电动机系列，ZF 是直流发电机系列；

ZT 系列——用于恒功率且调速范围比较大的拖动系统中的调速直流电动机；

ZQ 系列——用于电力机车、工矿电机车和蓄电池供电电车的直流牵引电动机；

ZH 系列——船舶上各种辅助机械用的船用直流电动机；

ZA 系列——用于矿井和有易爆气体场所的防爆安全型直流电动机；

ZU 系列——用于龙门刨床的直流电动机；

ZKJ 系列——用于冶金、矿山挖掘机用的直流电动机。

2）额定值

电机铭牌上所标的数据为额定数据，具体含义如下：

（1）额定功率 P_N：电机在额定状态下运行时发电机向负载输出的电功率或电动机轴上输出的机械功率，单位 kW。它等于额定电压和电流的乘积再乘上电动机的效率，即

$$P_N = \eta_N U_N I_N（直流电动机）$$
$$P_N = U_N I_N（直流发电机）$$

（2）额定电压 U_N：电机在额定运行状态下，发电机供给负载的端电压或加在电动机两端的直流电源电压，单位 V。

（3）额定电流 I_N：发电机带额定负载时的输出电流或电动机轴上带额定机械负载时的输入电流，单位 A。

（4）额定转速 n_N：在额定电压、额定电流和额定输出功率的情况下的旋转速（r/min）。

（5）励磁方式：主磁极励磁绕组供电的方式以及它与电枢绕组的连接方式。

实际运行中，电机不可能总是运行在额定状态。如果电机的电流小于额定电流，则称为欠载运行；超过额定电流，则称为过载运行。长期过载，有可能因过热而损坏电机；长期欠载，运行效率不高，浪费能量。为此，在选择电机时，应根据负载要求，尽量让电机工作在额定状态。

【例题 9–1】　一台直流电动机，其额定功率为 $P_N = 160$ kW，额定电压为 $U_N = 220$ V，额定效率为 $\eta_N = 90\%$，额定转速为 $n_N = 1\,500$ r/min，求该电动机的额定输入功率、额定电流及额定输出转矩各是多少？

解： 额定输入功率：

$$P_1 = \frac{P_N}{\eta_N} = \frac{160}{0.9} = 177.8（kW）$$

额定电流：

$$I_N = \frac{P_1}{U_N} = \frac{177.8 \times 10^3}{220} = 808.1（A）$$

额定输出转矩：

$$T_N = 9.55\frac{P_N}{n_N} = 9.55 \times \frac{160 \times 10^3}{1\,500} = 1\,018.7（N \cdot m）$$

自测题

一、填空题

1. 根据直流电机用途的不同，可以把直流电机分为两类，一类是进行能量传递和转换的，称为_____电机；另外一类是进行信号传递和转换的，称为_____电机，包括步进电机、伺服电机等。

答案9.1

2. 直流电动机将_____能转换为_____能；直流发电机将_____能转换为_____能。

3. 直流电机的可逆性是指_____。

4. 电刷和换向器在直流电动机中的作用为将电刷间的_____变为绕组中交变的电流；在直流发电机中的作用为将绕组中交变的电流变成电刷间的_____输出。

5. 额定功率对直流电动机来说，指的是_____功率。

二、选择题

1. 在直流电动机中，电动机的输入功率等于（　　）。

A. 电磁功率　　　B. 输出的机械功率　　　C. $U_a I_a$　　　D. 机械源动装置输入的机械功率

2. 在直流发电机中，发电机的输入功率等于（　　）。

A. 电磁功率　　　　　　　　　　　B. 输出的机械功率

C. 机械源动装置输入的机械功率　　　D. $U_a I_a$

3. 直流电动机额定值之间的关系表达式为（　　）。

A. $P_N = U_N I_N$　　　B. $P_N = \sqrt{3} U_N I_N$　　　C. $P_N = \sqrt{3} U_N I_N \eta_N$　　　D. $P_N = U_N I_N \eta_N$

4. 一台直流发电机，额定功率为 22 kW，额定电压为 230 V，额定电流是（　　）A。

A. 100　　　　　B. 95.6　　　　　C. 94.6　　　　　D. 200

5. 直流发电机电枢导体中的电流是（　　）。

A. 直流电　　　B. 交流电　　　C. 脉动的直流　　　D. 都不正确

三、判断题

1. 直流电机电枢元件中的电动势和电流都是直流的。　　　　　　　　　　（　　）

2. 直流电机的换向极主要用于改善电机的换向。　　　　　　　　　　　　（　　）

3. 直流电机的电枢由励磁绕组、电枢绕组、换向器和风扇等组成。　　　　（　　）

4. 电机转轴的作用是产生电磁转矩。　　　　　　　　　　　　　　　　　（　　）

5. 一台直流电机可以运行在发电机状态，也可以运行在电动机状态。　　　（　　）

四、分析计算题

1. 试叙述直流发电机的工作原理。

2. 试叙述直流电动机的工作原理。

9.2.2 直流电机的电枢绕组

【学习任务】（1）正确说出电枢绕组的常用术语。

　　　　　　　（2）正确认识电枢绕组的基本规范。

　　　　　　　（3）正确说出单叠绕组与单波绕组的特点和区别。

微课 9.2：
电机的电枢绕组

电枢绕组是直流电机的核心部分。电枢绕组放置在电机的转子上，当转子在电机磁场中转动时，不论是电动机还是发电机，绕组均产生感应电动势。当转子中通有电流时将产生电枢磁动势，该磁动势与电机气隙磁场相互作用产生电磁转矩，从而实现机电能量的相互转换。

1. 电枢绕组的常用术语

电枢绕组是由多个形状相同的绕组元件，按照一定的规律连接起来的。根据连接规律的不同，绕组可分为单叠绕组、单波绕组、复叠绕组、复波绕组及混合绕组等几种形式。下面介绍绕组中的常用术语。

（1）元件：构成绕组的线圈称为绕组的元件，元件分为单匝和多匝两种。

（2）元件的首、末端：每一个元件不管是单匝还是多匝，均引出两根线与换向片相连，其中一根称为首端，另一根称为末端。

（3）叠绕组：是指相串联的后一个元件端接部分紧叠在前一个元件端接部分的上面，整个绕组呈折叠式前进。

（4）波绕组：是指相串联的两个元件呈波浪式的前进。

（5）节距：是指被连接的两个元件边或换向片之间的距离，节距用跨过的元件边数或换向片数表示。

2. 电枢绕组的基本规范

对电枢绕组的基本要求是：一方面能够产生足够大的电动势，通过一定大小的电流，产生足够的转矩；另一方面要尽可能节约材料，且结构简单。

绕组是由元件构成的，而元件由两条元件边和端接线组成。元件边放在槽内，能切割磁力线产生感应电动势，称为"有效边"；端接线放在槽外，不切割磁力线，仅作为连接线使用。为了便于嵌线，每个元件的一个边放在某一个槽的上层，称为上层边；另一个边则放在另一个槽的下层，称为下层边，如图 9-10 所示。绘图时，为了表达清晰，将上层边用实线表示，下层边用虚线表示。

1）实槽与虚槽

电机电枢上实际开出的槽称为实槽。电机电枢绕组往往由较多的元件来构成，通常在每个槽的上、下层各放置若干个元件边，如图 9-11 所示。所谓"虚槽"，即单元槽，每个虚槽的上、下层各有一个元件边。一个电机有 Z 个实槽，每个实槽有 u 个虚槽，则虚槽数为 uZ。

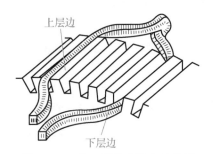

图 9-10　绕组元件在槽内的放置

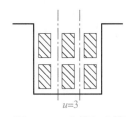

图 9-11　实槽与虚槽

2）元件数、换向片数与虚槽数

每个元件有两个元件边，而每一个换向片连接两个元件边，又因为每个虚槽里包含两个元件边，所以绕组的元件数 S、换向片数 K 和虚槽数 Z_i 三者应相等。

3）极距

极距就是沿电枢表面圆周上相邻两磁极间的距离，用 τ 表示。通常用虚槽数表示较为方便，即

$$\tau = \frac{Z_i}{2p} \tag{9-1}$$

式中　p——磁极对数。

4）绕组节距

绕组节距通常都用虚槽数或换向片数表示。

（1）第一节距 y_1。

同一个元件两个有效边之间的距离称为第一节距，如图 9 - 12 所示。为了获得较大的感应电动势，y_1 应等于或接近于一个极距，即

$$y_1 = \frac{Z_i}{2p} \pm \varepsilon = 整数 \qquad\qquad (9-2)$$

式中　ε——小于 1 的正分数，用它来把 y_1 凑成整数。

若 $\varepsilon = 0$，则 $y_1 = \tau$，称为整距绕组；若 $y_1 > \tau$，则称为长距绕组；若 $y_1 < \tau$，则称为短距绕组。

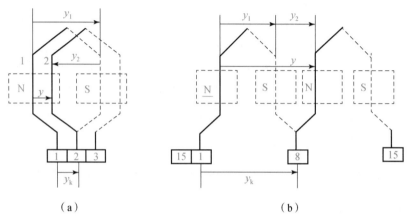

（a）　　　　　　　　　　　（b）

图 9 - 12　绕组节距示意图

（a）单叠绕组；（b）单波绕组

（2）第二节距 y_2。

表示相邻的两个元件中，第一个元件下层边与第二个元件上层边之间的距离，如图 9 - 12 所示。

（3）合成节距 y。

相邻两个元件对应边之间的距离称为合成节距，如图 9 - 12 所示。它表示每串联一个元件后，绕组在电枢表面前进或后退了多少个虚槽，是反映不同形式绕组的一个重要标志。

（4）换向节距 y_k。

一个元件两个出线端所连接的换向片之间的距离称为换向节距，如图 9 - 12 所示。由于元件数等于换向片数，所以换向片节距等于合成节距，即 $y_k = y$。

3. 单叠绕组

1）展开图

单叠绕组是指每个元件的首端和末端分别连接到相邻的两个换向片上，后一元件的首端与前一元件的末端连在一起，并接到同一个换向片上，依次串联，最后一个元件的末端与第一个元件的首端连在一起，形成一个闭合的结构，如图 9 - 13 所示。

已知电机的极数，实槽与虚槽数相同，且 $Z = S = K = 16$，绕制一个单叠右行整距绕组，其展开图如图 9 - 14 所示。此时，$y = y_k = 1$。

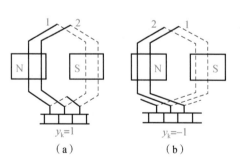

（a）　　　（b）

图 9 - 13　单叠绕组示意图

（a）右行绕组；（b）左行绕组

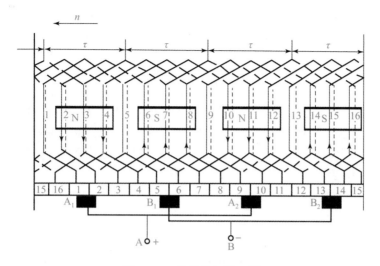

图 9 – 14　单叠绕组展开图

2）绕组的并联支路数

由单叠绕组并联支路图 9 – 15 可知，每个支路的电流是电枢总电流的四分之一。

由图 9 – 15 不难看出，单叠绕组的支路数恒等于主磁极数，或者说支路对数等于主磁极的对数，即

$$2a = 2p \text{ 或 } a = p \qquad (9-3)$$

式中　a——并联支路对数；

　　　p——磁极对数。

图 9 – 15 表明，支路内的元件随电枢旋转是变化的，但支路的几何位置是不变的。

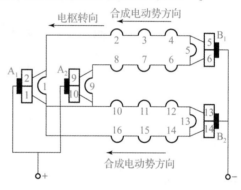

图 9 – 15　单叠绕组并联支路图

4. 单波绕组

1）展开图

单波绕组是指相串联的两个元件呈波浪式的推进，其换向节距接近 2 倍极距的绕组，如图 9 – 16 所示。单波绕组是指首先串联位于某一极性（如 N 极）下面上层边所在的全部元件，之后再串联位于另一极性下面上层边所在的全部元件，最后将所有元件组成一个闭合回路。

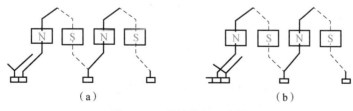

图 9 – 16　单波绕组示意图

（a）左行绕组；（b）右行绕组

由图 9 – 16 可以看出，单波绕组沿电枢表面绕行一周时，串联了 p 个元件，第 p 个元件绕完后恰好回到起始元件所连换向片相邻的左边或右边的换向片上，由此再绕行第二周、第

三周，一直绕到第 $(K+1)/2$ 周，将最后一个元件的下层边连接到起始元件上层边所连的换向片上，构成闭合绕组。

若已知电机极数 $2p=4$，实槽与虚槽数相同，且 $Z=S=K=15$，绕制单波左行绕组。

$$y_k = \frac{Z \mp 1}{p} \tag{9-4}$$

式 (9-4) 中若取负号，则绕行一周后，比出发时的换向片后退一片，称为左行绕组，如图 9-16 (a) 所示；如取正号，绕行一周后，则前进一片，称为右行绕组，如图 9-16 (b) 所示。由于右行绕组端线耗铜较多，又交叉，所以一般采用左行绕组。单波左行绕组展开图如图 9-17 所示。

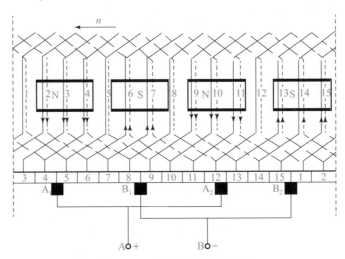

图 9-17　单波左行绕组展开图

2）绕组的并联支路数

单波绕组的并联支路如图 9-18 所示。由图不难看出，无论电机有多少对磁极，单波绕组并联支路数恒等于 2，即

$$2a = 2 \text{ 或 } a = 1 \tag{9-5}$$

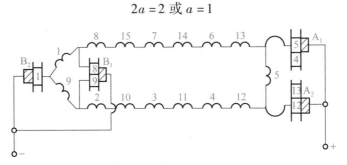

图 9-18　单波绕组并联支路

从支路图来看，单波绕组只要有正、负各一组电刷即可，但实际上仍使电刷组数与主磁极的数目相等，这样可以减少每组电刷通过的电流，又能缩短换向器的长度，节约用铜量。

综上所述可知，单叠绕组的支路数等于主磁极数，电枢电动势就是每个支路电动势，电枢电流是各支路电流之和。单波绕组的支路数恒等于 2，电枢电动势也是每个支路的电动势，电枢电流是各支路电流之和。在绕组元件数、磁极对数（$p > 1$）和导线截面等均相同的情况下，单叠绕组多用于电压较低、电流较大的电机，单波绕组多用于电压较高、电流较小的电机。

自测题

一、填空题

1. 构成绕组的线圈称为绕组的元件，元件分为_____和_____两种。

2. _____是指相串联的后一个元件端接部分紧叠在前一个元件端接部分的上面，整个绕组呈折叠式前进。

3. 极距就是电枢表面圆周上相邻两磁极间的距离，用 τ 表示，$\tau =$ _____。

4. 同一个元件两个有效边之间的距离称为第一节距，$y_1 =$ _____。

5. 单叠绕组的支路数恒等于_____，单波绕组并联支路数恒等于_____。

二、选择题

1. 一台他励直流发电机，额定电压为 200 V，六极，额定支路电流为 100 A，当电枢为单叠绕组时，其额定功率为（　　）。

A. 20 W　　　　　　B. 40 kW　　　　　　C. 80 kW　　　　　　D. 120 kW

2. $y = y_k =$（　　）为单叠绕组。

A. $(K+1)/2p$　　　B. 1　　　　　　　C. 2　　　　　　D. $y_c = K - 1$

3. 单叠绕组的电刷数目应（　　）主磁极的数目。

A. 等于　　　　　　B. 小于　　　　　　C. 大于　　　　　　D. A 和 B

4. 一台直流电机，$2p = 8$，绕成单波绕组形式，它的支路对数是（　　）。

A. 4　　　　　　　　B. 3　　　　　　　C. 2　　　　　　D. 1

5. 有 2 对磁极的直流电机，单波绕组，则此电机的支路数应为（　　）。

A. 8　　　　　　　　B. 6　　　　　　　C. 4　　　　　　D. 2

三、判断题

1. 直流电机的电枢绕组并联支路数等于极数，即 $2a = 2p$。　　　　　　（　　）

2. 直流电机的电枢绕组至少有两条并联支路。　　　　　　　　　　　（　　）

3. 单叠绕组形成的支路数比同极数的单波绕组形成的支路数多。　　　（　　）

4. 直流电机单叠绕组，并联电路的支路数等于其极对数。　　　　　　（　　）

5. 直流电机单叠绕组元件两端应连接在相邻的两个换向片上。　　　　（　　）

四、分析计算题

1. 主磁极和电刷的放法。

2. 为什么叠绕组常采用右行绕组，而波绕组常用左行绕组？

3. 某 4 极直流电机，电枢槽数 $Z = 36$，单叠绕组，每槽导体数为 6，每极磁通为 2.2×10^{-2} Wb，电枢电流 $I_a = 800$ A，问此时电磁转矩为多少？如改为单波绕组，保持支路电流不变，其电磁转矩为多少？

9.2.3　直流电机的磁场及电枢反应

【学习任务】（1）正确认识直流电机的磁场。

　　　　　　（2）正确理解直流电机的电枢反应。

微课 9.3：直流电机的磁场及电枢反应

答案 9.2

当电机带有负载时，电枢绕组中有电流通过，产生电枢磁动势。该磁动势所建立的磁场称为电枢磁场。因此负载时的气隙磁场由主极磁场与电枢磁场共同建立。正是这两个磁场的相互作用，直流电机才能进行机电能量转换。由此可知，直流电机的气隙磁场从空载到负载是变化的，电枢磁场对主磁极建立的气隙磁场的影响称为电枢反应，它对电机运行性能的影响很大。

1. 直流电机的空载磁场

直流电机空载（发电机开路/电动机空轴）运行时，其电枢电流等于零或近似等于零，因而空载磁场即为励磁绕组产生的励磁磁动势所建立的。

图 9-19 （a）所示为 4 极空载磁场分布，通电产生 N、S 磁极间隔均匀的空载磁场。

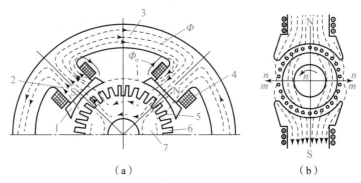

（a）　　　　　　　　　　（b）

图 9-19　直流电机空载运行时的磁场分布

（a）四极空载磁场；（b）两极主磁场

1—极靴；2—极身；3—定子磁轭；

4—励磁线圈；5—气隙；6—电枢齿；7—电枢磁轭

1）主磁通 Φ

N 极→气隙→电枢齿槽→电枢磁轭→电枢齿槽→气隙→S 极→定子磁轭→N 极。

作用：同时交链励磁绕组和电枢绕组，实现机电能量转换。

2）漏磁通 Φ_σ

N 极→气隙→相邻 S 极磁极。

只影响电机的能量转换工作，不起任何积极作用，使电机的损耗加大，效率降低，增大了磁路的饱和程度，一般情况下，$\Phi_\sigma = (15\% \sim 20\%)\Phi$。

图 9-19 （b）所示为 2 极主磁场在电机中的分布情况，其方向用右手螺旋定则确定。在电枢表面上磁感应强度为零的地方是物理中性线 $m-m$，它与磁极的几何中性线 $n-n$ 重合。

2. 直流电机的电枢磁场

如图 9-20 所示的电机的电枢磁场，其方向由右手定则确定，电枢电流的方向总是以电刷为界限来划分的。在电刷两边，N 极下面的导体和 S 极下面的导体电流方向始终相反。

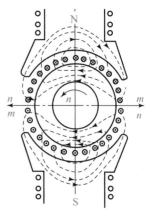

图 9-20　直流电机电枢磁场

3. 直流电机的电枢反应

图 9 – 21 所示为电枢磁场与主磁场叠加时的磁场。与图 9 – 19 （b） 比较可见，带负载后出现的电枢磁场对主极磁场的分布有以下明显的影响：

（1） 电枢反应使主磁极下的磁力线扭斜，磁通密度分布不均匀，合成磁场发生畸变。磁场畸变的结果：使原来的几何中性线 $n – n$ 处的磁场不等于零，物理中性线与几何中性线不再重合。对于发电机是逆旋转方向偏移 α 角，对于电动机是顺旋转方向偏移 α 角。

（2） 电枢反应使主磁场削弱，电动机出力减小。

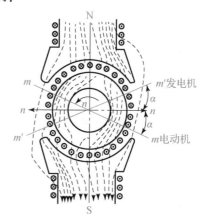

图 9 – 21　电枢磁场与主磁场叠加后

9.2.4　直流电机的感应电动势与电磁转矩

【学习任务】 （1） 正确说出直流电机的感应电动势和电磁转矩。

（2） 正确进行直流电机感应电动势和电磁转矩的相关计算。

1. 直流电机的感应电动势

直流电机电枢绕组的感应电动势为

$$E_a = C_e \Phi n \tag{9 – 6}$$

式中　Φ——电机的气隙磁通；

　　　n——电机的转速；

　　　C_e——与电机结构有关的常数，称为电动势常数，$C_e = \dfrac{pN}{60a}$。

E_a 的方向由 Φ 与 n 的方向按右手定则确定，p 为极对数，N 为电枢导体总数，a 为串联支路对数。

式 （9 – 6） 表明直流电机的感应电动势与电机结构、气隙磁通和电机转速有关。当电机制造好后，与电机结构有关的常数 C_e 不再变化。因此，电枢电动势仅与气隙磁通和转速有关，改变磁通和转速均可以改变电枢电动势的大小。

2. 直流电机的电磁转矩 T_M

直流电机的电磁转矩 T_M 为

$$T_M = C_T \Phi I_a \tag{9 – 7}$$

式中　I_a——电枢电流；

　　　C_T——与电机结构相关的常数，称为转矩常数。

电磁转矩 T_M 的方向由气隙磁通 Φ 及电枢电流 I_a 的方向按左手定则确定。

式 （9 – 7） 表明：若要改变电磁转矩的大小，只要改变 Φ 或 I_a 的大小即可；若要改变 T_M 的方向，只要改变 Φ 或 I_a 其中之一的方向即可。

从式 （9 – 7） 可以看出，制造好的直流电机的电磁转矩仅与电枢电流和气隙磁通成正比。

【例题 9 – 2】 某 6 极直流电机电枢为单叠绕组，每极磁通 $\Phi = 2.1 \times 10^{-2}$ Wb，电枢总

导体数 $N = 398$，转速 $n = 1\,500$ r/min，求电枢电动势 E_a；若其他条件不变，绕组改变为单波，求电枢电动势 $E_a = 230$ V 时的转速。

解：单叠绕组并联支路对数 $a = p = 3$，即

$$E_a = C_e \Phi n = \frac{pN}{60\,a} \cdot \Phi \cdot n = \frac{3 \times 398}{60 \times 3} \times 2.1 \times 10^{-2} \times 1\,500 = 208.95(\text{V})$$

单波绕组并联支路对数 $a = 1$，$p = 3$，则

$$n = \frac{E_a}{C_e \Phi} = \frac{E_a}{\dfrac{pN}{60\,a} \cdot \Phi} = \frac{230 \times 60}{398 \times 3 \times 2.1 \times 10^{-2}} = 550(\text{r/min})$$

【例题 9 – 3】 一台 10 kW、2 850 r/min、4 极的直流发电机，单波绕组，整个电枢总导体数为 372。若发电机发出的电动势为 $E_a = 250$ V，求此时气隙每级磁通量 Φ。

解：单波绕组极对数 $p = 2$，单波绕组并联支路对数 $a = 1$，因此

$$C_e = \frac{pN}{60\,a} = \frac{2 \times 372}{60 \times 1} = 12.4$$

根据 $E_a = C_e \Phi n$，得

$$\Phi = \frac{E_a}{C_e n} = \frac{250}{12.4 \times 2\,850} = 70.7 \times 10^{-4}(\text{Wb})$$

答案 9.3

自测题

一、填空题

1. 若为直流发电机，电刷顺电枢旋转方向移动一角度，直轴电枢反应是_____；若为电动机，则直轴电枢反应是_____。

2. 直流电机若想实现机电能量转换，通常靠_____电枢磁势的作用。

3. 直流电机负载运行时，_____对_____的影响称为电枢反应。

4. 直流电机电刷在几何中性线上时，电枢反应的作用为：（1）_____；（2）使物理中性线_____；（3）当磁路饱和时起_____作用。

二、选择题

1. 直流电机换向级的作用是（　　）。

A. 产生主磁通　　　　B. 产生换向电流　　　　C. 改变电流方向　　　　D. 以上都不对

2. 直流电机电枢绕组通过的电流是（　　）。

A. 交流　　　　　　　B. 直流　　　　　　　　C. 交直流　　　　　　　D. 不确定

3. 只改变串励直流电机电源的正、负极，直流电机转动方向就会（　　）。

A. 不变　　　　　　　B. 正向　　　　　　　　C. 反向　　　　　　　　D. 不确定

4. 直流电机中的换向极绕组必须和（　　）。

A. 励磁绕组串联　　　B. 励磁绕组并联　　　　C. 电枢绕组串联　　　　D. 电枢绕组并联

5. 直流电机电枢绕组的电动势是（　　）。

A. 交流电动势　　　　B. 直流电动势　　　　　C. 励磁电动势　　　　　D. 换向电动势

6. 直流发电机电刷在几何中线上，如果磁路不饱和，这时电枢的反应是（　　）。

A. 去磁

C. 既去磁也助磁

B. 助磁

D. 既不去磁也不助磁

7. 直流电动机带上负载后，气隙中的磁场是（　　　）。

A. 由主级磁场和电枢磁场叠加而成

B. 由主级磁场和换向磁场叠加而成

C. 由主级磁场、换向磁场和电枢磁场叠加而成

D. 由换向磁场和电枢磁场叠加而成

三、判断题

1. 直流电动机在负载运行时，可以将励磁回路断开。　　　　　　　　　（　　　）

2. 直流电机主磁通既连着电枢绕组又连着励磁绕组，因此这两个绕组中都存在着感应电动势。　　　　　　　　　　　　　　　　　　　　　　　　　　　　　　（　　　）

3. 直流发电机中的电刷间感应电动势和导体中的感应电动势均为直流电动势。（　　　）

4. 启动直流电动机时，励磁回路应与电枢回路同时接入电源。　　　　　（　　　）

5. 直流电机的漏磁通不参与机电能量转换，所以对电机的磁路没有任何影响。

　　　　　　　　　　　　　　　　　　　　　　　　　　　　　　　　　　（　　　）

6. 直流电机的电磁转矩与电枢电流成正比，与每极合成磁通成反比。　　（　　　）

四、分析计算题

1. 何谓电枢反应？电枢反应对气隙磁场有什么影响？

2. 在直流发电机和直流电动机中，电磁转矩和电枢转向的关系有何不同？电枢电势和电枢电流方向的关系有何不同？怎样判别直流电机运行于发电机状态还是运行于电动机状态？

9.2.5　直流电动机的选用

【学习任务】根据选择原则正确选用直流电动机。

直流电动机的选择要从负载的要求出发，考虑工作条件、负载性质、生产工艺、供电情况等，可按照以下原则进行选用。

1. 机械特性

机械特性是指负载转矩与转速之间的函数关系 $n = f(T_L)$，亦称负载转矩特性；电动机的启动转矩、最大转矩、牵入转矩等性能均应满足工作机械的要求。

2. 转速

电动机的转速要满足工作机械要求，其最高转速、转速变化率、稳速、调速、变速等性能均能适应工作机械运行要求。

3. 运行经济性

为避免出现"大马拉小车"现象，在满足工作机械运行要求的前提下，应尽可能选用结构简单、运行可靠、造价低廉的电动机。以避免能源的浪费，保护我们的绿水青山。

【例题 9-4】　某印刷厂需要直流电动机，要求：（1）印刷数量为 30 张/min；（2）在一个工作循环下，蘸墨滚筒、均匀圆盘先后分别转动 60° 和 90°；（3）压板的最大摆角为 45°；（4）印刷面积为 480 mm×325 mm；（5）机器所受最大工作阻力转矩 $M_r = 100$ N·m。请根据给定条件选择合适的直流电动机。

解：（1）选型依据的主要指标：输入轴功率 P 和输出轴力矩 T，两者关系为

$$P = \frac{Tn_2}{9\,549\eta} \tag{9-8}$$

式中　P——输入轴功率（kW）；

　　　T——经过修正后的输出轴力矩（N·m）；

　　　n_2——输出轴转速（r/min）；

　　　η——减速机的转动效率。

（2）选型计算步骤。

①主轴的理论力矩。

根据使用要求，计算出主轴的理论输出轴力矩 T_1：

$$T_1 = 9\,549P/n$$

$P = [0.02(蘸墨) + 0.35(刷墨) + 0.02(匀墨) + 0.35(压印) + 0.01(夹纸)] = 0.75(kW)$

所以

$$T_1 = 9\,549 \times 0.75/30\ \text{N·m} = 238.725\ \text{N·m}$$

②输出轴理论力矩的修正。

由于使用环境温度的不同与工作运转中的受力变化，所以在进行实际考虑时必须对理论力矩进行修正，以保证减速器的正常运作和使用寿命。

$$T = T_1 a_1 a_2$$

式中　T——选型用力矩（N·m）；

　　　T_1——理论计算力矩（N·m）；

　　　a_1——环境温度系数（见表9-1）；

　　　a_2——工作运转过程中受力变化状况系数（见表9-2）。

表 9-1　环境温度系数

环境温度/℃	10~25	26~30	31~40	41~25
a_1	1	1.2	1.4	1.6

表 9-2　受力变化状况系数

运行状况	24 h 内运行的实际时间		
	<2	>2~10	>10~24
平稳运行	0.8	1	1.2
中等冲击载荷	1.0	1.2	1.4
加大冲击载荷	1.25	1.5	1.75

备注：如果在运行过程中每小时开启次数或者正方向转换次数等于或大于12次，那么表中的数值应再乘以1.2。

本机器工作的环境温度为 26~30 ℃，所以 $a_1 = 1.2$，在工作中所受到的载荷为中等冲击载荷，工作时间为 2~10 h，所以 $a_2 = 1.2$，则

$$T = 238.725 \times 1.2 \times 1.2 = 343.764(\text{N·m})$$

③输出轴功率的计算。

查减速机的转动效率表（见表 9-3），根据输入轴功率公式（9-8），得

$$P = \frac{Tn_2}{9\ 549\eta} = 1.08\ \text{kW}$$

即直流电动机输入功率为 1.08 kW，查直流电动机选型手册知道，最接近 1.08 kW 的为 1.1 kW，即转速为 955 r/min。

表 9-3　减速机的转动效率（η）

序号	传动形式	转动效率（η）	序号	传动形式	转动效率（η）
1	V 带传动	0.94	5	四杆机构传动	0.969
2	圆柱直齿轮传动（8 级精度）	0.97	6	槽轮机构传动	0.95 ~ 0.97
3	凸轮机构传动	0.95 ~ 0.97	7	不完全齿轮传动	0.96 ~ 0.98
4	棘轮机构传动	0.95 ~ 0.97			

因此，根据直流电动机选型手册，最终选定的电动机型号为西玛电动机 Z2—32。

9.3　技能培养

9.3.1　技能评价要点

直流电机的选用学习情境技能评价要点见表 9-4。

表 9-4　直流电机的选用学习情境技能评价要点

项目	技能评价要点	权重/%
1. 直流电机的原理与结构	1. 正确说出直流电机的基本结构。 2. 正确理解直流电机的基本工作原理。 3. 正确认识直流电机的功能及应用场合	20
2. 直流电机的电枢绕组	1. 正确说出电枢绕组的常用术语。 2. 正确认识电枢绕组的基本规范。 3. 正确说出单叠绕组与单波绕组的特点和区别	20
3. 直流电机的磁场及电枢反应	1. 正确认识直流电机的磁场。 2. 正确理解直流电机的电枢反应	20
4. 直流电机的感应电动势与电磁转矩	1. 正确说出直流电机的感应电动势和电磁转矩。 2. 正确进行直流电机感应电动势和电磁转矩的相关计算	20
5. 直流电动机的选用	根据选择原则正确选用直流电动机	20

9.3.2 技能实战

一、应知部分

（1）直流电机主要由_____和_____两部分组成。

（2）直流电机定子部分主要由_____、_____、_____、_____和_____等组成。

（3）直流电机转子部分主要由_____、_____和_____等组成。

（4）主磁极的作用是_____；电枢绕组的作用是_____。

（5）直流电机的额定参数包括_____、_____、_____和_____。

（6）请说出直流电机型号 Z4 – 112/2 – 1 中各符号的含义。

（7）名词解释：

①极距；②节距；③第一节距；④合成节距；⑤换向节距；⑥第二节距。

（8）小型直流电机多为两极电机，一般在结构上只用一个换向极，问能否良好运行？为什么？

（9）换向器与电刷的作用是什么？

（10）某 4 极直流电机，电枢槽数 $Z = 36$，单叠绕组，每槽导体数为 6，每极磁通为 2.2×10^{-2} Wb，电枢电流 $I_a = 800$ A，问此时电磁转矩为多少？如改为单波绕组，保持支路电流不变，其电磁转矩为多少？

（11）某 4 极他励直流电机电枢绕组为单波绕组，电枢总导体数 $N = 372$，电枢回路的总电阻 $R = 0.208$，运行于 $U = 220$ V 的直流电网，并测得 $n = 1\,500$ r/min，每极磁通 $= 0.01$ Wb，铁耗 $p_{Fe} = 362$ W，机械损耗 $p_\Omega = 204$ W，附加损耗忽略不计，试问：

①此时该机是运行于发电机状态还是电动机状态？

②电磁功率与电磁转矩为多少？

③输入功率与效率为多少？

（12）在直流发电机和直流电动机中，电磁转矩和电枢转速方向的关系有何不同？电枢电动势和电枢电流方向的关系有何不同？怎样判别直流电机运行于发电机状态还是运行于电动机状态？

（13）直流发电机中电枢绕组元件内的电动势和电流是交流的还是直流的？若是交流的，为什么计算稳态电动势 $E = U + I_a R_a$ 时不考虑元件本身电感呢？

（14）某 6 极直流电机电枢为单叠绕组，每极磁通为 2.1×10^{-2} Wb，电枢总导体数 $N = 398$，转速 $n = 1\,500$ r/min，求电枢电动势 E_a。若其他条件不变，绕组改变为单波，求电枢电动势 $E_a = 230$ V 时的转速。

二、应会部分

某印刷厂需要直流电动机，该工厂三班倒，要求：①印刷数量为 40 张/min；②在一个工作循环下，蘸墨滚筒、均匀圆盘先后分别转动 60° 和 90°；③压板的最大摆角为 45°；④印刷面积为 480 mm × 325 mm；⑤机器所受最大工作阻力转矩 $M_r = 125$ N·m。请根据给定条件选择合适的直流电动机。

学习情境 10　直流电机的运行管理

10.1　学习目标

【知识目标】理解直流电机的基本特性；理解直流电机的换向；掌握直流电动机的运行特性。

【能力目标】能够正确分析直流电机的运行过程；能够正确分析直流电机的基本特性；能够画出直流电机不同励磁方式的电路图；能够正确分析直流电机的功率平衡。

【素质目标】具有深厚的爱国情感和中华民族自豪感；具有良好的职业道德、职业素养、法律意识；崇德向善、诚实守信，爱岗敬业；尊重劳动、热爱劳动，具有较强的实践能力；良好的质量意识、环保意识、安全意识、工匠精神、创新精神；勇于奋斗、乐观向上，具有良好的身心素质。

【总任务】根据应用场合进行直流电机的运行管理。

10.2　理论基础

任务手册 10：
直流电机的运行管理

10.2.1　直流电机的换向

【学习任务】（1）正确说出直流电机换向的原因。

（2）正确说出直流电机换向的方法。

直流电机电枢绕组中一个元件经过电刷从一个支路转换到另一个支路时，电流方向改变的过程称为换向。

1. 换向的基本概念

直流电机每个支路里所含元件的总数是相等的，就某一个元件来说，它有时在这条支路里，有时又在另一条支路里。电枢元件从一条支路换到另一条支路时，要经过电刷。当电机带了负载后，电枢元件中有电流流过，同一条支路里元件的电流大小与方向都是一样的；相邻支路里电流大小虽然一样，但方向却是相反的。由此可见，某一元件经过电刷，从一条支路换到另一条支路时，元件的电流必然改变方向。

元件从换向开始到换向终了所经历的时间，称为换向周期。换向问题很复杂，若换向不良，则会在电刷与换向片之间产生火花，当火花大到一定程度时，有可能损坏电刷和换向器表面，从而使电机不能正常工作。但也不是说直流电机运行时一点火花也不许出现。产生火花的原因是多方面的，除电磁原因外，还有机械的原因。此外，换向过程中还伴随着电化学和电热学等现象，所以相当复杂。

2. 影响换向的原因

1）电抗电动势 e_r

在换向过程中，换向元件中的电流由 $+i_a$ 变化到 $-i_a$，必然会在换向元件中产生自感电动势 e_L。因实际电刷宽度为 2~3 片换向片的宽度，即使几个元件同时进行换向，故被研究的换向元件中除了有自感电动势外，还有其他换向元件电流变化引起的互感电动势 e_m，e_L 与 e_m 的总和称为电抗电动势 e_r。

电流的变化所产生的电动势会影响电流的换向，根据楞次定律，e_r 的作用是阻止换向元件中的电流变化，故 e_r 的方向总是与换向前的电流方向相同。

2）旋转电动势 e_K

当电枢旋转时，换向元件切割换向区域内的磁场而感应的电动势 e_K，称为旋转电动势。换向区域内可能存在两种磁动势，即交轴电枢反应磁动势和换向极磁动势。因换向元件一般处于几何中性线上或其附近，故该处的主极磁场为零。为改善换向，在两主极间的几何中心处装有换向极，它的磁动势方向总是与交轴电枢反应磁动势相反。e_K 则由换向元件切割二者的合成磁场 B_K 所产生。

换向元件中的总电动势为

$$\sum e = e_r + e_K \qquad (10-1)$$

如果换向极磁动势大于交轴电枢反应磁动势，则 $\sum e < 0$，否则 $\sum e > 0$。当换向极设计得合理时，可获得 $\sum e \approx 0$ 的良好换向情况。

3. 改善换向的方法

改善换向的目的在于消除电刷下的火花，而产生火花的原因除上述的电磁原因外，还有机械方面和化学方面的原因。从电磁原因来看，如果减小附加换向电流，就能改善换向。常用的方法有以下几种：

1）选用合适的电刷，增加电刷与换向片之间的接触电阻

电机用电刷的型号规格很多，其中碳-石墨电刷的接触电阻最大，石墨电刷和电化石墨电刷次之，铜-石墨电刷的接触电阻最小。

直流电机如果选用接触电阻大的电刷，则有利于换向，但接触压降较大，电能损耗大，发热严重，同时由于这种电刷允许的电流密度较小，电刷接触面积和换向器尺寸以及电刷的摩擦都将增大，因而设计制造电机时必须综合考虑这两方面的因素，选择恰当的电刷。为此，在使用维修中欲更换电刷时，必须选用与原来同一牌号的电刷，如果实在配不到相同牌号的电刷，那就尽量选择特性与原来相接近的电刷并全部更换。

2）安装换向极

目前改善直流电机换向最有效的办法是安装换向极，使换向元件中的 $\sum e \approx 0$，换向为直线换向。为了达到这个目的，对换向极的极性有一定要求。在发电机运行时，换向极的极性应与顺电枢转向的相邻主极的极性相同；而在电动机运行时，换向电极的极性应该与逆电枢转向的相邻主极的极性相同。换向极装设在相邻两主磁极之间的几何中性线上，如图10-1所示。

为了随时抵消交轴电枢反应磁动势以及电抗电动势，换向极绕组应与电枢回路串联，并保证换向极磁路不饱和。

由前面分析可知，负载时的电枢反应使气隙磁场发生畸变，会增大某几个换向片之间的电压。由此引起的电位差火花与换向产生的电磁性火花连成一片而形成环火，即在正、负电刷之间出现电弧。环火可以在很短的时间内损坏电机。

为避免出现环火现象，在主极上装有补偿绕组，它嵌在主极板上专门冲出的槽内，并与电枢绕组串联，它产生的磁动势恰好抵消交轴电枢反应磁动势，有利于改善换向。

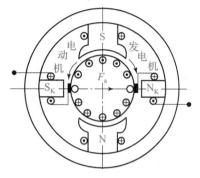

图10-1 装设换向极改善换向

10.2.2 直流电机的基本特性

【学习任务】 (1) 正确分析直流电机的工作特性。
(2) 正确分析直流电机的机械特性。

1. 直流电动机的工作特性

直流电动机的工作特性有转速特性、转矩特性、效率特性和机械特性。前三种特性是指供给电动机额定电压 U_N、额定励磁电流 I_{fN} 时，电枢回路不串外电阻的条件下，电动机的转速 n、转矩 T_M 和 T_2 及效率 η 随输出功率 P_2 变化的关系曲线，在实际应用中，由于电枢电流 I_a 容易测量，且 I_a 与 P_2 基本成正比变化，故这三种特性常以 $n = f(I_a)$，$T_M = f(I_a)$，$\eta = f(I_a)$ 表示。机械特性是指 $U = $ 常数、$I_f = $ 常数、电枢回路电阻为恒值的条件下，电动机的转速与电磁转矩间的关系曲线，即 $n = f(T_M)$ 特性曲线。从使用电动机的角度看，机械特性是最重要的一种特性。

1) 他励（并励）直流电动机的工作特性

他励（并励）直流电动机的工作特性是指在 $U = U_N$、$I_f = I_{fN}$，电枢回路的附加电阻 $R_{fj} = 0$ 时，电动机的转速 n、电磁转矩 T_M 和效率 η 三者与输出功率 $P_2(I_a)$ 之间的关系，即 $n = f(I_a)$、$T_M = f(I_a)$、$\eta = f(I_a)$，可用试验得出工作特性曲线，如图10-2所示。

(1) 转速特性。

电动机转速 n 为

$$n = \frac{U_N - I_a R_a}{C_e \Phi} \tag{10-2}$$

对于某一直流电动机，C_e 为一常数，影响转速的因素有两个：一是电枢回路的电阻压降 $I_a R_a$；另一个是气隙磁通 Φ。随着负载的增加，当电枢电流 I_a 增加时，一方面使电枢压降 $I_a R_a$ 增加，从而使转速 n 下降；另一方面由于电枢反应的去磁作用增加，使气隙磁通 Φ 减小，从而使转速 n 上升。

电动机转速从空载到满载的变化程度称为电动机的额定转速变化率 $\Delta n\%$，他励（并励）直流电动机的转速变化率很小，为 $2\% \sim 8\%$，基本上可认为是恒速电动机。

（2）转矩特性。

输出转矩 $T_2 = 9.55P_2/n$，当转速不变时，$T_2 = f(P_2)$ 将是一条通过原点的直线。但实际上，当 P_2 增加时，n 略有下降，因此 $T_2 = f(P_2)$ 的关系曲线略向上弯曲。

而电磁转矩 $T_M = T_2 + T_0$（空载转矩 T_0 数值很小且近似为一常数），只要在 $T_2 = f(P_2)$ 曲线上加上空载转矩 T_0 便得到 $T_M = f(P_2)$ 的关系曲线。

（3）效率特性

效率特性是指 $U = U_N$ 时的 $\eta = f(P_2)$ 关系。效率是指输出功率 P_2 与输入功率 P_1 之比。当电动机的不变损耗 p_0 等于可变损耗 p_{Cua} 时，效率达到最大值。

2）串励直流电动机的工作特性

因为串励直流电动机的励磁绕组与电枢绕组串联，故励磁电流 $I_f = I_a$ 与负载有关。这就是说，串励直流电动机的气隙磁通 Φ 将随负载的变化而变化，正是这一特点，使串励直流电动机的工作特性与他励直流电动机有很大的差别，如图 10-3 所示。

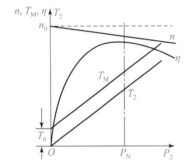

图 10-2　并励直流电动机的工作特性

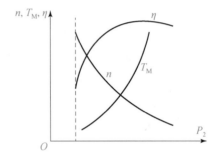

图 10-3　串励直流电动机的工作特性

与他励直流电动机相比，串励直流电动机的转速 n 随输出功率 P_2 的增加而迅速下降。这是因为 P_2 增大时，I_a 随之增大，电枢回路的电阻压降 $I_a R_a$ 和气隙磁通 Φ 同时也增大，这两个因素均会使转速 n 下降。另外由于串励直流电动机的转速 n 随 P_2 的增加而迅速下降，所以 $T_M = f(P_2)$ 的曲线将随 P_2 的增加而很快地向上弯曲。

需要注意的是，当负载很轻时，由于 I_a 很小，磁通 Φ 也很小。因此，电动机的运行速度将会很高（飞车），易导致事故发生。

2. 直流电动机的机械特性

1）他励电动机的机械特性

（1）固有机械特性。

固有机械特性是指当电动机的工作电压 U 和气隙磁通 Φ 均为额定值时，电枢电路中没有串入附加电阻时的机械特性，其方程为

$$n = \frac{U_N}{C_e \Phi_N} - \frac{R_a}{C_e C_T \Phi_N} T_M \tag{10-3}$$

固有机械特性如图 10-4 中 $R = R_a$ 曲线所示，由于 R_a 较小，故他励直流电动机的固有机械特性较"硬"。n_0 为 $T = 0$ 时的转速，称为理想空载转速；Δn 为额定转速降。

（2）人为机械特性。

人为机械特性是指人为地改变电动机参数（U，R_a，Φ）而得到的机械特性。

①电枢回路串电阻的人为机械特性。

此时 $U = U_N$，$\Phi = \Phi_N$，$R = R_a + R_{fj}$，人为机械特性与固有特性相比，理想空载转速 n_0 不变，但转速降 Δn 相应增大，R_{fj} 越大，Δn 越大，特性越"软"，如图 10-4 中曲线 1、2 所示。

②改变电枢电压时的人为机械特性。

此时 $R_{fj} = 0$、$\Phi = \Phi_N$，由于电动机的电枢电压一般以额定电压 U_N 为上限，因此要改变电压，通常只能在低于额定电压的范围内。

降压时的人为机械特性曲线是低于固有机械特性曲线的一组平直线，如图 10-5 所示。

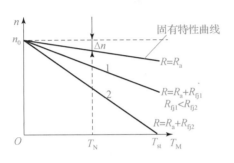

图 10-4 他励直流电动机固有机械
特性及串电阻时的人为机械特性

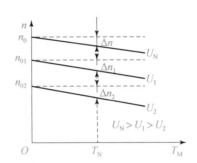

图 10-5 他励直流电动机降压时的
人为机械特性

（3）减弱磁通时的人为机械特性。

减弱磁通可以在励磁回路内串接电阻 R_f 或降低励磁电压 U_f，此时 $U = U_N$、$R_{fj} = 0$。因为气隙磁通 Φ 是变量，所以 $n = f(I_a)$ 和 $n = f(T_M)$ 必须分开表示，其特性曲线分别如图 10-6（a）和图 10-6（b）所示。

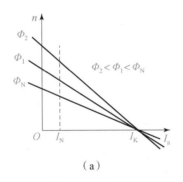

（a）

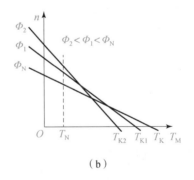

（b）

图 10-6 他励直流电动机减弱磁通时的人为机械特性

当电动机带负载，元件中的电流经过电刷时，电流方向会发生变化。若换向不良，则会产生电火花或环火，严重时将烧毁电刷，导致电动机不能正常运行，甚至引起事故。

3. 直流发电机的运行特性

直流发电机的运行特性常用下述四个可测物理量来表示，即电枢转速 n、电枢端电压 U、励磁电流 I_f 和负载电流 I_L。直流发电机运行时通常转速 $n = n_N$，而另外三个物理量中任意两个量之间的关系即构成空载特性、外特性和调节特性。励磁方式不同，特性曲线也有所不同，下面将分别介绍。

1）他励直流发电机的运行特性

（1）空载特性。

当 $n = n_N$，$I_L = 0$ 时，发电机端电压 U_0 与励磁电流 I_f 的关系，即 $U_0 = f(I_f)$ 称为发电机的空载特性。空载特性曲线可通过图 10-7 接线求得。做空载试验时，将刀闸 K 打开，保持 $n = n_N$，调节励磁电阻 R_f，使励磁电流 I_f 由零逐渐增大，直到 $U_0 = (1.1 \sim 1.3)U_N$ 为止，在升流过程中逐点记取安培表 A_f 和伏特表 V 的读数，便得到空载特性的上升曲线，如图 10-8 所示。然后逐渐减小励磁电流，直至 $I_f = 0$，即得到空载特性的下降曲线。空载特性曲线通常取上升曲线和下降曲线的平均值，如图 10-8 中的虚线所示。

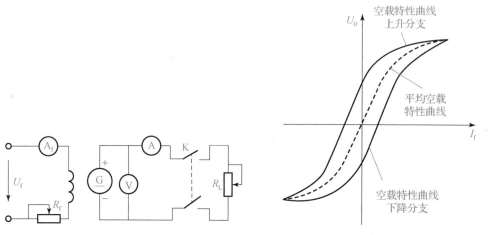

图 10-7　他励直流发电机空载试验接线图　　图 10-8　他励直流发电机空载特性曲线

空载时，$U_0 = E_0$，由于 $E_0 \propto \Phi$，励磁磁动势 $F_f \propto I_f$，所以空载特性曲线与铁芯磁化曲线形状相似。由于主磁极铁芯存在剩磁，所以当励磁电流为零时，仍有一个不大的剩磁电动势，其大小一般为额定电压的 $2\% \sim 4\%$。

（2）外特性。

当 $n = n_N$，$I_f =$ 常数时，端电压 U 与负载电流 I_L 的关系，即 $U = f(I_L)$ 称为直流发电机的外特性。用图 10-7 接线可求得发电机的外特性曲线，使发电机在额定转速下运行，闭合开关 K，调节励磁电流 I_f，使发电机在额定负载时 $U = U_N$。保持转速 $n = n_N$ 和励磁电流 I_f 不变，逐渐增大负载电阻 R_L 来减小负载电流，直至 $I_L = 0$。在增大电阻 R_L 的过程中，逐点记取安培表和伏特表的读数，最后用描点法得出发电机的外特性曲线，如图 10-9 所示。

由外特性曲线可知，发电机的端电压 U 随负载电流 I_L 的增加而有所下降。由公式 $U = E_a - I_a R_a$ 和 $E_a = C_e n \Phi$ 可知，发电机端电压下降的原因有两点：一是负载电流在电枢电阻上产生电压降；二是电枢反应呈现的去磁作用。

发电机端电压随负载的变化程度可用电压变化率来表示。他励发电机的额定电压变化率是指发电机从额定负载过渡到空载时，端电压变化的数值对额定电压的百分比，即

$$\Delta U = \frac{U_0 - U_N}{U_N} \times 100\% \tag{10-4}$$

电压变化率 ΔU 是表征发电机运行性能的一个重要数据，他励直流发电机的 $\Delta U \approx 5\% \sim 10\%$，故可认为是恒压源。

（3）调节特性。

当 $U = U_N$，$n = n_N$ 时，励磁电流 I_f 随负载电流 I_L 的变化关系，即 $I_f = f(I_L)$ 称为发电机的调节特性。他励直流发电机的调节特性曲线如图 10-10 所示，曲线表明，欲保持端电压不变，当负载电流增加时，励磁电流也应随着增加，故调节特性曲线是一条上翘的曲线。曲线上翘的原因有两点：一是补偿电枢电阻的压降，二是补偿电枢反应的去磁作用。

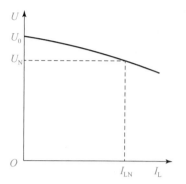

图 10-9　他励直流发电机的外特性曲线

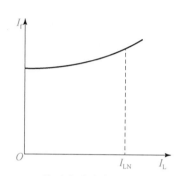

图 10-10　他励直流发电机的调节特性曲线

2）并励直流发电机的外特性

当 $n = n_N$，R_f = 常数时，发电机端电压 U 与负载电流 I_L 的关系，即 $U = f(I_L)$ 称为并励直流发电机的外特性。与他励直流发电机相比，不是保持 I_f = 常数，而是保持 R_f = 常数，R_f 是励磁回路的总电阻。用试验方法求并励直流发电机外特性曲线的接线如图 10-11 所示，闭合开关 K，调节励磁电流 I_f 使并励直流发电机在额定负载时 $U = U_N$，保持励磁回路 R_f = 常数，然后逐点测出不同负载时的端电压值，便可得到并励发电机的外特性曲线，如图 10-12 所示，为方便比较，图中还画出同一台直流发电机他励时的外特性曲线。由图 10-12 可以看出，并励发电机的外特性也是一条向下弯的曲线，而且比他励直流发电机外特性曲线下弯得更大，其原因是，除了电枢电阻压降 $I_a R_a$ 和电枢反应的去磁外，还由于发电机端电压下降，使与电枢绕组并联的励磁线圈中的励磁电流 I_f 也要减小。并励直流发电机的电压变化率一般为 20% ~ 30%，如果负载变化较大，则不宜作恒压源使用。

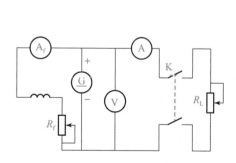

图 10-11　并励直流发电机原理接线图

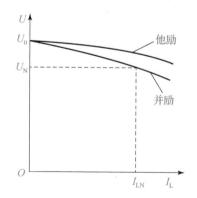

图 10-12　并励直流发电机的外特性曲线

3）复励直流发电机的外特性

复励直流发电机是在并励直流发电机的基础上增加一个串励绕组，其原理接线如

图10-13 所示。复励又分为积复励和差复励两种：当串励绕组磁场对并励磁场起增强作用时，叫积复励；当串励绕组磁场对并励磁场起减弱作用时，叫差复励。

积复励直流发电机能补偿并励直流发电机电压变化率较大的缺点。一般来说串励磁场要比并励磁场弱得多，并励绕组使直流发电机建立空载额定电压，串励绕组在负载时可补偿电枢电阻压降和电枢反应的去磁作用，使直流发电机端电压能在一定的范围内稳定。

积复励中根据串励磁场补偿的程度又分为三种情况：若直流发电机在额定负载时端电压恰好与空载时相等，则称为平复励；若补偿过剩，使得额定负载时端电压高于空载电压，则称为过复励；若补偿不足，则称为欠复励。复励发电机的外特性曲线如图10-14 所示。差复励直流发电机的外特性曲线是随负载增大，端电压急剧下降。

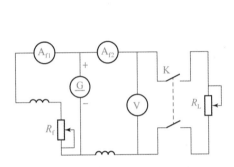

图 10-13　复励发电机的接线原理图

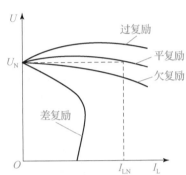

图 10-14　复励发电机的外特性曲线

积复励直流发电机用途比较广，如电气铁道的电源等。差复励直流发电机只用于要求恒电流的场合，如直流电焊机等。

自测题

一、填空题

1. 元件从换向开始到换向终了所经历的时间，称为_____。

2. 直流电机中，换向元件中的总电动势 $\sum e = $ _____，如果换向极磁动势大于交轴电枢反应磁动势，则_____，否则_____。

3. 直流电动机的工作特性有（1）_____、（2）_____、（3）_____、（4）_____。

4. 直流电机的转速 $n = $ _____。

5. 直流电机降压时的人为机械特性是低于固有机械特性曲线的_____。

二、选择题

1. 他励直流电动机的人为特性与固有特性相比，其理想空载转速和斜率均发生了变化，那么这条人为特性一定是（　　）。

　　A. 串电阻的人为特性　　　B. 降压的人为特性　　　C. 弱磁的人为特性　　　D. 不清楚

2. 并励直流电动机带恒转矩负载，当在电枢回路中串接电阻时，其（　　）。

　　A. 电动机电枢电流不变，转速下降　　　　　B. 电动机电枢电流不变，转速升高

　　C. 电动机电枢电流减小，转速下降　　　　　D. 电动机电枢电流减小，转速升高

3. 对于直流电动机，运行效率最高时应是（　　）。

A. 不变损耗与机械损耗相等时   B. 铁耗与铜耗相等时

C. 铁耗与磁滞损耗相等时   D. 可变损耗与不变损耗相等时

4. 他励直流电机电枢串电阻的人为机械特性曲线是以（   ）为共同点的一组直线。

A. 理想空载转速   B. 原点   C. 临界转矩点   D. 不清楚

5. 在讨论直流电动机的工作特性时，他励电动机的理想空载转速应是（   ）。

A. $E_a/C_e\Phi$ B. $U_a/C_e\Phi$ C. $I_aR_a/C_e\Phi$ D. $U_a/C_T\Phi$

三、判断题

1. 在电枢绕组中串接的电阻越大，启动电流就越小。   （   ）

2. 直流电机中减弱磁通人为机械特性，Φ 下降，n 上升。   （   ）

3. 直流电机中电枢串接电阻时的人为机械特性变"硬"，稳定性变好。   （   ）

4. 直流电机降压时的人为机械特性变"软"，稳定性变差。   （   ）

5. 电枢串接电阻时的人为机械特性不变，稳定性好。   （   ）

四、分析计算题

1. 试利用机械特性公式，分析并励直流电动机负载过大烧毁电动机的原因。

2. 他励直流电动机的机械特性指的是什么？是根据哪几个方程推导出来的？

10.2.3   直流电机的励磁方式

微课 10.1：
直流电机的励磁方式

【学习任务】（1）正确说出直流电机的励磁方式。

             （2）正确分析并励直流发电机的自励过程。

1. 励磁方式

直流发电机的各种励磁方式接线如图 10 – 15 所示，直流电动机的各种励磁方式接线如图 10 – 16 所示。

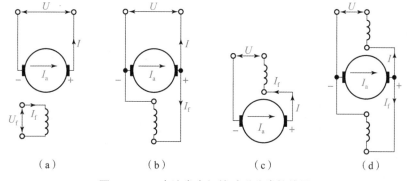

（a）   （b）   （c）   （d）

图 10 – 15   直流发电机按励磁分类接线图

（a）他励；（b）并励；（c）串励；（d）复励

1）他励方式

他励方式中，电枢绕组和励磁绕组电路相互独立，电枢电压 U 与励磁电压 U_f 彼此无关，电枢电流 I_a 与励磁电流 I_f 也无关。

2）并励方式

并励方式中，电枢绕组和励磁绕组是并联关系，在并励发电机中 $I_a = I + I_f$，而在并励电动机中 $I_a = I - I_f$。

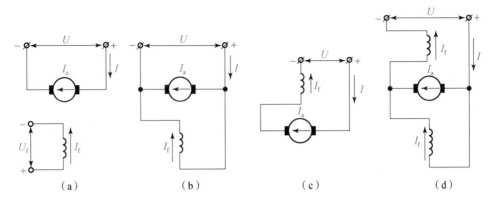

图 10 – 16　直流电动机按励磁分类接线图

(a) 他励；(b) 并励；(c) 串励；(d) 复励

3）串励方式

在串励方式中，电枢绕组与励磁绕组是串联关系。由于励磁电流等于电枢电流，所以串励绕组通常线径较粗，而且匝数较少。无论是发电机还是电动机，均有 $I_a = I = I_f$。

4）复励方式

复励电机的主磁极上有两部分励磁绕组，其中一部分与电枢绕组并联，另一部分与电枢绕组串联。当两部分励磁绕组产生的磁通方向相同时，称为积复励；反之称为差复励。

2. 并励式直流发电机的自励

并励直流发电机的励磁是由发电机本身的端电压提供的，而端电压是在励磁电流作用下建立的，这一点与他励直流发电机不同。并励直流发电机建立电压的过程称为自励过程，满足建压的条件称为自励条件。并励直流发电机的自励接线图和自励过程分别如图 10 – 17 和图 10 – 18 所示。

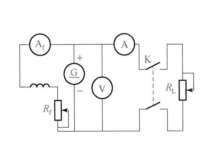

图 10 – 17　并励直流发电机的自励接线图

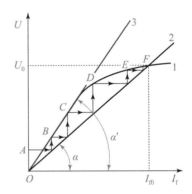

图 10 – 18　并励直流发电机的自励过程

在图 10 – 18 中，曲线 1 为空载特性曲线；曲线 2 为励磁回路总电阻 R_f 的特性曲线，也称场阻线 $U_f = I_f R_f$；曲线 3 为与空载特性曲线相切的场阻线。

当原动机带动并励直流发电机旋转时，如果主磁极有剩磁，则电枢绕组切割剩磁磁通感应一小的电动势 $E_a' = \overline{OA}$。在电动势 E_a' 的作用下，励磁回路产生励磁电流 $I_f' = \overline{AB}$。如果励磁绕组和电枢绕组连接正确，则励磁电流 I_f' 产生与剩磁方向相同的磁通，使主磁路磁通增加，电

动势增大到 $E'_a = \overline{OC}$，励磁电流增加到 $I'_f = \overline{AC}$。如此不断增长，直到励磁绕组两端的电压与 $U_f = I_f R_f$ 相等，达到稳定的平衡工作点 F。

增大 R_f 直到场阻线与空载特性曲线相切（见图 10 – 18 中曲线 3）时，R_f 称为临界电阻（R_{cr}）。若再增加励磁回路电阻，发电机将不能自励。$R_{cr} = \tan\alpha'$，不同的转速有不同的 R_{cr}，此处的 R_{cr} 是指额定转速对应的临界电阻。

由以上分析可见，并励直流发电机的自励条件如下：

（1）电机的主磁路有剩磁；

（2）并联在电枢绕组两端的励磁绕组极性要正确；

（3）励磁回路的总电阻小于该转速下的临界电阻。

答案 10.2

自测题

一、填空题

1. 直流电机的励磁方式有 _____ 、 _____ 、 _____ 、 _____ 。

2. 直流并励发电机中 $I_a =$ _____ 。

3. 无论是直流发电机还是直流电动机，在串励方式中，均有 $I_a =$ _____ 。

4. 复励电机的主磁极上有两部分励磁绕组，一部分与电枢绕组 _____ ，另一部分与电枢绕组 _____ 。当两部分励磁绕组产生的磁通方向相同时，称为 _____ ；反之称为 _____ 。

二、选择题

1. 并励直流发电机正转时不能自励，反转时可以自励，是因为（   ）。

A. 电机的剩磁太弱

B. 励磁回路中的总电阻太大

C. 励磁绕组与电枢绕组的接法及电机的转向配合不当

D. 电机的转速过低

2. 直流电机按照励磁方式的不同可分为（   ）。

A. 自励电机和他励电机   B. 串励电机和并励电机

C. 自励电机和复励电机   D. 串励电机和复励电机

3. 下列说法正确的是（   ）。

A. 并励电机励磁绕组的电源与电枢绕组的电源不是同一电源

B. 自励电机不需要独立的励磁电源

C. 他励电机的电枢和励磁绕组共用同一个电源

D. 串励电机的励磁绕组与电枢绕组并联

4. 直流自励电机按主磁极与电枢绕组接线方式的不同可以分为（   ）。

A. 串励、并励和复励   B. 串励、并励和他励

C. 串励、复励和他励   D. 并励、复励和他励

5. 直流复励电机的两个励磁绕组如果产生的磁通方向相同，则称为（   ）。

A. 差复励电机   B. 积复励电机   C. 并励电机   D. 串励电机

三、判断题

1. 直流电机按照励磁方式的不同可分为自励电机和他励电机。   （   ）

2. 他励电机的电枢和励磁绕组共用同一个电源。　　　　　　　　　（　　）

3. 直流复励电机的两个励磁绕组如果产生的磁通方向相同，则称为积复励电机。

（　　）

4. 自励电机不需要独立的励磁电源，励磁绕组与电枢共用电源。（　　）

5. 一台并励直流发电机，正转能自励，若反转则也能自励。（　　）

6. 并励发电机没有剩磁也可以建立电压。（　　）

四、分析计算题

1. 直流电机的励磁方式有哪几种？每种励磁方式的励磁电流或励磁电压与电枢电流或电枢电压有怎样的关系？

2. 试画出直流他励电机、直流串励电机和直流并励电机的电路模型图。

10.2.4　直流发电机

微课 10.2：
直流发电机和直流电动机

【学习任务】（1）正确写出直流发电机的电动势平衡方程。
　　　　　　　（2）正确写出直流发电机的电磁转矩方程。
　　　　　　　（3）正确分析直流发电机的功率平衡。

1. 直流发电机的电动势平衡方程

下面以他励直流发电机为例说明直流发电机的基本方程。

根据图 10 – 19 所示他励发电机原理接线图中标出的有关物理量的正方向，依据基尔霍夫电压定律可列出电枢回路的电压平衡方程：

$$E_a = U + I_a R_a \qquad (10-5)$$

式中　E_a——电枢电势；

　　　U——发电机端电压；

　　　I_a——电枢电流；

　　　R_a——电枢回路总电阻。

由式（10 – 5）可知，发电机负载时 $U < E_a$。

2. 直流发电机的功率平衡方程

他励直流发电机的功率流程如图 10 – 20 所示。

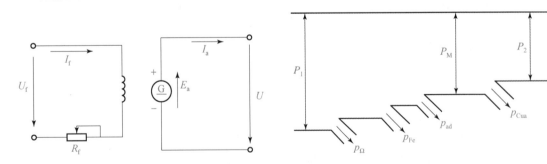

图 10 – 19　他励发电机的原理接线图　　　图 10 – 20　他励直流发电机的功率流程图

将式（10 – 5）两边同乘以电枢电流，则得到电枢回路的功率平衡方程：

$$E_a I_a = U I_a + I_a^2 R_a$$

或可以表示为

$$P_M = P_2 + p_{Cua} \tag{10-6}$$

式中 P_M——电磁功率；

       P_2——发电机的输出功率，$P_2 = UI_a$；

       p_{Cua}——电枢回路的铜损耗，$p_{Cua} = I_a^2 R_a$。

由式（10-6）可知，发电机的输出功率等于电磁功率减去电枢回路的铜损耗。电磁功率等于原动机输入的机械功率 P_1 减去空载损耗功率 p_0。p_0 包括轴承、电刷及空气摩擦所产生的机械损耗 p_Ω，电枢铁芯中磁滞、涡流产生的铁损耗 p_{Fe} 以及附加损耗 p_{ad}，故输入功率平衡方程为

$$P_1 = P_M + p_\Omega + p_{Fe} + p_{ad} = P_M + p_0 \tag{10-7}$$

将式（10-6）代入式（10-7），可得功率平衡方程：

$$P_1 = P_2 + \sum p \tag{10-8}$$

$$\sum p = p_{Cua} + p_\Omega + p_{Fe} + p_{ad} \tag{10-9}$$

式中 $\sum p$——发电机总损耗。

3. 直流发电机的转矩平衡方程

直流发电机在稳定运行时存在三个转矩：对应原动机输入机械功率 P_1 的机械转矩 T_1；对应电磁功率 P_M 的电磁转矩 T_M；对应空载损耗 p_0 的空载转矩 T_0。其中 T_1 是驱动性质的，T_M 和 T_0 是制动性质的，当直流发电机稳态运行时，根据转矩平衡原则，可得出发电机转矩平衡方程如下：

$$T_1 = T_M + T_0 \tag{10-10}$$

10.2.5 直流电动机

【学习任务】（1）正确写出直流电动机的电动势平衡方程。

           （2）正确写出直流电动机的电磁转矩方程。

           （3）正确分析直流电动机的功率平衡。

同直流发电机一样，直流电动机也有电动势、功率和转矩等基本方程，它们是分析直流电动机各种运行特性的基础。下面以并励直流电动机为例进行讨论。

1. 并励直流电动机的电动势平衡方程

当直流电动机运行时，电枢两端接入电源电压 U，电枢绕组的电流 I_a 方向以及主磁极的极性如图 10-21 所示。旋转电枢绕组切割主磁极磁场感应电动势 E_a，可由右手定则决定电动势 E_a 与电枢电流 I_a 的方向是相反的。各物理量的正方向如图 10-21（b）所示，根据基尔霍夫定律可得电枢回路的电动势方程为

$$U = E_a + I_a R_a \tag{10-11}$$

式中 R_a——电枢回路的总电阻，包括电枢绕组、换向器、补偿绕组，以及电刷与换向器间的接触电阻等。

对于并励直流电动机的电枢电流：

$$I_a = I - I_f \tag{10-12}$$

式中 I——输入电动机的电流；

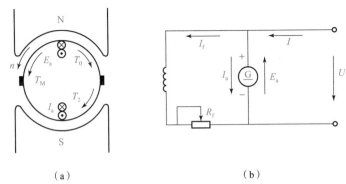

（a）　　　　　　　　　　　　　　　　（b）

图 10-21　并励直流电动机的电动势和电磁转矩

（a）电动机作用原理；（b）电动势和电流方向

I_f——励磁电流，$I_f = \dfrac{U}{R_f}$，其中 R_f 是励磁回路的电阻。

由于电动势 E_a 与电枢电流 I_a 方向相反，故称 E_a 为"反电动势"，反电动势 E_a 的计算公式与发电机相同，即 $E_a = C_e\Phi n$。

由式（10-11）表明，加在电动机的电源电压 U 是用来克服反电动势 E_a 及电枢回路的总电阻压降 I_aR_a 的，可见 $U > E_a$，即电源电压 U 决定了电枢电流 I_a 的方向。

2. 并励直流电动机的功率平衡方程

并励直流电动机的功率流程如图 10-22 所示。图 10-22 中 P_1 为电源向电动机输入的电功率，$P_1 = UI$，再扣除小部分在励磁回路的铜耗 p_{Cuf} 和电枢回路铜耗 p_{Cua} 便得到电磁功率 P_M，$P_M = E_aI_a$。电磁功率 E_aI_a 全部转换为机械功率，此机械功率扣除机械损耗 p_Ω、铁耗 p_{Fe} 和附加损耗 p_{ad} 后，即为电动机转轴上输出的机械功率 P_2，故功率平衡方程为

$$P_M = P_1 - (p_{Cua} + p_{Cuf}) \tag{10-13}$$

$$P_2 = P_M - (p_\Omega + p_{Fe} + p_{ad}) = P_M - p_0 \tag{10-14}$$

$$P_2 = P_1 - \sum p = P_1 - (p_{Cua} + p_{Cuf} + p_\Omega + p_{Fe} + p_{ad}) \tag{10-15}$$

式中　p_0——空载损耗，$p_0 = p_\Omega + p_{Fe} + p_{ad}$；

$\sum p$——电动机的总损耗，$\sum p = p_{Cua} + p_{Cuf} + p_\Omega + p_{Fe} + p_{ad}$。

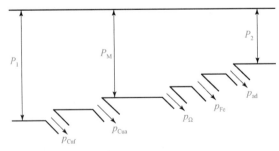

图 10-22　并励直流电动机的功率流程

3. 直流电动机的转矩平衡方程

将式（10-14）除以电动机的机械角速度 Ω，可得转矩平衡方程 $\dfrac{P_2}{\Omega} = \dfrac{P_M}{\Omega} - \dfrac{p_0}{\Omega}$，即

$$T_M = T_2 + T_0 \tag{10-16}$$

直流电动机的电磁转矩 T_M 为驱动转矩，其值由式（9-7）决定，即 $T_M = C_T \Phi I_a$。转轴上机械负载转矩 T_2 和空载转矩 T_0 是制动转矩。式（10-16）表明，电动机在转速恒定时，驱动性质的电磁转矩 T_M 与负载制动性质的负载转矩 T_2 和空载转矩 T_0 相平衡。

自测题

一、填空题

1. 直流电机电枢导体中的电动势是_____电动势，电刷间的电动势是_____电动势。（填直流或交流）。

2. 直流电机中 $U > E_a$ 时运行于_____状态，$U < E_a$ 时运行于_____状态。

3. 可用下列关系来判断直流电机的运行状态：当_____时，为电动机状态；当_____时，为发电机状态。

4. 他励直流电机的电磁转矩方程为_____。

5. 他励直流电机的感应电动势方程为_____。

6. 转矩常数 C_T 与电动势常数 C_e 之间的关系为_____。

二、选择题

1. 一台并励直流发电机，若转速升高 20%，则电动势（　　）。

A. 不变   B. 升高 20%

C. 升高大于 20%   D. 升高小于 20%

2. 一台直流发电机，额定功率为 22 kW，额定电压为 230 V，额定电流是（　　）。

A. 100   B. 95.6   C. 94.6   D. 200

3. 一台直流发电机，由额定运行状态转速下降为原来的 30%，而励磁电流及电枢电流不变，则（　　）。

A. E_a 下降 30%   B. T 下降 30%   C. E_a 和 T 都下降 30%   D. 端电压下降 30%

4. 他励直流电动机稳态运行时，电磁转矩平衡方程为（　　）。

A. $T_M = T_2 + T_0 + J\mathrm{d}\Omega/\mathrm{d}t$ B. $T_M = T_2 + T_0$

C. $T_2 = T_M + T_0$ D. $T_2 = T_M + T_0 + J\mathrm{d}\Omega/\mathrm{d}t$

5. 在直流电机中，公式 $E_a = C_e \Phi n$ 中的 Φ 指的是（　　）。

A. 每极气隙磁通   B. 所有磁极的总磁通

C. 主极每极磁通   D. 每极电枢反应磁通

答案 10.3

三、判断题

1. 电磁转矩和负载转矩的大小相等，则直流电机稳定运行。 （　　）

2. 直流电动机的额定功率指转轴上吸收的机械功率。 （　　）

3. 直流电动机的电磁转矩是驱动性质的，因此稳定运行时，大的电磁转矩对应的转速就高。 （　　）

4. 直流电动机的电磁转矩与电枢电流成正比。 （　　）

5. 直流电动机在轴上的输出功率是电动机额定功率。 （　　）

四、分析计算题

一台并励直流发电机，铭牌数据如下：$P_N = 6$ kW，$U_N = 230$ V，$n_N = 1\,450$ r/min，$R_a =$

0.57 Ω（包括电刷接触电阻），励磁回路总电阻 $R_f = 177$ Ω，额定负载时的电枢铁损 $p_{Fe} = 234$ W，机械损耗为 $p_{\Omega} = 61$ W，求：

（1）额定负载时的电磁功率和电磁转矩。

（2）额定负载时的效率。

10.3.1　技能评价要点

直流电机的运行管理学习情境技能评价要点见表 10-1。

表 10-1　直流电机的运行管理学习情境技能评价要点

项目	技能评价要点	权重/%
1. 直流电机的换向	1. 正确说出直流电机换向的原因。 2. 正确说出直流电机换向的方法	20
2. 直流电机的基本特性	1. 正确分析直流电机的工作特性。 2. 正确分析直流电机的机械特性	20
3. 直流电机的励磁方式	1. 正确说出直流电机的励磁方式。 2. 正确分析并励直流发电机的自励过程	20
4. 直流发电机	1. 正确写出直流发电机的电动势平衡方程。 2. 正确写出直流发电机的电磁转矩方程。 3. 正确分析直流发电机的功率平衡	20
5. 直流电动机	1. 正确写出直流电动机的电动势平衡方程。 2. 正确写出直流电动机的电磁转矩方程。 3. 正确分析直流电动机的功率平衡	20

10.3.2　技能实战

一、应知部分

（1）一台他励直流发电机，额定电压为 200 V，6 极，额定支路电流为 100 A，当电枢为单波绕组时，其额定功率为（　　）。

A. 20 kW　　　　　　　B. 40 kW　　　　　　　C. 80 kW　　　　　　　D. 120 kW

（2）一台串励直流电动机，若电刷顺转向偏离几何中性线一个角度，设电机的电枢电流保持不变，此时电动机转速（　　）。

A. 降低　　　　　　　B. 保持不变　　　　　　C. 升高　　　　　　　D. 不能确定

（3）启动直流电动机时，磁路回路应（　　）电源。

A. 与电枢回路同时接入　　　　　　　　B. 比电枢回路先接入

C. 比电枢回路后接入　　　　　　　　　D. 都可以

（4）一台串励直流电动机运行时励磁绕组突然断开，则（　　）。

A. 电机转速升到危险的高速　　　　　　B. 熔断丝熔断

C. 上面情况都不会发生　　　　　　　　D. 不能确定

（5）并励直流电动机在运行时励磁绕组断开了，电动机将（　　）。

A. 飞车　　　　　　　　　　　　　　　B. 停转

C. 可能飞车，也可能停转　　　　　　　D. 不能确定

（6）直流电动机电枢绕组的电动势是（　　）。

A. 交流电动势　　　B. 直流电动势　　　C. 励磁电动势　　　D. 换向电动势

（7）直流发电机电刷在几何中线上，如果磁路不饱和，此时电枢反应是（　　）。

A. 去磁　　　　　　B. 助磁　　　　　　C. 不去磁也不助磁　　D. 不能确定

（8）直流电动机工作时，电枢电流的大小主要取决于（　　）。

A. 转速大小　　　　B. 负载转矩大小　　C. 电枢电阻大小　　　D. 不能确定

（9）复励电动机由于有串励绕组，故电动机（　　）。

A. 不能空载或轻载运行　　　　　　　　B. 可以空载运行

C. 可以直接启动　　　　　　　　　　　D. 可以超过额定值运行

（10）把直流发电机的转速升高20%，他励方式运行空载电压为U_{01}，并励方式空载电压为U_{02}，则（　　）。

A. $U_{01} = U_{02}$　　　　B. $U_{01} < U_{02}$　　　　C. $U_{01} > U_{02}$　　　　D. 不能确定

（11）并励直流发电机正转时不能自励，反转可以自励，是因为（　　）。

A. 发电机的剩磁太弱

B. 励磁回路中的总电阻太大

C. 励磁绕组与电枢绕组的接法及发电机的转向配合不当

D. 发电机的转速过低

（12）直流发电机主磁极磁通产生感应电动势存在于（　　）中。

A. 电枢绕组　　　　　　　　　　　　　B. 励磁绕组

C. 电枢绕组和励磁绕组　　　　　　　　D. 换向磁极

（13）直流复励电机的两个励磁绕组如果产生的磁通方向相同，则称为（　　）。

A. 差复励电机　　　B. 积复励电机　　　C. 并励电机　　　　D. 串励电机

（14）一台他励直流发电机，若转速升高20%，则电动势（　　）。

A. 不变　　　　　　B. 升高20%　　　　C. 升高大于20%　　D. 升高小于20%

（15）并励直流电动机磁通增加10%，当负载力矩不变时T_2不变，不计饱和与电枢反应的影响，电动机稳定后，T_M将（　　）。

A. 增加　　　　　　B. 减小　　　　　　C. 基本不变　　　　D. 不能确定

（16）并励直流电动机磁通增加10%，当负载力矩不变时T_2不变，不计饱和与电枢反应的影响，电动机稳定后，I_a将（　　）。

A. 增加　　　　　　B. 减小　　　　　　C. 基本不变　　　　D. 不能确定

（17）并励直流电动机磁通增加 10%，当负载力矩不变时 T_2 不变，不计饱和与电枢反应的影响，电动机稳定后，P_2 将（　　）。

    A. 增加　　　　　　　B. 减小　　　　　　　C. 基本不变　　　　　　　D. 不能确定

（18）负载转矩不变时，在直流电动机的励磁回路串入电阻，稳定后，电枢电流将＿＿＿＿＿＿，转速将＿＿＿＿＿＿。（　　）。

    A. 上升　下降　　　B. 不变　上升　　　C. 上升　上升　　　D. 不能确定

（19）电机启动时，其转速为零，电枢中的感应电动势为（　　）。

    A. 零　　　　　　　　B. 1 V　　　　　　　C. 100 V　　　　　　　D. 200 V

（20）他励直流电机的电磁转矩越大，转速越（　　）。

    A. 高　　　　　　　　B. 低　　　　　　　C. 不变　　　　　　　D. 不清楚

（21）直流电机的励磁方式有哪些？

（22）分别写出直流电动机的电压平衡方程、转矩平衡方程和功率平衡方程。

（23）直流电动机的工作特性包括哪些？

（24）请画出并励直流电动机的工作特性曲线。

（25）请画出串励直流电动机的工作特性曲线。

（26）什么是直流电动机的固有机械特性？

（27）如何改变直流电动机的机械特性？

（28）什么是直流电动机的换向？换向不良会产生什么问题？

（29）如何改善直流电动机的换向？

（30）并励发电机能够自励发电必须具备的三个条件是什么？

（31）一台并励直流发电机数据为 $P_N = 82$ kW，$U_N = 230$ V，$n_N = 970$ r/min，电枢绕组总电阻 $R_a = 0.025\ 9\ \Omega$，并励绕组内阻 $r_f = 22.8\ \Omega$，额定负载时，并励回路串入的调节电阻 $R_f = 3.5\ \Omega$，一对电刷压降 $2\Delta U = 2$ V，试求额定负载时，发电机的励磁电流、额定电流、电枢电流和电枢电动势。

（32）一台他励直流电动机数据为：$P_N = 7.5$ kW，$U_N = 110$ V，$I_N = 79.84$ A，$n_N = 1\ 500$ r/min，电枢回路电阻 $R_a = 0.101\ 4\ \Omega$，求：

    ①在 $U = U_N$，$\Phi = \Phi_N$ 的条件下，电枢电流 $I_a = 60$ A 时的转速是多少？

    ②在 $U = U_N$ 的条件下，主磁通减少 15%，负载转矩为 T_N 不变时，电动机电枢电流与转速是多少？

    ③在 $U = U_N$，$\Phi = \Phi_N$ 的条件下，负载转矩为 $0.8T_N$，转速为 800 r/min，电枢回路应串入多大电阻？

（33）一台并励直流发电机，铭牌数据如下：$P_N = 23$ kW，$U_N = 230$ V，$n_N = 1\ 500$ r/min，励磁回路电阻 $R_f = 57.5\ \Omega$，电枢电阻 $R_a = 0.1\ \Omega$，不计电枢反应磁路饱和。现将这台电机改为并励直流电动机运行，把电枢两端和励磁绕组两端都接到 220 V 的直流电源，运行时维持电枢电流为原额定值。求：

    ①转速 n；

    ②电磁功率；

    ③电磁转矩。

（34）名词解释：

①恒转矩负载；

②恒功率负载；

③通风机类负载。

（35）请说明电枢串接电阻时人为机械特性的特点。

（36）请说明电源电压改变时人为机械特性的特点。

（37）请说明改变主磁通 Φ 时人为机械特性的特点。

（38）一台直流他励电机额定功率 $P_N = 96 \text{ kW}$，额定电压 $U_N = 440 \text{ V}$，额定电流 $I_N = 250 \text{ A}$，额定转速 $n_N = 500 \text{ r/min}$，电枢回路总电阻 $R_a = 0.078 \ \Omega$，求：

①理想空载转速 n_0；

②固有机械特性斜率 β。

二、应会部分

（1）正确分析直流电动机的运行过程。

（2）正确分析直流发电机的运行过程。

（3）会通过实验验证并励直流发电机的自励条件。

学习目标

【知识目标】掌握直流电动机的启动方法；掌握直流电动机的调速方法；掌握直流电动机的制动方法；掌握直流电动机控制电路的设计方法。

【能力目标】会根据应用场合和电机类型正确启动直流电机；会根据应用场合和电机类型选择合适的方法对直流电机进行调速；会根据应用场合和电机类型选择合适的方法对直流电机进行制动；能够设计、安装和调试直流电机的启动、调速、制动控制电路。

【素质目标】具有深厚的爱国情感和中华民族自豪感；具有良好的职业道德、职业素养、法律意识；崇德向善、诚实守信，爱岗敬业；尊重劳动、热爱劳动，具有较强的实践能力；良好的质量意识、环保意识、安全意识、工匠精神、创新精神；勇于奋斗、乐观向上，具有良好的身心素质。

【总任务】根据应用场合设计直流电机的启动、调速、制动控制电路。

11.2　理论基础

任务手册 11：
直流电机的控制

11.2.1　他励直流电动机的启动

【学习任务】（1）正确说出直流电动机的启动要求。
　　　　　　（2）正确分析直流电动机的启动过程。
　　　　　　（3）正确选择直流电动机的启动方式。

微课 11.1：
直流电机的启动

直流电动机的启动是指直流电动机接通电源后，由静止状态加速到稳定运行状态的过程。电动机在启动瞬间（$n=0$）的电磁转矩称为启动转矩，用 T_{st} 表示；启动瞬间的电枢电流称为启动电流，用 I_{st} 表示。

1. 直流电动机的启动要求

如果他励直流电动机在额定电压下直接启动，由于启动瞬间转速 $n=0$，电枢电动势 $E_a=0$，故启动电流为

$$I_{st} = \frac{U_N}{R_a} \qquad (11-1)$$

因为电枢电阻 R_a 很小，所以直接启动电流将达到很大的数值，通常可达到额定电流的 10~20 倍。从电动机本身考虑，换向条件许可的最大电流通常只有额定电流的 2 倍左右。过大的启动电流一方面会危及直流电动机本身的安全，会使电刷与换向器间产生强烈的火花，使电刷与换向器表面接触电阻增大，使电动机在正常运行时的转速降落增大、电动机的换向严重恶化，甚至会烧坏电动机；另一方面，会引起电网电压的波动，影响电网上其他用户的正常用电。因此，除了个别容量很小的电动机外，一般直流电动机是不允许直接启动的。

启动转矩为

$$T_{st} = C_T \Phi I_{st} \qquad (11-2)$$

因为电动机启动电流很大，故启动转矩也很大，通常可为额定转矩的 10~20 倍。电枢绕组会受到过大的冲击转矩而损坏；对于传动机构来说，过大的启动转矩会损坏齿轮等传动部件。

直流电动机启动时一般有以下要求：

（1）要有足够大的启动转矩，以保证电动机正常启动。

（2）启动电流要限制在一定的范围内，一般限制在 2.5 倍额定电流之内。

（3）启动设备要简单、可靠。

为了限制启动电流，他励直流电动机通常用电枢回路串电阻启动或降低电枢电压启动。无论采用哪种启动方法，启动时都应保证电动机的气隙磁通达到最大值。这是因为在同样的电流下，Φ 大则 T_{st} 大；而在同样的转矩下，Φ 大则 I_{st} 可以小一些。

2. 他励直流电动机的启动方法

1）电枢回路串电阻启动

电动机启动前，应使励磁回路调节电阻 $R_{st} = 0$，这样励磁电流 I_f 最大，使磁通 Φ 最大。电枢回路串接启动电阻 R_{st} 在额定电压下的启动电流为

$$I_{st} = \frac{U_N}{R_a + R_{st}} \qquad (11-3)$$

式中 R_{st} 值应使 I_{st} 不大于允许值。对于普通直流电动机，一般要求 $I_{st} \leqslant (1.5 \sim 2) I_N$。

在启动电流产生的启动转矩作用下，电动机开始转动并逐渐加速，随着转速的升高，电枢电动势（反电动势）E_a 逐渐增大，使电枢电流逐渐减小，电磁转矩也随之减小，这样转速的上升就逐渐缓慢下来。为了缩短启动时间，保持电动机在启动过程中的加速度不变，就要求启动过程中电枢电流保持不变，因此随着电动机转速的升高，应将启动电阻平滑地切除，最后使电动机转速达到运行值。

实际上，平滑地切除电阻是不可能的，一般的他励直流电动机，启动时在电枢回路中串入多级（通常是 2~5 级）电阻来限制启动电流。专门用来启动电动机的电阻称为启动电阻器（又称启动器）。启动时，将启动电阻全部串入，当转速上升时，在启动过程中再将电阻逐级加以切除，直到电动机的转速上升到稳定值，启动过程结束。启动电阻的级数越多，启动过程就越快、越平稳，但所需要的控制设备也越多，投资也越大。

三级电阻启动时电动机的电路原理图及其机械特性如图 11-1 所示。

他励直流电动机的启动过程如图 11-1（a）所示。启动开始时，接触器触点 KM 闭合，而 KM$_1$，KM$_2$，KM$_3$ 断开，额定电压 U_N 加在电枢回路总电阻 R_3（$R_3 = R_a + R_{st1} + R_{st2} + R_{st3}$）

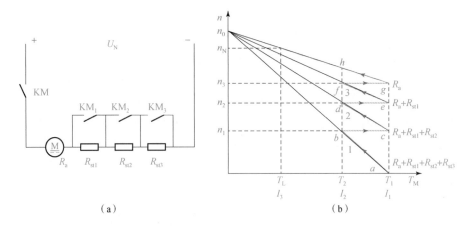

图 11-1　他励电动机串电阻多级启动

(a) 串电阻启动电路;(b) 串电阻多级启动机械特性

上,启动电流为 $I_{\text{st}} = \dfrac{U_{\text{N}}}{R_3}$,此时启动电流 I_{st} 和启动转矩 T_{st} 均达到最大值(通常取额定值的 2 倍左右)。接入全部启动电阻 R_3 时的人为特性曲线如图 11-1(b)曲线 1 所示。启动瞬间对应于 a 点,因为启动转矩 T_1 大于负载转矩 T_L,所以电动机开始加速,电动势逐渐增大,电枢电流和电磁转矩逐渐减小,工作点沿曲线 1 箭头方向移动。当转速升到 n_1、电流降至 I_2、转矩减至 T_2(图中 b 点)时,触点 KM_3 闭合,切除电阻 $R_{\text{st}3}$,I_2 称为切换电流,一般取 $I_2 = (1.1 \sim 1.2) I_{\text{N}}$ 或 $T_2 = (1.1 \sim 1.2) T_{\text{N}}$。切除电阻 $R_{\text{st}3}$ 后,电枢回路电阻减小为 $R_2 = R_{\text{a}} + R_{\text{st}1} + R_{\text{st}2}$,与之对应的人为特性曲线如图 11-1(b)曲线 2 所示。在切除电阻瞬间,由于机械惯性,转速不能突变,所以电动机的工作点由 b 点沿水平方向跃变到曲线 2 上的 c 点。选择适当的各级启动电阻,可使 C 点的电流仍为 I_1,这样电动机又在最大转矩 T_1 下进行加速,工作点沿曲线 2 箭头方向移动。当到达 d 点时,转速升至 n_2,电流又降至 I_2,转矩也降至 T_2,此时触点 KM_2 闭合,将 $R_{\text{st}2}$ 切除,电枢回路电阻变为 $R_1 = R_{\text{a}} + R_{\text{st}1}$,工作点由 d 点平移到人为特性曲线 3 上的 e 点。e 点的电流和转矩仍为最大值,电动机又在最大转矩 T_1 下加速,工作点在曲线 3 上移动。当转速升至 n_3 时,即在 f 点切除最后一级电阻 $R_{\text{st}1}$ 后,电动机将过渡到固有特性上,并加速到 h 点,处于稳定运行状态,启动过程结束。

　　在启动过程中,若要使电动机的转速均匀上升,只有让启动电流和启动转矩保持不变,即启动电阻应平滑地切除,但是实际上很难办到,通常将启动电阻分成许多段,分的段越多,则启动电流过大,难以保证安全,故手动启动器广泛应用于各种中小型直流电动机中,而较大容量的直流电动机需采用自动启动器。

　　2)降低电枢电压启动

　　降低电枢电压启动简称降压启动。当直流电源电压可调时,可以采用降压启动。启动时,以较低的电源电压启动电动机,通过降低启动时的电枢电压来限制启动电流,启动电流随电压的降低而正比减小,因而启动转矩减小。随着电动机转速的上升,反电动势逐渐增大,再逐渐提高电源电压,使启动电流和启动转矩保持在一定的数值上,从而保证电动机按需要的加速度升速,待电压达到额定值时,电动机稳定运行,启动过程结束。

　　这种启动方法需要可调压的直流电源,过去多采用直流发电机—电动机组,即每一台电动机专门由一台直流发电机供电,当调节发电机的励磁电流时,便可改变发电机的输出电压，从而改变加在电动机电枢两端的电压。随着晶闸管技术和计算机技术的发展，直流发电机逐步被晶闸管整流电源所取代。

自动化生产线中均采用降压启动，在实际工作中一般从 50 V 开始启动，稳定后逐渐升高电压直至达到生产要求的转速为止。因此，这是一种比较理想的启动方法。

降压启动的优点是启动电流小，启动过程中消耗的能量少，启动平滑，但需配备专用的直流电源，设备投资大，多用于要求经常启动的大中型直流电动机。

自测题

一、填空题

1. 直流电动机常用的启动方法有＿＿＿＿＿、＿＿＿＿＿＿和＿＿＿＿＿。
2. 电机启动时，其转速为＿＿＿＿、电枢中的感应电动势也为＿＿＿＿。
3. 电机启动时的电磁转矩称为＿＿＿＿。
4. 直流电机由静止状态加速到正常运转的过程称为＿＿＿＿。
5. 直流电机降压启动的目的是＿＿＿＿＿＿。

答案11.1

二、选择题

1. 欲使电动机能顺利启动达到额定转速，要求（　　）电磁转矩大于负载转矩。

A. 平均　　　　　　　　B. 瞬时　　　　　　　　C. 额定　　　　　　　　D. 以上答案都不对

2. 直流电动机启动时电枢回路串入电阻是为了（　　）。

A. 增加启动转矩　　　B. 限制启动电流　　　C. 增加主磁通　　　D. 减少启动时间

3. 直流电动机直接启动时的启动电流是额定电流的（　　）倍。

A. 4 ~ 7　　　　　　　B. 1 ~ 2　　　　　　　C. 10 ~ 20　　　　　　D. 20 ~ 30

4. 直流电动机采用降低电源电压的方法启动，其目的是（　　）。

A. 使启动过程平稳　　B. 减小启动电流　　　C. 减小启动转矩　　　D. 节省电能

三、判断题

1. 直流电动机可以直接启动。　　　　　　　　　　　　　　　　　　　　　　（　　）
2. 启动时的电磁转矩可以小于负载转矩。　　　　　　　　　　　　　　　　　（　　）
3. 直流电动机串多级电阻启动。在启动过程中，每切除一级启动电阻，电枢电流都将突变。　　　　　　　　　　　　　　　　　　　　　　　　　　　　　　　　（　　）
4. 并励直流电动机不可轻载运行。　　　　　　　　　　　　　　　　　　　　（　　）
5. 直流电动机采用降低电源电压的方法启动，其目的是使启动过程平稳。　　（　　）

四、分析计算题

1. 容量为几个千瓦时，为什么直流电动机不能直接启动？
2. 他励直流电动机启动时，为什么要先加励磁电压？如果未加励磁电压（或因励磁线圈断线），而将电枢通电源，在空载启动或负载启动会有什么后果？

11.2.2　他励直流电动机的制动

【学习任务】（1）正确分析直流电动机的制动原理。

（2）正确分析直流电动机的制动过程。

（3）正确选择直流电动机的制动方式。

微课 11.2：
直流电机的制动

根据电磁转矩 T_M 和转速 n 方向之间的关系，可以把电动机分为两种运行状态。当 T_M 与 n 方向相同时，称为电动机运行状态，简称电动状态；当 T_M 与 n 方向相反时，称为制动运行状态，简称制动状态。电动状态时，电磁转矩为驱动转矩，电动机将电能转换成机械能；制动状态时，电磁转矩为制动转矩，电动机将机械能转换成电能。在制动过程中，要求电动机制动迅速、平滑、可靠和能量损耗少。

直流电动机的制动方式主要有能耗制动、反接制动和回馈制动三种，下面对其分别进行介绍。

1. 能耗制动

1）制动原理

图 11-2 所示为他励直流电动机能耗制动示意图，在制动时，将闸刀 S 合向下方，刚开始因为气隙磁通保持不变、电枢存在惯性，其转速 n 不能马上降为零，而是保持原来的方向旋转，于是 n 和 E_a 的方向均不变。但是，由于在闭合的回路内产生的电枢电流 I_{aB} 与电动状态时电枢电流 I_a 的方向相反，由此产生与转速 n 方向相反的制动电磁转矩 T_{MB}，即电动机处于制动状态。很明显，此时，电动机的电能不再供向电网，而是在电阻上转变为热能的形式消耗了，这样一来使电动机的转速迅速下降。这时电动机实际上处于发电机运行状态，将转动部分的动能转换成电能消耗在电枢回路的电阻上，所以称其为能耗制动。

2）机械特性

能耗制动的机械特性就是在 $U = 0$、$\Phi = \Phi_N$、$R_Z = R_a + R_B$ 条件下的一条人为机械特性，即

$$n = \frac{0}{C_e \Phi_N} - \frac{R_a + R_B}{C_e C_T \Phi_N^2} T_M = -\frac{R_a + R_B}{C_e C_T \Phi_N^2} T_M \qquad (11-4)$$

或

$$n = -\frac{R_a + R_B}{C_e \Phi_N} I_a \qquad (11-5)$$

因此，能耗制动的机械特性为一条过坐标原点的直线，其理想空载转速为零。机械特性的斜率与电动状态下电枢串联电阻 R_B 时的人为机械特性的斜率相同，如图 11-3 中的直线 BC。

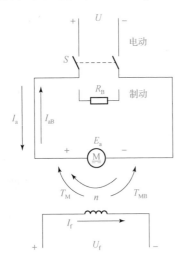

图 11-2 他励直流电动机能耗制动示意图

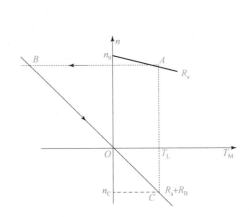

图 11-3 能耗制动机械特性

若原电动机拖动反抗性恒转矩负载在 A 点运行，则当进行能耗制动时，在制动开始瞬间，由于转速 n 不能突变，故电动机的工作点由 A 点跳变至 B 点，此时电磁转矩反向，与负载转矩同向，在它们的共同作用下，电动机沿 BO 曲线减速，直至工作点达到 O 点速度减到零。

若电动机拖动位能性负载，虽然到达 0 点时 $n=0$，$T_M=0$，但在位能负载的作用下，电动机将反转并加速，工作点将沿特性曲线 OC 方向移动。此时的 E_a 的方向随 n 的反向而反向，则 n 和 E_a 的方向均与电动状态时相反，而 E_a 产生的 I_a 的方向与电动状态相同，随之 T_M 的方向也与电动状态方向相同，电磁转矩仍为制动转矩。随着反向转速 n 的增加，制动转矩也不断增大，当制动转矩达到与 A 点转矩相同时，获得稳定运行，此状态称为稳定能耗制动运行。

能耗制动操作简单，但随着转速 n 的下降，电动势 E_a 减小，制动电流和制动转矩也随之减小，制动效果变差。

2. 电压反接制动

反接制动分为电压反接制动和倒拉反转反接制动两种，下面首先介绍电压反接制动。

1) 制动原理

电压反接制动是将电枢反接在电源上，即电枢电压由原来的正值变为负值，同时电枢回路要串接制动电阻 R_B，此时，在电枢回路内，U 与 E_a 方向相同，共同产生很大的反向电流，即

$$I = \frac{-U_N - E_a}{R_a + R_B} \tag{11-6}$$

反向的电枢电流 I 产生很大的反向电磁转矩 T_{MB}，从而产生很强的制动作用，即电压反接制动。其控制电路如图 11-4 所示。

2) 机械特性

电压反接制动时，在 $U=-U_N$，$R=R_a+R_B$ 条件下得到人为机械特性方程为

$$n = -\frac{U_N}{C_e \Phi_N} - \frac{R_a + R_B}{C_e C_T \Phi_N^2} T_M = -n_0 - \frac{R_a + R_B}{C_e C_T \Phi_N^2} T_M \tag{11-7}$$

可见，其特性曲线是一条通过 $-n_0$ 点、斜率为 $\frac{R_a + R_B}{C_e C_T \Phi_N^2}$ 的直线，如图 11-5 所示。

电压反接制动时，由于惯性，电动机的工作点从电动状态 A 点瞬间跳变到 B 点，此时电磁转矩与转速反向，对电动机起制动作用，使电动机转速迅速降低，从 B 点沿制动特性下降到 C 点，此时 $n=0$，若要求电动机准确停机，必须马上切断电源，否则将进入反向启动。

若要求电动机反向运行，且负载为反抗性恒转矩负载，当 $n=0$ 时，若电磁转矩 $|T_M| < |T_L|$，则电动机堵转；若电磁转矩 $|T_M| > |T_L|$，则电动机反向启动，沿特性曲线至 D 点 $-T_M=-T_L$，电动机稳定运行在反向电动状态。如果负载为位能性恒转矩负载，则电动机反向转速继续升高将沿特性曲线到 E 点，在反向发电回馈制动状态下稳定运行于 F 点，制动特性曲线过 $-n_0$ 点。

3. 倒拉反接制动

倒拉反接制动一般发生在提升重物转为下放重物的情况下，即位能性恒转矩负载。

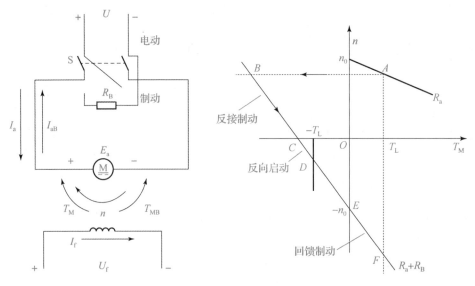

图 11-4　电压反接制动示意图　　　　图 11-5　电压反接制动机械特性

1）制动原理

图 11-6（a）所示为电动状态下拖动重物的原理图，图 11-6（b）所示为电动机在倒拉反转反接制动状态下拖动重物的原理图，可见，两图的差别就在于在制动过程中主电路中串联了一大电阻 R_B，可得到一条斜率较大的人为机械特性曲线，如图 11-7。

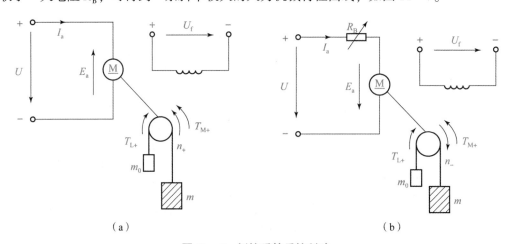

图 11-6　倒拉反转反接制动

（a）正向电动；（b）倒拉反转反接制动

制动过程如下：串联电阻瞬间，因转速不能突变，所以工作点由固有机械特性曲线上的 A 点沿水平方向跳跃到人为机械特性曲线的 B 点，此时电磁转矩 T_M 小于负载转矩 T_L，于是电动机开始减速，工作点沿人为机械特性曲线由 B 点向 C 点转化，到达 C 点时，$n=0$，电磁转矩为堵转转矩 T_K，因 T_K 仍小于负载转矩 T_L，所以在重物的重力作用下电动机将反向旋转，即下放重物。因为励磁电流不变，所以 E_a 随 n 的反向而改变方向，由图 11-6（b）可看出 I_a 的方向不变，故 T_M 的方向也不变。这样，电动机反向后，电磁转矩为制动转矩，电动机处于制动状态。如图 11-7 中的 CD 段所示，随着电动机反向转速的增加，E_a 增大，电

枢电流 I_a 和制动的电磁转矩 T_M 也相应增大，当到达 D 点时，电磁转矩与负载转矩平衡，电动机便以稳定的转速匀速下放重物。电动机串入的电阻 R_B 越大，最后稳定的转速超高，下放重物的速度也越快。

电枢回路串联较大的电阻后，电动机能出现反转反接制动运行，主要是位能负载的倒拉作用，又因为此时的 E_a 与 U 也是顺向串联，共同产生电枢电流，因此，把该制动称为倒拉反转反接制动。

2）机械特性

倒拉反转反接制动的机械特性方程就是电动状态时电枢串联电阻的人为机械特性方程，即

$$n = \frac{U_N}{C_e \Phi_N} - \frac{R_a + R_B}{C_e C_T \Phi_N^2} T_M = n_0 - \frac{R_a + R_B}{C_e C_T \Phi_N^2} T_M \qquad (11-8)$$

不过此时电枢串联的电阻值较大，使 $\frac{R_a + R_B}{C_e C_T \Phi_N^2} T_M > n_0$，所以 n 为负值，特性曲线位于第四象限的 CD 段，如图 11-7 所示。

因此，倒拉反接反转制动下放重物的速度随串联电阻 R_B 的大小而异，制动电阻越大，特性越软，下放速度越高。

综上所述，电动机进入倒拉反转反接制动状态必须有位能负载反拖电动机，同时电枢回路必须串联较大电阻。此时位能负载转矩为拖动转矩，而电动机的电磁转矩是制动转矩，以安全下放重物。

4. 回馈制动控制

电动状态运行的电动机，在拖动机车下坡等场合时会出现电动机转速高于理想空载转速（即 $n > n_0$）的情况。此时，电枢电动势 E_a 大于电枢电压 U，电枢电流 $I_a = \frac{U - E_a}{R} < 0$，电枢电流的方向与电动状态相反，从能量传递方向看，电动机处于发电状态，将机车下坡时失去的位能转变成电能回馈给电网，因此，该制动为回馈制动。回馈制动一般用于位能负载高速拖动电动机场合和降低电枢电压调速场合。

回馈制动时的特性方程与电动状态下相同，只是运行在特性曲线上的不同区段而已。当电动机拖动机车下坡出现回馈制动（正向回馈制动）时，其机械特性曲线位于第二象限，如图 11-8 所示中的 $n_0 A$ 段。当电动机下放重物出现回馈制动（反向回馈制动）时，其机械特性曲线位于第四象限，如图 11-8 所示中的 $-n_0 B$ 段。图 11-8 所示中的 A 点是电动机处于正向回馈制动稳定运行点，表示机车以恒定的速度下坡；B 点是电动机处于反向回馈制动稳定运行点，表示重物匀速下放。

除以上两种回馈制动稳定运行外，还有一种发生在电动状态过程的回馈制动过程。如降低电枢电压的调速过程和弱磁状态下增磁调速过程中都会出现回馈制动过程，下面对这两种情况进行说明。

在图 11-9 中，A 点是电动状态运行的工作点，对应电压为 U_1，转速为 n_A。当进行降压（U_1 降为 U_2）调速时，因转速不突变，工作点由 A 点平稳到 B 点，此后工作点在降压人为机械特性曲线的 Bn_{02} 段上的变化过程即为回馈制动过程，它起到加快电动机减速的作用，当转速降到 n_{02} 时，制动过程结束。从 n_{02} 降到 C 点转速 n_C 的过程为电动状态减速过程。

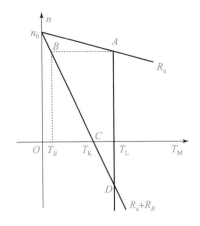

图 11-7 倒拉反转反接制动机械特性

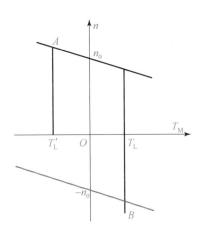

图 11-8 回馈制动机械特性

在图 11-10 中，磁通由 Φ_1 增至 Φ_2 时，工作点的变化情况与图 11-8 回馈制动时相同，由于有功率回馈到电网，因此与能耗制动和反接制动相比，回馈制动是比较经济的。

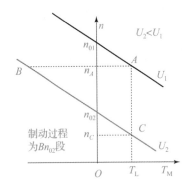

图 11-9 降压调速时的回馈制动

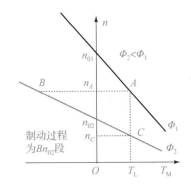

图 11-10 增磁调速时的回馈制动

自测题

一、填空题

1. 当直流电动机转速超过_____时，出现回馈制动。

2. 直流电动机常用的电气制动方式有_____、_____、_____。

3. 如果不串联制动电阻，反接制动瞬间的电枢电流约是电动运行时电枢电流的_____倍。

4. 直流电动机的制动分为机械制动和_____。

5. 串励直流电动机的制动只有能耗制动和反接制动，不能实现_____。

二、选择题

1. 串励直流电动机不能实现的电气制动方式是（　　）。

A. 能耗制动　　　　B. 反接制动　　　　C. 再生制动　　　　D. 机械制动

2. 若直流他励电动机在电动运行状态中，由于某种因素，使电动机的转速高于理想空载转速，这时电动机便处于（　　）。

A. 回馈制动状态　　　　　　　　　　B. 能耗制动状态

C. 电枢反接制动状态　　　　　　　　D. 倒拉反接制动状态

3. 直流电动机回馈制动时，电动机处于（　　　　）状态

A. 电动　　　　　　B. 发电　　　　　　C. 空载　　　　　　D. 制动

4. 他励直流电动机电磁制动的本质是（　　　　）。

A. 立即停车　　　B. 调速需要　　　C. T_M 与 n 反向　　　D. T_M 与 n 同向

5. 直流电动机的电气制动有三种方法，即再生制动、能耗制动和（　　　　）。

A. 反接制动　　　B. 回馈制动　　　C. 机械制动　　　D. 发电制动

三、判断题

1. 串励直流电动机可以实现反接制动。　　　　　　　　　　　　　　　　　（　　　）

2. 对于串励直流电动机来说，反接制动就是将外加电源的极性接反。　　　（　　　）

3. 一台并励直流电动机，若改变电源极性，则电动机转向也改变。　　　　（　　　）

4. 实现单相异步电动机的正反转，只要电源的首、末两端对调即可。　　　（　　　）

5. 串励直流电动机可以实现再生制动。　　　　　　　　　　　　　　　　　（　　　）

四、分析计算题

1. 什么是电气制动？电气制动有什么特点？有哪几种方法？

2. 能耗制动过程和能耗制动运行有何异同点？

3. 他励直流电动机额定数据：$P_N = 12$ kW，$U_N = 220$ V，$I_N = 64$ A，$n_N = 700$ r/min，$R_a = 0.25$ Ω。试问：

（1）额定工况下采用电压反接制动，制动时电枢中串入 $R_Z = 6$ Ω 的制动电阻，问最大制动电流及电磁转矩为多少？

（2）停机时电流及电磁转矩为多少？如果负载为反抗性且停机时不切断电源，系统是否会反向启动？为什么？

11.2.3　他励直流电动机的调速

【学习任务】（1）正确分析直流电动机的调速指标。

　　　　　　　（2）正确分析直流电动机的调速过程。

　　　　　　　（3）正确选择直流电动机的调速方式。

为了提高生产效率或满足生产工艺的要求，许多生产机械在工作过程中都需要调速。例如，在车床切削工作时，精加工用高速转、粗加工用低转速；轧钢机在轧制不同品种和不同厚度的钢材时，也必须有不同的加工速度。

电动机的调速可采用机械调速、电气调速或二者配合的调速。通过改变传动机构速度比进行调速的方法称为机械调速，通过改变电动机参数进行调速的方法称为电气调速。

改变电动机的参数就是人为改变电动机的机械特性，从而使负载工作点发生变化，转速随之改变。可见，在调速前后，电动机必然运行在不同的机械特性上。如果机械特性不变，因负载变化而引起的电动机转速的改变，则不能称为调速。直流电动机能在宽广的范围内平滑地调速。当电枢回路内接入调节电阻 R_f 时，则他励直流电动机的转速公式为

$$n = \frac{U - I_a(R_a + R_f)}{C_e \Phi} \tag{11-9}$$

可见，当电枢电流 I_a 不变时（即在一定的负载下），只要改变电枢电压 U、电枢回路调节电阻 R_f 及励磁磁通 Φ 这三者之中的任意一个量，就可以改变转速 n。因此，他励直流电动机具有三种调速方法：调磁调速、调压调速和调节电枢串联电阻调速。

为了评价各种调速方法的优缺点，对调速方法提出了一定的技术经济指标，称为调速指标。下面先对调速指标做简单介绍，然后讨论他励直流电动机的三种调速方法及其与负载类型的配合问题。

1. 调速指标

评价直流电动机调速性能好坏的指标有以下四个方面。

1）调速范围

调速范围是指电动机在额定负载下可能运行的最高转速 n_{max} 与最低转速 n_{min} 之比，通常用 D 表示，即

$$D = \frac{n_{max}}{n_{min}} \qquad (11-10)$$

不同的生产机械对电动机的调速范围有不同的要求。要扩大调速范围，必须尽可能地提高电动机的最高转速和降低电动机的最低转速。电动机的最高转速受电动机的机械强度、换向条件、电压等级等的限制，而最低转速则受低转速运行的相对稳定性的限制。

2）静差率（相对稳定性）

转速的相对稳定性是指负载变化时，转速变化的程度。转速变化越小，其相对稳定性越高。转速的相对稳定性用静差率 δ 表示。当电动机在某一机械特性上运行时，由理想空载增加到额定负载，电动机的转速降落 $\Delta n_N = n_0 - n_N$ 与理想空载转速 n_0 之比，就称为静差率，用百分数表示为

$$\delta = \frac{n_0 - n_N}{n_0} \times 100\% = \frac{\Delta n_N}{n_0} \times 100\% \qquad (11-11)$$

显然，电动机的机械特性越硬，其静差率越小，转速的相对稳定性就越高，但静差率的大小不仅仅由机械特性的硬度决定，还与理想空载转速的大小有关，即硬度相同的两条机械特性，理想空载转速越低，其静差率越大。

调速范围与静差率两个指标相互制约，其之间的关系式为

$$D = \frac{n_{max}\delta}{\Delta n(1-\delta)} \qquad (11-12)$$

式中　Δn——最低转速机械特性上的转速降落；

　　　δ——最低转速时的静差率，即系统的最大静差率。

由式（11-12）可知，若对静差率要求过高，即 δ 要求小，则调速范围 D 就越小；反之，若要求调速范围 D 越大，则静差率 δ 也越大，转速的相对稳定性越差。

不同的生产机械，对静差率的要求不同，普通车床要求 $\delta \leqslant 30\%$，而高精度的造纸机则要求 $\delta \leqslant 0.1\%$。在保证一定静差率的前提下，要扩大调速范围，就必须减小转速降落 Δn_N，即必须提高机械特性的硬度。

3）调速的平滑性

在一定的调速范围内，调速的级数越多，就认为调速越平滑，相邻两级转速之比称为平滑系数，用 φ 表示：

$$\varphi = \frac{n_i}{n_i - 1} \qquad (11-13)$$

φ 越接近于1，则平滑性越好，当 $\varphi = 1$ 时，称为无级调速，即速转可以连续调节。调速不连续时，级数有限，称为有级调速。

4）调速的经济性

调速的经济性主要指调速设备投资、运行效率及维修费用等。

2. 调速方法

1）调节励磁电流

额定运行的电动机，其磁路已基本饱和，即使励磁电流增加很大，磁通增加很少，从电动机的性能考虑也不允许磁路过饱和。因此，改变励磁电流只能将 I_{fN} 由额定值往下调，即为弱磁调速。

对于恒转矩负载，调速前后电动机的电磁转矩不变，因为磁通减少，所以调速后的电枢电流大于调速前的电枢电流。

调节励磁电流调速的优点：由于在电流较小的励磁回路中进行调节，因而控制方便，能量耗损小，设备简单，而且调速平滑性好。虽然弱磁升速后电枢电流增大，电动机的输入功率增大，但由于转速升高，输出功率增大，电动机的效率基本不变，因此，该调速方式经济性较好。其缺点是：机械特性的斜率变大，特性变软；转速的升高受到电动机换向能力和机械强度的限制，因此升速范围不可能很大，一般 $D \leqslant 2$。

他励直流电动机励磁电流改变时的机械特性如图 11-11 所示。

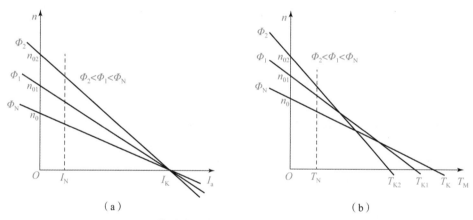

（a）　　　　　　　　　　　　　　（b）

图 11-11　他励直流电动机励磁电流改变时的机械特性

2）调节电枢电压

电动机的工作电压不允许超过额定电压，因此，电枢电压只能在额定电压以下进行调节。

调节电枢电压调速的优点如下：

（1）电源电压能够平滑调节，可实现无级调速；

（2）调速前后机械特性的斜率不变，硬度较高，负载变化时速度稳定性好；

（3）无论是轻载还是重载，调速范围相同，一般可达 $D = 2.5 \sim 12$；

（4）电能损耗较小。

调节电枢电压调速的缺点是需要一套电压可连续调节的直流电源。调节电枢电压调速多用在对调速性能要求较高的生产机械上，如机床、轧钢机、造纸机等。

他励直流电动机电枢电压改变时的机械特性如图 11-12 所示。

3）调节电枢回路串联电阻

电枢串联电阻调速的优点是设备简单、操作方便。其缺点有以下几点：

（1）由于电阻只能分段调节，所以调速的平滑性差；

（2）低速时特性曲线斜率大、静差率大，所以转速的相对稳定性差；

（3）轻载时调速范围小，额定负载时调速范围一般为 $D \leqslant 2$；

（4）如果负载转矩保持不变，则调速前后因磁通不变而使电动机的 T_M 和 I_a 不变，输入功率（$P_1 \propto U_N I_a$）也不变，但输出功率（$P_2 \propto T_L n$）却随转速的下降而减小，减小的部分被串联的电阻消耗掉了，所以消耗功率较大、效率较低，而且转速越低，所串联的电阻越大、损耗越大、效率越低。因此，电枢串联电阻调速适用于对调速性能要求不高的生产机械中，如起重机、电车等。

他励直流电动机电枢串联电阻时的机械特性如图 11 - 13 所示。

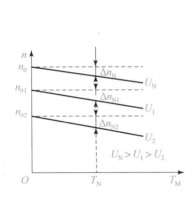

图 11 - 12　他励直流电动机电枢电压改变时的机械特性

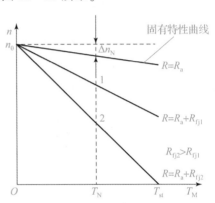

图 11 - 13　他励直流电动机电枢串联电阻时的机械特性

不同调速方法的特点、性能和适用范围见表 11 - 1。

表 11 - 1　不同调速方法的特点、性能和适用范围

调速方法	调节励磁电流	调节电枢电压	调节电枢回路串联电阻
特性曲线	见图 11 - 11	见图 11 - 12	见图 11 - 13
特点	1. U 为常数，转速 n 随励磁电流 I_f 和磁通 Φ 的减小而升高。 2. 转速越高，换向越难，电枢反应和换向元件中电流的去磁效应对电动机运行稳定性的影响越大。最高转速受机械因素、换向和运行稳定性的限制。 3. 电枢电流保持额定值不变时，转矩 T_M 与 Φ 成正比，n 与 Φ 成反比，输入、输出功率及效率基本不变	1. Φ 为常数，转速 n 随电枢端电压 U 的减少而较低。 2. 低速时，机械特性的斜率不变，稳定特性好。 3. 电枢电流保持额定值不变时，T_M 保持不变，U 与成正比，输入、输出功率随 U 和的 n 降低而减小，效率基本不变	1. U 为常数，转速 n 随电枢回路电阻 R_a 的增加而降低。 2. 转速越低，机械特性越软。采用此法调速时，调速变阻器可作启动变阻器用。 3. 电枢电路保持额定值不变时，T_M 保持不变，可作恒转矩调速，但低速时，输出功率随 n 的降低而减小，而输入功率不变，效率将随 n 的降低而降低，经济性很差
适用范围	适用于额定转速以上的恒功率调速	适用于额定转速以下的恒转矩调速	只适用于额定转速以下，无须经常调速，且机械特性要求较软的调速

自测题

一、填空题

1. 直流电动机调速时，在励磁回路中增加调节电阻，可使转速_____，而在电枢回路中增加调节电阻，可使转速_____。

2. 拖动恒转转负载进行调速时应采用_____调速方法，而拖动恒功率负载时应采用_____方法。

3. 直流他励电动机的转速升高，其电枢电流_____。

4. 静差率也称_____，指在负载转矩变化时，转速变化的程度。

5. 在电动机调速过程中，相邻两级转速之比称为_____。

二、选择题

1. 他励直流电动机改变电枢电压调速时，其特点是（　　　）。

A. 理想空载转速不变，特性曲线变软　　　B. 理想空载转速变化，特性曲线变软

C. 理想空载转速变化，特性曲线斜率不变　D. 理想空载转速不变，特性曲线斜率不变

2. 他励或者并励电动机的理想空载转速是（　　　）。

A. $E_a/C_e\varPhi$　　　　　B. $I_aR_a/C_e\varPhi$　　　　　C. $U_a/C_e\varPhi$　　　　　D. $U_a/C_T\varPhi$

3. 一台并励直流电动机，在保持转矩不变时，如果电源电压 U 降为 $0.5U_N$，忽略电枢反应和磁路饱和的影响，此时电动机的转速（　　　）。

A. 不变　　　　　　　　　　　B. 转速降低到原来转的 0.5 倍

C. 转速下降　　　　　　　　　D. 无法判定

4. 并励直流电动机带恒转矩负载，当在电枢回路中串接电阻时，其（　　　）。

A. 电动机电枢电流不变，转速下降　　　B. 电动机电枢电流不变，转速升高

C. 电动机电枢电流减小，转速下降　　　D. 电动机电枢电流减小，转速升高

三、判断题

1. 他励直流电动机降低电源电压调速与减小磁通调速都可以做到无级调速。　　　（　　　）

2. 直流电动机降压调速适用于恒转矩负载。　　　（　　　）

3. 直流电动机调节励磁回路中的电阻值，电动机的转速将升高。　　　（　　　）

4. 对于风机型负载采用电枢串电阻调速和降压调速要比弱磁调速合适一些。　　　（　　　）

5. 直流他励电动机的转速升高，其电枢电流降低。　　　（　　　）

6. 恒转矩调速方式适用于恒转矩负载。　　　（　　　）

7. 恒功率调速方式适用于恒功率负载。　　　（　　　）

四、分析计算题

1. 电动机的 T_M 是驱动性质的转矩，T_M 增大时，n 反而下降，这是什么原因？

2. 某串励直流电动机，$P_N = 14.7$ kW，$U_N = 220$ V，$I_N = 78.5$ A，$n_N = 585$ r/min，$R_a = 0.26\ \Omega$（包括电刷接触电阻）。欲在负载转矩不变条件下把转速降到 350 r/min，需串入多大电阻？

11.2.4　直流电动机电力拖动控制电路设计举例

【**学习任务**】（1）正确设计直流电动机控制电路。

答案11.3

（2）正确安装直流电动机控制电路。

（3）正确调试直流电动机控制电路。

1. 直流电动机的控制

直流电动机在实际应用中有多种控制方法，因此对直流电动机的电气控制原则、控制方式等需要作进一步的认识。

1）直流电动机控制原则

所谓直流电动机的控制，就是对直流电动机进行启动、反转、调速、制动的电气控制。这些运行状态的改变最为明显的是直流电动机转速的变化和旋转方向的改变，但同时运行状态的改变是由直流电动机的一些电磁参数变化而改变的，如直流电动机转子或定子电流、电动势等。因此，直流电动机控制原则有速度原则、时间原则、电流原则、电动势原则和行程原则。这些控制原则的特点、应用场合见表 11 - 2。

表 11 - 2   直流电动机的控制原则

控制原则	应用场合	特点
速度原则	直流电动机的反接制动	电路简单，采用速度继电器控制
时间原则	直流电动机的启动和能耗制动	电路简单，采用速度继电器控制
电流原则	串励直流电动机的启动和制动	电路连锁较多，采用电流继电器控制
电动势原则	直流电动机的启动和反接制动	较准确反映电动机转速，采用电压继电器控制
行程原则	反映机械运动部件的运动位置	电路简单，采用行程开关控制

2）电气控制图认识

电气控制系统是由电气控制元件按照一定的要求连接而成，为了清晰表达生产机械电气控制系统的工作原理，便于电气控制系统的安装、调整、使用和维修，将电气控制系统中的各电气元件用一定的图形符号和文字符号表达出来，再将其连接情况用一定的图形反映出来的图，即为电气控制图。

在对直流电动机运行控制过程时，需要根据电气控制原理图通过开关、线圈等元件的动作先后来进行分析。

常用的电气控制图有电气原理图、电气元件布置图和电气安装接线图。电气原理图是用来表示电路各个电器元件导电部分的连接关系和工作原理的图；电器元件布置图用来表明电气设备上所有电动机和各电器元件的实际位置；电气安装接线图是为了进行电器元件的接线和排除电器故障而绘制的。

2. 直流电动机启动控制电路设计举例

直流电动机启动控制时，有不同的控制参数，下面主要以电流启动控制、时间继电器启动控制、电枢串联电阻单向旋转启动控制为例来说明启动控制电路的设计。

1）通过电流控制直流电动机启动

图 11 - 14 所示为通过电流控制的直流电动机启动控制电路图。

电路图工作原理：合上开关 QS，按下启动按钮 ST，接触器 KM_1 线圈得电吸合，其常开触点闭合，电动机电枢回路串联电阻 R 做降压启动，KM_1 的一个常开触点闭合，实现自锁，

KT 线圈也得电。与此同时，KM_3 接触器动作，其常闭触点断开。当电动机转速升高时，使电枢电流下降，KM_3 释放，其常闭触点闭合，KM_2 得电动作，KM_2 的常开触点闭合，把降压电阻 R 短接，电动机便开始在额定工作电压下正常运行。采用延时继电器 KT，目的是防止在启动之初，降压电阻 R 被接触器 KM_2 短接。

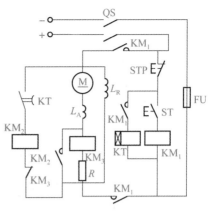

图 11－14　电流控制的直流电动机启动控制电路图

2）通过时间继电器控制直流电动机启动

图 11－15 所示为由时间继电器控制的直流电动机启动控制电路。这实际上是电阻降压启动的直流电动机启动电路，只不过是用时间继电器来控制短接电阻的先后而已。

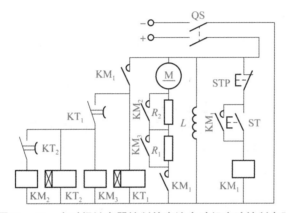

图 11－15　由时间继电器控制的直流电动机启动控制电路

电路图工作原理：闭合电源开关 QS，按下启动按钮 ST，直流接触器 KM_1 得电吸合，其常开触点闭合，使电枢回路串联 R_1、R_2 启动。而时间继电器 KM_1 也同时得电启动，其常开触点 KT_1 经延时闭合，使 KM_3 得电吸合，从而将 R_1 短接，电动机 M 加速。此时，另一只时间继电器 KT_2 得电动作，其常开触点延时闭合，使 KM_2 得电动作，把电阻 R_2 短接。这样，电动机便进入了正常运行状态。

3）直流电动机电枢串联电阻单向旋转启动控制

图 11－16 所示为直流电动机电枢串联二级电阻，按时间原则启动电路。图中 KM_1 为线路接触器，KM_2、KM_3 为短接启动电阻接触器，KA_1 为过电流继电器，KA_2 为欠电流继电器，KT_1、KT_2 为时间继电器，R_1、R_2 为启动电阻，R_3 为放电电阻。

电路工作原理：合上电动机电枢电源开关 Q_1、励磁与控制电路电源开关 Q_2。KT_1 线圈得电，其常闭触点断开，切断 KM_2、KM_3 线圈电路，确保启动时将电阻 R_1、R_2 全部串联电枢回路。按下启动按钮 SB_2，KM_1 线圈得电并自锁，主触点闭合，接通电枢回路，电枢串联二级启动电阻启动；同时 KM_1 常闭辅助触点断开，KT_1 线圈断电，为延时使 KM_2、KM_3 线圈通电，短接电枢回路启动电阻 R_1、R_2 做准备。在电动机串联 R_1、R_2 启动的同时，并接在 R_1 电阻两端的 KT_2 线圈得电，其常闭触点断开，使 KM_3 线圈电路处于失电状态，确保 R_2 串联电枢回路。

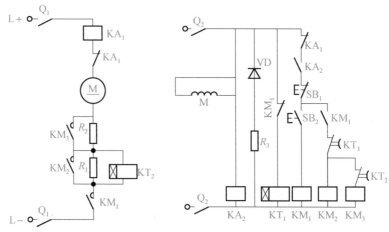

图 11−16　直流电动机电枢串联电阻单向旋转启动电路

经过一段时间延时后，KT_1 线圈失电，延时闭合触点闭合，KM_2 线圈得电吸合，主触点短接电路 R_1，电动机转速升高，电枢电流减小。为保持一定的加速转矩，启动中应逐级切除电枢启动电阻。在 R_1 被 KM_2 主触点短接的同时，KT_2 线圈失电释放，再经过一定时间的延时，KT_2 线圈失电，延时闭合触点闭合，KM_3 线圈得电吸合，KM_3 主触点闭合短接第二段电枢启动电阻 R_2。电动机在额定电枢电压下运转，启动过程结束。

电路保护环节：该电路由过电流继电器 KA_1 实现电动机过载和短路保护；欠电流继电器 KA_2 实现电动机欠磁场保护；电阻 R_3 与二极管 VD 构成电动机励磁绕组断开电源时产生感应电动势的放电回路，以免产生过电压。

自测题

一、填空题

1. 热继电器是利用＿＿＿＿＿＿＿＿ 来工作的电器。

2. 主电路是＿＿＿＿＿＿电流通过的电路，辅助电路是＿＿＿＿＿＿电流通过的电路。

3. ＿＿＿＿＿＿＿＿＿＿统称电气的联锁控制。

4. 触头按原始状态分＿＿＿＿＿＿ 、＿＿＿＿＿＿＿＿两种。

5. 触头按控制电路分＿＿＿＿＿＿ 和 ＿＿＿＿＿＿ 两种。

二、选择题

1. 接触器的额定电流是指（　　　）。

A. 线圈的额定电流　　　　　　B. 主触头的额定电流

C. 辅助触头的额定电流　　　　D. 以上三者之和

2. 电机正反转运行中的两接触器必须实现相互间的（　　　）。

A. 联锁　　　　　B. 自锁　　　　　C. 禁止　　　　　D. 记忆

3. 能用来表示电机控制电路中电气元件实际安装位置的是（　　　）。

A. 电气原理图　　B. 电气布置图　　C. 电气接线图　　D. 电气系统图

4. 下列电器中不能实现短路保护的是（　　　）。

A. 熔断器　　　　B. 热继电器　　　C. 过电流继电器　　D. 空气开关

5. 断电延时型时间继电器，它的延时动合触点是（　　　）。

A. 延时闭合的动合触点　　　　　　B. 瞬动动合触点

C. 瞬动闭合延时断开的动合触点　　D. 延时闭合瞬时断开的动合触点

三、判断题

1. 电气原理图绘制中，不反映电器元件的大小。　　　　　　　　（　　）

2. 电气原理图设计中，应尽量减少通电电器的数量。　　　　　　（　　）

3. 电气接线图中，同一电器元件的各部分不必画在一起。　　　　（　　）

4. 热继电器和过电流继电器在起过载保护作用时可相互替代。　　（　　）

5. 一个线圈额定电压为 220 V 的交流接触器，在交流 220 V 和直流 220 V 的电源上均可使用。　　　　　　　　　　　　　　　　　　　　　　　　　　　　　　（　　）

四、分析计算题

1. 电动机控制系统常用的保护环节有哪些？

2. 电动机控制系统常用的保护环节一般用什么低压电器实现？

答案 11.4

11.3　技 能 培 养

11.3.1　技能评价要点

直流电动机的控制学习情境技能评价要点见表 11 - 3。

表 11 - 3　直流电动机的控制学习情境技能评价要点

项目	技能评价要点	权重/%
1. 他励直流电动机的启动	1. 正确说出直流电动机的启动要求。 2. 正确分析直流电动机的启动过程。 3. 正确选择直流电动机的启动方法	25
2. 他励直流电动机的制动	1. 正确分析直流电动机的制动原理。 2. 正确分析直流电动机的制动过程。 3. 正确选择直流电动机的制动方法	25
3. 他励直流电动机的调速	1. 正确分析直流电动机的调速指标。 2. 正确分析直流电动机的调速过程。 3. 正确选择直流电动机的调速方法	25
4. 直流电动机电力拖动控制电路设计举例	1. 正确设计直流电动机控制电路。 2. 正确安装直流电动机控制电路。 3. 正确调试直流电动机控制电路	25

11.3.2 技能实战

一、应知部分

（1）在直流发电机中，理想的换向应是（　　　）。

A. 直线换向　　　　B. 延迟换向　　　　C. 超前换向　　　　D. 无法判定

（2）要改变并励直流电动机的转向，可以（　　　）。

A. 增大励磁　　　　　　　　　　　B. 改变电源极性

C. 改接励磁绕组连接方向　　　　　D. 都不正确

（3）若直流他励电动机在电动运行状态中，由于某种因素，使电动机的转速高于理想空载转速，这时电动机便处于（　　　）状态。

A. 回馈制动　　　　　　　　　　　B. 能耗制动

C. 电枢反接制动　　　　　　　　　D. 倒拉反接制动

（4）直流电动机回馈制动时，电动机处于（　　　）状态

A. 电动　　　　　　B. 发电　　　　　　C. 空载　　　　　　D. 制动

（5）他励直流电动机电磁制动的本质是（　　　）。

A. 立即停车　　　B. 调速需要　　　C. T_M 与 n 反向　　　D. T_M 与 n 同向

（6）串励直流电机不能实现的电气制动方式是（　　　）。

A. 能耗制动　　　B. 反接制动　　　C. 再生制动　　　D. 机械制动

（7）如果不串制动电阻，反接制动时电枢电流约是电动运行时电枢电流的（　　　）倍。

A. 1　　　　　　B. 2　　　　　　C. 3　　　　　　D. 4

（8）一直流电动机拖动一台他励直流发电机，当电动机的外电压、励磁电流不变时，增加发电机的负载，则电动机的电枢电流 I_a 和转速 n 将（　　　）。

A. I_a 增大，n 降低　　B. I_a 减少，n 升高　　C. I_a 减少，n 降低　　D. 无法判定

（9）直流他励电机的转速升高，其电枢电流（　　　）。

A. 增大　　　　　　B. 不变　　　　　　C. 减小　　　　　　D. 不清楚

（10）一台并励直流电动机，在保持转矩不变时，如果电源电压 U 降为 $0.5U_N$，忽略电枢反应和磁路饱和的影响，此时电动机的转速（　　　）。

A. 不变　　　　　　　　　　　　　B. 转速降低到原来转速的 0.5 倍

C. 转速下降　　　　　　　　　　　D. 无法判定

（11）什么叫直流电动机的启动？直流电动机在启动时有什么特点？

（12）直流电动机启动的基本要求有哪些？

（13）直流电动机常用的启动方法有哪些？简述每种启动方法的特点。

（14）直流电动机常用的制动方法有哪些？简述每种制动方法的特点。

（15）评价直流电动机调速性能的指标有哪几个？

（16）直流电动机常用的调速方法有哪些？简述每种调速方法的主要特点和它的适用范围。

（17）什么是直流电动机的控制？直流电动机的控制原则有哪些？

（18）常用的电气控制图分哪几种？

（19）他励直流电动机额定数据：$P_N = 5.6$ kW，$U_N = 220$ V，$I_N = 30$ A，$n_N = 1\,000$ r/min，

电枢回路总电阻 $R_a = 0.4\ \Omega$，负载转矩 $T_Z = 0.8T_N$，试求：

①如果电枢回路中串入电阻 $R_a = 0.8\ \Omega$，求稳定后的转速和电流。

②采用降压调速使转速降为 500 r/min，端电压应降为多少？稳定后电流为多少？

③如将磁通减少 15%，求稳定后的转速与电流。

④如果端电压与磁通都降低 10%，求稳定后的转速与电流。

（20）他励直流电动机的额定数据与题（19）相同，该机采用调压调速，试问：

①若该机带动 $T_Z = T_N$ 的恒转矩负载，当端电压降为 $U = 1/3U_N$ 时，电动机的稳定电流与转速为多少？能否长期运行？

②若该机带动 $P_Z = 0.5P_N$ 的恒功率负载，当 $U = 1/3U_N$ 时，电动机的稳定电流与转速为多少？能否长期运行？

（21）他励直流电动机额定数据：$P_N = 29$ kW，$U_N = 440$ V，$I_N = 76$ A，$n_N = 1\ 000$ r/min，电枢回路总电阻 $R_a = 0.377\ \Omega$，试问：该机以 500 r/min 的速度吊起转矩为 $T_Z = 0.8T_N$ 的负载，在电枢回路应串入多大电阻？

（22）某他励直流电动机额定数据如下：$P_N = 60$ kW，$U_N = 220$ V，$I_N = 350$ A，$n_N = 1\ 000$ r/min，试问：

①如果该机直接启动，启动电流为多少？

②为使启动电流限制在 $2I_N$，应在电枢回路中串入多大电阻？

③如果采用降压启动且启动电流限制在 $2I_N$，端电压应降为多少？

（23）并励直流电动机的启动电流决定于什么？正常工作时电枢电流又决定于什么？

（24）电枢回路串电阻启动的特点是什么？

二、应会部分

（1）请你设计出通过改变电枢电流方向的方式控制直流电动机换向的电路图。

（2）请你设计出直流电动机单向旋转串联电阻启动、能耗制动电路图。

（3）请你设计出直流电动机可逆旋转反接制动电路图。

学习情境 12　直流电机的维护

12.1　学习目标

【**知识目标**】掌握直流电机换向故障分析与处理方法；掌握直流电机电枢绕组故障分析及处理方法；了解直流电机主磁极绕组、换向绕组、补偿绕组故障分析及处理方法；熟练掌握直流电机运行中的常见故障分析与处理方法。

【**能力目标**】能够分析和处理直流电机的换向故障；能够分析和处理直流电机的电枢绕组故障；能够对直流电机运行中的常见故障进行分析与处理。

【**素质目标**】具有深厚的爱国情感和中华民族自豪感；具有良好的职业道德、职业素养、法律意识；崇德向善、诚实守信，爱岗敬业；尊重劳动、热爱劳动，具有较强的实践能力；良好的质量意识、环保意识、安全意识、工匠精神、创新精神；勇于奋斗、乐观向上，具有良好的身心素质。

【**总任务**】正确进行直流电机的日常维护。

12.2　理论基础

12.2.1　直流电机换向故障原因及维护

【**学习任务**】(1) 正确分析直流电机的换向故障原因。

(2) 正确进行直流电机的日常维护。

直流电机的换向故障是直流电机拖动控制中经常遇到的重要故障，换向不良不但严重影响直流电机的正常工作，还会危及直流电机的安全，造成较大的经济损失。另外直流电机的内部故障，大多数会引起换向出现有害的火花或火花增大，严重时灼伤换向器表面，甚至妨碍直流电机的正常运行。因此，对换向故障进行正确的分析、检测、维护是现场技术人员必不可少的基本技能。

1. 机械原因及维护

直流电机的电刷和换向器的连接属于滑动接触，保持良好的滑动接触才可能保证良好的换向，但腐蚀性气体、空气湿度、电机振动、电刷和换向器装配质量及安装工艺等因素都会对电刷和换向器的滑动接触情况产生一定的影响。当电机振动时，电刷和换向器的机械原因使电刷和换向器的滑动接触不良，这时就会在电刷和换向器之间产生有害的火花。

1）电机振动

电机振动对换向的影响是由电枢振动的振幅和频率高低所决定的。当电枢向某一方向振动时，就会造成电刷与换向器的接触面压力波动，从而使电刷在换向器表面跳动。随着电机转速的增高，振动加剧，电刷在换向器表面跳动幅度就越大。电机的振动过大，主要是由于电枢两端的平衡块脱落，造成电枢的不平衡，或是在电枢绕组修理后未进行平衡校正引起的。一般来说，对低速运行的电机，电枢应进行静平衡校验；对高速运行的电机，电枢必须进行动平衡校验，所加平衡块必须牢靠地固定在电枢上。

2）换向器

换向器是直流电机的关键部件，要求表面光洁圆整，没有局部变形。在换向良好的情况下，长期运转的换向器表面与电刷接触的部分将形成一层坚硬的褐色薄膜，这层薄膜有利于换向，并能减少换向器的磨损。当换向器因装配质量不良造成变形或换向片间云母凸出以及受到碰撞使个别换向片凸出或凹下，表面有撞痕或毛刺时，电刷就不能在换向器上平稳地滑动，使火花增大。换向器表面粘有油腻污物也会使电刷因接触不良而产生火花。

换向器表面如有污物，应用沾有酒精的抹布擦净。

换向器表面出现不规则情况时，用与换向片表面吻合的木块垫上细玻璃砂纸来磨换向器，若还不能满足要求，则必须车削换向器的外圆。

若换向片间的绝缘云母凸出，应将云母片下刻，下刻深度以 1.5 mm 左右为宜，过深的下刻，易在换向片之间堆积炭粉，造成换向片之间短路。下刻换向片之间填充云母后，应研磨换向器外圆，使换向器表面光滑。

3）电刷

为保证电刷和换向器的良好接触，电刷表面至少要有 3/4 与换向器接触，电刷压力要保持均匀，电刷间压力相差不超过 10%，以保证各电刷的接触电阻基本相当，从而使各电刷电流均衡。

电刷弹簧压力不合适，电刷材料不符合要求，电刷型号不一致，电刷与刷盒之间的配合太紧或太松，电刷伸出盒太长，都会影响电刷的受力，产生有害火花。

电刷压力弹簧应根据不同的电刷而定。一般电机用的 D104 或 D172 电刷，其压力可取 1 500~2 500 Pa。

2. 电气原因及维护

换向接触电势与电枢反应电势是直流电机换向不良的主要原因。一般在电机设计与制造时都做了较好的补偿与处理，电刷通过换向器与几何中心线的元件接触，使换向元件不切割主磁场。但是由于维修后换向绕组、补偿绕组安装不准确，磁极、刷盒装配偏差，造成各磁极间距离相差太大、各磁极下的气隙不均匀、电刷中心对齐不好、电刷沿换向器圆周等分不均（一般电机电刷沿换向器圆周等分差不超过 ±0.5 mm）。上述原因都可以增大电枢反应电势，从而使换向恶化，产生有害火花。

因此，在检修时，应使各个磁极、电刷安装合适，分配均匀。换向极绕组、补偿绕组安装正确，就能起到改善换向的作用。

12.2.2　直流电机电枢绕组故障分析及处理

【学习任务】（1）正确分析直流电机电枢绕组的故障原因。

　　　　　　（2）正确进行直流电机电枢绕组的日常维护。

　　直流电机电枢绕组是电机产生感应电动势和电磁转矩的核心部件，输入的电压较高，电流较大，它的故障不但直接影响电机的正常运行，也会随时危及电机和运行人员的安全，所以在直流电机的运行和维护过程中，必须随时监测，一旦发现电枢故障应立即处理，以避免事故扩张造成更大损失。

　　1. 电枢绕组短路故障的分析与处理

　　电枢绕组由于短路故障而烧毁时，一般打开电机通过直接观察即可找到烧焦的故障点，为了准确，除了用短路测试器检查外，还可通过图12－1所示简易方法进行确定。

　　将6~12 V直流电源接到电枢两侧的换向片上，用直流毫伏表依次测量各相邻的两个换向片间的电压值，由于电枢绕组是非常有规律的重复排列，所以在正常换向片间的读数也是相等的或呈现规律的重复变化偏转。如果出现在某两个测点的读数很小或近似为零的情况，则说明连接这两个换向片的电枢绕组存在短路故障，若其读数为零，则多为换向片间的短路。

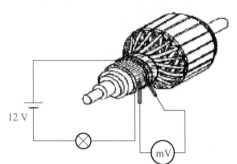

图 12－1　电枢短路检测

　　电枢绕组短路的原因，往往是绝缘老化、机械磨损使同槽绕圈间的匝间短路或上下层之间的层间短路。对于使用时间不长、绝缘并未老化的电机，当只有一两个线圈有短路时，可以切断短路线圈，在两个换向片接线处接以跨接线，作应急使用，如图12－2所示。若短路绕圈过多，则应送电机修理厂重绕。

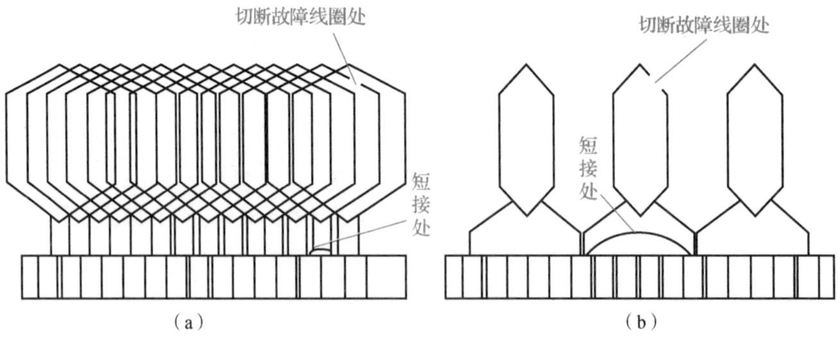

图 12－2　电枢线圈的短接

（a）单叠绕组；（b）单波绕组

　　对于叠绕直流电机的电枢绕组线圈，其首、尾正好在相邻的两片上，所以将对应的这两个换向片短接就可以了。而对于单波绕线，其短接线应跨越一个磁极矩，具体的位置应以准确的测量点来定，即被短接的两个换向片之间的电压测量读数最小或为零。

　　2. 电枢绕组断路及处理

　　电枢绕组断路的原因多是换向片与导线接头焊接不良，或电机的振动过大而造成脱焊，个别也有内部断线的，这时明显的故障现象是电刷下产生较大火花，具体要确定是哪一线圈断路，检测方法如图 12 − 3 所示。

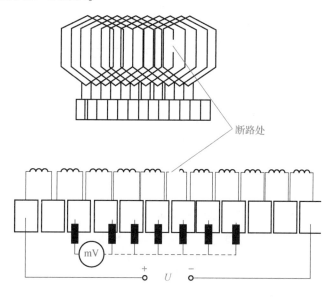

断路处

图 12 − 3　电枢线圈断路检测

　　抽出电枢，将直流电源接于电枢换向器的两侧，由于断线，回路不会有电流，所以电压都加在断线的线圈两端，这时可通过毫伏表依次测换向片间的电压，当毫伏表跨接在未断线圈换向片间测量时，没有读数；当毫伏表跨接到断路线圈时，就会有读数，且指针剧烈跳动。

　　应急处理方法是将断路线圈进行短接，对于单叠绕组，是将有断路的绕组所接的两个换向片用短接线跨接起来；而对于单波绕组，短接线跨过了一个极矩，接在有断路的两个换向片上。

　　3. 电枢绕组接地及处理

　　电枢绕组接地的原因多数是槽绝缘及绕组相间绝缘损坏，导体与硅钢片碰接所致，也有换向片接地，一般击穿点出现在槽口、换向片内和绕组端部。

　　检测电枢绕组是否接地的方法是比较简单的，通常采用试验灯进行检测。先将电枢取出放在支架上，再将电源线串接一个灯泡，一端接在换向片上，另一端接在轴上，如图 12 − 4（a）所示，若灯泡发亮，则说明电枢线圈有接地。

　　若要确定是哪槽线圈接地，还要用毫伏表来测定，如图 12 − 4（b）所示。先将电源和灯泡串接，然后一端接换向器，另一端与轴相接。由于电枢绕组与轴形成短路，所以灯是亮的，将毫伏表的一个端接在轴上，另一端与换向片依次接触，若毫伏表跨接的线圈是完好的，则毫伏表指针要摆动，若是接地的故障线圈，则指针不动。

　　若要判明是电枢线圈接地还是换向器接地，还需要进一步检测，就是将接地线圈从换向片上焊脱下来，分别测试，即可判断出是哪种接地故障。

　　应急处理的方法是：在接地处插垫上一块新的绝缘材料，将接地点断开，或将接地线从换向片上拆除下来，再将这两个换向片短接起来即可。

12. 2. 3　直流电机主磁极绕组故障分析及处理

　　【学习任务】（1）正确分析直流电机主磁极绕组的故障原因。
　　　　　　　　（2）正确进行直流电机主磁极绕组的日常维护。

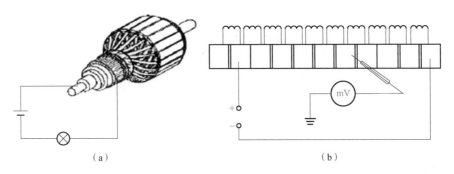

图 12-4　电枢绕组接地检查
(a) 试验灯法；(b) 毫伏表法

主磁极绕组为直流电机提供了主磁场，换向极绕组与补偿绕组则是专为改善直流电机的换向而设置的。这些绕组一旦出了故障，都将严重影响直流电机的正常运行。

主磁极绕组、换向绕组、补偿绕组最常见的故障是匝间短路、绕组接地，这些会引起电机换向火花大、绝缘电阻值有明显下降，甚至为零，使电机不能正常工作。绕组接头松动、断线也时有发生。

绕组匝间短路，若故障点不严重，则可将铜瘤等部分锉掉，用玻璃丝布将匝间损坏部分补强；若匝间绝缘损坏较严重，但绕组线圈良好，则要将全部匝间绝缘剔除，重新垫匝间绝缘；若匝间绝缘严重损坏，引起线圈烧毁，则须重新更换损坏的绕组线圈。

绕组对地故障，若故障不严重，则可将故障点剔除干净，用相同的绝缘材料包扎好，然后用绝缘漆涂刷，进行干燥处理及检验；若故障严重，则应将全部对地绝缘剥除，使用同等级绝缘材料包扎。如果线圈对地故障造成铜线截面减小，则应用银焊条或铜焊条进行补焊、锉平，打磨光滑后重新包扎绝缘，再将线圈套在铁芯上，进行整体浸漆。对于损坏特别严重的则应更换新品。

直流电动机的励磁方式有他励、并励、串励和复励四类；直流发电机的励磁方式有他励和自励两类。自励发电机又可按其励磁绕组与电枢绕组的连接方式不同，分为并励、串励和复励三种情况。由于连接方式比较复杂，所以表现出的故障现象也有所不同，以下就其常见故障进行讨论。

1. 主磁极绕组短路故障分析

造成主磁极绕组线圈短路的主要原因是绝缘老化，工作环境恶劣，灰尘特别是金属粉尘沉积绕组表面，使电机绝缘等级降低。另外，也有运行过程中的机械磨损等原因。

当主磁极绕组出现部分线圈短路后，由于励磁电阻减小、励磁电流增大，从而使励磁损耗增大，线圈发热加剧，短路点的绝缘垫被损坏，甚至绕组线圈烧毁。

由于匝间短路，使各主磁极的磁动势均匀，无故障磁极的磁动势大于故障磁极，这就造成合成磁场严重畸变，一方面使换向恶化、火花增大；另一方面，使电枢各支路感应电动势失去平衡，造成电枢绕组支路间的环流随短路匝数的增多、损坏程度的加剧而增大，这无形中又增大了电枢回路的有功损耗。另一个重要参数电磁转矩也会因磁场不对称而分布失衡，这就会使直流电机运行异常、磨损加剧，出现同周性的振动噪声。

由于主极线圈的短路，磁通下降，其机械特性变"软"，转差率增大，直流电机转速随负载的波动而增加，会影响生产及加工精度。

若只是复励电动机（实际常用的为积复励磁）串励绕组的部分匝间短路，会使串励磁通减小，其合成主磁通减小（补偿减少），机械特性要变"硬"，从而使电动机的转速升高，负载越大则其转速变化越明显。若带的是恒转矩负载或重载，这时的电枢电流要超过额定值，电动机发热增大，甚至过流跳闸。

应急处理方式：仔细检查，寻找出短路线圈，若只存在于表面，而且匝数少，则可做适当的修复处理；若损坏严重，则要更换。

2. 主磁极绕组断路故障分析

直流电机在整个运行过程中是决不允许励磁断路的，否则将造成"飞车"重大事故，其断路故障大多出在操作控制失误等情况下。

对于未启动的直流电动机，若励磁绕组断路，主磁场还未建立，基本无启动转矩，电动机不能启动，由于此时的电枢电流为堵转电流，故电枢绕组发热，温升较快，还会出现较大的振动声；对于直流发电机，即使达到了额定运行转速，也无电压输出，此时检查励磁监测电流表的读数为零。对于自励发电机，若主磁极绕组的线圈断路，则只能输出很小的剩磁电压。

若是复励电动机的串励磁线圈因接头松动造成的断路，这时的电枢电流为零（串励绕组是与电枢绕组相串联的），无启动转矩，电动机无法启动。若是运行中的直流电动机串励磁线圈断路，则电动机迅速停转。

若是复励发电机串励磁线圈断路，检测时会发现励磁电流（并励绕组电流）正常，转速正常，但端压输出为零。

由于主励磁断路大多由励磁回路的调节电阻、控制开关等连接松动引起，停机后用校线灯或万用表欧姆挡分段检测即可查出断路点。对于断路的处理也较容易，找出断路点后，紧固连接，重新恢复绝缘即可，对于断路损坏的控制开关等应更换。

12.2.4 直流电机运行中的常见故障与处理

【学习任务】（1）正确分析直流电机运行中的常见故障原因。

（2）正确进行直流电机的日常维护。

直流电机运行常见故障是复杂的，在实际运行中一个故障现象总是与多种因素有关，只有在实践中认真总结经验，仔细检测、诊断并观察分析，才能准确地找到故障原因，做出正确的处理，起到事半功倍的效果。本节就直流电机常见故障现象、可能的原因及处理方法作简单分析归纳，可供在实际处理中参考。

1. 自励直流发电机不能建立端电压

直流发电机是依靠自身的剩磁来完成发电→励磁→发电的自激过程，最后输出额定电压。造成运行后无端电压输出的主要原因及处理方法可从以下几方面考虑，见表12-1。

表12-1　自励直流发电机不能建立端电压的故障原因与处理方法

故障原因	处理方法
1. 无剩磁； 2. 自励直流发电机励磁的方向与剩磁方向相反； 3. 励磁回路电阻过大，超过了临界电阻值	1. 检查励磁电位器，将其电阻值调到最小； 2. 若有端压建立，就检测剩磁； 3. 若有剩磁存在，则改变励磁绕组与电枢的并联端线；若无剩磁，则先用直流电源给励磁绕组充磁，再投入运行即可

2. 直流电动机通电后不能启动

直流电动机启动必须有足够的启动转矩（要大于启动时的静阻转矩），而提供启动转矩必须有两个基本条件：一是要有足够的电磁场；二是要有足够的电枢电流。不能启动的故障原因和处理方法见表12-2。

表12-2　直流电动机通电后不能启动的故障原因与处理方法

故障原因	处理方法
1. 电枢回路断路，无电枢电流； 2. 励磁回路断路，励磁电阻过大，励磁线接地，励磁绕组维修后空气隙增大； 3. 启动时的负载转矩过大，启动时的电磁转矩小于静阻转矩； 4. 电枢绕组匝间短路，启动转矩不足； 5. 电刷严重错位； 6. 电刷研磨不良，压力过大； 7. 电动机负荷过重	1. 对于电枢断路、励磁回路断路，分别沿两个回路查找断路点，修复断路点； 2. 查找断路点，局部修理或更换； 3. 电枢启动电阻、励磁启动电阻重新调整（电枢电阻调大、励磁电阻调小）； 4. 调整电刷位置到几何中心线，精细研磨电刷，测试调整电刷压力到正确值； 5. 对于脱焊点应重新焊接； 6. 若负载过重，则应减轻负载启动

3. 电枢冒烟

电枢冒烟主要由电枢电流过大、电枢绕组绝缘发热损坏所致。电枢冒烟的故障原因与处理方法见表12-3。

表12-3　电枢冒烟的故障原因与处理方法

故障原因	处理方法
1. 长时期过载运行； 2. 换向器或电枢短路； 3. 发电机负载超重； 4. 电动机电压过低； 5. 电动机直接启动或反向运转频繁； 6. 定、转子铁芯相擦	1. 恢复正常负载； 2. 用毫伏表检测是否短路，是否有金属屑落入换向器或电枢绕组； 3. 检查负载线路是否短路； 4. 恢复电压正常值，避免频繁反复运行； 5. 检查气隙是否均匀、轴承是否磨损

4. 直流电动机温度过高

直流电动机温度的升高一般是损耗增大的结果，主要有电磁方面的损耗与机械方面的损耗。直流电动机温度过高的故障原因与处理方法见表12-4。

表12-4　直流电动机温度过高的故障原因与处理方法

故障原因	处理方法
1. 电源电压过高或过低； 2. 励磁电流过大或过小； 3. 电枢绕组匝间短路；	1. 调整电源电压至标准值； 2. 查找励磁电流过大或过小的原因，进行相应的处理； 3. 查找短路点； 4. 局部修复或更换绕组；

故障原因	处理方法
4. 励磁绕组匝间短路； 5. 气隙偏心； 6. 铁芯短路； 7. 定、转子铁芯相擦； 8. 通风道不畅、散热不良	5. 调整气隙； 6. 修复或更换铁芯； 7. 校正转轴，更换轴承； 8. 疏通风道，改善工作环境

5. 电刷下火花过大

电刷下火花过大主要为电磁方面的原因，此外，机械、电化学、维护等方面的原因也不能忽略。电刷下火花过大的故障原因与处理方法见表 12 – 5。

表 12 – 5　电刷下火花过大的故障原因与处理方法

故障原因	处理方法
1. 电刷不在几何中心线上； 2. 电刷与换向器接触不良； 3. 刷握松动或装置不正； 4. 电刷与刷握装配过紧； 5. 电刷压力大小不当或不均匀； 6. 换向器表面不光洁、不圆或有污垢； 7. 换向片间云母凸出； 8. 电刷磨损过度，或所用型号及尺寸与技术要求不符； 9. 过载时换向极饱和或负载剧烈波动； 10. 换向极绕组短路； 11. 电枢过热，电枢绕组的接头片与换向器脱焊； 12. 检修时将换向片绕组接反	1. 调整电刷位置； 2. 研磨电刷接触面，并在轻载下运行 0.5 h； 3. 紧固或纠正刷握位置； 4. 调整刷握弹簧压力或换刷握； 5. 洁净或研磨换向器表面； 6. 换向器刻槽、倒角再研磨； 7. 按制造厂原用牌号更换电刷； 8. 恢复正常负载； 9. 紧固地脚螺栓，防止振动； 10. 检查换向极绕组，修复损坏的绝缘层； 11. 查明换向片脱焊位置并修复； 12. 检查主磁极与换向极的极性，纠正接线； 13. 调整刷架位置，等分均匀； 14. 重校转子动平衡

6. 机壳漏电

机壳漏电使表面绝缘等级降低，一般是因为电枢、励磁线路中有短路存在。机壳漏电故障原因与处理方法见表 12 – 6。

表 12 – 6　机壳漏电的故障原因与处理方法

故障原因	处理方法
1. 运行环境恶劣，电机受潮，绝缘电阻降低； 2. 电源引出接头碰壳； 3. 出线板、绕组绝缘损坏； 4. 接地装置不良。	1. 测量绕组对地绝缘，如低于 0.5 MΩ 应加以烘干； 2. 重新包扎接头，修复绝缘； 3. 检测接地电阻是否符合规定，规范接地

12.3 技能培养

12.3.1 技能评价要点

直流电机的维护学习情境技能评价要点见表12-7。

表12-7 直流电机的维护学习情境技能评价要点

项目	技能评价要点	权重/%
1. 直流电机换向故障原因及维护	1. 正确分析直流电机的换向故障原因。 2. 正确进行直流电机的日常维护	25
2. 直流电机电枢绕组故障分析及处理	1. 正确分析直流电机电枢绕组的故障原因。 2. 正确进行直流电机电枢绕组的日常维护	25
3. 直流电机主磁极绕组故障分析及处理	1. 正确分析直流电机主磁极绕组的故障原因。 2. 正确进行直流电机主磁极绕组的日常维护	25
4. 直流电机运行中的常见故障与处理	1. 正确分析直流电机运行中的常见故障原因。 2. 正确进行直流电机的日常维护	25

12.3.2 技能实战

一、应知部分

（1）电动机维修常用的量具有哪些？

（2）电动机维修常用的检测仪表有哪些？

（3）直流电机换向不良的主要征象有哪些？

（4）直流电机换向故障产生的原因有哪些？

（5）直流电机过热的原因有哪些？

（6）如何检测直流电机电枢绕组是否接地？

（7）如何检查直流电机电枢绕组短路、断路和开焊故障？

（8）直流电机电刷磨损过快的原因是什么？

（9）直流电机机壳漏电的原因是什么？

二、应会部分

（1）一台Z-550型直流电动机，带刨床工作十几分钟后出现过热现象。试对故障现象进行分析和检测，并提出故障处理方案。

（2）电吹风上的小型直流电机，必须用手拧动转轴才能启动，但转动无力。试对故障现象进行分析和检测，并提出故障处理方案。

模块四
同步电机

"巴东三峡巫峡长"这句话出自享誉千古的古体散文《三峡》，这篇明丽清新的山水散文让我们感受到了三峡的雄伟和艰险。智慧的中国人善于利用这种天然的地理优势，利用大自然的鬼斧神工造就了中国最大的水利工程也是世界上最大的水电站——三峡水电站。

三峡水电站总装机容量2 250万千瓦，安装有32台单机容量为70万千瓦的水电机组，是全世界最大的水力发电站和清洁能源生产基地，是中国首屈一指的发电中心。三峡电站供电范围包括上海、江苏、浙江、安徽、河南、湖北、湖南、江西、重庆、广东等10个省市。自2003年7月三峡电站第一台机组正式并网发电以来，截至2019年7月，三峡电站发电量累计超过5 600亿千瓦时，相当于替代消耗了近2亿吨标准煤，减排二氧化碳4亿吨、二氧化硫500多万吨。依靠着滚滚东流的长江水，三峡工程以清洁能源"点亮"了半个中国。

三峡水电站是我国最重要的水利枢纽和发电工程，有效地治理了当地的自然灾害，为当地发展了发电、旅游和航运等收益巨大的工程。每当看到三峡水利水电工程时，我们往往会惊叹于中国人民的智慧和才能，智慧的中国人民为了保障人民的利益和安全修建了这样的大工程，大自然也给了我们丰厚的奖励和回馈。现在的三峡地区可以实现美丽的自然景观和壮观的水利水电工程的和谐自然统一，这是中国人民借助自然的力量并且与自然和谐共生的美好典范。

学习情境 13　同步电机的选用

13.1　学习目标

【知识目标】掌握同步电机的基本工作原理；掌握同步发电机的结构；理解同步电机额定值的意义；了解同步电机绕组的基本知识；掌握三相双层绕组展开图的绘制方法；掌握电枢反应的性质及电枢反应和机电能量转换关系；了解同步电抗的意义；理解同步电机的等效电路；掌握同步电机的选择方法。

【能力目标】能够正确分析同步电机的基本工作原理；能够识别同步发电机的结构；能够正确绕制同步电机绕组；能够正确分析同步电机电枢反应的性质及机电能量转换关系；会计算同步电抗；会绘制同步电机等效电路；会根据生产实际需要选择同步电机。

【素质目标】具有深厚的爱国情感和中华民族自豪感；具有良好的职业道德、职业素养、法律意识；崇德向善、诚实守信，爱岗敬业；尊重劳动、热爱劳动，具有较强的实践能力；良好的质量意识、环保意识、安全意识、工匠精神、创新精神；勇于奋斗、乐观向上，具有良好的身心素质。

【总任务】根据应用场合选择合适的同步电机。

13.2　理论基础

任务手册13：
同步电机的选用

微课13.1：
同步电机的原理

13.2.1　同步电机的原理

【学习任务】（1）正确说出同步电机的概念和运行方式。
　　　　　　（2）正确说出同步发电机、电动机的基本工作原理。
　　　　　　（3）正确说出同步电机的类别和应用场合。

1. 同步电机的概念和运行方式

同步电机是一种交流旋转电机，因其转子的转速始终与定子旋转磁场的转速相同而得名。同步电机有三种运行方式：发电机、电动机和调相机，同步电机主要用作发电机。同步发电机是一种最常用的交流发电机，其将机械能转换为电能，在现代电力工业中广泛用于水力发电、火力发电、核能发电以及柴油机发电。同步电机也可用作电动机，同步电动机将电能转换为机械能，主要用于拖动功率较大、转速不要求调节的生产机械，如大型水泵、空气压缩机和矿井通风机等。同步电机还可用作同步调相机，同步调相机实际上就是一台空载运转的同步电动机，不带机械负载也不带原动机，专门向电网输送感性无功功率，用来改善电网的功率因数，以提高电网的运行经济性及电压的稳定性。随着电力系统无功补偿技术的日益成熟，电网就地无功补偿设备更加经济、可靠和高效，同步调相机已基本不再使用，退出了历史舞台。同步发电机、同步电动机和同步调相机各有自己的特点，没有特殊情况不得互换使用。

无论是同步电机还是异步电机，交流电机绕组的结构形式及其所产生的电动势和磁动势都有许多共同之处，因而在学习过程中应注意比较它们的相似和不同之处的差别。

2. 同步电机的基本工作原理

图 13-1 所示为同步电机的构造原理图，它由定子和转子两部分组成。同步电机的定子和异步电机的定子相同，在定子铁芯内圆均匀分布的槽内嵌放三相对称定子绕组，每相有相同的匝数和空间分布，其轴线在空间互差 120°。转子主要由磁极铁芯与励磁绕组组成，当励磁绕组通以直流电流后，转子即建立恒定的转子磁场。

同步电机作为发电机运行，当原动机拖动转子以转速 n_1 旋转时，其定子绕组切割转子磁力线而产生交流感应电动势。因三相绕组在空间位置上有 120° 电角度的相位差，故其感应电动势在时间相位上也存在 120° 的相位差。每经过一对磁极，感应电动势就交变一周。若电机有 p 对极，则感应电动势的频率为

$$f = \frac{pn_1}{60} \tag{13-1}$$

式中　p——电机的磁极对数；

　　　n_1——转子每分钟转的圈数。

如果同步发电机接上负载，在电动势作用下将有三相交流电流流过，如图 13-2 所示。定子电流与磁场相互作用产生的电磁转矩与原动机的拖动转矩相平衡，说明同步发电机将机械能转换成为电能。

同步电机作为电动机运行时，在定子的三相绕组中通入三相对称电流，转子的励磁绕组通入直流电流。定子绕组的三相对称电流将在电机气隙中产生一个定子旋转磁场，转子励磁绕组中通入的直流电流将产生极性恒定的静止磁场。若转子磁场的极数与定子磁极对数相等，转子磁场因受定子磁场拉力作用而随定子旋转磁场同步旋转，即转子以等同于旋转磁场的速度、方向带动负载旋转，其旋转速度为同步转速 n_1，此时，同步电动机将电能转换为机械能。

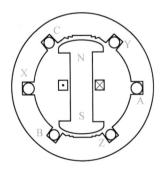

图 13-1　凸极式同步发电机的构造原理图

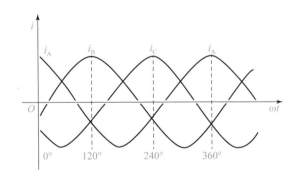

图 13-2　三相对称交流电源

综上所述，同步电机无论是作为发电机还是作为电动机运行，其转速与频率之间都将保持严格不变的关系。电网频率一定时，电机转速为恒定值，这是同步电机和异步电机的基本差别之一。

3. 同步电机的分类

同步电机按运行方式，可分为同步发电机、同步电动机和同步调相机三类。按原动机类别，同步发电机又可分为汽轮发电机、水轮发电机和柴油发电机等。按结构形式，同步电机可分为旋转电枢式和旋转磁极式两种，前者适用于小容量同步电机，近来应用很少；后者应用广泛，是同步电机的基本结构形式。

旋转磁极式同步电机按磁极的形状，又可分为隐极式和凸极式两种类型，如图 13-3 所示。汽轮发电机由于转速高，转子各部分受到的离心力很大，机械强度要求高，故一般采用隐极式；水轮发电机转速低、磁极对数多，故都采用结构和制造上比较简单的凸极式；同步电动机、柴油发电机和调相机，一般也都做成凸极式。

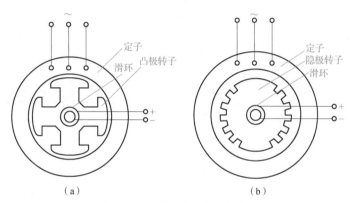

图 13-3　旋转磁极式同步电机

(a) 凸极式；(b) 隐极式

隐极式气隙是均匀的，转子做成圆柱形。凸极式有明显的磁极，气隙是不均匀的，极弧底下气隙较小，极间部分气隙较大。

按冷却介质及冷却方式不同分为空气冷却（空冷）—外冷，氢气冷却（氢冷）—外冷或内冷，水冷却（水冷）—内冷。这几种冷却介质和冷却方式还可以有不同的组合，如水—氢—氢（定子绕组水内冷、转子绕组氢内冷、铁芯氢冷）、水—水—氢（定子绕组水内冷、转子绕组水内冷、铁芯氢冷）等。

随着电力系统容量的迅速提高，发电机的单机容量也随之不断增大。电机在能量的传递和转换过程中均会产生损耗，而这些损耗一般以热能的形式散发在电机的有关部位，使电机的温升增高，这将限制电机的使用寿命。随着单机容量的增大，冷却介质、冷却方式及电机所用材料（包括绝缘材料、导磁材料、导电材料等）也不断得到改进和发展。事实上，电机制造技术的发展与上述三方面的不断改进是紧密相关的。

13.2.2　同步发电机的结构

【学习任务】（1）正确说出同步发电机的基本结构。

（2）正确说出同步发电机各主要组成部分的作用。

（3）正确理解隐极式和凸极式发电机结构上的差异。

1. 隐极式汽轮发电机的结构

现代汽轮发电机磁极数均为2极，转速为3 000 r/min，这是因为提高转速可以提高汽轮机的运行效率，减少机组的尺寸和造价。同时由于转速高，汽轮发电机的直径较小，在容量一定的情况下，电机转子的长度要加长，且均为卧式结构，故一般汽轮发电机的转子长度 L 和定子内径 D 之比为 2~6.5。汽轮发电机由定子、转子、端盖及轴承组成，如图 13 – 4 和图 13 – 5 所示。

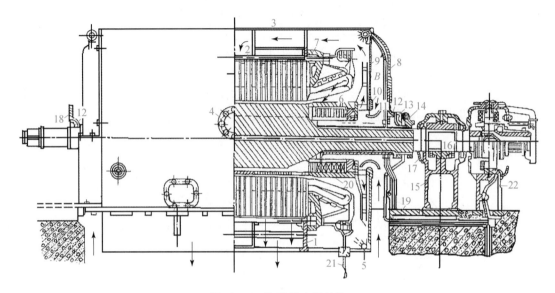

图 13 – 4　汽轮发电机结构

1—定子机座；2—定子铁芯；3—外壳；4—吊起定子的装置；5—防火导水管；6—定子绕组；
7—定子的压紧环；8—外护板；9—里护板；10—通风壁；11—导风屏；12—电刷架；
13—电刷握；14—电刷；15—轴承；16—轴承衬；17—油封口；
18—汽轮机边的油封口；19—基础板；20—转子；21—端线；22—励磁机

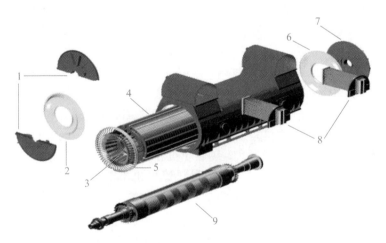

图 13 – 5　汽轮发电机主要结构部件

1—发电机外端盖；2—发电机内端盖；3—定子绕组；4—定子铁芯；5—冷却水管；
6—发电机内端盖；7—发电机外端盖；8—氢气冷却器；9—转子

1）定子

定子由定子铁芯、定子绕组、机座、端盖和挡风装置等部件组成。

定子铁芯的作用是作为电机磁路的一部分及放置定子绕组，如图13-6所示。为了减少铁芯中由交变磁势引起的涡流和磁滞损耗，定子铁芯由厚度为0.35 mm或0.5 mm的涂漆硅钢片叠成，沿轴向叠成多段形式，每段叠片厚为3~6 cm，各叠之间留有1 cm的通风槽，以利于铁芯散热。

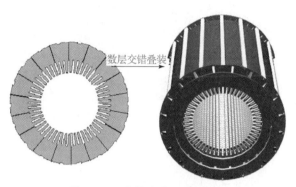

数层交错叠装

图13-6 汽轮发电机定子铁芯

在定子铁芯内圆槽内嵌放定子三相线圈，按一定规律连接成三相对称绕组，一般均采用三相双层短距叠绕组。定子绕组的作用是切割转子旋转磁场磁力线感应电动势，将机械能转变成电能输出。为了减小由于集肤效应引起的附加损耗，绕组导线常由若干股相互绝缘的并联多股扁铜线组成，并且在槽内线圈的直线部分还应按一定方式进行换位，如图13-7所示。

定子机座应有足够的强度和刚度。除支撑定子铁芯外，还要满足通风散热的需要。一般机座都是由钢板焊接而成的。

2）转子

转子由转子铁芯、励磁绕组、护环、中心环、滑环及风扇等部件组成。

转子铁芯既是电机磁路的主要组成部分，又承受着由于高速旋转产生的巨大离心力，因而其材料既要求有良好的导磁性能，又需要有很高的机械强度。一般采用整块的含铬、镍和钼的合金钢锻成，与转轴锻成一个整体，如图13-8所示。

定子绕组

图13-7 汽轮发电机定子绕组

在转子铁芯表面铣有槽，槽内嵌放励磁绕组，也称转子绕组，其作用主要是建立转子磁场。槽的排列形状有辐射式和平行式两种，如图13-9（a）和图13-9（b）所示，前者用得较普遍。由图13-9可见，沿转子外圆在一个极距内约有1/3部分没有开槽，叫作大齿，即主磁极。

励磁绕组是由扁铜线绕成的同心式线圈，两圈边分别放置在大齿两侧所开出的槽内，所有线圈串联组成励磁绕组，构成转子的直流电路，且利用不导磁、高强度材料的硬铝或铝青铜制成的槽楔将励磁绕组在槽内压紧，如图13-10所示。

励磁绕组引出的两个线端接在滑环上，滑环装在转轴一端，直流励磁电流经电刷与滑环的滑动接触而引入励磁绕组。励磁绕组的各线匝间垫有绝缘，线圈和铁芯之间也有可靠的"对地绝缘"。

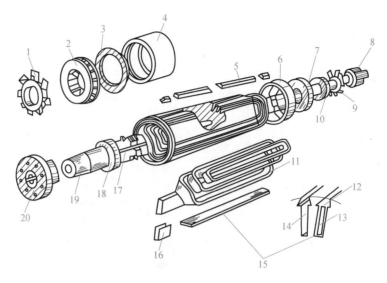

图13-8 两极空冷汽轮发电机转子

1—轴向风扇；2—径向风扇；3—中心环；4—护环；5—槽楔；6—护环；7—风扇；8—励磁机电枢；
9—励磁机风扇；10—滑环；11—转子绕组；12—槽楔；13—转子绕组；14—转子槽；15—槽绝缘（对地绝缘）；
16—槽口保护套；17—励磁引线；18—滑环；19—轴头；20—联轴器

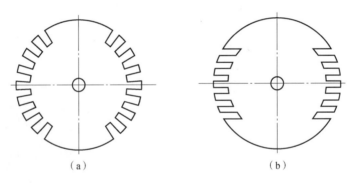

（a）   （b）

图13-9 隐极式转子槽的两种排列

（a）辐射式；（b）平行式

护环用以保护励磁绕组的端部不致因离心力而甩出；中心环用以支持护环，并阻止励磁绕组的轴向移动。

某些大型汽轮发电机转子上还装有阻尼绕组，它是一种短路绕组，由放在槽下的铜条和转子两端的铜环焊接成闭合回路。阻尼绕组的主要作用是在同步发电机短路或不对称运行时，利用其感应电流来削弱负序旋转磁场的作用，以及同步发电机发生振荡时起阻尼的作用，使振荡衰减。

2. 凸极式水轮发电机的结构

由于水轮发电机的转速远没有汽轮发电机的转速高，故要使水轮发电机发出 50 Hz 的交流电，必须增加同步发电机的磁极对数。由于转子磁极对数的增加，导致转子变粗，在容量一定的情况下，发电机的长度便可缩短，故水轮发电机的转子长度 L 和定子内径 D 之比为 0.125~0.07。因此，将同步发电机做成凸极式更适合水轮发电机或其他低速动力机的要求。

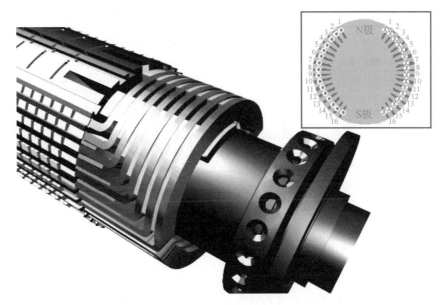

图 13 - 10　汽轮发电机励磁绕组

同步发电机与水轮机、励磁机一起组成水轮发电机组。一般大、中型低速水轮发电机为立式安装，中速以上的中、小型水轮发电机为卧式安装，如图 13 - 11 所示。下面以立式水轮发电机为例介绍其基本结构。

（a）　　　　　　　　　　　　（b）

图 13 - 11　水轮发电机

（a）立式水轮发电机；（b）卧式水轮发电机

立式水轮发电机的结构又分为悬式和伞式，如图 13 - 12（a）和图 13 - 12（b）所示。图 13 - 13所示为悬式水轮发电机结构。悬式的推力轴承装在转子上部的上机架中，整个转子悬吊在上机架上，这种结构在运行时稳定性好，适用于转速较高的水轮发电机（150 r/min 以上）。伞式的推力轴承装在转子下部的下机架中，整个转子形同被撑起的伞，这种结构运行时稳定性较差，适用于转速较低的水轮发电机（125 r/min 以下）。

水轮发电机主要由定子、转子、机架和推力轴承等组成。

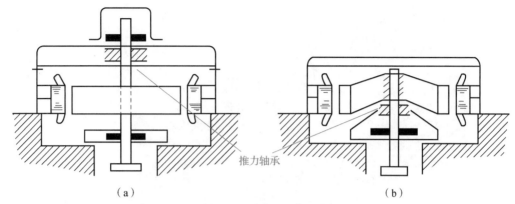

图 13 – 12　立式水轮发电机的基本结构形式

（a）悬式；（b）伞式

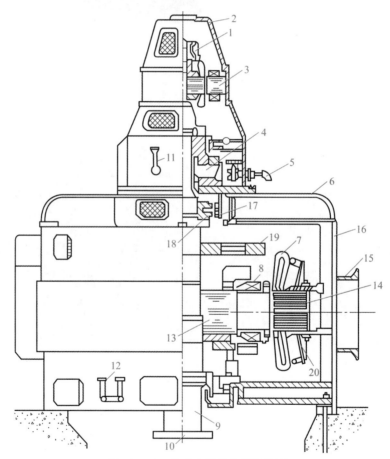

图 13 – 13　悬式水轮发电机结构图

1—励磁机换向器；2—端盖；3—励磁机主极；4—推力轴承；5—冷却水进、出水管；
6—上端盖；7—定子绕组；8—磁极线圈；9—主轴；10—靠背轮；11—油面高度指示器；
12—出线盒；13—磁极装配支架；14—定子铁芯；15—风罩；16—发电机机座；
17—电刷；18—集电环；19—制动环；20—端部撑架

1）定子

定子主要由机座、定子铁芯、定子绕组组成。

定子铁芯的基本结构与汽轮发电机相同，大、中型容量的水轮发电机定子铁芯由扇形硅钢片叠成，留有通风沟。沿铁芯内圆表面的槽内放置三相对称定子绕组，并用槽锲压紧。

定子绕组多采用双层波绕组，可节省极间连接线，并多采用分数槽绕组，以便改善电动势波形。

2）转子

转子主要由转轴、转子支架、励磁绕组、阻尼绕组、磁轭和磁极组成，如图 13 – 14 所示。

磁极采用 1 ~ 1.5 mm 厚的钢板冲片叠成；励磁绕组多采用绝缘扁铜线绕制而成，经浸胶热压处理，套装在磁极上；大、中型容量的凸极同步发电机的阻尼绕组一般装在极靴部位，用以减少并联运行时转子振荡的振幅，整个阻尼绕组由插入极靴阻尼孔中的铜条和端部铜环焊接而成。某些中、小型容量凸极同步发电机，磁极铁芯是整体的，一般不另装阻尼绕组。

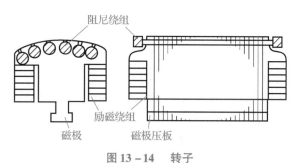

图 13 – 14　转子

3）轴承

水轮发电机有导轴承和推力轴承两种。导轴承的作用是约束轴线位移和防止轴摆动。推力轴承承受水轮发电机转动部分（包括电机转子和水轮机）的全部重量及轴向水推力，是水轮发电机组中心的关键部件。

自测题

一、填空题

1. 同步电机的运行方式有_____、_____和_____三种。

2. 同步发电机的冷却方式一般有_____和_____两种类型。

3. 同步旋转磁场的转速 n_1、极对数 p、电流频率 f 之间的关系为 f = _____。

4. 旋转磁极式同步电机按磁极的形状，可分为_____和_____两种类型。

5. 按结构形式，同步电机可分为_____和_____两种。

二、选择题

1. 同步发电机的（　　）是电机磁路的主要组成部分。

A. 转子　　　　　　B. 转子铁芯　　　　　　C. 定子铁芯　　　　　　D. 定子

2. 现代汽轮发电机的磁极为（　　）极。

A. 1　　　　　　B. 2　　　　　　C. 3　　　　　　D. 4

3. 励磁绕组是转子的（　　）部分，一般用来建立旋转的转子磁场。

A. 电路　　　　　　B. 磁路　　　　　　　C. 油路　　　　　　D. 气路

4. 同步调相机的作用是（　　　）。

A. 补偿电网电力不足

B. 作为同步发电机的励磁电源

C. 补偿电网无功功率的不足，改善电网的功率因数

D. 作为用户的备用电源

5. 一台同步发电机的电动势频率为 50 Hz，转速为 300 r/min，其磁极对数为（　　　）。

A. 2　　　　　　　B. 5　　　　　　　　C. 10　　　　　　D. 20

三、判断题

1. 同步电机同步的含义是转子转速与定子旋转磁场转速相同。　　　　　（　　）

2. 同一台同步电机，只要改变外部条件既可作发电机运行，也可作电动机运行。

（　　）

3. 隐极式同步电机气隙均匀、转速高、磁极对数少。　　　　　　　　（　　）

4. 同步电动机、柴油发电机和调相机一般也都做成隐极式。　　　　　（　　）

5. 悬式结构适用于转速较高的水轮发电机。　　　　　　　　　　　　（　　）

四、简答题

1. 同步发电机的定子由哪些部件组成？

2. 为什么汽轮发电机一般采用隐极式，而水轮发电机采用凸极式结构？

3. 请简述水轮发电机组阻尼绕组的作用。

4. 请简述同步发电机和同步电动机的工作原理。

5. 为什么大容量同步电机采用磁极旋转式而不用电枢旋转式？

答案 13.1

13.2.3　同步电机的励磁方式

【学习任务】（1）正确理解同步电机励磁系统的作用。

　　　　　　　（2）正确说出同步电机的励磁方式及应用场合。

　　　　　　　（3）正确说出同步电机不同励磁方式的工作原理。

　　同步电机运行时必须在励磁绕组中通入直流电，以便建立磁场，这个电流称为励磁电流，而供给励磁电流的整个系统称为励磁系统。励磁系统是同步电机的一个重要组成部分，它对电机运行有很大影响，如运行的可靠性、经济性以及同步电机的某些主要特性等都直接与励磁系统有关。

　　目前采用的励磁系统可分为两大类：一类是直流发电机励磁系统；另一类是交流整流励磁系统。但不论采用何种励磁系统，都应满足下列要求：

（1）能稳定地提供发电机从空载到满载（及过载）所需的励磁电流 I_f。

（2）当电网电压减小时能快速强行励磁，提高系统的稳定性。

（3）当发电机内部发生短路故障时能快速灭磁。

（4）运行可靠、维护方便、简单、经济。

1. 直流励磁机励磁系统

1）以并励直流发电机作主励磁机

直流发电机励磁是将一台较小的直流并励发电机与主发电机共同装在一个转轴上，将直

流发电机发出的直流电直接供给交流发电机的励磁绕组，如图 13-15（a）所示。直流电首先经过直流发电机的电刷流出，然后又经过一对电刷流入交流发电机的励磁绕组。当改变并励直流发电机的励磁电流时，直流发电机的端电压改变，主发电机的励磁电流就发生改变，于是主发电机的输出电压或输出功率就相应发生了变化。

当电网发生故障，电网电压突然下降时，继电保护装置动作，立即闭合短路开关 S 而切除电阻 R_f，使直流励磁机输出电压迅速大幅度提高，以适应系统对同步发电机的强励要求。

2）以他励直流发电机作主励磁机

对容量稍大的发电机，采用他励直流发电机作为主励磁机，主励磁机的励磁电流再由另外一台功率更小的直流励磁机供给，如图 13-15（b）所示。该励磁方法可以使励磁电压增长速度加快，且在低压调节时很方便，电压也较稳定。但多了一台励磁机使设备复杂，降低了运行可靠性。

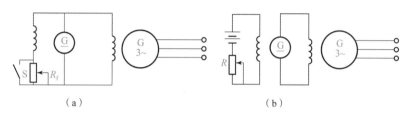

图 13-15　同轴直流发电机励磁原理线路图

（a）并励直流发电机；（b）他励直流发电机

近年来，由于汽轮发电机单机容量增大，相应的励磁机容量也随之增大。例如，一台300 000 kW 或 500 000 kW 的汽轮发电机，其励磁机容量竟达 1 300~2 500 kW。因为转速高达 3 000 r/min 的大容量直流励磁机在制造上非常困难，所以大容量汽轮发电机不能采用同轴直流发电机励磁方式，而采用非同轴直流发电机励磁方式。这时，可采用直流励磁机与汽轮机通过降速齿轮系统相连接，或者由转速较低的异步电动机来带动直流励磁机完成励磁任务。

2. 晶闸管整流励磁系统

晶闸管整流励磁系统也称为静止交流整流励磁系统，可分为自励式和他励式两种。

1）晶闸管自励恒压励磁系统

其原理如图 13-16 所示。当发电机空载时，单独由晶闸管整流桥供给励磁电流；当发电机负载时，复励变流器经硅整流桥又给发电机提供复励电流，有了复励电流，就可以在一定程度上对发电机随负载而变化的电压进行调节。在电网发生短路故障的情况下，当电网电压突然下降时，由复励部分单独提供励磁电流，并能得到一定的强励效果。

在发电机负载时，由电压自动调整系统进行控制。电压自动调整系统通过电压互感器与电流互感器分别测得电压和电流的变化，通过自动电压调整器进行比较后，输出控制信号，送到晶闸管整流桥进行自动控制。

自励式晶闸管整流励磁法，是利用晶闸管整流特性，把同步发电机发出的交流电用晶闸管整流后供给同步机自身的励磁电流。因为晶闸管整流的输出电压是可以通过触发角大小进行调整的，非常方便，所以同步发电机的输出电压也可以方便地得到调整。这种方法的优点是励磁系统接线和设备简单，无转动部分，维护方便，可靠性高；缺点是需要使用一对电刷，且当电力系统内部出现短路故障时，其强励作用会受到影响。

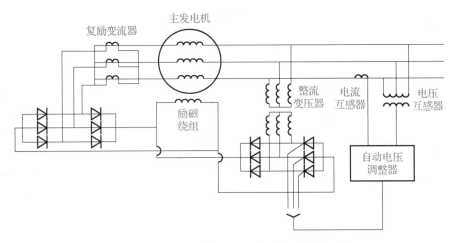

图 13-16 自励式静止晶闸管励磁系统原理图

2）晶闸管他励恒压励磁系统

这种励磁系统的原理如图 13-17 所示，它由交流励磁机、交流副励磁机、硅整流装置、自动电压调整器等部分组成。同步发电机的励磁电流是由与它同轴的交流励磁机经静止的硅整流器整流后供给的，而交流励磁机的励磁电流则由副励磁机（国内多采用 1 000 Hz 的中频发电机）通过晶闸管整流器整流后供给。至于副励磁机的励磁电流，开始可由外部直流电源供给，待电压建立后，则改由自励恒压装置供给（即转为自励方式），并保持电压恒定。自动调压器跟晶闸管自励恒压系统完全一样。

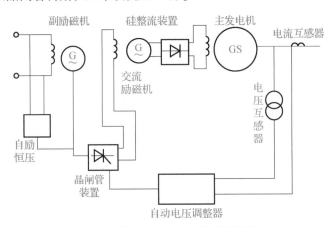

图 13-17 他励式静止半导体励磁系统的原理图

为了使主发电机的励磁电流波形良好，反应速度快和减小励磁机的体积，常采用频率为 100 Hz 的三相同步发电机作励磁机。励磁机的定子绕组为三相星形接法，通过三相硅整流桥装置对主发电机励磁绕组供电。

这种励磁系统目前在国内外大容量机组上已广泛采用，它没有直流励磁机的电流换向问题，运行维护方便，技术性能良好，交流副励磁机也可采用永磁发电机，此时无须自励恒压装置。其主要缺点是整个装置较为复杂，且启动时有时需要另外的直流电源供电。

3. 同轴交流发电机励磁系统

上述静止的晶闸管整流系统，虽然未采用直流励磁机，解决了换向器上可能出现的火花问题，但是主要发电机还存在着滑环和电刷，在要求防腐、防爆或励磁电流过大的场合，还是不适宜的。如果将交流励磁机制作成旋转电枢式的三相同步发电机，使交流励磁机的电枢与主发电机同轴旋转，硅整流装置也安装在主发电机的转轴上，则其原理线路如图 13-18 所示。

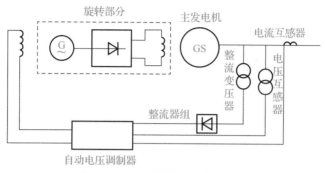

图 13-18 无刷励磁系统原理图

这种方法是把同轴的直流发电机换成同轴的单相或三相交流发电机，此交流发电机发出的电，经硅整流装置整流后直接供给同步发电机的励磁绕组。硅整流管也固定在轴上，这就使励磁电流不经过电刷，所以叫无刷励磁。这种励磁方法的优点是无须使用电刷，消除了电刷故障，从而提高了工作的可靠性，使维护容易了。其缺点是转动部分的电压、电流难以测量。

其中自动电压调制器系统是根据主发电机的电压偏差和电流变化自动调整交流励磁机的励磁电流，以保证主发电机输出端电压的恒定的。

近年来，在较大容量汽轮发电机中，同轴交流发电机励磁系统正逐渐被推广使用。

13.2.4 同步电机的铭牌和额定值

【学习任务】 （1） 正确说出同步电机各型号代表的含义。
（2） 正确理解同步电机额定值的意义。
（3） 正确计算同步电机的额定参数。

同步电机的铭牌是电机制造厂向用户介绍该台电机的特点和额定值，通常标有型号、额定值、绝缘等级等内容。额定值是制造厂对电机正常工作所作的使用规定，也是设计和试验电机的依据。

1. 型号

我国生产的同步电机型号都是由汉语拼音大写字母与数字组成。汽轮发电机有 QFQ、QFN、QFS 等系列，前两个字母表示汽轮发电机；第三个字母表示冷却方式，Q 表示氢外冷，N 表示氢内冷，S 表示双水内冷，SN 表示水氢氢内冷。大型水轮发电机为 TS 系列，T 表示同步，S 表示水轮。如一台汽轮发电机的型号为 QFSN-200-2，其意义为：

QF——汽轮发电机；

SN——表示发电机的冷却方式为水氢氢；

200——发电机输出的额定有功功率为 200 MW；

2——发电机的磁极个数。

TSS1264/160-48 表示双水内冷水轮发电机，定子外径为 ϕ1 264 cm，铁芯长为 160 cm，极数为48。此外，同步电动机系列有 TD、TDL 等。TD 表示同步电动机，后面的字母指出其主要用途，如 TDG 表示高速同步电动机、TDL 表示立式同步电动机。同步调相机为 TT 系列。

2. 额定容量 S_N 或额定功率 P_N

额定容量是指同步电机在额定状态下运行时，输出功率的保证值。

对同步发电机是指输出的额定视在功率或有功功率，单位为 kV·A 或 kW。

对同步电动机指轴端输出的额定机械功率，单位为 kW。

对同步调相机则用线端输出额定无功功率表示，单位为 kV·A 或 kVar。

3. 额定电压 U_N

额定电压是指同步电机在额定运行时的三相定子绕组的线电压，常以 kV 为单位。

4. 额定电流 I_N

额定电流是指电机在额定运行时流过三相定子绕组的线电流，单位为 A 或 kA。

5. 额定功率因数 $\cos\varphi_N$

额定功率因数是指电机在额定运行时的功率因数。

6. 额定效率 η_N

额定效率是指电机额定运行时的效率。

综合上述定义，额定值之间有下列关系：

对发电机，有

$$P_N = \sqrt{3}U_N I_N \cos\varphi_N$$

对电动机，有

$$P_N = \sqrt{3}U_N I_N \cos\varphi_N \eta_N$$

除上述额定值外，铭牌上还列出电机的额定频率 f_N、额定转速 n_N、额定励磁电流 I_{fN}、额定励磁电压 U_{fN} 和额定温升等。

【例题 13-1】 一台汽轮发电机的额定功率为 100 kW，额定电压为 10.5 kV，额定功率因数为 0.85，试求额定电流。

解：
$$P_N = \sqrt{3}U_N I_N \cos\varphi_N$$

$$I_N = \frac{P_N}{\sqrt{3}U_N \cos\varphi_N} = \frac{10^5}{\sqrt{3} \times 10^5 \times 0.85} = 6\ 469\ (\text{A})$$

自测题

一、填空题

1. 同步电机运行时必须在励磁绕组中通入＿＿＿＿＿电。

2. 目前采用的励磁系统可分为两大类：一类是＿＿＿＿＿＿＿；另一类是＿＿＿＿＿＿。

3. 当电网电压减小时励磁系统应能快速＿＿＿＿＿，提高系统的稳定性。

4. 当发电机内部发生短路故障时励磁系统应能快速＿＿＿＿＿。

5. QFS-125-2 型号中 QF 代表＿＿＿＿＿，S 代表＿＿＿＿＿，125 代表＿＿＿＿＿，2 代表＿＿＿＿＿。

二、选择题

1. 同步电机励磁系统根据励磁电源的来源可分为（　　　）。

A. 自励式　　　　B. 他励式　　　　C. 直流励磁机励磁系统　　　D. 交流励磁机励磁系统

2. 同步电机的额定电压是指同步电机在额定运行时三相定子绕组的（　　　）。

A. 相电压　　　　　　　　　　B. 线电压

C. 电压之和　　　　　　　　　D. 电压之差

3. 同步发电机的额定功率是指（　　　）。

A. 转轴上输入的额定功率　　　　B. 转轴上输出的额定功率

C. 电枢端口输入的电功率　　　　D. 电枢端口输出的电功率

4. 同步电动机的额定功率是指（　　　）。

A. 转轴上输入的额定功率　　　　B. 转轴上输出的额定功率

C. 电枢端口输入的电功率　　　　D. 电枢端口输出的电功率

答案 13.2

三、计算题

一台 QFS – 300 – 2 的汽轮发电机，额定电压为 10.5 kV，功率因数为 0.8，试求：

（1）额定电流；

（2）额定运行时，能发出多少有功功率和无功功率？

13.2.5　同步电机绕组

微课 13.2
同步电机的绕组

【学习任务】（1）正确说出同步电机绕组的基本概念。

　　　　　　（2）正确说出同步电机绕组的构成原则。

　　　　　　（3）正确绘制三相双层叠绕组的展开图。

　　　　　　（4）正确绘制三相双层波绕组的展开图。

　　　　　　（5）正确说出三相双层绕组的特点。

同步电机与异步电机一样，其定子绕组（电枢绕组）都可称为交流绕组，它们是电机实现机电能量转换的主要部件之一，是电机的电路组成部分。研究交流绕组是研究电机电磁关系、电动势、磁动势的关键，下面介绍同步电机定子绕组的基本知识。

1. 定子绕组的构成原则

在制造线圈构成绕组时，对定子绕组提出以下原则：

（1）在一定导体数下，获得较大的电动势和磁动势。

（2）对于定子三相绕组，各相电动势和磁动势要对称，各相阻抗要平衡。

（3）绕组的合成电动势和磁动势在波形上力求接近正弦波。

（4）用铜量要少，绝缘性能和机械强度要高，散热好，制造、检修方便。

一台电机的定子绕组首先由绝缘漆包铜线经绕线机绕制成单匝或多匝线圈，再由若干个线圈组成线圈组；各线圈组电动势的大小和相位相同；根据需要，各相线圈可并联或串联，从而构成一相绕组；三相绕组之间可接成 Y 形或△形。

线圈是组成绕组的最基本的单元，也叫元件，每一嵌放好的绕组元件都有两条切割磁力线的边，称为有效边，有效边嵌放在定子铁芯的槽内。在双层绕组中，一条有效边在上层，叫上层边；另一条在下层，叫下层边，在槽外用以连接上、下层边的部分称为端接。如图 13 – 19 所示。

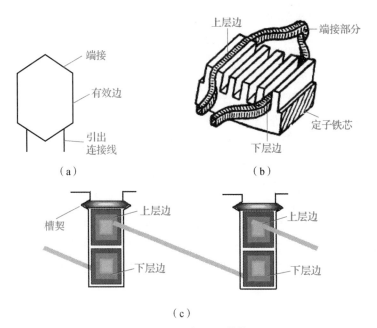

（a）

（b）

（c）

图13-19　三相双层叠绕组

（a）绕组元件示意图；（b）双层叠绕组元件构成；

（c）双层叠绕组上、下层圈边连接示意图

2. 交流绕组的有关概念

1）电角度和机械角度

电机圆周在几何上分为360°，这个角度称为机械角度。从电磁的观点看，一对磁极所占空间为360°，这是电角度。若导体切割正弦磁场，经过一对N、S极时，电磁感应产生的电动势的变化正好也是一个周期，即360°。根据以上观念，有

$$电角度 = p \times 机械角度 \tag{13-2}$$

若电机的磁极对数为p，则电机定子内腔整个圆周有$p \times 360°$电角度。

2）极距τ与节距y

相邻的一对磁极，轴线间沿气隙圆周即电枢表面的距离叫极距。极距τ既可用电角度表示，也可以用定子表面长度表示，但在电机学上通常用每个极面下所占的槽数表示。如定子槽数为Z、磁极对数为p（极数为$2p$），则极距用槽数表示时为

$$\tau = \frac{Z}{2p} \tag{13-3}$$

同一线圈的两个有效边间的距离称为第一节距，用y_1表示；第一个线圈的下层边与第二个线圈的上层边间的距离称第二节距，用y_2表示；第一个线圈与第二个线圈对应边间的距离称合成节距，用y表示。由图13-20可见，叠绕组的$y = y_1 - y_2 = 1$，波绕组的$y = y_1 + y_2 = 2\tau$。

$y_1 = \tau$称为整距绕组，$y_1 < \tau$称为短距绕组，$y_1 > \tau$称为长距绕组。长距绕组与短距绕组均能削弱高次谐波电动势或磁动势，但长距绕组的端接部分较长，故很少采用。短距绕组由于其端接部分较短，故采用较多。

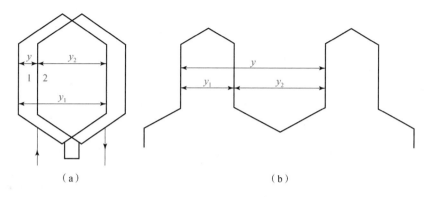

图 13 – 20 绕组节距

（a）叠绕组；（b）波绕组

3）槽距角 α

槽距角是指相邻槽间的距离用电角度表示。电机定子的内圆周是 $p \times 360°$ 电角度，被其槽数 Z 所除，可得槽距角 α 为

$$\alpha = \frac{p \times 360°}{Z} \tag{13 – 4}$$

4）每极每相槽数 q 与线圈组

每相绕组在每个磁极下平均占有的槽数称为每极每相槽数 q，若电机的相数为 m，则有

$$q = \frac{Z}{2mp} \tag{13 – 5}$$

将同一相带的 q 个线圈按一定规律连接起来构成一个线圈组（也叫极相组），将属于同一相的所有线圈组并联或串联起来，构成一相交流绕组。

5）相带

每个磁极极面下每相连续占有的电角度叫相带，交流电机一般采用 60° 相带。

6）并联支路数 a

每相交流绕组形成的并联支路数目。

7）线圈组数

$$线圈组数 = 线圈个数/q$$

3. 定子绕组分类

同步电机和异步电机的电枢绕组都是交流绕组，其种类很多。按相数分，有单相、两相和三相绕组；按槽内层数可分为单层、双层绕组和单双层绕组；根据绕法可分为叠绕组和波绕组；根据节距是否等于极距可分为整距绕组和短距绕组；根据每极每相槽数是整数还是分数，可分为整数槽绕组和分数槽绕组。无论是哪种类型，构成交流绕组的原则是一致的。

三相单层绕组在模块二已经叙述，这里仅以三相双层绕组为主，研究交流绕组的连接规律。

双层绕组的每个槽内放置上、下两层线圈边，如图 13 – 19（c）所示。每个线圈的一个有效边放置在某一槽的上层，另一个有效边则放置在相隔节距为 y_1 的另一槽的下层，整台电机的线圈总数等于定子槽数。双层绕组所有线圈尺寸相同，便于绕制，端接部分排列整齐，有利于散热，且机械强度高。合理选择交流绕组的节距 y_1 可改善电动势和磁动势波形。

双层绕组的构成原则和步骤与单层绕组基本相同，根据双层绕组形状和端部连接方式不同，可分为三相双层叠绕组和三相双层波绕组两种。

4. 三相双层叠绕组展开图的绘制

以绘制 $Z = 36$，$2p = 4$，$a = 1$ 的电机定子绕组展开图为例，来研究三相双层叠绕组的连接规律。绘制叠绕组展开图时，相邻的两个串联线圈中，后一个线圈紧"叠"在前一个线圈上，其合成节距 $y = y_1 - y_2 = 1$。画展开图的步骤如下：

（1）画槽：用竖线表示电动机定子槽，因为要画的是 36 槽的电动机绕组，所以先绘制 36 根竖线。

（2）定槽号：分别将槽进行编号，也就是给每根线编号，一共有 36 根槽，所以编 36 个数。

（3）分极：因为 $Z = 36$，$2p = 4$，所以极距

$$\tau = \frac{Z}{2p} = \frac{36}{2 \times 2} = 9（槽）$$

即每个磁极下有 9 个槽，或者说 9 个槽是在同一磁极下。我们按照 1 – 9，10 – 18，19 – 27，28 – 36 进行分极。

（4）画电流：按照同一磁极下电流方向相同、不同磁极下电流方向相反的规则，绘制电流方向。

（5）分相：因为

$$q = \frac{Z}{2mp} = \frac{36}{2 \times 3 \times 2} = 3（槽）$$

即每一磁极下有 9 个槽，每一磁极下有三相绕组，所以每个磁极下每一相的槽数为 3。以 A 相为例，A 相在每极下应占有 3 个槽，整个定子中 A 相共有 12 个槽。在第一个 N 极下取 1、2、3 三个槽作为 A 相带，在第一个 S 极下取 10、11、12 三个槽作为 X 相带。1、2、3 三个槽向量间夹角最小，合成电动势最大，而 10、11、12 三个槽分别与 1、2、3 三个槽相差一个极距，即 180°电角度，这两个线圈组（极相组）反接以后合成电动势代数相加，其合成电动势最大。同理将 19、20、21 和 28、29、30 也划为 A 相，然后把这些槽里的线圈按一定规律连接起来，即得 A 相绕组。因此可以得到首端 A 对应的槽为 1、2、3、19、20、21，末端 X 对应的槽为 10、11、12、28、29、30。

为了使三相绕组对称，应将距 A 相 120°处的 7、8、9、16、17、18 和 25、26、27、34、35、36 划为 B 相，而将距 A 相 240°处的 13、14、15、22、23、24 和 31、32、33、4、5、6 划为 C 相。由此得一对称三相绕组，每个相带各占 60°电角度，称为 60°相带绕组。

（6）连接 A 相：根据头接头，尾接尾的原则连线，注意所有的接线要向同一个方向。

按照以上步骤，得到如图 13 – 21 所示 A 相绕组展开图。

5. 三相双层波绕组展开图的绘制

交流电机的波绕组与直流电机的波绕组类似，其线圈示意图如图 13 – 20 所示，相邻线圈串联沿绕制方向波浪形前进，其合成节距 $y = y_1 + y_2 = 2\tau$。

以 $Z = 36$，$2p = 4$，$a = 1$ 的电机为例，来研究三相双层波绕组的连接规律以及绘制其中一相绕组（A 相）的展开图。绘制绕组展开图的步骤与叠绕组类似，得到如图 13 – 22 所示 A 相绕组展开图。

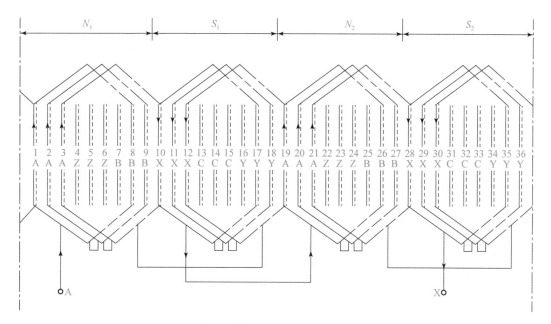

图 13 – 21　三相双层叠绕组 A 相展开图（$Z=36$，$2p=4$）

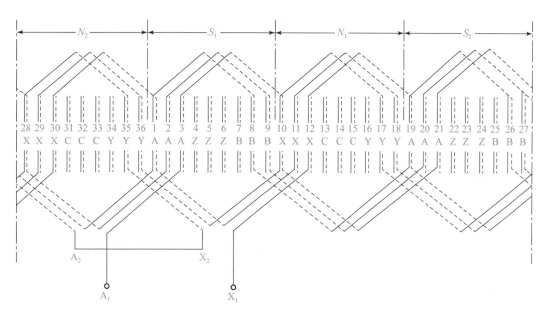

图 13 – 22　三相双层波绕组 A 相展开图（$Z=36$，$2p=4$）

6. 双层绕组特点

（1）双层绕组的每个线圈，一个边放在一个槽的上层，另一个边放在相隔一个极距或接近一个极距的另一个槽的下层，线圈的形式相同，线圈数等于槽数。

（2）双层绕组的节距可以根据需要来选择，一般做成短距，以削弱高次谐波电动势，改善电动势波形。

（3）绕组端部排列方便，便于整形；可以得到较多的并联支路数。

（4）缺点是线圈数目多一倍，绕线、下线费事；槽内上、下层线圈边之间应垫层间绝缘，降低了槽的利用率；短距时，有些槽的上、下层线圈边不属于同一相，存在相间绝缘击穿的薄弱环节，适用于电机容量大于 10 kW 的交流电机。

通常容量较大的同步发电机均采用三相双层短距叠绕组，波绕组主要用于水轮发电机中。

自测题

答案 13.3

一、填空题

1. 采用_____绕组和_____绕组可以有效地削弱谐波分量，同时使基波分量_____。

2. 电角度和机械角度之间的关系为_____。

3. 一同步电机，$Z = 48$，$2p = 4$，极距 $\tau =$ _____。

4. 一同步电机，$Z = 48$，$2p = 4$，槽距角 $\alpha =$ _____。

5. 一同步电机，$Z = 48$，$2p = 4$，每极每相槽数 $q =$ _____。

6. 叠绕组第一节距 y_1、第二节距 y_2、合成节距 y 之间的关系为_____，波绕组三者之间的关系为_____。

二、选择题

1. 同步电机绕组采用短距绕组时，相比长距绕组而言（　　　）。

A. 增加了基波电动势　　　　　　　　B. 消除了高次谐波电动势

C. 基波磁势减小了　　　　　　　　　D. 基波电势没有变化

2. 一台 4 极三相异步电动机定子槽数为 48，槽距角为（　　　）。

A. 15°　　　　　B. 30°　　　　　C. 60°　　　　　D. 45°

3. 同步电机绕组产生的电动势，集中安放和分布安放时，其（　　　）。

A. 电动势相等，与绕组无关　　　　　B. 电动势不等，与绕组无关

C. 分布电动势大于集中电动势　　　　D. 分布电动势小于集中电动势

4. 频率为 50 Hz 的 48 极交流电机，旋转磁势的转速为（　　　）r/min。

A. 48　　　　　B. 62.5　　　　　C. 250　　　　　D. 125

5. 三相绕组通以交流电时，其磁动势为（　　　）。

A. 圆形旋转磁动势　　B. 椭圆磁动势　　C. 脉动磁动势　　D. 不能确定

三、判断题

1. 同步发电机定子绕组一般采用单层绕组。　　　　　　　　　　　　（　　　）

2. 同步发电机定子绕组一般采用双层绕组。　　　　　　　　　　　　（　　　）

3. 定子三相双层绕组可以采用短距和分布的办法来改善感应电动势波形。（　　　）

4. 同步发电机定子绕组都采用整距绕组。　　　　　　　　　　　　　（　　　）

5. 同步发电机定子三相绕组接成星形，可以消除三次谐波和三的倍数次谐波。（　　　）

四、分析计算题

1. 一个整距线圈的两个边，在空间上相距的电角度是多少？如果电机有 p 对磁极，那么它们在空间上相距的机械角度是多少？

2. 有一台交流电机，$Z = 36$，$2p = 4$，$y_1 = 7$，$2a = 2$，试绘出槽电势星形图，并标出 60° 相带分相情况。

13.2.6　同步电机绕组的电动势与磁动势

【学习任务】（1）正确写出同步电机绕组的电动势。
　　　　　　　（2）正确写出同步电机绕组的磁动势。

1. 正弦分布的磁场下绕组的基波电动势

1）一根导体的电动势

在正弦分布磁场下，导体感应电动势也为正弦波。根据电动势公式 $e = Blv$，经过推导得到一根导体电动势有效值为

$$E_{c1} = \frac{\pi}{\sqrt{2}} f_1 \Phi_1 = 2.22 f_1 \Phi_1 \tag{13-6}$$

式中　Φ_1——每个磁极下的基波总磁通量。

2）匝线圈的电动势

（1）单匝整距线圈的电动势。

先讨论匝电动势，即一匝线圈的两个有效边导体的感应电动势相量和。整距线圈即 $y_1 = \tau$，如果线圈一个有效边在 N 极中心线下，则另一根有效边刚好处于相邻的 S 极中心线下，如图 13-23（a）所示。该整距单匝线圈，其上、下圈边的电动势 $\dot{E}_{c1}$、$\dot{E}'_{c1}$ 大小相等而相位相反，如图 13-23（b）所示，所以整距单匝线圈的电动势值 E_{t1} 为一个线圈边电动势值的两倍，即

$$E_{t1(y_1 = \tau)} = 2E_{c1} = \sqrt{2}\pi f_1 \Phi_m = 4.44 f_1 \Phi_1 \tag{13-7}$$

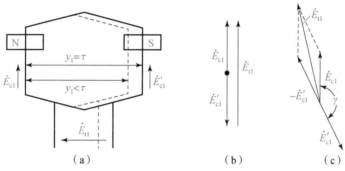

（a）　　　　　　　（b）　　　　　　　（c）

图 13-23　1 匝短距线圈电动势

（2）单匝短距线圈的电动势。

短距线圈即 $y_1 < \tau$。如图 13-23（c）示，可知其上、下圈边电动势的相位差不再是 180°，而是小于 180°的角。γ 是用电角度表示的线圈第一节距，也称短距对应角，可用下式表示：

$$\gamma = \frac{y_1}{\tau} \times 180° \tag{13-8}$$

因此，短距单匝元件的电动势为

$$E_{t1(y_1 < \tau)} = 2E_{c1}\cos\frac{180° - \gamma}{2} = 2E_{c1}\sin\left(\frac{y_1}{\tau} \times 90°\right) = 4.44 K_{y1} f_1 \Phi_1 \tag{13-9}$$

式中　K_{y1}——线圈的短距系数

$$K_{y1} = \sin \frac{y_1}{\tau} 90° \tag{13-10}$$

K_{y1} 在短距线圈中小于 1，只有当整距时，K_{y1} 等于 1。

3）N_c 匝短距线圈的电动势

电机定子铁芯槽内每个线圈由 N_c 匝串联而成，每匝电动势均相等，所以一个短距线圈电动势有效值为

$$E_{y1} = N_c E_{t1} = 4.44 f_1 N_c K_{y1} \Phi_1 \tag{13-11}$$

4）一个线圈组（极相组）的电动势

每个线圈组都是由 q 个线圈串联而成的，如果 q 个线圈集中在一个槽内，则线圈组电动势有效值为

$$E_{q1(集中)} = q E_{y1} = 4.44 f_1 q N_c K_{y1} \Phi_1 \tag{13-12}$$

实际上 q 个线圈是分布在 q 个槽内，所以一个线圈组的电动势应是 q 个线圈电动势的相量和。例如图 13-24（a）所示的线圈组有 3 个线圈组成，每个线圈的电动势相量如图 13-24（b）所示，相位上互差一个槽距角 α，将三个电动势相量加起来就可得到一个线圈组电动势，如图 13-24（c）所示。

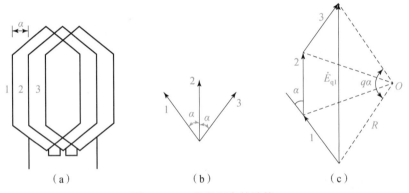

图 13-24 线圈组电势计算

得到考虑分布和短距时的线圈组电动势为

$$E_{q1} = 4.44 f_1 q N_c K_{y1} K_{q1} \Phi_1 = 4.44 f_1 q N_c K_{W1} \Phi_1 \tag{13-13}$$

式（13-13）中，K_{q1} 为绕组的分布系数。除集中绕组 $K_{q1} = 1$ 外，分布绕组的 K_{q1} 总是小于 1 的。实际上分布系数就是 q 个分布线圈的合成电动势与 q 个集中线圈合成电动势之比，即

$$K_{q1} = \frac{E_{q1(分布)}}{E_{q1(集中)}} = \frac{\sin \dfrac{q\alpha}{2}}{q \sin \dfrac{\alpha}{2}} \tag{13-14}$$

式（13-13）中，K_{W1} 为绕组系数，考虑绕组短距和分布影响，整个绕组的合成电动势所需要打的总折扣与绕组的分布系数 K_{q1} 有以下关系：

$$K_{W1} = K_{y1} \cdot K_{q1} \tag{13-15}$$

5）一相绕组的电动势和线电动势

一相绕组由属于该相的所有线圈组组成，线圈组可以串联也可以并联，所以一相绕组电动势等于一条并联支路的总电动势。对于双层绕组一共有 $2p$ 个线圈组，单层绕组则有 p 个

线圈组。当一相的并联支路数为 a 条时，单层绕组则有 p 个线圈组，将一条支路中各个线圈组电动势相加起来，便可得到一相绕组电动势（一般情况下，每条支路所串联的线圈组电动势都是同大小、同相位的）。

对于双层绕组：

$$N = \frac{2pqN_c}{a} \tag{13-16}$$

对于单层绕组：

$$N = \frac{pqN_c}{a} \tag{13-17}$$

因此一相绕组电动势为

$$E_{\phi 1} = 4.44 f_1 N K_{W1} \Phi_1 \tag{13-18}$$

式中　qN_c——一个线圈组的总匝数。

式（13-18）与变压器绕组电动势的计算公式形式上相似，只不过因为交流电机采用短距和分布绕组，所以要乘以一个小于 1 的绕组系数 K_{W1}。

式（13-18）说明同步发电机在额定频率下运行时，其相电动势大小与转子的每极磁通量成正比。若要调节同步发电机的电压，则必须调节转子励磁电流，即改变转子每极磁通。

2. 同步电机绕组的磁动势

无论是同步电机还是异步电机，当定子绕组有交变电流流过时将产生电枢磁动势，绕组的磁动势在异步电机部分已经介绍过，此处不再叙述。

自测题

答案13.4

一、填空题

1. 在正弦分布磁场下，一根导体电动势有效值为＿＿＿＿＿＿＿＿＿＿。

2. 在正弦分布磁场下，整距单匝线圈的电动势值 $E_{t1(y_1=\tau)}$ = ＿＿＿＿＿＿＿＿＿＿，短距单匝线圈的电动势值 $E_{t1(y_1<\tau)}$ = ＿＿＿＿＿＿＿＿。

3. 在正弦分布磁场下，一个集中线圈组的电动势 $E_{q1(集中)}$ = ＿＿＿＿＿＿＿＿＿＿，考虑分布和短距时的线圈组电动势为 E_{q1} = ＿＿＿＿＿＿＿＿。

4. 同步电机与变压器绕组电动势的计算公式形式上相似，只不过因为交流电机采用短距和分布绕组，所以要乘以＿＿＿＿＿＿＿＿。

5. 同步电机正常工作时，励磁绕组中＿＿＿＿＿＿感应电动势。（产生或不产生）

6. 同步电机工作时励磁绕组中应通入＿＿＿＿＿＿。

二、判断题

1. 垂直穿过线圈的磁通量随时间变化，会在线圈中产生感应电动势。　　　（　　）

2. 楞次定律中表明垂直穿过线圈的磁通必然会在线圈中产生电动势。　　（　　）

3. 三相对称绕组通入三相对称电流时，其合成磁势的基波是一个幅值按正弦规律变化的旋转磁势。　　　　　　　　　　　　　　　　　　　　　　　　　　　（　　）

4. 三相合成磁势的幅值是单相脉振磁势的 3 倍。　　　　　　　　　　（　　）

5. 一相绕组通入正弦交流电流时，产生的是脉振磁势。　　　　　　　（　　）

三、分析计算题

1. 额定转速为 3 000 r/min 的同步发电机，若将转速调整到 3 060 r/min 运行，其他情况不变，问定子绕组三相电动势大小、波形、频率及各相电动势相位差有何改变？

2. 一台 4 极，$Z = 36$ 的同步发电机，采用双层叠绕组，并联支路数 $2a = 1$，$y_1 = 7/9\tau$，每个线圈匝数 $N_c = 20$，每极气隙磁通 $\Phi_1 = 7.5 \times 10^{-3}$ Wb，试求每相绕组的感应电动势。

3. 一台同步发电机，$2p = 6$，$Z = 36$，采用双层叠绕组，$y_1 = 5/6\tau$，每个线圈匝数 $N_c = 72$，当通入三相对称电流，每相电流有效值为 20 A 时，试求基波三相合成磁动势的幅值和转速。

4. 试述短距系数和分布系数的物理意义，为什么这两系数总是小于或等于 1？

5. 在交流发电机定子槽的导体中感应电动势的频率、波形、大小与哪些因素有关？这些因素中哪些是由构造决定的？哪些是由运行条件决定的？

13.2.7 同步发电机的电枢反应

微课 13.3：
同步电机的电枢反应

【学习任务】（1）正确理解同步发电机的空载运行。
（2）正确理解同步发电机的电枢反应概念。
（3）正确分析同步发电机的电枢反应性质。
（4）正确分析电枢反应与机电能量转换的关系。

1. 空载运行

同步发电机被原动机拖动到同步转速，励磁绕组中通以直流电流，定子绕组开路时的运行称为空载运行。

空载运行时三相定子电流均为零，只有直流励磁电流产生的主磁场，又叫空载磁场。其中一部分既交链转子，又经过气隙交链定子的磁通，称为主磁通，即空载时的气隙磁通，它的磁通密度波形是沿气隙圆周空间分布的近似正弦波，用 Φ_0 表示；而另一部分不穿过气隙，仅和励磁绕组本身交链的磁通，称为主磁极漏磁通，用 Φ_σ 表示，这部分磁通不参与电机的机电能量转换。如图 13 - 25 所示，由于主磁通的路径（即主磁路）主要由定、转子铁芯和两段气隙构成，而漏磁通的路径主要由空气和非铁磁性材料组成，因此主磁路的磁阻比漏磁路的磁阻小得多，主磁通数值远大于漏磁通。

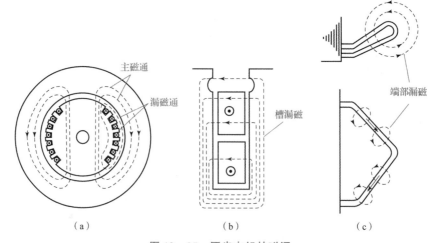

图 13 - 25　同步电机的磁通

（a）同步电机的磁路；（b）定子槽漏磁通；（c）定子端部漏磁通

空载运行，当转子以同步转速 n_1 旋转时，主磁场将在气隙中形成一个旋转磁场，它"切割"对称的三相定子绕组后，就会在定子绕组内感应出一组频率为 f 的对称三相电动势，该电动势称为励磁电动势，也叫空载电动势。

2. 电枢反应

同步发电机空载运行时，气隙中只有转子励磁电流 I_f 产生的励磁磁动势 $\vec{F}_f$ 所产生的主磁场，即在定子绕组中感应空载电动势 $\dot{E}_0$。带上负载后，三相定子绕组中流过三相对称电流 $\dot{I}$，产生电枢磁动势 $\vec{F}_a$。因而，负载时同步发电机的气隙中同时存在着励磁磁动势 $\vec{F}_f$ 和电枢磁动势 $\vec{F}_a$ 两个磁动势，这两个磁动势以相同的转速、相同的转向旋转，彼此没有相对运动，两者共同建立负载时气隙中的合成磁动势 $\vec{F}_\delta$。负载运行时电机的磁动势关系如下：

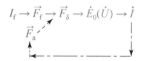

因此，对称负载时，电枢磁动势基波将对励磁磁动势基波产生影响，这种现象称为电枢反应。

3. 电枢反应的性质

由于励磁磁动势 $\vec{F}_f$ 产生主磁通使定子绕组感应电动势 $\dot{E}_0$，而电枢磁动势基波 $\vec{F}_a$ 是由定子电流 $\dot{I}$ 建立的。因此，研究电枢反应性质时，本来决定于电枢磁动势基波 $\vec{F}_a$ 与励磁磁动势基波 $\vec{F}_f$ 在空间上的相对位置，而今可归结为研究电动势 $\dot{E}_0$ 与定子电流 $\dot{I}$ 在时间上的相位差 ψ（称为内功率因数角）。ψ 角的大小与同步发电机的内阻抗及外加负载性质有关，即外加负载性质不同（电阻性、电感性或电容性），$\dot{E}_0$ 与 $\dot{I}$ 之间的相位差 ψ 随之不同，电枢反应性质也随之不同。

下面分析不同性质负载的电枢反应，电枢反应的性质可以通过时空矢量图来表示。作时空矢量图确定电枢反应性质的规律如下：

（1）取励磁磁动势 $\vec{F}_f$ 作为参考向量，其方向就是 d 轴（直轴，励磁磁动势主磁极轴线位置）方向；

（2）空载磁通 $\dot{\Phi}_0$ 与 $\vec{F}_f$ 同方向，空载电动势 $\dot{E}_0$ 滞后空载磁通 $\dot{\Phi}_0$90°；

（3）定子电流 $\dot{I}$ 滞后空载电动势 $\dot{E}_0$ 的角度为内功率因数角 ψ；

（4）电枢磁势 $\vec{F}_a$ 与定子电流 $\dot{I}$ 同相位。

设备相电流和电动势的正方向为"相尾端进，相首端出"，定子绕组每一相均用一个"集中"绕组表示。为画图清晰起见，采用一对极的凸极同步发电机为例。

1）$\psi = 0°$ 时的电枢反应（$\dot{I}$ 和 $\dot{E}_0$ 同相位）

如图 13-26 所示，励磁磁动势 $\vec{F}_f$ 位于 d 轴（直轴），由位于 d 轴的励磁磁通 $\dot{\Phi}_0$ 产生的空载电动势 $\dot{E}_0$ 落后其90°，正好位于 q 轴（交轴）。此瞬间 U 相绕组的轴线与 q 轴（交轴）重合，U 相绕组中的电枢电流 $\dot{I}$ 达到最大值，其方向指向 q 轴，电枢磁动势 $\vec{F}_a$ 的方向与 U 相绕组轴线重合，也指向 q 轴，即空载电动势 $\dot{E}_0$ 和电枢电流 $\dot{I}$ 同相位，$\psi = 0°$。

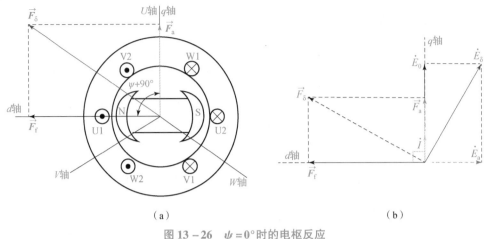

图 13－26　$\psi = 0°$ 时的电枢反应

（a）空间相量图；（b）时间相量图

　　因为 $\vec{F}_a$ 落在交轴上，故 $\dot{I}$ 和 $\dot{E}_0$ 同相时的电枢反应称为交轴电枢反应。交轴电枢反应对转子电流产生电磁转矩，其方向和转子的转向相反，企图阻止转子旋转。而电枢电流 $\dot{I}$ 与空载电动势 $\dot{E}_0$ 同向，可认为 $\dot{I}$ 是有功分量。可见，发电机要输出有功功率，原动机就必须克服有功电流引起的阻力转矩做功，结果是机械能转变为电能。输出的有功功率越大，有功电流分量就越大，交轴电枢反应就越强，所产生的阻力转矩也就越大，这就要求原动机输入更多的机械能转变为电能，才能维持发电机的转速不变。

　　2）$\psi = 90°$ 时的电枢反应（$\dot{I}$ 滞后 $\dot{E}_0$ 90°）

　　如图 13－27 所示，励磁磁动势 $\vec{F}_f$ 位于 d 轴（直轴）正向，由励磁磁通 $\dot{\Phi}_0$ 产生的空载电动势 $\dot{E}_0$ 落后励磁磁动势 $\vec{F}_f$ 90°位于 q 轴。此瞬间 U 相绕组电流为零，V 相、W 相绕组的轴线与 d 轴重合，其电枢电流 $\dot{I}$ 方向指向 d 轴负向，由电枢电流 $\dot{I}$ 产生的电枢磁动势 $\vec{F}_a$ 的方向也指向 d 轴负向，即空载电动势 $\dot{E}_0$ 超前电枢电流 $\dot{I}$ 90°。

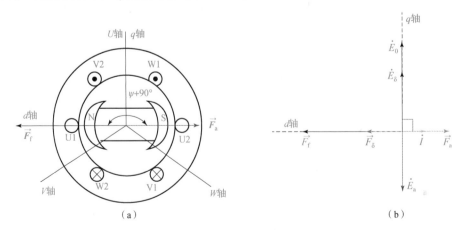

图 13－27　$\psi = 90°$ 时的电枢反应

（a）空间相量图；（b）时间相量图

因为电枢磁动势 $\vec{F}_a$ 落在直轴上，故该电枢反应称为直轴电枢反应，为直轴去磁电枢反应，使发电机端电压降低。若要保持端电压不变，使气隙合成磁场近似保持不变，则应相应增大励磁电流，此时电机为过励磁状态。直轴电枢反应的结果不会使气隙磁场发生畸变，对转子电流所产生的电磁力不形成转矩，不妨碍转子的旋转。发电机发出的有功功率为零，仅发出感性无功功率。

3）$\psi = -90°$ 时的电枢反应（$\dot{I}$ 超前 $\dot{E}_0$ 90°）

如图 13-28 所示，励磁磁动势 $\vec{F}_f$ 位于 d 轴（直轴）正向，由励磁磁通 $\dot{\Phi}_0$ 产生的空载电动势 $\dot{E}_0$ 落后励磁磁动势 $\vec{F}_f$ 90° 位于 q 轴，此瞬间 U 相绕组电流为零，V 相、W 相绕组的轴线与 d 轴重合，其电枢电流方向指向 d 轴正向，由电枢电流 $\dot{I}$ 产生的电枢磁动势 $\vec{F}_a$ 的方向也指向 d 轴正向，即空载电动势 $\dot{E}_0$ 落后电枢电流 $\dot{I}$ 90°。

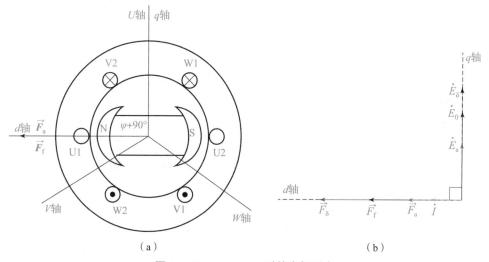

图 13-28　$\psi = -90°$ 时的电枢反应

（a）空间相量图；（b）时间相量图

因为电枢磁动势 $\vec{F}_a$ 落在直轴上，该电枢反应称为直轴电枢反应，为直轴助磁电枢反应，使发电机端电压升高。若要保持端电压不变，使气隙合成磁场近似保持不变，应相应减小励磁电流，此时电机为欠励磁状态。直轴电枢反应的结果不会使气隙磁场发生畸变，对转子电流所产生的电磁力不形成转矩，不妨碍转子的旋转。此时，发电机发出的有功功率为零，即仅发出感性无功功率。

4）$0° < \psi < 90°$ 时的电枢反应（$\dot{I}$ 滞后 $\dot{E}_0$）

如图 13-29 所示，在一般情况下（$0 < \psi < 90°$）的电枢反应既非单纯交磁性质，也非纯去磁性质，而是兼有两种性质。此时电枢电流既有有功分量，又有无功分量，也就是发电机既带有功负载，又带感性无功负载。有功电流的变化会影响发电机的转速，从而影响到发电机的频率；无功电流的变化会影响发电机的电压。为了保持发电机电压和频率的稳定，必须随负载的变化及时调节发电机的输入机械功率和转子励磁电流。

4. 电枢反应与机电能量转换的关系

同步发电机空载时不存在电枢反应，也不存在机电能量转换关系。带上负载后，定子电

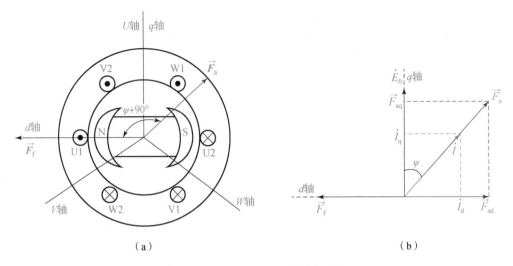

（a）   （b）

图 13 - 29 $0° < \Psi < 90°$ 的电枢反应

（a）空间相量图；（b）时间相量图

流产生了电枢磁场，它与转子之间有相互的电磁作用。由于负载性质不同，电枢磁场与转子之间的电磁作用也不同。下面分析不同负载性质时，电机内部的机电能量转换情况。

1）有功电流在电机内部产生制动转矩

$\psi = 0°$ 时的电流主要为有功电流，电枢反应为交轴电枢反应，呈交磁作用。交轴电枢反应对转子电流产生电磁转矩，它的方向和转子的旋转方向相反，企图阻止转子旋转，为阻力转矩，如图 13 - 30（a）所示。显然当发电机输出有功电流即有功功率时，原动机必须克服交轴电枢反应对转子的制动转矩而做功。负载电流越大，输出的有功功率就越大，对转子的制动转矩也就越大，为了维持转子转速（或频率）不变，就需要相应地增大汽轮机的进气量（或增大水轮机的进水量），用以克服制动转矩而做功，结果机械能就转变为电能。

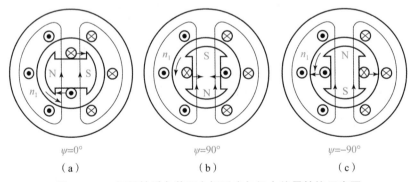

$\psi = 0°$ $\psi = 90°$ $\psi = -90°$

（a）   （b）   （c）

图 13 - 30   不同性质负载下电枢反应与机电能量转换示意图

2）感性无功电流使发电机的端电压降低

$\dot{I}$ 滞后 $\dot{E}_0 90°$（$\psi = 90°$）时的电流主要是感性无功电流，此时电枢磁动势产生直轴电枢反应。直轴电枢磁场与励磁电流共同作用，在励磁绕组上产生电磁力，但不形成电磁转矩，如图 13 - 30（b）所示，说明发电机带感性无功负载时不需要原动机增加机械能。但是直轴去磁电枢反应对气隙磁场有去磁作用，致使发电机端电压下降。为维持电压恒定，所需的励磁电流也要相应增加。

3）容性无功电流使发电机的端电压升高

$\dot{I}$ 超前 $\dot{E}_0$ 90°（$\psi = -90°$）时的电流主要是容性无功电流，此时电枢磁动势产生直轴电枢反应。直轴电枢磁场与励磁电流共同作用，在励磁绕组上产生电磁力，但不形成电磁转矩，如图 13 - 30（c）所示，说明发电机带容性无功负载时，不需要原动机增加机械能。但是直轴助磁电枢反应对气隙磁场有助磁作用，致使发电机端电压上升。为维持电压恒定，所需的励磁电流也要相应减小。

4）一般情况下的电枢反应既非单纯交磁性质也非纯去磁性质，而是兼有两种性质。

一般情况下的功率角介于 0° < ψ < 90°，电枢反应既非单纯交磁性质也非纯去磁性质，而是兼有两种性质。此时电枢电流既有有功分量，又有无功分量，也就是发电机既带有功负载，又带感性无功负载。有功电流的变化会影响发电机的转速，从而影响到发电机的频率；无功电流的变化会影响发电机的电压。为了保持发电机电压和频率的稳定，必须随负载的变化及时调节发电机的输入机械功率和励磁电流。

综上所述，电枢反应是同步发电机在负载运行时的重要物理现象，它不仅是引起端电压变化的主要原因，而且交轴电枢反应的存在是实现机电能量转换的关键。

自测题

一、填空题

1. 同步发电机被原动机拖动到_____，励磁绕组中通以_____，定子绕组_____的运行称为空载运行。

2. 对称负载时，电枢磁动势基波将对_____产生影响，这种现象称为电枢反应。

3. 同步发电机空载运行时，只有转子励磁电流 I_f 产生的_____。带上负载后，定子绕组中流过三相对称电流 $\dot{I}$ 产生_____。这两个磁动势以相同的转速、相同的转向旋转，共同建立负载时气隙中的_____。

4. 交轴电枢反应对转子电流产生电磁转矩，其方向和转子的转向_____，企图阻止转子旋转。

5. $\psi = 0°$ 的电枢反应为_____，$\psi = 90°$ 时的电枢反应为_____，$\psi = -90°$ 时的电枢反应为_____。

二、选择题

1. 同步电动机中，电枢磁场与主磁场之间的关系为（　　）。

A. 同向同步转速旋转　　　　　B. 反向同步转速旋转

C. 相对静止且不旋转　　　　　D. 不能确定

2. 同步发电机带纯感性负载时的电枢反应是（　　）电枢反应。

A. 直轴增磁　　　　B. 直轴去磁　　　　C. 交轴　　　　D. 不能确定

3. 同步发电机带纯容性负载时的电枢反应是（　　）电枢反应。

A. 直轴增磁　　　　B. 直轴去磁　　　　C. 交轴　　　　D. 不能确定

4. 同步发电机带纯阻性负载时的电枢反应是（　　）电枢反应。

A. 直轴增磁　　　　B. 直轴去磁　　　　C. 交轴　　　　D. 不能确定

5. 同步发电机带阻感负载时的电枢反应是（　　）电枢反应。

A. 直轴   B. 交轴   C. 直轴交轴综合   D. 不能确定

6. 同步发电机稳态运行时，若所带负载为感性 $\cos\varphi = 0.8$，则其电枢反应为（   ）电枢反应。

A. 交轴   B. 直轴去磁

C. 直轴去磁与交轴   D. 直轴增磁

三、判断题

1. 同步电机转子主磁场是直流励磁产生的，电枢反应磁场是交流电产生的。   （   ）

2. 同步发电机电枢反应的性质取决于负载的性质。   （   ）

3. 在同步发电机中，当励磁电动势与电枢电流同相时，其电枢反应的性质为直轴电枢反应。   （   ）

4. 忽略电枢绕组电阻时，同步发电机的短路电流为纯直轴分量 I_d。   （   ）

5. 忽略电枢绕组电阻，当负载 $\cos\varphi = 0$ 时，同步发电机的输出电流为纯交轴分量 I_q。

                                                      （   ）

四、分析计算题

1. 什么是直轴（d 轴）？什么是交轴（q 轴）？

2. 什么是内功率因数角 ψ？什么是外功率因数角 φ？什么是功率角 δ？

3. 同步电机的气隙磁场在空载时是如何激励的？在负载时是如何激励的？

4. 同步发电机电枢反应的性质由什么决定？

5. 有一台三相汽轮发电机，$P_N = 25\ 000$ kW，$U_N = 10.5$ kV，Y 形接法，$\cos\varphi_N = 0.8$（滞后），作单机运行。由试验测得它的同步电抗标幺值为 $X_{s*} = 2.13$，电枢电阻忽略不计。每相励磁电动势为 7 520 V，试求分下列几种情况接上三相对称负载时的电枢电流值，并说明其电枢反应的性质：

（1）每相是 7.52 Ω 纯电阻；

（2）每相是 7.52 Ω 纯电感；

（3）每相是（7.52 − j7.52）Ω 电阻电容性负载。

答案 13.5

13.2.8   同步电抗

【学习任务】（1）正确写出定子漏电抗和电枢反应电抗。

             （2）正确理解同步电抗的概念及含义。

             （3）正确区分隐极式电机和凸极式电机的同步电抗。

同步电抗包含电枢反应电抗和定子漏电抗，它是同步发电机在对称稳态运行时，三相定子电流产生的电枢反应磁通和定子漏磁通对定子一相绕组所造成的影响的一个综合参数。下面分别介绍定子漏电抗和电枢反应电抗。

1. 定子漏电抗

定子漏磁通包含定子槽漏磁通、绕组端部漏磁通和差漏磁通。和变压器一样，可用一个漏电抗 X_σ 表征漏磁通的作用。因此，与定子漏磁通对应的电抗叫定子漏电抗，漏磁通在定子绕组中的感应电动势可以表示为

$$\dot{E}_\sigma = -j\dot{I}X_\sigma \tag{13-19}$$

定子漏电抗对同步发电机的运行性能有很大影响，如槽漏磁通将使导体内的电流产生集

肤效应，增加绕组的铜耗；端部漏磁通将使绕组端部附近的压板、螺栓等构件中产生涡流，引起局部发热；同时，漏电抗还会影响到端电压随负载变化的程度，也会影响到稳定短路电流及短路瞬变过程中电流的大小。

2. 电枢反应电抗

在分析同步发电机一般负载情况下的电枢反应时，通常把负载电流分解为直轴分量和交轴分量。直轴分量 $I_d = I\sin\varphi$，建立直轴电枢反应磁动势 $\vec{F}_{ad}$；交轴分量 $I_q = I\cos\varphi$，建立交轴电枢反应磁动势 $\vec{F}_{aq}$。它们将相应地建立直轴电枢反应磁通 $\dot{\Phi}_{ad}$ 和交轴电枢反应磁通 $\dot{\Phi}_{aq}$，$\dot{\Phi}_{ad}$ 和 $\dot{\Phi}_{aq}$ 经过的磁路不同。对于凸极式同步发电机，交轴磁路的磁阻远大于直轴磁路的磁阻。同样，可以用直轴电枢反应电抗 X_{ad} 和交轴电枢反应电抗 X_{aq} 来分别表征直轴电枢反应磁场 $\dot{\Phi}_{ad}$ 和交轴电枢反应磁场 $\dot{\Phi}_{aq}$ 的作用。因此，$\dot{\Phi}_{ad}$ 和 $\dot{\Phi}_{aq}$ 在定子绕组中分别感应直轴电枢反应电动势 $\dot{E}_{ad}$ 和交轴电枢反应磁动势 $\dot{E}_{aq}$，其数学表达式如下：

$$\dot{E}_{ad} = -j\dot{I}_d X_{ad}$$
$$\dot{E}_{aq} = -j\dot{I}_q X_{aq}$$

(13-20)

由于凸极同步发电机直轴磁阻比交轴磁阻小，故 $X_{ad} > X_{aq}$。

3. 同步电抗

同步电抗包含电枢反应电抗和定子漏电抗，同步电抗是同步发电机最重要的参数之一，其大小直接影响同步发电机端电压随负载变化的程度以及运行的稳定性等。

由于凸极式同步发电机和隐极式同步发电机主磁通磁路有很大差别，所以与电枢磁通对应的同步电抗也有很大差别，下面分别予以讨论。

1）凸极式同步发电机的同步电抗

如图 13-31 所示，由于凸极式同步发电机的气隙不均匀，所以直轴和交轴磁路的磁阻不相等，因此直轴和交轴同步电抗也不相等。直轴同步电抗为 $X_d = X_{ad} + X_\sigma$，交轴同步电抗为 $X_q = X_{aq} + X_\sigma$，因交轴气隙大于直轴气隙，所以 $X_d > X_q$。

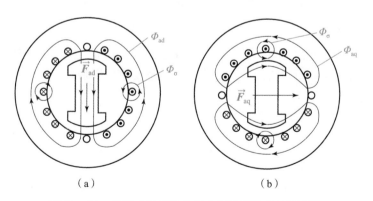

（a）　　　　　　　　　（b）

图 13-31　凸极式同步发电机电枢反应磁通及漏磁通

（a）直轴电枢反应磁通；（b）交轴电枢反应磁通

由于直轴和交轴电枢反应磁通均通过定子和转子铁芯，故对应的电抗值有未饱和值与饱和值之分。

2）隐极式同步发电机的同步电抗

如图 13 – 32 所示，因为隐极式同步发电机的气隙均匀，交轴与直轴磁路的磁阻相同，交轴和直轴同步电抗相等，故 $X_{ad} = X_{aq} = X_a$，X_a 称为电枢反应电抗。

隐极同步发电机的同步电抗可用表示为

$$X_t = X_\sigma + X_a$$

3）同步电抗的意义

同步电抗是同步发电机最重要的参数之一，它表征同步发电机在对称稳态运行时三相电枢电流合成产生的电枢反应磁场和定子漏磁场的一个综合参数，它还综合反映了电枢反应磁场和漏磁场对定子各相电路的影响、同步电抗的大小直接影响同步发电机端电压随负载变化的程度以及运行的稳定性等。

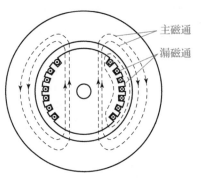

图 13 – 32　隐极式同步发电机
电枢反应磁通及漏磁通

不同类型同步电机的同步电抗和漏电抗的标幺值见表 13 – 1。

表 13 – 1　不同类型同步电机的同步电抗和漏电抗的标幺值

电机类型	参数		
	X_{d*}	X_{q*}	$X_{\sigma*}$
汽轮发电机（隐极式）	1.60	1.55	0.12
发电机和电动机（凸极式）	1.00	0.62	0.11
同步调相机（凸极式）	1.9	1.15	0.14

13.2.9　同步发电机的电动势方程、相量图及等值电路

【学习任务】（1）正确写出隐极式同步发电机的电动势方程、相量图及等值电路。

（2）正确写出凸极式同步发电机的电动势方程和相量图。

1. 隐极式同步发电机的电动势方程、相量图及等值电路

隐极式同步发电机气隙均匀，同一电枢磁动势作用在圆周气隙上的任何位置所产生的气隙磁场和每极磁通量都是相同的，可以整体考虑电枢反应的影响。

1）电磁关系

隐极式同步发电机内的电磁关系如下：

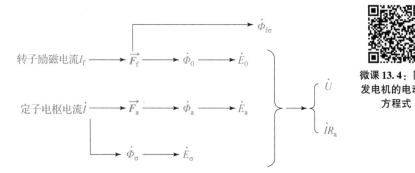

微课 13.4：同步
发电机的电动势
方程式

2）电枢回路的电动势方程

根据电磁感应定律及磁路问题电路化处理方法，得电枢反应电动势及漏磁电动势如下：

$$\dot{E}_a = -j\dot{I}X_a$$
$$\dot{E}_\sigma = -j\dot{I}X_\sigma \tag{13-21}$$

式中　X_a——对应于电枢反应磁通的电抗，称为电枢反应电抗，相当于变压器中的励磁电抗 X_m。由于同步电机具有较大的空气隙，故在数值上 X_a 要比变压器的 X_m 小。

X_σ——对应于漏磁通的电抗，称为漏电抗，相当于变压器中的漏电抗 $X_{1\sigma}$，同样由于气隙的原因，在数值上 X_σ 要比变压器的 $X_{1\sigma}$ 大。

采用发电机惯例，以输出电流作为电枢电流的正方向时，根据其电磁关系，定子任一相的电动势方程为

$$\dot{E}_0 + \dot{E}_a + \dot{E}_\sigma - \dot{I}R_a = \dot{U} \tag{13-22}$$

代入式（13-21），得

$$\dot{E}_0 = \dot{U} + \dot{I}R_a + j\dot{I}X_\sigma + j\dot{I}X_a$$
$$= \dot{U} + \dot{I}R_a + j\dot{I}X_t \tag{13-23}$$

式中

$$X_t = X_\sigma + X_a \tag{13-24}$$

X_t 为隐极同步发电机的同步电抗，也就是定子方面的总电抗。只有当电枢绕组流过对称三相电流，即气隙磁场为圆形旋转磁场时，同步电抗才有意义，而当电枢绕组中流过不对称三相电流时，便不能无条件地用同步电抗。X_t 表征在对称负载下每相负载电流 I 为 1 A 时，三相共同产生的电枢总磁场（包括电枢反应磁场和漏磁场）在电枢每一相绕组中感应的电动势 $E_\sigma + E_a$，即 $X_t = (E_\sigma + E_a)/I$。

由于电枢绕组的电阻 R_a 很小，可以忽略不计，故隐极同步发电机的电动势平衡方程可写成：

$$\dot{E}_0 = \dot{U} + j\dot{I}X_t \tag{13-25}$$

3）相量图

根据以下作图步骤，可以画出三种性质（电感性、电容性和电阻性）电路的电动势相量图，如图 13-33 所示。

①以端电压 $\dot{U}$ 为参考相量先画 $\dot{U}$；

②根据负载阻抗角 φ 画 $\dot{I}$；

③以 $\dot{U}$ 的顶端作起点画与 $\dot{I}$ 同相位的 $\dot{I}R_a$；

④以 $\dot{I}R_a$ 的顶端作起点画超前 $\dot{I}90°$ 的相量 $j\dot{I}X_t$；

⑤从 $\dot{U}$ 的起点到 $j\dot{I}X_t$ 的顶端用直线箭头连接起来就得到 $\dot{E}_0$。

不考虑磁路饱和时，如果已知发电机带负载的情况，即已知 $\dot{U}$ 与 $\dot{I}$ 及 $\cos\varphi$，并且知道发电机的参数 R_a 和 X_t，根据相量图 13-33（a）可直接计算出 E_0 和 ψ 的值：

$$E_0 = \sqrt{(U\cos\varphi + IR_a)^2 + (U\sin\varphi + IX_t)^2} \tag{13-26}$$

$$\psi = \arctan\frac{IX_t + U\sin\varphi}{IR_a + U\cos\varphi} = \varphi + \delta \tag{13-27}$$

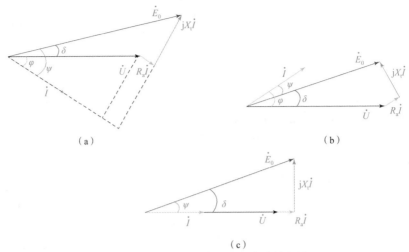

图 13 - 33　隐极式同步发电机电动势相量图

(a) 电感性; (b) 电容性; (c) 电阻性

4) 等值电路

式 (13 - 23) 表明, 隐极同步发电机的等值电路相当于直流励磁电动势 $\dot{E}_0$ 和同步阻抗 $Z_t = R_a + jX_t$ 串联的电路, 如图 13 - 34 所示。其中 $\dot{E}_0$ 反映了励磁磁场的作用, R_a 代表电枢电阻, X_t 反映了漏磁场和电枢反应磁场的共同作用。由于这个电路极为简单, 而且物理概念明确, 故在隐极式同步发电机的分析和工程计算中得到了广泛的应用。

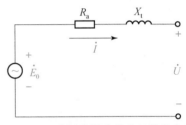

图 13 - 34　隐极式同步发电机等值电路

【例题 13 - 2】　有一台汽轮发电机, $U_N = 18$ kV, $P_N = 300$ kW, 星形连接, $\cos\varphi_N = 0.85$ (滞后), $X_{t*} = 2.18$ (不饱和), 电枢电阻略去不计。当发电机运行在额定情况下, 试求:

(1) 不饱和的励磁电动势 E_0;

(2) 功率角 δ_N;

(3) 电磁功率 P_M。

解: 阻抗基值为

$$Z_N = \frac{U_{N\phi}}{I_N} = \frac{\dfrac{U_N}{\sqrt{3}}}{\dfrac{P_N}{\sqrt{3}U_N\cos\varphi_N}} = \frac{U_N^2\cos\varphi_N}{P_N} = \frac{18^2 \times 0.85 \times 10^6}{300 \times 10^3} = 918(\Omega)$$

同步电抗为

$$X_t = X_{t*}Z_N = 2.18 \times 918 = 2(k\Omega)$$

$$I_N = \frac{P_N}{\sqrt{3}U_N\cos\varphi_N} = \frac{300 \times 10^3}{\sqrt{3} \times 18\ 000 \times 0.85} = 11.3(A)$$

$$E_0 = \sqrt{(U\cos\varphi + IR_a)^2 + (U\sin\varphi + IX_t)^2}$$

$$= \sqrt{\left(\frac{18}{\sqrt{3}} \times 0.85\right)^2 + \left(\frac{18}{\sqrt{3}} \times 0.53 + 2 \times 11.3\right)^2} = 29.5(kV)$$

$$\psi = \arctan \frac{IX_t + U\sin\varphi}{IR_a + U\cos\varphi} = \arctan \frac{2 \times 11.3 + \dfrac{18}{\sqrt{3}} \times 0.53}{\dfrac{18}{\sqrt{3}} \times 0.85} = 72.6°$$

因为 $\cos\varphi_N = 0.85$，故

$$\varphi_N = 32°$$
$$\delta = \psi - \varphi_N = 72.6° - 32° = 40.6°$$
$$P_M = m\frac{E_0 U}{X_t}\sin\delta = 3 \times \frac{29.5 \times 18}{2} \times 0.53 = 422(\text{kW})$$

2. 凸极式同步发电机的电动势方程、相量图

1）双反应理论

由于隐极式同步发电机和凸极式同步发电机在结构上的不同，导致了二者的同步电抗值也不同。隐极式发电机气隙均匀，当电枢磁动势和主极磁动势相对位置不同时，电枢主磁场磁路基本不变，反映主磁路性质的电抗值 X_t 不变，如图 13-33 所示。

凸极式发电机气隙不均匀，直轴气隙小，交轴气隙大。相同大小的电枢磁动势作用于不同的气隙位置时，产生不同的磁密，反应主磁路性质的电抗值 X_t 也不同，如图 13-32 所示。考虑到凸极电机气隙的不均匀性，当电枢磁动势作用于交、直轴间的任意位置时，可将之分解成直轴分量和交轴分量，先分别求出直、交轴电枢反应，最后再把它们的效果叠加起来——双反应理论。

2）电磁关系

凸极式同步发电机的电磁关系如下：

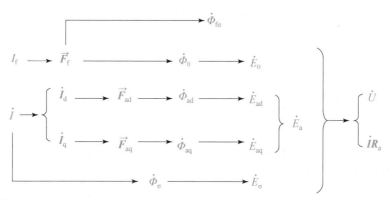

3）电动势方程

不计磁路饱和时，有下列关系：

$$\dot{E}_{ad} = -j\dot{I}_d X_{ad}$$
$$\dot{E}_{aq} = -j\dot{I}_q X_{aq}$$
$$\dot{E}_\sigma = -j\dot{I}X_\sigma \tag{13-28}$$

由于 $\dot{I} = \dot{I}_d + \dot{I}_q$，且令

$$X_d = X_{ad} + X_\sigma$$
$$X_q = X_{aq} + X_\sigma \tag{13-29}$$

X_d、X_q 分别为凸极同步发电机的直轴和交轴同步电抗，它们分别表征在对称负载下，对称三相直轴电流 I_d 或交轴电流 I_q 每相为 1 A 时，三相共同产生的电枢总磁场（包括电枢反应磁场和漏磁场）在电枢一相绕组中感应的电动势 E_d 或 E_q，即

$$X_d = \frac{E_{ad} + E_\sigma}{I_d} = \frac{E_d}{I_d}, \quad X_q = \frac{E_{aq} + E_\sigma}{I_q} = \frac{E_q}{I_q}$$

采用发电机惯例，以输出电流作为电枢电流的正方向时，得到定子任一相的电动势方程为

$$
\begin{aligned}
\dot{E}_0 &= \dot{U} + j\dot{I}_d X_{ad} + j\dot{I}_q X_{aq} + j\dot{I} X_\sigma + \dot{I} R_a \\
&= \dot{U} + j\dot{I}_d X_{ad} + j\dot{I}_q X_{aq} + j(\dot{I}_d + \dot{I}_q) X_\sigma + \dot{I} R_a \\
&= \dot{U} + j\dot{I}_d (X_{ad} + X_\sigma) + j\dot{I}_q (X_{aq} + X_\sigma) + \dot{I} R_a \\
&= \dot{U} + j\dot{I}_d X_d + j\dot{I}_q X_q + \dot{I} R_a
\end{aligned}
\tag{13-30}
$$

4）相量图

对于隐极式同步发电机，已知发电机带负载的情况，即已知 $\dot{U}$、$\dot{I}$ 及 $\cos\varphi$，并且知道发电机的参数 R_a 和 X_t，可以方便地画出隐极式同步发电机的相量图。而凸极式同步发电机的相量图却要在先确定 ψ 角后才能将 $\dot{I}$ 按照 ψ 角正交分解成 $\dot{I}_d$、$\dot{I}_q$ 后再画出。下面就是引进虚拟电动势 $\dot{E}_Q$ 确定 ψ 角的过程：

引入虚拟电动势 $\dot{E}_Q$，使

$$\dot{E}_Q = \dot{E}_0 - j\dot{I}_d (X_d - X_q) \tag{13-31}$$

可得

$$\dot{E}_Q = \dot{U} + \dot{I} R_a + j\dot{I}_d X_d + j\dot{I}_q X_q - j\dot{I}_d (X_d - X_q) = \dot{U} + \dot{I} R_a + j\dot{I} X_q \tag{13-32}$$

因为相量 $\dot{I}_d$ 与 $\dot{E}_0$ 垂直，故 $j\dot{I}_d (X_d - X_q)$ 必与 $\dot{E}_0$ 同相位，因此 $\dot{E}_Q$ 与 $\dot{E}_0$ 亦是同相位，如图 13-35 所示。

将端电压 $\dot{U}$ 沿着 $\dot{I}$ 和垂直于 $\dot{I}$ 的方向分成 $U\sin\varphi$ 和 $U\cos\varphi$ 两个分量，由相量图不难确定：

$$\psi = \arctan\frac{U\sin\varphi + IX_q}{U\cos\varphi + IR_a} \tag{13-33}$$

由此作出凸极同步发电机的相量图，如图 13-36 所示。其作图步骤如下：

（1）以 $\dot{U}$ 作为参考相量，先作出电压相量 $\dot{U}$；

（2）根据负载的功率因数角 φ 画出相量 $\dot{I}$；

（3）在相量 $\dot{U}$ 顶端画出与 $\dot{I}$ 平行（同相位）的相量 $\dot{I} R_a$；

（4）在相量 $\dot{I} R_a$ 顶端画出超前 $\dot{I}$ 为 90°的相量 $j\dot{I} X_q$，把 $j\dot{I} X_q$ 相量端点 G 与 O 连接并延长，显然相量 $\dot{E}_0$ 的位置线就在直线 $\overline{GO}$ 上，ψ 角便可确定；

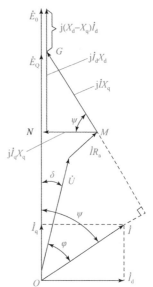

图 13-35　凸极式发电机电动势相量图

（5）按 ψ 角将 $\dot{I}$ 分解为 $\dot{I}_d = \dot{I}\sin\psi$、$\dot{I}_q = \dot{I}\cos\psi$；

（6）在 $\dot{I}R_a$ 顶端画超前 $\dot{I}_q 90°$ 的相量 $j\dot{I}_q X_q$；

（7）在相量 $j\dot{I}_q X_q$ 顶端画超前 $\dot{I}_d 90°$ 的相量 $j\dot{I}_d X_d$；

（8）连接原点 O 和相量 $j\dot{I}_d X_d$ 的顶端，即可得 $\dot{E}_0$。

【例题 13 – 3】 一台凸极同步发电机，其直轴和交轴同步电抗的标幺值为 $X_{d*} = 1.0$，$X_{q*} = 0.6$，电枢电阻略去不计，试计算该机在额定电压、额定电流、$\cos\varphi = 0.8$（滞后）时励磁电动势的标幺值 E_{0*}（不计饱和）。

解：以端电压作为参考相量，有

$$\dot{U}_* = 1\angle 0°, \dot{I}_* = 1\angle -36.87°$$

虚拟电动势 $\dot{E}_{Q*}$ 为

$$\dot{E}_{Q*} = \dot{U}_* + j\dot{I}_* X_{q*} = 1 + j0.6\angle -36.87° = 1.442\angle 19.44°$$

即 $\delta = 19.44°$，于是

$$\psi_0 = \delta + \varphi = 19.44° + 36.87° = 56.31°$$

电枢电流的直轴、交轴分量和激磁电动势的标幺值分别为

$$I_{d*} = I_* \sin\psi_0 = 0.832\ 1, I_{q*} = I_* \cos\psi_0 = 0.554\ 7$$

$$\dot{E}_{0*} = \dot{E}_{Q*} + j\dot{I}_{d*}(X_{d*} - X_{q*}) = 1.442 + j0.832\ 1 \times (1 - 0.6) = 1.775\angle 19.44°$$

自测题

一、填空题

1. 同步电抗包含 _____ 和 _____ 。

2. 分析同步发电机的电枢反应时，通常把负载电流分解为 _____ 和 _____ 。直轴分量建立 _____ ，交轴分量建立 _____ 。

3. 直轴电枢反应电动势 $\dot{E}_{ad}$ 的数学表达式为 _____ ，交轴电枢反应磁动势 $\dot{E}_{aq}$ 的数学表达式为 _____ 。

4. 凸极式同步发电机的直轴同步电抗 _____ 交轴同步电抗。（填大于、小于或等于）

5. 隐极式同步发电机的直轴同步电抗 _____ 交轴同步电抗。（填大于、小于或等于）

6. 汽轮同步发电机气隙增大时，同步电抗 X_t _____ ，电压调整率 _____ 。

7. 隐极同步发电机当磁极对数 $p = 3$ 时，转速 $n =$ _____ r/min。

8. 隐极式同步电机的气隙是 _____ 的，而凸极式电机的气隙是 _____ 的。

二、选择题

1. 凸极同步发电机参数 X_d 与 X_q 的大小关系是（　　）。
A. $X_d > X_q$　　　　B. $X_d < X_q$　　　　C. $X_d = X_q$　　　　D. $X_d = 0.5X_q$

2. 对称负荷运行时，凸极同步发电机阻抗大小顺序排列为（　　）。
A. $X_\sigma > X_{ad} > X_d > X_{aq} > X_q$　　　　B. $X_{ad} > X_d > X_{aq} > X_q > X_\sigma$
C. $X_\sigma < X_{ad} < X_d < X_{aq} < X_q$　　　　D. $X_\sigma < X_{aq} < X_q < X_{ad} > X_d$

3. 凸极同步电机负载运行时，电枢绕组产生的气隙电动势是由（　　）产生的。
A. 转子主极磁动势和直轴电枢磁动势共同
B. 转子主极磁动势和交轴电枢磁动势共同

C. 交轴电枢磁动势和直轴电枢磁动势共同

D. 转子主极磁动势、交轴电枢磁动势和直轴电枢磁动势共同

4. 隐极同步发电机参数 X_d 与 X_q 的大小关系是（   ）。

A. $X_d > X_q$ B. $X_d < X_q$ C. $X_d = X_q$ D. $X_d = 0.5X_q$

三、判断题

1. 同步电机和异步电机一样功率因数总是滞后的。   （   ）

2. 同步电抗是综合参数。   （   ）

3. 对于隐极同步发电机，其同步电抗等于电枢反应电抗。   （   ）

4. 隐极同步电机中直轴电枢反应电抗大于交轴电枢反应电抗。   （   ）

5. 凸极同步电机中直轴电枢反应电抗大于交轴电枢反应电抗。   （   ）

四、分析计算题

1. 试述直轴和交轴同步电抗的意义。

2. 凸极同步电机中，为什么直轴电枢反应电抗 X_{ad} 大于交轴电枢反应电抗 X_{aq}？

3. 有一台 $P_N = 25\ 000\ \text{kW}$，$U_N = 10.5\ \text{kV}$，Y 形接法，$\cos\varphi_N = 0.8$（滞后）的汽论发电机，其同步电抗标幺值为 $X_{s*} = 2.13$，$R_{a*} = 0$。试求：

（1）额定负载下发电机的励磁电动势相量 $\dot{E}_0$；

（2）相量 $\dot{E}_0$ 与相量 $\dot{U}$ 之间的夹角；

（3）相量 $\dot{E}_0$ 与相量 $\dot{I}$ 之间的夹角。

答案 13.6

13.2.10 同步发电机的选用

【学习任务】（1）正确进行应急柴油发动机的选用。

                （2）正确进行同步发电机的选用。

1. 应急柴油发动机的选用

应急柴油发电机主要用于重要场所，在紧急情况或事故停电后瞬间停电，通过应急发电机组迅速恢复并延长一段供电时间。这类用电负荷称为一级负荷。对断电时间有严格要求的设备、仪表及计算机系统，除配备发电机外还应设电池或 UPS 供电。

应急柴油发电机的工作有两个特点：第 1 个特点是作应急用，连续工作的时间不长，一般只需要持续运行几小时（≤12 h）；第 2 个特点是作备用，应急发电机组平时处于停机等待状态，只有当主用电源全部故障断电后，应急柴油发电机组才启动运行供给紧急用电负荷，当主用电源恢复正常后随即切换停机。

1）应急柴油发电机容量的确定

应急柴油发电机组的标定容量为经大气修正后的 12 h 标定容量，其容量应能满足紧急用电总计算负荷，并按发电机容量能满足一级负荷中单台最大容量电动机启动的要求进行校验。应急发电机一般选用三相交流同步发电机，其标定输出电压为 400 V。

（2）应急柴油发电机组台数的确定

有多台发电机组备用时，一般只设置 1 台应急柴油发电机组，从可靠性考虑也可以选用 2 台机组并联进行供电。供应急用的发电机组台数一般不宜超过 3 台。当选用多台机组时，机组应尽量选用型号、容量相同，调压、调速特性相近的成套设备，所用燃油性质应一致，以便进行维修保养及共用备件。当供应急用的发电机组有 2 台时，自启动装置应使 2 台机组

能互为备用，即市电电源故障停电经过延时确认以后，发出自启动指令，如果第 1 台机组连续 3 次自启动失败，则应发出报警信号并自动启动第 2 台柴油发电机。

3）应急柴油发电机的选择

应急机组宜选用高速、增压、油耗低、同容量的柴油发电机组。高速增压柴油机单机容量较大，占据空间小；柴油机选用配电子或液压的调速装置，调速性能较好；发电机宜选用配无刷励磁或相复励装置的同步电机，运行较可靠，故障率低，维护检修较方便；当一级负荷中单台空调器容量或电动机容量较大时，宜选用三次谐波励磁的发电机组；机组装在附有减震器的共用底盘上；排烟管出口宜装设消声器，以减小噪声对周围环境的影响。

4）应急柴油发电机组的控制

应急发电机组的控制应具有快速自启动及自动投入装置。当主用电源故障断电后，应急机组应能快速自启动并恢复供电，一级负荷的允许断电时间从十几秒至几十秒，应根据具体情况确定。当重要工程的主用电源断电后，以避开瞬时电压降低及市电网合闸或备用电源自动投入的时间，然后再发出启动应急发电机组的指令。从指令发出、机组开始启动、升速到能带全负荷需要一段时间。一般大、中型柴油机还需要进行预润滑及暖机，使紧急加载时的机油压力、机油温度、冷却水温度符合厂品技术条件的规定；预润滑及暖机过程可以根据不同情况预先进行。例如军事通信、大型宾馆的重要外事活动、公共建筑夜间进行大型群众活动、医院进行重要外科手术等的应急机组平时就应处于预润滑及暖机状态，以便随时快速启动，尽量缩短故障断电时间。

应急机组投入进行后，为了减少突加负荷时的机械及电流冲击，在满足供电要求的情况下，紧急负荷最好按时间间隔分级增加。根据国家标准和国家军用标准规定，自动化机组自启动成功后的首次允许加载量如下：对于标定功率不大于 250 kW 者，首次允许加载量不小于 50% 标定负载；对于标定功率大于 250 kW 者，按厂品技术条件规定。如果瞬时电压降及过渡过程要求不严格，则一般机组突加或突卸的负荷量不宜超过机组标定容量的 70%。

5）常用柴油发电机组的选择

某些柴油发电机组在某段时间或经常需要长时间连续地进行，以作为用电负荷的常用供电电源，这类发电机组称为常用发电机组。常用发电机组可作为常用机组与备用机组。远离大电网的乡镇、海岛、林场、矿山、油田等地区或工矿企业，为了供给当地居民生产及生活用电，需要安装柴油发电机，这类发电机组平时应不间断地进行。

国防工程、通信枢纽、广播电台、微波接力站等重要设施，应设有备用柴油发电机组。这类设施用电平时可由市电电力网供给。但是，由于地震、台风、战争等其他自然灾害或人为因素，使市电网遭受破坏而停电以后，已设置的备用机组应迅速启动，并坚持长期不间断地进行，以保证对这些重要工程用电负荷的连续供电，这种备用发电机组也属于常用发电机组类型。常用发电机组持续工作时间长，负荷曲线变化较大，机组容量、台数、型式的选择及机组控制方式与应急机组不同。

6）柴油发电机组的订货要求

柴油发电机组的订货一般应标明以下内容：

（1）机组的型号、额定功率、额定频率、额定电压、额定电流、相数、功率因素和接线方式等。

（2）对机组自动化功能和性能的要求。

（3）对柴油机，发电机和控制屏的结构、性能、安装尺寸的要求。

（4）对机组的并联运行要求：同时购买多台机组；确认是否要求并联进行，如需要并联进行，还应提出是否需要提供并行所需的测量仪器和装置。

（5）对机组的附属设备要求：国内许多厂商把冷却水箱（散热器）、燃油箱、排气消声器、蓄电池等也算作附属设备，订货时容许提出一些安装要求。

2. 同步发电机的选用

一个水电厂同步发电机的选型，其过程很复杂，是由不同单位、很多的人共同完成的，是一个团队精诚合作的结晶。首先是业主立项，请勘探单位进行勘探，得出年最大流量、年最小流量、年平均流量，水头；选择建坝地址、坝高；确定库容，继而确定总装机容量、装机台数等，根据水头、流量确定机组转速，也就确定了机组的磁极对数，有了上面两个参数，再进行初步设计，编写设备规范，组织评审，根据设备规范寻找有能力的设备生产厂家，要求发电机生产厂家帮你设计满足要求的发电机，生产厂家根据设备规范组织设备的设计、生产。这里不再赘述。

13.3 技 能 培 养

13.3.1 技能评价要点

同步电机的选用学习情境技能评价要点见表 13－2。

表 13－2 同步电机的选用学习情境技能评价要点

项目	技能评价要点	权重/%
1. 同步电机的原理	1. 正确说出同步电机的概念和运行方式。 2. 正确说出同步发电机、电动机的基本工作原理。 3. 正确说出同步电机的类别和应用场合	10
2. 同步发电机的结构	1. 正确说出同步发电机的基本结构。 2. 正确说出同步发电机各主要组成部分的作用。 3. 正确理解隐极式和凸极式发电机结构上的差异	10
3. 同步电机的励磁方式	1. 正确理解同步电机励磁系统的作用。 2. 正确说出同步电机的励磁方式及应用场合。 3. 正确说出同步电机不同励磁方式的工作原理	10
4. 同步电机的铭牌和额定值	1. 正确说出同步电机各型号代表的含义。 2. 正确理解同步电机额定值的意义。 3. 正确计算同步电机额定参数	10
5. 同步电机绕组	1. 正确说出同步电机绕组的基本概念。 2. 正确说出同步电机绕组的构成原则。 3. 正确绘制三相双层叠绕组的展开图。 4. 正确绘制三相双层波绕组的展开图。 5. 正确说出三相双层绕组的特点	10

项目	技能评价要点	权重/%
6. 同步电机绕组的电动势与磁动势	1. 正确写出同步电机绕组的电动势。 2. 正确写出同步电机绕组的磁动势	10
7. 同步发电机的电枢反应	1. 正确理解同步发电机的空载运行。 2. 正确理解同步发电机的电枢反应概念。 3. 正确分析同步发电机的电枢反应性质。 4. 正确分析电枢反应与机电能量转换的关系	10
8. 同步电抗	1. 正确写出定子漏电抗和电枢反应电抗。 2. 正确理解同步电抗的概念及含义。 3. 正确区分隐极式电机和凸极式电机的同步电抗	10
9. 同步发电机的电动势方程、相量图及等值电路	1. 正确写出隐极式同步发电机的电动势方程、相量图及等值电路。 2. 正确写出凸极式同步发电机的电动势方程、相量图	10
10. 同步电机的选用	1. 正确进行应急柴油发电机的选用。 2. 正确进行同步发电机的选用	10

13.3.2 技能实战

一、应知部分

（1）试以气隙合成磁动势 $\vec{F}_\delta$ 与主极磁动势 $\vec{F}_f$ 的相对位置（δ 角）的变化，分析同步发电机有功功率和无功功率的输出情况。

（2）为什么同步发电机的电枢磁动势 $\vec{F}_a$ 的转速 n_1 总是与转子（主磁极）的转速 n 相同？

（3）同步发电机是如何工作的？它的频率、磁极对数和同步转速之间有什么关系？

（4）同步发电机的励磁绕组流入反向的直流励磁电流，转子转向不变，定子三相交流电动势的相序是否改变？若转子转向改变，直流励磁电流也反向，相序是否改变？

（5）为什么大容量同步电机采用磁极旋转式而不用电枢旋转式？

（6）为什么同步电机的气隙要比容量相同的感应电机的大？

（7）一台 250 r/min、50 Hz 的同步电机，其极数是多少？

（8）有一双层三相绕组，$Z = 24$，$y_1 = 5$，$p = 2$，$a = 1$，试绘出叠绕组展开图。

（9）有一双层三相绕组，$Z = 24$，$y_1 = 5$，$p = 2$，$a = 1$，试绘出波绕组展开图。

（10）试分析同步电机内功率因数角 $\psi = 180°$ 时的运行状态。

（11）比较交流电机的相电动势公式和变压器相电动势公式的异同。

（12）非正弦分布磁场所引起的谐波电动势的削弱方法有哪些？

（13）三相绕组的合成磁动势具有什么性质？同步转速与什么有关？

（14）比较单相交流绕组与三相交流绕组产生的基波磁动势的特点有何异同？（指振幅

大小、振幅位置、极对数、转速、转向）

（15）说明短距系数 K_{y1} 和分布系数 K_{q1} 的意义。

（16）空间互差 90°电角度的两相绕组通以时间上互差 90°电角度的两相电流，试分析所产生的合成磁动势。

（17）同步发电机电枢反应的性质主要决定于什么？在下列情况下电枢反应是助磁还是去磁？

①三相对称电阻负载；

②纯电容性负载 $X_{C*}=0.8$，发电机同步电抗 $X_{t*}=1.0$；

③纯电感负载 $X_{L*}=0.7$。

（18）试分析下列几种情况对同步电抗的影响：

①定子绕组匝数增加；

②铁芯饱和程度增加；

③气隙加大；

④励磁绕组匝数增加。

（19）说明定子漏抗和电枢反应电抗的物理意义，希望它们大好还是小好？

（20）试分析 $\psi = -30°$ 时电枢反应的情况。

二、应会部分

某学校拟设一台容量最小的柴油发电机组作为重要的非消防负荷（教学楼、食堂、办公用电）备用电源，其功率计算值为 100 kW，其他应急照明负荷，$P=10$ kW。试计算选用的最小柴油发电机的功率是多少。

学习情境 14　同步电机的运行管理

14.1　学 习 目 标

【知识目标】掌握同步发电机并列运行条件和并列运行操作方法；掌握同步发电机的电磁平衡关系和功角特性；掌握同步发电机并列运行时有功功率、无功功率的调节方法；了解同步调相机和同步电动机运行原理。

【能力目标】能够正确实施同步发电机的并列运行；能够正确分析同步发电机的电磁平衡关系和功角特性；能够正确调节同步发电机并列运行时的有功功率和无功功率；能够正确分析同步调相机和同步电动机的运行原理。

【素质目标】具有深厚的爱国情感和中华民族自豪感；具有良好的职业道德、职业素养、法律意识；崇德向善、诚实守信，爱岗敬业；尊重劳动、热爱劳动，具有较强的实践能力；良好的质量意识、环保意识、安全意识、工匠精神、创新精神；勇于奋斗、乐观向上，具有良好的身心素质。

【总任务】根据应用场合及运行状况管理同步电机。

14.2　理 论 基 础

任务手册 14：
同步电机的运行管理

14.2.1　同步发电机的运行特性

【学习任务】（1）正确说出同步发电机的各运行特性。

（2）正确识读同步发电机的各运行特性曲线。

（3）根据各运行特性曲线正确分析同步发电机的运行状况。

同步发电机对称稳态运行时，在保持同步转速不变的前提下，其端电压 U、定子电流 I、励磁电流 I_f 均可在运行中测得。这三个物理量之间的相互关系可用运行特性曲线来描述，在分析正常负载运行时还要注意负载性质（即功率因数 $\cos\varphi$）的影响。

同步发电机的稳态运行特性包括空载特性、短路特性、外特性、调整特性和效率特性，从这些特性中可以确定同步发电机的同步电抗、电压调整率、额定励磁电流和额定效率，这些都是标志同步发电机运行性能的基本数据。

1. 空载特性

同步发电机转速为同步转速空载运行，即当 $n=n_1$，$I=0$ 时，端电压 U_0 与励磁电流 I_f 的关系 $U_0=f(I_f)$ 即为空载特性。

空载特性可以通过空载试验测出。试验时，电枢绕组开路（空载），用原动机把被试同步发电机拖动到同步转速，改变励磁电流 I_f，并记取相应的电枢端电压 U_0（空载时即等于 E_0），直到 $U_0 \approx 1.25U_N$，可得空载特性曲线的上升分支。然后逐步减小励磁电流，同样计取对应的 U_0 和 I_f 值，便可得空载特性的下降分支，如图 14-1 所示。因为发电机有剩磁，故当 I_f 减至零时，U_0 不为零，其值为剩磁电压，实际的空载特性取上升和下降两条分支的平均值，如图 14-1 中虚线所示，其开始部分是直线，铁芯未饱和；弯曲部分表明铁芯已有不同程度的饱和；其后段，铁芯已达到深度饱和。

将空载特性的直线段延长后所得直线称为气隙线，如图 14-2 所示，对应于空载额定电压 U_N，磁路的饱和系数为 $K_\mu = I_{f0}/I_{f1} = E_0'/U_N$。一般同步发电机对应于 U_N 的饱和系数 $K_\mu = 1.2 \sim 1.25$。

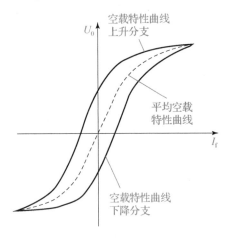

图 14-1　空载特性曲线

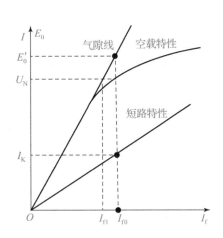

图 14-2　空载特性与短路特性

空载特性是发电机的基本特性之一，它一方面表征了磁路的饱和情况，另一方面把它和短路特性、零功率因数负载特性配合，可确定发电机的基本参数、额定励磁电流和电压变化率等。实际生产中，它还可以检查三相电枢绕组的对称性、匝间短路及判断励磁绕组和定子铁芯有无故障等。如空载损耗超过常规数值，即可能是定子铁芯有片间短路或转子绕组匝间短路等现象。

2. 短路特性和短路比

1）短路特性

短路特性指同步发电机在保持同步转速下，定子三相绕组的出线端持续稳态短路时，定子相电流 I（即稳态短路电流）与励磁电流 I_f 的关系，即当 $n=n_1$，$U=0$ 时，$I=f(I_f)$。

短路特性可由三相稳态短路试验测得，试验线路如图 14-3 所示。试验时，先将被试同步发电机的电枢绕组端点三相短路，用原动机拖动被试同步发电机到同步转速，调节励磁电流 I_f 使电枢电流 I 从 0 起一直增加到 $1.25I_N$ 左右，记取对应的 I 和 I_f 便可作出短路特性曲线 $I=f(I_f)$，如图 14-2 所示。

短路特性为一条直线，因为当定子绕组短路时，端电压 $U = 0$，短路电流仅受发电机本身阻抗的限制。通常电枢电阻远小于同步电抗，因此短路电流可认为是纯感性，此时电枢磁动势接近于纯去磁性的直轴磁动势，气隙合成磁动势很小，它所产生的气隙磁通也就很小，因而发电机的磁路处于不饱

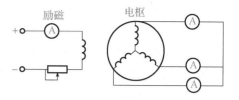

图 14-3　三相短路试验接线图

和状态，故短路特性是一条直线。若忽略隐极同步发电机定子绕组电阻，则短路时，隐极式同步发电机电动势方程为 $\dot{E}_0 = \mathrm{j}\dot{I}X_\mathrm{t}$。利用空载特性和短路特性可确定直轴同步电抗 X_d 的不饱和值和短路比。

2）用空载特性和短路特性确定同步电抗 X_d 的不饱和值

当进行发电机三相短路试验时，$\psi_0 \approx 90°$，短路电流是纯感性的去磁电枢反应，磁路处于不饱和状态，故确定 X_d 不饱和值时 E'_0（每相值）应从气隙线上查取，如图 14-4 所示，若忽略隐极同步发电机的定子绕组电阻 R_a，则短路时电动势平衡方程为

$$\dot{E}_0 = \dot{U} + \dot{I}R_\mathrm{a} + \mathrm{j}\dot{I}_\mathrm{d}X_\mathrm{d} \approx \mathrm{j}\dot{I}X_\mathrm{d} \tag{14-1}$$

所以

$$X_\mathrm{d} = \frac{E'_0}{I_\mathrm{K}} \tag{14-2}$$

求出的 X_d 值为不饱和值，$X_\mathrm{d} = $ 常数；当磁路饱和时，X_d 随磁通 Φ 上升而下降。

3）短路比的确定

短路比是空载时建立额定电压所需的励磁电流 I_f0 与短路时产生额定电流所需励磁电流的 I_fN 的比值，如图 14-4 所示，用 K_C 表示，即

$$K_\mathrm{C} = \frac{I_{\mathrm{f0}(U_0 = U_\mathrm{N})}}{I_{\mathrm{fN}(I_\mathrm{K} = I_\mathrm{N})}} = \frac{I_\mathrm{K}}{I_\mathrm{N}} \tag{14-3}$$

由式（14-2）得

$$I_\mathrm{K} = \frac{E'_0}{X_\mathrm{d}} \tag{14-4}$$

将（14-4）代入式（14-3），得

$$K_\mathrm{C} = \frac{\dfrac{E'_0}{X_\mathrm{d}}}{I_\mathrm{N}} = \frac{\dfrac{E'_0}{U_\mathrm{N}}}{\dfrac{I_\mathrm{N}X_\mathrm{d}}{U_\mathrm{N}}} = K_\mu \frac{1}{X_\mathrm{d}^*} \tag{14-5}$$

式中　K_μ——饱和系数。

4）短路比 K_C 对电机的影响

通常隐极式同步发电机的短路比为 0.5～0.7，凸极同步发电机的短路比为 1.0～1.4。

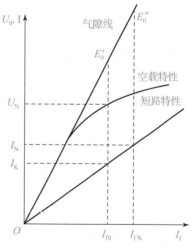

图 14-4　X_d 不饱和值的确定

式（14-5）表明，短路比 K_C 等于 X_d 不饱和值标幺值的倒数乘以饱和系数 K_μ。显然，短路比 K_C 是一个记及饱和影响的参数，短路比 K_C 对发电机的影响如下：

（1）影响发电机尺寸。短路比大，即 X_d^* 小，气隙就大，转子励磁安匝将增加，导致发电机的用铜量、尺寸和造价增加。

（2）短路比大，则 X_d^* 小，负载电流引起的端电压的波动幅度较小，但短路电流则较大。

（3）影响运行的静态稳定度。短路比大，X_d^* 小，静态稳定极限高。

5）X_d 饱和值的求取

X_d 的饱和值与主磁路的饱和情况有关，主磁路的饱和程度取决于实际运行时作用在主磁路上的合成磁动势，因而取决于相应的气隙电动势。如果不计漏阻抗压降，则可近似认为取决于电枢的端电压。所以通常用对应于额定电压时的 X_d 值作为其饱和值。为此，从空载曲线上查出对应于额定端电压 U_N 时的励磁电流 I_{f0}，再从短路特性上查出与该励磁电流相应的短路电流 I_K，如图 14-4 所示，这样即可求出 X_d（饱和）。

$$X_{d(饱和)} \approx \frac{U_N}{I_K} \tag{14-6}$$

式中　U_N——额定相电压。

对于隐极同步发电机，X_d 就是同步电抗 X_t。

3. 外特性和电压变化率

1）外特性

外特性表示同步发电机的转速为同步转速，且励磁电流 I_f 和负载功率因数 $\cos\varphi$ 不变时，发电机的端电压 U 与电枢电流 I 之间的关系，即当 $n = n_1$，$I_f = $ 常值，$\cos\varphi = $ 常值时，$U = f(I)$。

图 14-5 表示带有不同功率因数的负载时，同步发电机的外特性。由图 14-5 可见，在感性负载 $\cos\varphi = 0.8$ 和纯电阻负载 $\cos\varphi = 1$ 时，外特性是下降的，这是由电枢反应的去磁作用和漏阻抗压降所引起的。在容性负载 $\cos(-\varphi) = 0.8$ 且内功率因数角为超前时，由于电枢反应的增磁作用和容性电流的漏抗电压上升，故外特性是上升的。

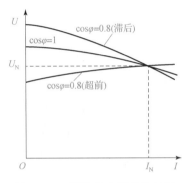

图 14-5　同步发电机的外特性

2）电压变化率

外特性用曲线形式表明了发电机端电压变化的情况，而电压变化率则定量地表示出运行时端电压随负载波动的程度。

电压变化率是指同步发电机在保持同步转速和额定励磁电流（发电机在额定运行状态下所对应的励磁电流 I_{fN}）下，从额定负载（$I = I_N$，$\cos\varphi = \cos\varphi_N$）变到空载时端电压变化与额定电压的比值，用百分数表示，即

$$\Delta U = \left.\frac{E_0 - U_{N\phi}}{U_{N\phi}}\right|_{I_f = I_{fN}} \times 100\% \tag{14-7}$$

电压变化率是表征同步发电机运行性能的数据之一。现代同步发电机大多数装有快速自动调压装置，故 ΔU 值可大些。但为了防止卸去负载时端电压上升过高，可能导致击穿定子绕组绝缘，ΔU 最好小于 50%。隐极同步发电机由于电枢反应较强，ΔU 通常在 30%~48% 这一范围内，凸极同步发电机的 ΔU 通常在 18%~30% 以内（均为 $\cos\varphi = 0.8$ 滞后时的数据）。

4. 调整特性

从外特性可见，当负载发生变化时端电压也随之变化，为了保持发电机的端电压不变，必须同时调节发电机的励磁电流。

调整特性表示发电机的转速为同步转速、端电压为额定电压、负载的功率因数不变时，励磁电流 I_f 与电枢电流 I 之间的关系，即当 $n = n_1$，$U = $ 常值，$\cos\varphi = $ 常值时，$I_f = f(I)$。

图 14-6 表示带有不同功率因数的负载时，同步发电机的调整特性。由图 14-6 可见，带感性负载和纯电阻负载时，为补偿电枢电流所产生的去磁性电枢反应和漏阻抗压降，随着电枢电流的增加，必须相应地增加励磁电流，此时调整特性是上升的，如图 14-6 中 $\cos\varphi = 0.8$ 和 $\cos\varphi = 1$ 的曲线所示。带容性负载时，为了抵消电枢反应的助磁作用，保持发电机端电压不变，必须随负载电流的增加相应地减少励磁电流，因此调整特性是下降的，如图 14-6 中 $\cos(-\varphi) = 0.8$ 的曲线所示。从调整特性可以确定额定励磁电流 I_{fN}。

发电机的额定功率因数一般规定为 0.8（滞后），制造厂是根据电力系统要求的功率因数来设计制造的。因此，发电机运行在额定情况下，如果功率因数低于额定值、励磁电流超过额定值，转子绕组将过热。

5. 效率特性

效率特性是指转速为同步转速、端电压为额定电压、功率因数为额定功率因数时，发电机的效率与输出功率的关系，即当 $n = n_1$，$U = U_N$，$\cos\varphi = \cos\varphi_N$ 时，$\eta = f(P_2)$。

同步发电机在机械能转化为电能的过程中会产生以下各种损耗：

（1）定子铜耗 p_{Cu1}：指三相绕组的电阻损耗。

（2）定子铁耗 p_{Fe}：指主磁通在定子铁芯中所引起的磁滞损耗和涡流损耗。

（3）励磁损耗 p_{Cuf}：指包括励磁绕组基本铜损耗在内的整个励磁回路中的所有损耗，如同轴励磁机的损耗也包括在励磁机的损耗内。

（4）机械损耗 p_Ω：包括轴承、电刷的摩擦损耗和通风损耗。

（5）附加损耗 p_{ad}：包括定子端部漏磁在各金属部件内引起的涡流损耗，以及定、转子铁芯由齿槽引起的表面损耗；定子高次谐波磁场在转子表面引起的损耗等。

综合上述，同步发电机的总损耗 $\sum p$、输入功率 P_1 与输出功率 P_2 具有如下关系：

$$P_1 = P_2 + \sum p, \quad \sum p = p_{Cu1} + p_{Fe} + p_{Cuf} + p_\Omega + p_{ad}$$

总损耗 $\sum p$ 求出后，效率即可确定，即

$$\eta = \left(1 - \frac{\sum p}{p_2 + \sum p}\right) \times 100\% \tag{14-8}$$

效率也是同步发电机运行性能的重要数据之一。现代空气冷却的大型水轮发电机，额定效率为 $96\% \sim 98.5\%$；空冷汽轮发电机的额定效率为 $94\% \sim 97.8\%$；氢冷时，额定效率约可增高 0.8%。图 14-7 所示为国产 300 MW 双水内冷水轮发电机的效率特性。

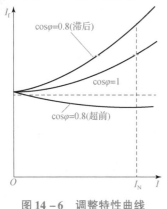

图 14-6 调整特性曲线

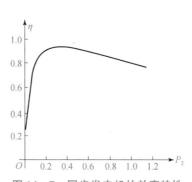

图 14-7 同步发电机的效率特性

一、填空题

1. 空载特性曲线是指同步发电机转速为同步转速时，_____与_____的关系曲线。在空载特性曲线上将空载特性的直线段延长后所得直线称为_____。

2. 短路比 K_c = _____，通常隐极同步发电机的短路比为 $0.5 \sim 0.7$，凸极同步发电机的短路比为 $1.0 \sim 1.4$。

3. 电压变化率 ΔU = _____，隐极同步发电机的 ΔU 通常在_____内；凸极同步发电机的 ΔU 通常在_____以内（均为 $\cos\varphi = 0.8$ 滞后时的数据）。

4. 利用同步发电机的_____和_____曲线可以求取同步发电机的同步电抗。

5. 利用_____和_____曲线可以求取同步发电机的定子漏电抗。

6. 在不计磁路饱和的情况下，如增加同步发电机的转速，则空载电压_____；如增加励磁电流，则空载电压_____。如励磁电流增加 10%，而速度减小 10%，则空载电压_____。

二、选择题

1. 同步发电机带容性负载时，其调整特性是一条（　　　）。

A. 上升的曲线　　　　B. 水平直线　　　　C. 下降的曲线　　　　D. 以上都不是

2. 一台隐极同步发电机，功率角等于 $30°$，则其过载能力 k_m 为（　　　）。

A. 0.5　　　　　　　B. 2　　　　　　　C. 3　　　　　　　D. 4

3. 同步发电机带三相对称负载稳定运行时，转子励磁绕组（　　　）。

A. 感应低频电动势　　　　　　　　B. 感应基频电动势

C. 感应直流电动势　　　　　　　　D. 不感应电动势

4. 一台并联于无穷大电网的同步发电机，若保持励磁电流不变，在 $\cos\varphi = 0.8$ 滞后的情况下，减小输出的有功功率，此时（　　　）。

A. 功率角减小，功率因数下降　　　　B. 功率角增大，功率因数下降

C. 功率角减小，功率因数增加　　　　D. 功率角增大，功率因数增加

5. 并联于无穷大电网的同步发电机，欲提高其静态稳定性，应（　　　）。

A. 减小励磁电流，减小发电机的输出功率

B. 增大励磁电流，减小发电机的输出功率

C. 减小励磁电流，增大发电机的输出功率

D. 增大励磁电流，增大发电机的输出功率

答案 14.1

三、判断题

1. 同步发电机的短路特性曲线与其空载特性曲线相似。　　　　　　　　　　（　　　）

2. 利用空载特性和短路特性可以测定同步发电机的直轴同步电抗和交轴同步电抗。

（　　　）

3. 利用外特性和调节特性可以测定同步发电机的直轴同步电抗和交轴同步电抗。

（　　　）

4. 同步发电机静态过载能力与短路比成正比，因此短路比越大，静态稳定性越好。

（　　　）

5. 同步发电机的短路特性是一条过原点的直线。 （　　）

四、分析计算题

1. 测定同步发电机的空载特性和短路特性时，如果转速降至 $0.95n_1$，则对试验结果有什么影响？

2. 一般同步发电机三相稳定短路，当 $I_k = I_N$ 时的励磁电流 I_{fk} 和额定负载时的励磁电流 I_{fN} 都已达到空载特性的饱和段，为什么前者 X_d 取未饱和值而后者取饱和值？为什么 X_q 一般总是采用不饱和值？

14.2.2　同步发电机的并列运行

微课 14.1：
同步发电机的并列运行

【学习任务】（1）正确说出同步发电机并列运行含义和并列运行条件。

（2）正确实施同步发电机的并列运行。

1. 并列运行含义

并列运行是指将两台或更多台发电机分别接在电力系统（无穷大电网）对应的母线，或通过变压器、输电线接在电力系统的公共母线上，共同向负荷供电。发电厂通常采用多台发电机并列运行的方式，这不仅可以提高机组的运行效率，也便于机组的检修，从而提高供电的可靠性，减少机组的备用容量。现代电力系统将许多火力和水力等不同类型的发电厂并列运行，组成强大的电力系统共同向用户供电，这更有利于提高整个电力系统运行的稳定性、经济性和可靠性，如图 14-8 所示。

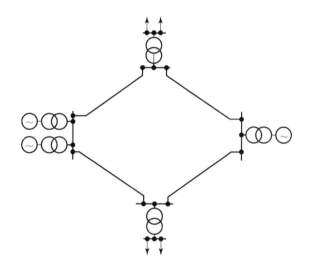

图 14-8　同步发电机的并列运行

2. 并列运行条件

同步发电机与电力系统并列合闸时，为了避免产生冲击电流和并列后能稳定运行，需要满足一定的并列条件，否则可能造成严重的后果。

（1）待并发电机电压和电网电压大小相等且波形相同；

（2）待并发电机电压相位和电网电压相位相同；

（3）待并发电机的频率和电网频率相等；

（4）待并发电机相序和电网的相序要相同。

上述条件中发电机电压波形在制造发电机时已得到保证。一般要求在安装发电机时，根据发电机规定的旋转方向确定发电机的相序，因而得到满足。这样并列投入时只要调节待并发电机电压大小、相位和频率与电网相同，即满足了并列条件。

3. 并列运行条件不满足时的并列运行

事实上绝对地符合并列条件只是一种理想，通常允许在小的冲击电流下将发电机投入电网并列运行。下面以隐极发电机为例分别讨论这些并列条件中有一条不满足而进行并列时，对发电机所造成的不良后果。

1）待并发电机电压 $\dot{U}_\mathrm{g}$ 与电力系统电压 $\dot{U}_\mathrm{c}$ 大小不相等

如图 14-9（a）所示，当 $\dot{U}_\mathrm{g}$ 不等于 $\dot{U}_\mathrm{c}$ 时，则在断路器 a、b 两端存在着电压差 $\Delta\dot{U} = \dot{U}_\mathrm{g} - \dot{U}_\mathrm{c}$，在 $\Delta\dot{U}$ 的作用下发电机与电力系统所组成的回路中将产生冲击电流，假定电力系统为无穷大系统（即 $\dot{U}$ = 常数，f = 常数，综合阻抗为零），当忽略待并发电机的定子绕组电阻时，根据图 14-9（a）中所示的电压正方向，断路器合闸冲击电流为

$$\dot{I}_\mathrm{c} = \frac{\Delta\dot{U}}{\mathrm{j}X_\mathrm{d}''} = \frac{\dot{U}_\mathrm{g} - \dot{U}_\mathrm{c}}{\mathrm{j}X_\mathrm{d}''} \tag{14-9}$$

由相量图 14-9（b）可知，$\dot{U}_\mathrm{g}$ 与 $\dot{U}_\mathrm{c}$ 同相位，$\dot{I}_\mathrm{c}$ 落后 $\Delta\dot{U}$ 90°，是无功性质的，不会加重原动机的负担。由于发电机电抗 X_d'' 值很小，即使电压差 $\Delta\dot{U}$ 很小，也会产生很大的冲击电流 $\dot{I}_\mathrm{c}$，该冲击电流将对发电机的定子绕组产生巨大的电磁力，使电枢绕组端部受冲击力的作用而变形，严重时则会断裂。

2）待并发电机电压相位和电力系统电压相位不相同

待并发电机电压相位和电力系统电压相位不相同时，如图 14-10（a）所示，此时在发电机与电力系统所组成的回路中，将因相位不相同而产生电压差 $\Delta\dot{U} = \dot{U}_\mathrm{g} - \dot{U}_\mathrm{c}$，因而断路器合闸时也将产生冲击电流。当 $\dot{U}_\mathrm{g}$ 与 $\dot{U}_\mathrm{c}$ 相位相差 180°时电压差最大，如图 14-10（b）所示，冲击电流有最大值，可达额定电流的 20～30 倍，其巨大的电磁力将损坏发电机。

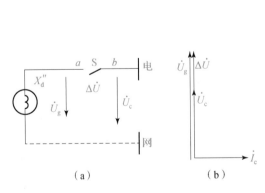

（a）　　　　　　　　　　（b）

图 14-9　电压大小不相等时的并列

（a）原理图；（b）相量图

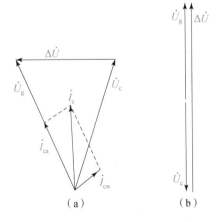

（a）　　　　　　　　（b）

图 14-10　电压相位不相同时的并列

（a）相位差小于 90°；（b）相位差等于 180°

3）待并发电机的频率和电力系统频率不相等

如图 14-11 所示，由于频率不相等，$\dot{U}_g$ 与 $\dot{U}_c$ 两个电压相量的旋转角速度也不相等，两相量之间出现了相对运动，其相位差 α 为 $0° \sim 360°$，电压差 $\Delta\dot{U}$ 的值也忽大忽小，其值在 $(0 \sim 2)U$ 之间变化，这个变化的电压差称为拍振电压。在拍振电压的作用下将产生大小和相位都不断变化的拍振电流，拍振电流滞后电压差 $\Delta\dot{U}$ $90°$，拍振电流的有功分量和转子磁场相互作用所产生的转矩也时大时小，导致发电机产生振动。

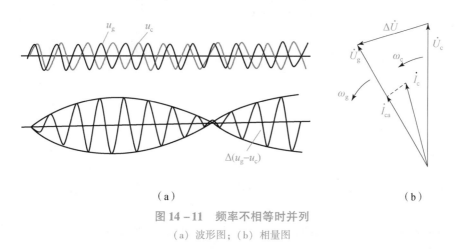

（a）　　　　　　　　　　　　（b）

图 14-11　频率不相等时并列

（a）波形图；（b）相量图

因此，频率差过大的发电机不能并列；频率差较小时，靠自整步作用，可以把发电机拉入同步。

4）相序不同

相序不同的发电机绝对不能并列，因为此时 $\dot{U}_g$ 与 $\dot{U}_c$ 恒差 $60°$，ΔU 恒等于 $\sqrt{3}U_g$，它将产生巨大的冲击电流而危及发电机。

发电机实际并列时，除了相序必须一致外，其他条件允许有一定的偏差，如 ΔU 不超过 10%、相位差不超过 10%、频率偏差不超过 $0.2\% \sim 0.5\%$（$0.1 \sim 0.25$ Hz）。

4. 准同步法

投入并列所进行的调节和操作过程称为整步，实用的整步方法有两种：准确整步法（准同步法）和自然整步法。

准确整步法是指将发电机调整到完全符合并列条件后的合闸操作过程，即让待并列发电机首先处在空载励磁状态下工作，然后调节发电机使其满足一定的条件再并入电力系统。按准确同步条件进行并列操作，可采用同步表法，也可以采用灯光法，其中灯光法又有两种接法：直接接法（灯光黑暗法）和交叉接法（灯光旋转法）。

准同步法的优点是投入瞬间，发电机与电力系统间无电流冲击；缺点是操作复杂，需要较长的时间进行调整，尤其是电力系统处于异常状态时，电压和频率都在不断地变化，此时要用准同步法并列就相当困难。故其主要用于电力系统正常运行时的并列。

1）同步表法

同步表法是在仪表的监视下，调节待并发电机的电压和频率，使之符合与电力系统并列的条件，其接线如图 14-12 所示。

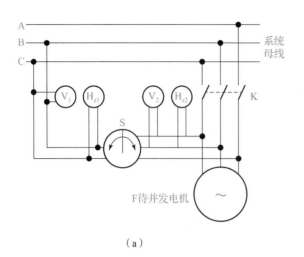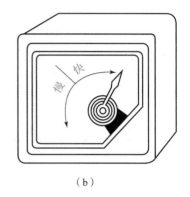

（a）   （b）

图 14 – 12　同步表法接线图

（a）接线图；（b）同步表外形

电力系统电压与待并发电机的电压分别由电压表 V_1 和 V_2 监视，调节待并发电机的励磁电流，可达到调节电压的目的。电力系统的频率与待并发电机的频率分别由频率表 H_{Z1} 和 H_{Z2} 监视，调节待并发电机的原动机转速，可达到调节频率的目的。准同步并列的前三个条件都可由同步表 S 监视，同步表的指针向 "快" 的方向摆，则表明待并发电机的频率高于电力系统的频率，此时应减小原动机转速；反之亦然。调节待并发电机的励磁和转速，使仪表 V_2、H_{Z2} 与 V_1、H_{Z1} 的读数分别相同，同步表 S 的指针偏转缓慢，当同步表 S 的指针接近红线时，表示待并发电机与电力系统已达同步，满足并列条件，应迅速合闸，完成并列操作。

这一操作过程包括各量的调节及并列断路器的投入，可由运行人员手动完成，也可用一套自动准同步装置来完成。

2）直接接法（灯光黑暗法）

灯光黑暗法是把三个同步指示灯分别跨接在电网和发电机的对应相之间，即接在 A、A′，B、B′，C、C′之间，如图 14 – 13 所示。这时作用在每一组同步指示灯上的电压就等于电网的相电压和发电机对应的相电压之差。若三组灯同明同暗，说明相序正确；当三组灯同时熄灭时，表示电压差 $\Delta \dot{U}_A = \Delta \dot{U}_B = \Delta \dot{U}_C = 0$，即可并网合闸。当待并车的发电机频率与电网频率不同时，两边电压将有不同的旋转速度，即发电机和电网两组电压之间将有相对运动。

设电网电压相量 $\dot{U}_A$、$\dot{U}_B$、$\dot{U}_C$ 取作固定不动，发电机的电压相量按照双方频率之差转动，在不同瞬间两组相量有不同的位置，各组同步指示灯上所受的电压将不断地变化，于是同步指示灯的灯光便忽亮忽暗地闪烁。

当两频率越接近时，灯光的闪烁便越缓慢。根据灯光的闪烁情况，可以调节发电机的转速，使发电机电动势的频率尽可能接近电网的频率。下面通过相量图来分析两个电压频率不同时的情况，如图 14 – 14 所示，设电源频率 f 小于发电机的频率 f'。

可以看出在不同的瞬间，三组指示灯所受的电压总相等，指示灯将同时明、暗，明、暗变化的频率就是发电机与电网相差的频率。调节发电机原动机的转速使灯光明、暗变化频率

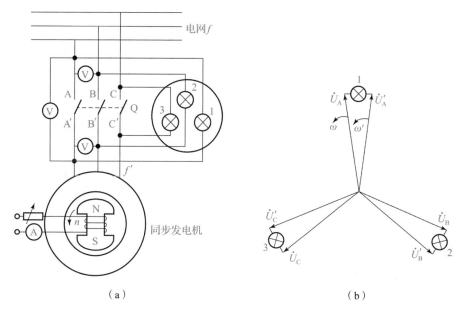

(a)   (b)

图 14 – 13　灯光黑暗法

（a）接线图；（b）相量图

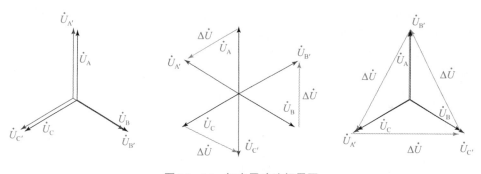

图 14 – 14　灯光黑暗法相量图

很低时，就可以准备合闸。应在三组灯全暗时合闸，此时开关两侧电位差已很小，即发电机与电网电压差$\Delta U \approx 0$。

当不满足并网条件时，灯光黑暗法所见的现象如下：

（1）如频率不等，三个相灯将呈现同时暗、同时亮的交替变化，说明发电机与电网的频率不同，需调节原动机转速从而改变发电机频率。

（2）如电压不等，三个相灯没有绝对熄灭，而是在最亮和最暗范围闪烁，则需调节励磁电流，从而改变发电机的端电压。

（3）如相序不等，三个相灯明暗呈交替变化状态，说明发电机与电网的相序不同，需对调发电机或电网的任意两根接线。

（4）如相角不等，三组相灯不同时熄灭，不能合闸并网，则需微调节转速。

3）交叉接法（灯光旋转法）

检查并列条件，还可以用跨接在待并发电机和电力系统之间的灯光旋转法来判断，接线图如图 14 – 15 （a） 所示。在相序正确的前提下，当发电机的频率和电力系统的频率不等时，从相量图 14 – 15 （b） 可见，三只指示灯端电压交替变化，如果发电机的频率高于电力系统的频率，应先"1"灯亮，然后"2"灯亮，最后"3"灯亮。这时灯光在旋转，可调节发电机的转速使灯光旋转速度逐渐缓慢，同时调节发电机的励磁，使电压差的大小接近于零。当接在同名相上 A 相的灯光"1"完全熄灭，交流电压表 V 读数为零时，可将发电机投入电力系统。

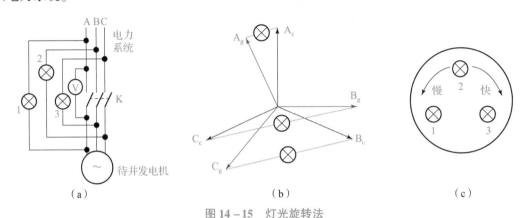

图 14 – 15　灯光旋转法
（a）接线图；（b）相量图；（c）发电机转速与灯光旋转方向的关系图

在并列操作过程中，可能不是出现三个灯光旋转，而是三个指示灯光同时明暗的现象，这说明待并发电机与电力系统的相序不相同，这时绝对不容许投入并列，而应先停下机组，改正发电机的相序后再进行并列操作。

灯光旋转法只适用于交流三相低压系统（AC 380 V/220 V）的低压发电机并列，在电力系统中一般不采用，但在分析如何满足并列条件时较为直观、形象。

5. 自同步法

准同步并列虽然可避免过大的冲击电流，但操作复杂，要求有较高的精确性，需要较长的时间进行调整，因而要求操作人员具有熟练的技能。特别是在电力系统发生故障时，其电压和频率均在变化，采用准同步并列较为困难。因此，发电机可采用自同步并列法将发电机投入电力系统。

用自同步法进行并列操作，首先要验证发电机的相序是否与电力系统相序相同。如图 14 – 16 所示，将发电机的转子绕组经灭磁电阻短路，灭磁电阻的阻值约为转子绕组电阻的 10 倍。并列操

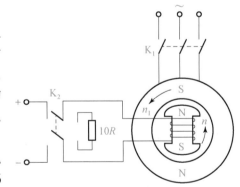

图 14 – 16　自同步法的原理接线图

作时发电机是在不给励磁的情况下，调节发电机的转速使之接近于同步转速，合上并列断路器，并立即加上直流励磁，此时依靠定子和转子磁场间形成的电磁转矩可把转子迅速牵入同步。

自同步法并列操作投入电力系统时，发电机励磁绕组不能开路，以免励磁绕组产生高电压，击穿绕组匝间绝缘。但也不能短路，以免合闸时定子电流出现很大的冲击值。为此，励

磁回路应串入起限流作用的灭磁电阻 R_f。

自同步并列法操作简单迅速，不需要增加复杂的设备，但待并发电机投入电力系统瞬间将产生较大冲击电流，故一般用于事故状态下的并列操作。

自测题

一、填空题

1. 同步发电机并网的条件是：（1）＿＿＿＿＿＿＿＿＿；（2）＿＿＿＿＿＿＿＿＿；（3）＿＿＿＿＿＿＿＿＿；（4）＿＿＿＿＿＿＿＿＿。

2. 投入并联所进行的操作过程称为＿＿＿＿＿，实用的整步方法有两种：＿＿＿＿＿＿和＿＿＿＿＿＿。

3. 按准确同步条件进行并列操作，可采用＿＿＿＿＿，也可以采用＿＿＿＿＿。

4. 灯光法有两种接法：＿＿＿＿＿和＿＿＿＿＿。

二、选择题

1. 三相同步发电机在与电网并联时，必须绝对满足的条件是（　　）。

A. 电压相等　　　B. 电压相序相同　　　C. 频率相等　　　D. 电压相位相同

2. 同步发电机并网时要求发电机与电网的频率相差不超过 0.2%～0.5%，电压有效值相差不超过 5%～10%，发电机的相序与电网相序相同，并且相位差不超过（　　）。

A. 5°　　　　　B. 10°　　　　　C. 20°　　　　　D. 不确定

3. 补偿电网电力不足，同步发电机并联运行，有功功率一定，则（　　）同步发电机的电枢电流最小。

A. 过励时　　　B. 正常励磁时　　　C. 欠励时　　　D. 励磁电流最小时

4. 对于由两台交流同步发电机构成的船舶电站，下列关于其原动机调速特性的说法正确的是（　　）。

A. 均为无差特性，是最为理想的

B. 一台为有差特性，一台为无差特性，并联后一定可以稳定运行

C. 均为相同的调差率的有差特性，是最为理想的

D. 均为相同的调差率的有差特性，并联后不能稳定运行

5. 若两台同步发电机的原动机调速特性分别为有差和无差特性，则两台发电机（　　）。

A. 并联后，不能进行有功负载转移

B. 并联运行后，若网上有功负载变动，则变化量将全部由无差特性的发电机承担

C. 并联运行后，若网上有功负载变动，则变化量将全部由有差特性的发电机承担

D. 并联运行后，若网上有功负载变动，将导致频率的变动

6. 两台同容量同步发电机并联运行后，为保证当负荷变动时，电网频率变化不太大且发电机功率分配稳定，一般调速器的调差率在（　　）范围为宜。

A. 1%～2%　　　B. 2%～3%　　　C. 3%～5%　　　D. 5%～10%

7. 电网上只有两台同步发电机并联运行，如果只将一台发电机组油门减小，而另一台未作任何调节，则会导致（　　）。

A. 电网频率下降　　　　　　　　B. 电网频率上升

C. 电网频率振荡　　　　　　　　D. 电网电压上升

三、判断题

1. 同步发电机采用准同期法并车，当其他条件已满足，只有频率不同时，调节发电机的转速使其频率与电网频率相等，合上并联开关，即可并车成功。　　（　　）

2. 三相同步发电机在与电网并联时，必须绝对满足的条件是电压相位相同。（　　）

3. 用整步表进行手动同期并列时，当同期表指针停在同期点上不动时就合闸。（　　）

4. 当有发电机定子单相接地警告信号时，应立即停下发电机进行检查处理。（　　）

四、简答题

1. 请说明同步发电机并列运行的条件。

2. 请说明同步发电机并列条件不满足时对发电机的影响。

3. 当频率不同时，灯光熄灭法和旋转灯光法的灯光闪烁有什么区别？

答案 14.2

14.2.3　同步发电机的电磁功率和功角特性

【学习任务】（1）正确说出同步发电机的功率流程。

（2）正确说出同步发电机的转矩方程。

（3）正确理解同步发电机的功角特性。

微课 14.2：同步
发电机的电磁功率

1. 功率流程图

若同步发电机的转子励磁功率由另外的直流电源供给，原动机输入机械功率为 P_1，扣除机械损耗 p_Ω、附加损耗 p_{ad}、励磁铁耗 p_{Fe} 即为同步发电机通过气隙磁场从转子传递给定子的电磁功率 P_M，再扣除定子铜耗即为从发电机三相绕组端输出的电功率 P_2，其功率流程如图 14 – 17 所示。功率平衡方程为

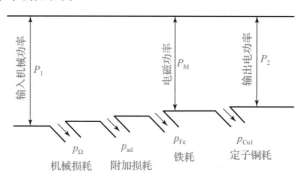

图 14 – 17　功率流程图

$$P_1 - (p_\Omega + p_{Fe} + p_{ad}) = P_1 - p_0 = P_M \qquad (14-10)$$

式中　p_0——空载损耗，$p_0 = p_\Omega + p_{Fe} + p_{ad}$。

从转子方向通过气隙合成磁场传递到定子的电磁功率 P_M，扣除定子铜耗 p_{Cu1} 便得到发电机定子端输出的电功率 P_2，即

$$P_2 = P_M - p_{Cu1} \qquad (14-11)$$

式中　p_{Cu1}——定子铜耗，$p_{Cu1} = mI^2 R_a$。

在大型同步发电机中，p_{Cu1} 不超过额定功率的 1%，因而有

$$P_M \approx P_2 = mUI\cos\varphi \qquad (14-12)$$

式中　φ——功率因数角，$\varphi = \psi - \delta$；

　　　m——定子相数。

2. 转矩方程

功率和转矩之间的关系为 $P = T\Omega$，所以式（14 – 10）除以 Ω 可得转矩方程为

$$T_1 = T_M + T_0 \tag{14 – 13}$$

式中　T_1——原动机输入的驱动转矩，$T_1 = \dfrac{P_1}{\Omega}$；

T_M——发电机负载时制动性质的电磁转矩，$T_M = \dfrac{P_M}{\Omega}$；

T_0——发电机空载制动转矩，$T_0 = \dfrac{p_0}{\Omega}$。

3. 同步发电机的功角特性

1）凸极式同步发电机的功角特性

当忽略定子铜损时，发电机的电磁功率的大小为

$$\begin{aligned}
P_M &\approx mUI\cos\varphi \\
&= mUI\cos(\psi - \delta) \\
&= mUI\cos\psi\cos\delta + mUI\sin\psi\sin\delta \\
&= mUI_q\cos\delta + mUI_d\sin\delta
\end{aligned} \tag{14 – 14}$$

从图 14 – 18 所示的凸极式同步发电机时空相量图可知

$$\begin{cases}
I_q = \dfrac{U\sin\delta}{X_q} \\[2mm]
I_d = \dfrac{E_0 - U\cos\delta}{X_d}
\end{cases} \tag{14 – 15}$$

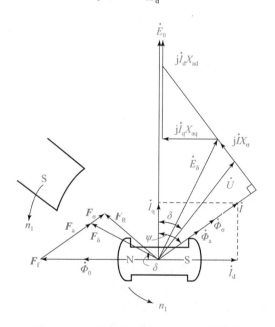

图 14 – 18　凸极式同步发电机的时空相量图

将式（14 – 15）代入式（14 – 14）中，即得

$$P_M = m\frac{E_0 U}{X_d}\sin\delta + m\frac{U^2}{2}\left(\frac{1}{X_q} - \frac{1}{X_d}\right)\sin 2\delta \qquad (14-16)$$

$$= P'_M + P''_M$$

式中 P'_M——基本电磁功率，$P'_M = m\dfrac{E_0 U}{X_d}\sin\delta$；

$\quad\quad\ P''_M$——附加电磁功率，$P''_M = m\dfrac{U^2}{2}\left(\dfrac{1}{X_q} - \dfrac{1}{X_d}\right)\sin 2\delta$。

对于隐极式同步发电机，$X_d = X_q = X_t$，所以只有基本电磁功率：

$$P_M = m\frac{E_0 U}{X_d}\sin\delta \qquad (14-17)$$

对于凸极同步发电机，因为 $X_d \neq X_q$，电磁功率 P_M 包括两部分，一是基本电磁功率 P'_M，二是附加电磁功率 P''_M。从式（14-16）中可知附加电磁功率是由于直轴、交轴磁阻不同（$X_d \neq X_q$）而引起的，它与励磁电流无关，故附加电磁功率也称磁阻功率。附加电磁功率必有一相对应的附加电磁转矩，产生转矩的物理模型如图 14-19 所示。

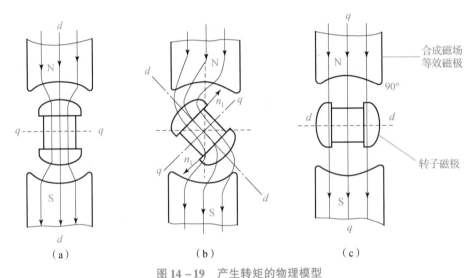

图 14-19 产生转矩的物理模型

（a）旋转磁场的轴线与直轴方向一致；（b）旋转磁场的轴线与直轴夹角小于 90°；
（c）旋转磁场的轴线与交轴方向一致

当凸极发电机转子不加励磁时，因定子与电力系统相连，仍有定子电流产生气隙磁场，用 N、S 表示定子旋转磁场的磁极。当旋转磁场轴线与转子直轴方向一致时，定子磁通所经磁路的磁阻最小，如图 14-19（a）所示；若旋转磁场轴线与转子交轴方向一致，则磁路磁阻最大，如图 14-19（c）所示；旋转磁场处于其他位置时，磁路磁阻则介于上述两者之间，如图 14-19（b）所示。该图表明了旋转磁场的轴线与转子直轴错开了一个角度 δ，这时磁力线被拉长并扭曲了，由于磁力线有收缩的特性，使其所经磁路磁阻为最小，因此转子受到了磁力线收缩时的转矩作用，这一转矩称为附加电磁转矩（又称磁阻转矩）。附加电磁转矩的方向趋向于将转子磁极轴线拉回，使其与定子磁极的轴线重合。

式（14-16）说明，转子励磁电流和电力系统电压恒定时，电磁功率只取决于功率角 δ 的关系，用 $P_M = f(\delta)$ 表示，称为同步发电机的功角特性，如图 14-20 中曲线 3 所示。

2）隐极式同步发电机的功角特性

对于隐极同步发电机，因为 $X_d = X_q = X_t$，所以只有基本电磁功率，即

$$P_M = mUI\cos\varphi = m\frac{E_0U}{X_t}\sin\delta \qquad (14-18)$$

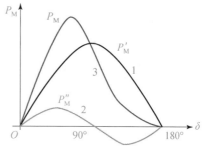

图 14-20　同步发电机的
功角特性

隐极同步发电机功角特性如图 14-20 中曲线 1 所示，当功角 δ 在 0°~90°范围内时，功角 δ 增大，电磁功率 P_M 也增大。当功角 $\delta = 90°$时将发出最大的电磁功率，称 $P_{Mmax} = mE_0U/X_t$ 为功率极限值。

3）功角 δ 与同步电机的运行状态

对于隐极式发电机，当 δ 在 0°~90°范围内时，随着功角 δ 增大，电磁功率 P_M 将增大；当 δ 在 90°~180°范围内时，随着功角 δ 增大，电磁功率 P_M 将减小；当 $\delta = 180°$时，电磁功率为零。当 δ 超过 180°时，电磁功率 P_M 为负值，这说明同步电机不向电力系统输送有功功率，而是从电力系统吸收有功功率，同步电机运行在电动机工作状态。对于凸极同步发电机，由于附加电磁功率 P_M'' 的存在，故在 $\delta < 90°$时就达到功率极限值，如图 14-20 中曲线 3 所示。通常，附加电磁功率 P_M'' 只占电磁功率的百分之几。

4）功角 δ 的双重含义

功角 δ 一是表示空载电动势 $\dot{E}_0$ 和端电压 $\dot{U}$ 这两个时间相量的夹角，二是表示主磁极励磁磁动势 F_f 和合成等效磁极磁动势 F_R 两个空间相量的夹角。

F_R 是指主极励磁磁动势 F_f、电枢反应磁动势 F_a 和电枢漏磁动势 F_σ 相量之和（见图 14-21），而磁动势 F_f、F_a 和 F_σ 分别对应主极励磁磁通 $\dot{\Phi}_0$、电枢反应磁通 $\dot{\Phi}_a$ 和电枢漏磁通 $\dot{\Phi}_\sigma$。在时空相量图中，F_f 超前 $\dot{E}_0$ 90°，$\dot{U}$ 和合成等效磁极 F_R 相对应，同样 F_R 超前 $\dot{U}$ 90°。

根据空间相量和时间相量的对应关系，主磁极的磁通和合成等效磁极的磁通之间的时间相位角，也就是转子磁极轴线和合成等效磁极轴线在空间的夹角，如图 14-21 所示。夹角 δ 的存在使两磁极间的气隙中通过的磁力线扭斜了，产生了磁拉力，这些磁力线像弹簧一样有弹性地将两磁极联系在一起。对于并列运行在无穷大容量电力系统的同步发电机，在励磁电流不变的情况下，功率角 δ 越大，相应的电磁转矩和电磁功率也越大。

功角 δ 是同步发电机并列运行的一个重要的物理量，它不仅反映了转子主磁极的空间位置，也决定着并

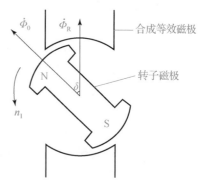

图 14-21　功率角的空间示意图

列运行时输出功率的大小。功率角的变化势必引起同步发电机有功功率和无功功率的变化，这样即通过功率角把同步发电机的电磁关系和机械运动关系紧密联系起来。

【例题 14-1】 已知一台三相六极同步电动机的数据如下：额定容量 $P_N = 250$ kW，额定电压 $U_N = 380$ V，额定功率因数 $\cos\varphi_N = 0.8$，额定效率 $\eta_N = 88\%$，定子每相电阻 $R_1 = 0.03$ Ω，定子绕组为星形接法，求：

（1）额定运行时的定子输入电功率 P_1；

（2）额定电流 I_N；

（3）额定运行时的电磁功率 P_M；

（4）额定电磁转矩 T_N。

解：（1）额定运行时的定子输入电功率：

$$P_1 = \frac{P_N}{\eta_N} = \frac{250}{0.88} = 284 (\text{kW})$$

（2）额定电流：

$$I_N = \frac{S_N}{\sqrt{3}U_N\cos\varphi_N} = \frac{284 \times 10^3}{\sqrt{3} \times 380 \times 0.8} = 539.4 (\text{A})$$

（3）额定电磁功率：

$$P_M = P_1 - 3I_N^2R_1 = 284 - 3 \times 539.4^2 \times 0.03 \times 10^{-3} = 257.8 (\text{kW})$$

（4）额定电磁转矩：

$$T_N = \frac{P_M}{\Omega} = \frac{P_M}{\frac{2\pi n}{60}} = \frac{257.8 \times 10^3}{\frac{2\pi \times 1\,000}{60}} = 2\,462 (\text{N·m})$$

答案 14.3

自测题

一、填空题

1. 同步发电机的功率角 δ 有双重物理含义，在时间上是 _____ 和 _____ 之间的夹角；在空间上是 _____ 和 _____ 之间的夹角。

2. 对于凸极同步发电机，$P_M =$ _____；对于隐极同步发电机，$P_M =$ _____。

3. 同步发电机在运行过程中会产生各种损耗，主要包括 _____ 、_____ 、
_____ 和 _____ 等。

4. 基本电磁功率 $P_M' =$ _____；附加电磁功率 $P_M'' =$ _____ 。

二、选择题

1. 隐极式同步发电机电磁功率 P_M 的最大值出现在功角（　　）的位置。

A. 小于 $90°$ 　　　B. 大于 $90°$ 　　　C. 等于 $90°$ 　　　D. 等于 $45°$

2. 凸极式同步发电机电磁功率 P_M 的最大值出现在功角（　　）的位置。

A. 小于 $90°$ 　　　B. 大于 $90°$ 　　　C. 等于 $90°$ 　　　D. 等于 $0°$

3. 一台运行于无穷大电网的同步发电机，在电流超前电压一相位角时，原动机转矩不变，逐渐增加励磁电流，则电枢电流（　　）。

A. 逐渐变大 　　　　　　　　B. 先增大后减小

C. 逐渐变小 　　　　　　　　D. 先减小后增大

三、判断题

1. 凸极同步发电机由于其电磁功率中包括磁阻力功率，即使该电机失去励磁，仍能稳定运行。（　　）

2. 同步发电机的主磁场与电枢反应磁场均以同步转速同向旋转，在空间保持相对静止，所以定、转子间没有电磁转矩作用。（　　）

3. 功角是空载电动势与发电机端电压这两个时间物理量之间的夹角。（　　）

4. 功角是转子励磁磁动势与气隙合成磁动势这两个空间相量之间的夹角。（　　）

5. 功角是转子主极磁场与气隙合成磁场之间的夹角。 （　　）

四、分析计算题

1. 什么是同步电机的功角特性？功角 δ 有什么意义？

2. 有一台汽轮发电机，数据如下： $S_N = 31\,250$ kV·A， $U_N = 10.5$ kV（Y 接法）， $\cos\varphi_N = 0.8$（滞后），定子每相同步电抗 $X_t = 7.0\ \Omega$ ，而定子电阻忽略不计，此发电机并联运行于无穷大电网。试求：当发电机在额定状态下运行时，功率角 δ 和电磁功率 P_M 。

3. 一台隐极三相同步发电机，定子绕组为 Y 接法， $U_N = 400$ V， $I_N = 37.5$ A， $\cos\varphi_N = 0.85$（滞后）， $X_t = 2.38\ \Omega$ （不饱和值），不计电阻，当发电机运行在额定情况下时，试求：

（1）不饱和的励磁电动势 E_0 ；

（2）功率角 δ ；

（3）电磁功率 P_M 。

14.2.4　同步发电机并列运行时有功功率的调节

微课 14.3：同步发电机并列运行时有功功率调节

【学习任务】（1）正确分析同步发电机并列运行时有功功率的调节。

（2）正确进行同步发电机并列运行时的静态稳定分析。

为了简化分析，下面以并列在无穷大容量电力系统的隐极式同步发电机为例来分析并列运行时有功功率的调节，不考虑磁路饱和及定子电阻的影响，且维持发电机的励磁电流不变。

1. 有功功率的调节

从能量守恒观点来看有功功率，发电机整步过程结束处在空载运行状态，发电机的输入机械功率 P_1 和空载损耗 p_0 相平衡，电磁功率为零，即 $P_1 = p_0$ ， $T_1 = T_0$ ， $P_M = 0$ ，发电机处于平衡状态。

增加输入机械功率 P_1 ，使 $P_1 > p_0$ ，输入功率扣除了空载损耗后，其余的转变为电磁功率，即 $P_1 - p_0 = P_M$ ，发电机开始输出有功功率。这个过程从能量守恒观点来看，发电机输出有功功率是由原动机输入的机械功率转换来的。因此，要调节与电网并联的同步发电机的有功功率，必须调节原动机的输入功率，这时发电机内部会自行改变功率角 δ ，相应地改变电磁功率和输出功率，达到新的平衡状态。

如图 14-22（a）所示，当同步发电机投入电力系统运行时，因 $\dot{E}_0 = \dot{U}$ ，故当 $\delta = 0°$ 时，发电机处于空载运行状态， $P_M = 0$ 在功角特性上的 O 点工作。

由 $P_M = mUI\cos\varphi = m\dfrac{E_0 U}{X_t}\sin\delta$ 可知，要使发电机输出有功功率 $P_2 \approx P_M$ ，就必须调节 $\dot{E}_0$ 的相位角，使 $\dot{E}_0$ 和端电压 $\dot{U}$ （即恒定不变的无穷大容量电力系统电压）之间的功率角 $\delta \neq 0°$ 。这就需要增加原动机的输入功率（增大汽门或水门的开度），使原动机的驱动转矩大于发电机的空载制动转矩，于是，转子开始加速，主磁极的位置就逐步超前气隙等效磁极位置，故 $\dot{E}_0$ 将超前 $\dot{U}$ 一个功角 δ 。电压差 $\Delta\dot{U}$ 将产生输出的定子电流 $\dot{I}$ ，如图 14-22（b）所示。显然，功率角 δ 逐步增大使电磁功率 P_M 及其对应的制动转矩 T_M 也将逐渐增大，当电磁制动转矩增大到与输入的驱动转矩相等时，转子就停止加速。这样，发电机输入功率与输出功率将逐步达到新的平衡状态，同步发电机便在新的运行点 A 稳定运行，如图 14-22（c）所示。

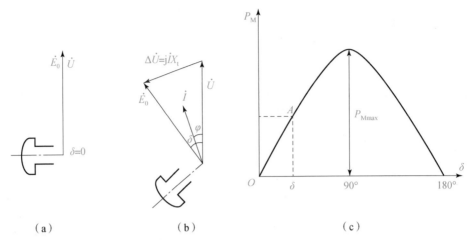

| （a） | （b） | （c） |

图 14－22　与无穷大容量电力系统的同步发电机并列时，同步发电机有功功率的调节

（a）空载运行；（b）负载运行；（c）在功角特性上 A 点运行

　　由此可见，要调节与电力系统并列运行的同步发电机输出功率，就必须调节原动机的输入功率，改变功率角 δ 而使电磁功率改变，输出功率也随之改变。还需要指出，并不是无限制地增加原动机的输入功率，发电机的输出功率都会相应地增加的，这是因为发电机的电磁功率有一功率极限值，即最大的电磁功率 P_{Mmax}。

　　【例题 14－2】　有一台凸极式水轮发电机，额定数据如下：$S_N = 8\ 750\ kV \cdot A$，$\cos\varphi_N = 0.8$（滞后），$U_N = 11\ kV$，Y 接法，每相同步电抗 $X_d = 17\ \Omega$，$X_q = 9\ \Omega$，定子电阻略去不计。试求：

　　（1）同步电抗的标幺值；

　　（2）该机在额定运行时的功率角 δ_N 及空载电动势 E_0。

　　解：（1）额定电流：

$$I_N = \frac{S_N}{\sqrt{3}U_N} = \frac{8\ 750 \times 10^3}{\sqrt{3} \times 11 \times 10^3} = 460(A)$$

阻抗基值：

$$Z_N = \frac{U_N^2}{S_N} = \frac{(11 \times 10^3)^2}{8\ 750 \times 10^3} = 13.828(\Omega)$$

同步电抗的标幺值：

$$X_{d*} = \frac{X_d}{Z_N} = \frac{17}{13.828} = 1.23$$

$$X_{q*} = \frac{X_q}{Z_N} = \frac{9}{13.828} = 0.65$$

　　（2）令端电压为参考相量，即

$$\dot{U}_* = 1.0 + j0$$

$$\dot{I}_{N*} = 0.8 - j0.6$$

$$\dot{U}_* + j\dot{I}_{N*}X_{q*} = 1.0 + j(0.8 - j0.6) \times 0.65 = 1.39 + j0.52$$

功角：

$$\delta_N = tq^{-1}\frac{0.520}{1.390} = tq^{-1}0.376 = 20.5°$$

负载功率因数角：

$$\varphi_N = \cos^{-1}0.8 = 36.9°$$

内功率因数角：

$$\psi = \delta_N + \varphi_N = 20.5° + 36.9° = 57.4°$$

直轴、交轴电流分量：

$$I_{d*} = I_* \times \sin\psi = \sin57.4° = 0.842$$
$$I_{q*} = I_* \times \cos\psi = \cos57.4° = 0.538$$

空载电动势每相实际值：

$$E_0 = E_{0*}\frac{U_N}{\sqrt{3}} = 1.971 \times 6\,350 = 12\,520(V)$$

【例题 14 - 3】　有一台 $P_N = 300\ kW$，$U_N = 18\ kV$，Y 接法，$\cos\varphi = 0.8$（滞后）的汽轮发电机，$X_{t*} = 2.18$（不饱和），电枢电阻略去不计，当发电机运行在额定情况下，试求：

（1）不饱和的励磁电动势 E_0；

（2）功率角 δ_N；

（3）电磁功率 P_M；

（4）过载能力 λ。

解：阻抗基值：

$$Z_N = \frac{U_{N\phi}}{I_N} = \frac{\frac{U_N}{\sqrt{3}}}{\frac{P_N}{\sqrt{3}U_N\cos\varphi}} = \frac{U_N^2\cos\varphi_N}{P_N} = \frac{18^2 \times 0.85 \times 10^6}{300 \times 10^3} = 918(\Omega)$$

同步电抗：

$$X_t = X_{t*}Z_N = 2.18 \times 918 = 2(k\Omega)$$

$$I_N = \frac{P_N}{\sqrt{3}U_N\cos\varphi_N} = \frac{300 \times 10^3}{\sqrt{3} \times 18\,000 \times 0.85} = 11.3(A)$$

$$E_0 = \sqrt{(U\cos\varphi + IR_a)^2 + (U\sin\varphi + IX_t)^2}$$

$$= \sqrt{\left(\frac{18}{\sqrt{3}} \times 0.85\right)^2 + \left(\frac{18}{\sqrt{3}} \times 0.53 + 2 \times 11.3\right)^2} = 29.5(kV)$$

$$\psi = \arctan\frac{IX_t + U\sin\varphi}{IR_a + U\cos\varphi}$$

$$= \arctan\frac{2 \times 11.3 + \frac{18}{\sqrt{3}} \times 0.53}{\frac{18}{\sqrt{3}} \times 0.85} = \arctan3.19° = 72.6°$$

$$\cos\varphi_N = 0.85, \varphi_N = 32°$$

$$\delta_N = \psi - \varphi_N = 72.6° - 32° = 40.6°$$

$$P_M = m\frac{E_0U}{X_t}\sin\delta_N = 3 \times \frac{29.5 \times 18}{2} \times 0.65 = 517.725(kW)$$

$$\lambda = \frac{1}{\sin\delta_N} = \frac{1}{\sin40.6°} = 1.54$$

答案 14.4

自测题

一、填空题

1. 同步发电机静态稳定的判据是_____，隐极同步发电机静态稳定极限对应的功率角 δ = _____。

2. 一台并联在无穷大容量电网上运行的同步发电机，功率因数是超前的，则发电机运行在_____状态，此时发电机向电网发出_____的无功功率；若不调节原动机的输入功率而使励磁电流单方向调大，当发出的无功功率为零时，励磁状态为_____状态；进一步增大励磁电流，发电机变化到_____状态，此时发电机向电网发出_____无功功率。

二、选择题

1. 同步发电机的 V 形曲线在其欠励时有一不稳定区域，而对同步电动机的 V 形曲线，这一不稳定区应该在（　）区域。

A. $I_1 > I_{f0}$　　　　B. $I_1 = I_{f0}$　　　　C. $I_1 < I_{f0}$　　　　D. 以上都不是

2. 判断同步电机运行于发电机状态的依据是（　　）。

A. $E_0 > U$　　　B. $E_0 < U$　　　C. E_0 超前于 U　　　D. E_0 滞后于 U

3. 判断同步电机运行于电动机状态的依据是（　　）。

A. $E_0 > U$　　　B. $E_0 < U$　　　C. E_0 超前于 U　　　D. E_0 滞后于 U

4. 手动调节并联运行中的发电机的有功功率，为保持电网电压和频率不变，应调节（　　）。

A. 发电机的励磁　　B. 均压线　　C. 原动机的油门　　D. 调压器

三、判断题

1. 改变同步发电机的励磁电流，可以改变静态稳定度。　　　　　　　　（　　）

2. 在一定范围，功角增大，发电机的有功功率也增大。　　　　　　　　（　　）

3. 功角增大，发电机发的有功功率也增大，因此有功功率可以无限增大。（　　）

4. 同步发电机调节励磁就可以调节输出的有功功率。　　　　　　　　　（　　）

四、分析计算题

1. 当同步发电机与大容量电网并联运行以及单独运行时，其 $\cos\varphi$ 是分别由什么决定的？为什么？

2. 一台三相隐极发电机与大电网并联运行，电网电压为 380 V，Y 接法，忽略定子电阻，同步电抗 $X_t = 1.2\ \Omega$，定子电流 $I = 69.51$ A，相电势 $E_0 = 278$ V，$\cos\varphi = 0.8$（滞后）。试求：

（1）发电机输出的有功功率和无功功率；

（2）功率角。

14.2.5 同步发电机并列运行时无功功率的调节

微课 14.4：同步发电机并列运行时无功功率调节

【学习任务】（1）正确分析同步发电机并列运行时无功功率的功角特性。

（2）正确进行同步发电机并列运行时的无功功率调节。

接在电网上运行的负载类型很多，多数负载除了消耗有功功率外，还要消耗电感性无功功率，如接在电网上运行的异步电机、变压器、电抗器等，电网的总无功功率由电网中的全部发电机共同负担。并列在无穷大容量电力系统上的发电机，若只向电力系统输送有功功率，而不能满足电力系统对无功功率的要求，就会导致电力系统电压的降低。因此并网后的发电机不仅要输送有功功率，还应输送无功功率。为了简单起见，以隐极同步发电机为例，并忽略定子绕组电阻，说明并列运行时发电机无功功率的调节。

1. 无功功率的功角特性

同步发电机输出的无功功率为

$$Q = mUI\sin\varphi \qquad (14-22)$$

图 14-23 所示为不计定子绕组电阻的隐极发电机相量图。由图 14-23 可见

$$IX_t\sin\varphi = E_0\cos\delta - U \quad (X_t = X_d)$$

或

$$I\sin\varphi = \frac{E_0\cos\delta - U}{X_t} \qquad (14-23)$$

将式（14-23）代入式（14-22）得

$$Q = mUI\sin\varphi = m\frac{E_0 U}{X_t}\cos\delta - m\frac{U^2}{X_t} \qquad (14-24)$$

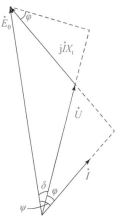

图 14-23　隐极发电机相量图

式（14-24）即为无功功率的功角特性。无功功率 Q 与功率角 δ 的关系如图 14-24 中 $Q = f(\delta)$ 曲线所示。

2. 无功功率的调节

从能量守恒的观点来看，同步发电机与电力系统并列运行，如果仅调节无功功率，是不需要改变原动机的输入功率的。由无功功率的功角特性式（14-24）可知，只要调节励磁电流，即可改变同步发电机发出的无功功率。

如图 14-24 所示，设发电机原来运行的功率角为 δ_a，此时对应于有功功率和无功功率功角特性曲线上的运行点分别为 a 和 Q_a。令维持从原动机输入的有功功率 P_1 不变，而只增大励磁电流（电动势 E_0 随之增大），有功功率和无功功率功角特性的幅值都将随之增大，如图 14-24 中的功角特性曲线 $P_2 = f(\delta)$ 和 $Q_2 = f(\delta)$ 所示，发电机的功率角将从 δ_a 减小到 δ_b，对应于有功功率和无功功率的功角特性曲线上的运行点分别为 b 和 Q_b。显然，增大励磁电流后，无功功率的输出将增加（$Q_b > Q_a$），功率角将减小（$\delta_b < \delta_a$）。反之亦然。

上述分析说明，调节无功功率，对有功功率不会产生影响，这是符合能量守恒的。但是调节无功功率将改变功率极限值和功率角的大小，从而影响静态稳定度。这里必须指出，当调节有功功率时，由于功率角大小发生变化，故无功功率也随之改变。

【例题 14-4】　一台三相隐极同步发电机与无穷大电网并列运行，电网电压为 380 V，发电机定子绕组为 Y 连接，每相同步电抗 $X_t = 1.2\ \Omega$，此发电机向电网输出线电流 $I = 69.5$ A，空载相电动势 $E_0 = 270$ V，$\cos\varphi = 0.8$（滞后）。若减小励磁电流使相电动势 $E_0 = 250$ V，保持原动机输入功率不变，不计定子电阻，试求：

（1）改变励磁电流前发电机输出的有功功率和无功功率；

（2）改变励磁电流后发电机输出的有功功率、无功功率、功率因数及定子电流。

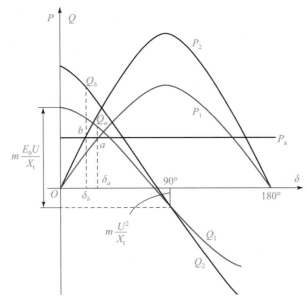

图 14-24 励磁电流改变时的功角特性及无功功率特性

解: (1) 改变励磁电流前,输出的有功功率及输出的无功功率为

$$P_2 = \sqrt{3} UI \cos\varphi = \sqrt{3} \times 380 \times 69.5 \times 0.8 = 36\ 600 (\text{W})$$

输出的无功功率为

$$Q = \sqrt{3} UI \sin\varphi = \sqrt{3} \times 380 \times 69.5 \times 0.6 = 27\ 445 (\text{Var})$$

(2) 改变励磁电流后因不计电阻,所以

$$P_2 = P_M = \frac{3E_0 U}{X_t} \sin\delta$$

$$\sin\delta = \frac{P_2 X_t}{3 E_0 U} = \frac{36\ 600 \times 1.2}{3 \times 250 \times 220} = 0.266$$

所以 $\delta = 15.4°$

根据相量图知

$$\psi = \arctan \frac{E_0 - U\cos\delta}{U\sin\delta} = \arctan \frac{250 - 220\cos15.4°}{220 \times 0.266} = 33°$$

$$\varphi' = \psi - \delta = 33° - 15.4° = 17.6°$$

故

$$\cos\varphi' = \cos 17.6° = 0.953$$

因为有功功率不变,即

$$I\cos\varphi = I'\cos\varphi' = 常数$$

故改变励磁电流后,定子电流为

$$I' = \frac{I\cos\varphi}{\cos\varphi'} = \frac{69.5 \times 0.8}{0.953} = 58.3 (\text{A})$$

有功功率不变,即

$$P_2 = \sqrt{3} \times 380 \times 58.3 \times 0.953 = 36\ 600 (\text{W})$$

向电网输出的无功功率为

$$Q = \sqrt{3}UI\sin\varphi' = \sqrt{3} \times 380 \times 58.3 \times \sin17.6° = 11\,600\,(\text{Var})$$

答案 14.5

自测题

一、填空题

1. 并列在无穷大容量电力系统上的发电机，若不能满足电力系统对无功功率的要求，就会导致电力系统的电压_____。因此并网后的发电机不仅要输送有功功率，还应输送_____。

2. 隐极式发电机无功功率 $Q =$ _____。

3. 同步发电机与电力系统并列运行，只要调节_____，即可改变同步发电机发出的无功功率。

二、选择题

1. 设一台隐极同步发电机的电枢电流落后于空载电动势 30° 时间相位角，则电枢反应磁场与转子励磁磁场轴线间的空间相位角为（　　）。

A. 30°　　　　　　B. 120°　　　　　　C. 60°　　　　　　D. 90°

2. 同步发电机并车后，调节原动机的调速器可以进行（　　）的转移和分配。

A. 有功功率　　　　　　　　　B. 无功功率

C. 有功及无功功率　　　　　　D. 励磁功率

3. 同步发电机作同步补偿机使用时，若所接电网的功率因数是感性的，为了提高电网功率因数，那么应该使该机处于（　　）状态。

A. 欠励运行　　　B. 过励运行　　　C. 正常励磁　　　D. 不确定

4. 处于过励运行状态的同步补偿机，是从电网吸取（　　）性电流。

A. 电感　　　　　B. 电容　　　　　C. 电阻　　　　　D. 阻感性

三、判断题

1. 改变同步发电机的励磁电流，只能调节无功功率。（　　）

2. 正常励磁时发电机只发有功功率。（　　）

3. 过励时发电机既发有功也发感性无功。（　　）

4. 欠励时发电机既发有功也发感性无功。（　　）

5. 采用同步电动机拖动机械负载，可以改善电网的功率因数，为吸收容性无功功率，同步电动机通常于过励状态。（　　）

6. 同步电动机常作无功补偿用，以改善电网的功率因数和调压，此时励磁工作于过励状态。（　　）

7. 通过改变同步发电机的励磁电流 I_f 既可以调节无功，又可以调节有功。（　　）

四、分析计算题

1. 试利用功角特性和电动势平衡方程求出隐极同步发电机的 V 形曲线。

2. 一台三相 Y 接法隐极同步发电机与无穷大电网并联运行，已知电网电压 $U = 400$ V，发电机的同步电抗 $X_t = 1.2\ \Omega$，当 $\cos\varphi = 1$ 时，发电机输出有功功率为 80 kW。若保持励磁电流不变，减少原动机的输出，使发电机输出有功功率为 20 kW，忽略电枢电阻，求功率角、功率因数、定子电流、输出的无功功率及其性质。

14.2.6 同步电机的调相运行及同步电动机

微课 14.5：同步电机的调相运行

【学习任务】 (1) 正确说出同步电机的可逆原理。

(2) 正确说出同步电动机的工作原理。

(3) 正确启动同步电动机。

1. 同步电机的可逆原理

电力负载中，异步电动机与变压器应用得最多，它们在运行时需要吸取感性无功功率。一个现代化的电力系统，异步电动机负载需要的无功功率占电网供给的总无功功率的70%，变压器占20%，其他设备占10%。这些无功功率完全由电网供给，就会导致电网功率因数的降低。如果仅靠同步发电机在向电力系统输送有功功率的同时，供给一部分感性无功功率，往往是不能满足需求的，为此，还须装设适当数量的专用无功电源，如电容器、调相机、静止无功补偿器、静止无功发生器等，也可使系统中的少数同步发电机做调相运行。同步电机的调相运行实质上是同步电机在不带负载的情况下，专门向电力系统输送或吸收感性无功功率的同步电动机空载运行状态。

同步电机与其他电机一样，具有可逆性，它既可以作发电机运行，也可以作电动机运行。作发电机运行时，除可向电力系统输送有功功率外，还可以向电力系统输送或吸收感性无功功率；作电动机运行时，除可从电力系统吸收有功功率外，还可以从电力系统吸收或输送感性无功功率。运行于哪种状态取决于它的输入功率是机械功率还是电功率。下面以一台已投入电网运行的隐极电机为例，说明其从同步发电机过渡到同步电动机运行状态的物理过程，以及其内部各电磁物理量之间的关系变化。

同步电机运行于发电机状态时，其转子主磁极轴线 2 超前于气隙合成磁场磁极轴线 1 一个功率角 δ，它可以想象成为转子磁极拖着合成等效磁极以同步转速旋转，如图 14 – 25（a）所示。这时发电机产生的电磁制动转矩与输入的驱动转矩相平衡，把机械功率转变为电功率输送给电网。因此，此时电磁功率 P_M 和功率角 δ 均为正值，励磁电动势 $\dot{E}_0$ 超前于电网电压 $\dot{U}$ 一个 δ 角度。

如果逐步减少发电机的输入机械功率，转子将随之减速，δ 角减小，相应的电磁功率 P_M 也减小。当 δ 减到零时，相应的电磁功率也为零，发电机的输入机械功率只能抵偿空载损耗。维持空载转动时，转子主磁极轴线 2 与气隙合成磁场磁极轴线 1 之间的功率角 δ 为零，如图 14 – 25（b）所示，此时发电机处于空载运行状态，并不向电网输送有功功率。

若继续减少发电机的输入机械功率，把原动机的汽门或水门关闭，转子主磁极轴线 2 开始落后于气隙合成磁场磁极轴线 1，但仍然以同步速度旋转，此时功率角 δ 开始变为负值，电磁功率也开始变为负值（驱动转矩），电机开始从电力系统吸收空载转动所需的少量有功功率，同步电机处于电动机的空载运行状态，此时同步电机不带机械负载（$|\delta|$ 很小）。调节励磁电流，仅向电力系统输送或吸收感性无功功率，同步电机即处于调相运行状态。如果在轴上加上机械负载，而由机械负载产生的制动转矩使转子磁极更为落后，则负值功率角 δ 的绝对值将增大，即 $\dot{E}_0$ 滞后于 $\dot{U}$，从电力系统吸收的电功率和作为驱动转矩的电磁功率亦将变大，以平衡电动机的输出机械功率，此时同步电机处于电动机负载运行状态，如图 14 – 25（c）所示。所以同步电机调相运行时功率角 δ 较之同步电动机负载运行时是很小的。

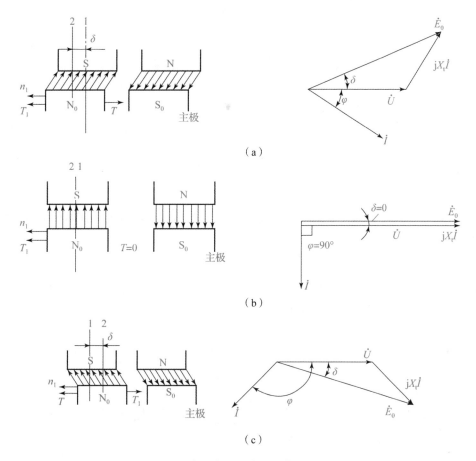

图 14-25 同步发电机过渡到同步电动机的过程

（a）发电机状态；（b）发电机空载运行状态；（c）电动机状态

从以上分析可知，δ 的不同范围决定了同步电机的运行状态：

（1）$90° > \delta > 0°$，同步电机处于发电机运行状态，向电力系统输送有功功率，同时也向电力系统输送或吸收无功功率。

（2）$\delta = 0°$，同步电机处于发电机空载运行状态，只向电力系统送出或吸收无功功率。

（3）$|\delta| \approx 0°$（负值），同步电机处于电动机空载运行状态，从电力系统吸收少量的有功功率，供给同步电机空载运行的各种损耗，并可向电力系统送出或吸收无功功率，此为同步电机调相运行状态。

（4）$-90° < \delta < 0°$，同步电机处于电动机负载运行状态，从电力系统吸收有功功率，同时可向电力系统送出或吸收无功功率。

2. 同步调相机

1）用途

同步调相机用来改善电力系统的功率因数和调节电力系统的电压，为此，一般调相机往往安装在靠近负载中心的变电所中。

2）特点

（1）同步调相机的额定容量是指它在过励时的视在功率，通常按过励状态时所允许的容量而定，这时的励磁电流称为额定励磁电流。考虑到稳定等因素，欠励时的容量为过励时额定容量的 $50\% \sim 65\%$ 。

（2）调相机轴上不带机械负载，转轴较细，没有过载能力的需求，气隙可小些，故同步电抗 X_t 较大，一般 $X_{t*} \geqslant 2$ 。

（3）为节省材料，调相机的转速较高。

（4）调相机的转子上装有鼠笼绕组，作异步启动之用。启动时常采用电抗器降压法，以限制启动电流和启动时对电网的影响。

3. 同步电动机

1）同步电动机的基本方程和相量图

按照发电机惯例，同步电动机为一台输出负的有功功率的发电机，其隐极电机的电动势方程为

$$\dot{E}_0 = \dot{U} + \dot{I}R_a + j\dot{I}X_t \tag{14-25}$$

此时 $\dot{E}_0$ 滞后于 $\dot{U}$ 一个功率角 δ ，$\varphi > 90°$ 。其相量图和等效电路图如图 14-26（a）和图 14-26（c）所示。但习惯上，人们总是把电动机看作是电网的负载，它从电网吸取有功功率。

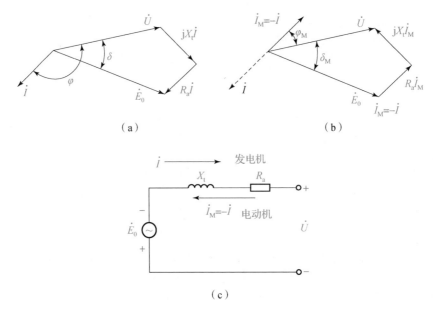

（a）   （b）

（c）

图 14-26　隐极式同步电动机的相量图和等效电路

（a）发电机观点；（b）电动机观点；（c）等效电路

按照电动机惯例重新定义，把输出负值电流看成是输入正值电流，则 $\dot{I}$ 应转过 $180°$ ，其电动势相量图和等效电路如图 14-26（b）和图 14-26（c）所示。此时 $\varphi < 90°$ ，表示电动机自电网吸取有功功率，其电动势方程为

$$\dot{U} = \dot{E}_0 + \dot{I}_M R_a + j\dot{I}_M X_t \tag{14-26}$$

同步电动机的电磁功率 P_M 与功率角 δ 的关系，和发电机 P_M 与 δ 的关系一样，所不同的是在电动机中功率角 δ 变为负值。因此，只需在发电机的电磁功率公式中用 $\delta_M = -\delta$ 代替 δ

即可。于是，同步电动机电磁功率公式为

$$P_{\mathrm{M}} = \frac{mE_0 U}{X_\mathrm{t}} \sin\delta_{\mathrm{M}} \qquad (14-27)$$

式（14-27）除以同步机械角速度 Ω_1，便得到同步电动机的电磁转矩为

$$T_{\mathrm{M}} = \frac{mE_0 U}{X_\mathrm{t}\Omega_1} \sin\delta_{\mathrm{M}} \qquad (14-28)$$

当同步电动机的负载转矩大于最大电磁转矩时，电动机便无法保持同步旋转状态，即产生"失步"现象。为了衡量同步电动机的过载能力，常以最大电磁转矩与额定转矩之比值作为过载能力，对隐极式同步电动机，则有

$$\lambda_{\mathrm{m}} = \frac{T_{\mathrm{Mmax}}}{T_{\mathrm{N}}} = \frac{1}{\sin\delta_{\mathrm{N}}} \qquad (14-29)$$

式中 λ_{m} ——同步电动机的过载能力；

δ_{N} ——额定运行时的功率角。

同步电动机稳定运行时，一般 $\lambda_{\mathrm{m}} = 2 \sim 3$，$\delta_{\mathrm{N}} = 20° \sim 30°$。

从机—电能量转换角度来看，由于同步电动机运行状态是同步发电机运行状态的逆过程，由此可得同步电动机的功率方程为

$$P_1 = p_{\mathrm{Cu}} + P_{\mathrm{M}}$$
$$P_{\mathrm{M}} = p_{\mathrm{Fe}} + p_\Omega + p_{\mathrm{ad}} + P_2 = P_2 + p_0 \qquad (14-30)$$

将上式两边同除同步角速度 Ω_1 得

$$T_{\mathrm{M}} = T_2 + T_0 \qquad (14-31)$$

式（14-31）为转矩平衡方程，该式表明同步电动机产生的电磁转矩 T_{M} 是驱动转矩，其大小等于负载制动转矩 T_2 和空载制动转矩 T_0 之和。驱动转矩与制动转矩相等时，电动机稳定运行。由于同步电动机是气隙合成磁场拖着转子励磁磁场同步转动的，因此其转速总是同步转速不变。当负载制动转矩 T_2 变化时，转子转速瞬间改变，功率角 δ 随之改变，电磁转矩 T_{M} 也相应变化，以保持转矩平衡关系不变，维持稳定状态。所以当励磁电流不变时，同步电动机之功角 δ 的大小取决于负载制动转矩 T_2 的大小，而不决定于电动机本身。

【例题 14-5】 某工厂电源电压为 6 000V，厂中使用了许多台异步电动机，设其总输出功率为 1 500 kW，平均效率为 70%，功率因数为 0.7（滞后），由于生产需要又增添一台同步电动机。设当该同步电动机的功率因数为 0.8（超前）时，已将全厂的功率因数调整到 1，求此同步电动机承担多少视在功率（kV·A）和有功功率（kW）。

解： 这些异步电动机总的视在功率 S 为

$$S = \frac{P_2}{\eta\cos\varphi} = \frac{1\ 500}{0.7 \times 0.7} = 3\ 060(\mathrm{kV \cdot A})$$

由于 $\cos\varphi = 0.7$，$\sin\varphi = 0.713$，故这些异步电动机总的无功功率为

$$Q = S\sin\varphi = 3\ 060 \times 0.713 = 2\ 185(\mathrm{kVar})$$

同步电动机运行后，$\cos\varphi = 1$，故全厂的感性无功全由该同步电动机提供，即有

$$Q' = Q = 2\ 185(\mathrm{kVar})$$

因 $\cos\varphi' = 0.8$，$\sin\varphi' = 0.6$，故同步电动机的视在功率为

$$S' = \frac{Q'}{\sin\varphi'} = \frac{2\,185}{0.6} = 3\,640\,(\text{kV} \cdot \text{A})$$

有功功率为

$$P' = S'\cos\varphi' = 3\,640 \times 0.8 = 2\,910\,(\text{kW})$$

答案 14.6

自测题

一、填空题

1. 同步调相机又称_____，实际上就是一台_____运行的同步电动机，通常工作于_____状态。

2. 同步电机作发电机运行时，在相位上，$\dot{E}$ _____ $\dot{U}$；作电动机运行时，在相位上，$\dot{E}$ _____ $\dot{U}$。

3. 同步发电机在过励时向电网发出_____无功功率，产生直轴_____电枢反应；同步电动机在过励时向电网吸收_____无功功率，产生直轴_____电枢反应。

4. 与其他旋转电机类似，同步电机运行是可逆的，它既可作_____运行，又可作_____运行，还可作_____运行。

二、选择题

1. 交流电站中，若电网负载无变化，电网频率不稳多由（   ）引起。

A. 励磁　　　　B. 调速器　　　　C. 调压器　　　　D. 均压线

2. 已知一台凸极同步发电机的 $I_d = I_q = 100$ A，此时发电机的电枢电流为（   ）。

A. 100 A　　　　B. 200 A　　　　C. 141.4 A　　　　D. 1 414 A

3. 同步补偿机的作用是（   ）。

A. 补偿电网电力不足　　　　　　B. 改善电网功率因数

C. 作为用户的备用电源　　　　　　D. 作为同步发电机的励磁电源

三、判断题

1. 隐极式发电机电磁功率随功角按正弦规律变化。　　　　　　　　　　（   ）

2. 当励磁电流一定时，隐极式发电机功率极限与电网电压成正比。　　　（   ）

3. 功角大于零，同步电机为发电机。　　　　　　　　　　　　　　　　（   ）

4. 功角大于180°，同步电机为发电机。　　　　　　　　　　　　　　　（   ）

5. 功角大于180°，同步电机为电动机。　　　　　　　　　　　　　　　（   ）

6. 同步发电机的零功率因数负载特性曲线与其空载特性曲线形状相似。　（   ）

7. 同步电动机的功率因数可以调整到1。　　　　　　　　　　　　　　　（   ）

四、分析计算题

1. 从同步发电机过渡到同步电动机时，功角 δ、电流 I 电磁转矩 T_M 的大小和方向有何变化？

2. 某工厂变电所变压器的容量为 2 000 kV·A，该厂电力设备的平均负载为 1 200 kW，$\cos\varphi = 0.8$（滞后），今欲新装一台 500 kW，$\cos\varphi = 0.8$（超前），$\eta = 95\%$ 的同步电动机，问当电动机满载时，全场的功率因数是多少？变压器是否过载？

14.3.1 技能评价要点

同步电机的运行管理学习情境技能评价见表 14-1。

表 14-1 同步电机的运行管理学习情境技能评价要点

项目	技能评价要点	权重/%
1. 同步发电机的运行特性	1. 正确说出同步发电机的各运行特性。 2. 正确识读同步发电机的各运行特性曲线。 3. 根据各运行特性曲线正确分析同步发电机的运行状况	10
2. 同步发电机的并列运行	1. 正确说出同步发电机并列运行含义和并列运行条件。 2. 正确实施同步发电机的并列运行	20
3. 同步发电机的电磁功率和功角特性	1. 正确说出同步发电机的功率流程。 2. 正确说出同步发电机的转矩方程。 3. 正确理解同步发电机的功角特性	20
4. 同步发电机并列运行时有功功率的调节	1. 正确分析同步发电机并列运行时有功功率的调节。 2. 正确进行同步发电机并列运行时的静态稳定分析	20
5. 同步发电机并列运行时无功功率的调节	1. 正确分析同步发电机并列运行时无功功率的功角特性。 2. 正确进行同步发电机并列运行时的无功功率调节	20
6. 同步电机的调相运行及同步电动机	1. 正确说出同步电机的可逆原理。 2. 正确说出同步电动机的工作原理。 3. 正确启动同步电动机	10

14.3.2 技能实战

一、应知部分

（1）什么叫同步电机？试问 150 r/min、50 Hz 的同步电机是几极的？该电机应是隐极结构还是凸极结构？

（2）为什么大容量同步电机都采用旋转磁极式结构？

（3）简述同步电机与异步电机在结构上的不同之处。

（4）何谓同步发电机的电枢反应？

（5）总结同步发电机各种电抗的物理意义。

（6）从同步发电机过渡到同步电动机时，功率角、电枢电流、电磁转矩的大小和方向有何变化?

(7) 功率角 δ 是电角度还是机械角度? 说明它的物理意义。

(8) 并列于无穷大容量电力系统的隐极同步发电机, 当调节有功功率欲保持无功功率输出不变时, 励磁电流应如何改变? 功率角 δ 是否改变? 试用相量图说明。

(9) 并列于无穷大容量的电力系统的隐极同步发电机, 当保持励磁电流不变而增加有功功率输出时, 功率角 δ 和无功功率输出是否改变? 试用相量图说明。

(10) 试述 φ、δ、ψ 这三个角度所代表的意义。同步电机在下列各种运行状态分别与哪个角度有关? 角度的正、负号又如何?

①功率因数滞后、超前;

②过励、欠励;

③去磁、助磁、交磁;

④发电机状态、调相运行状态。

(11) 说明下列情况同步发电机的稳定性。

①当有较大的短路比或较小的短路比时;

②当过励状态下运行或欠励状态下运行时;

③在轻负载下运行或满负载下运行时。

(12) 有一台 $P_N = 25\,000$ kW, $U_N = 10.5$ kV, Y 接法, $\cos\varphi_N = 0.8$(滞后)的汽轮发电机, 其同步电抗标幺值为 $X_{t*} = 2.13\ \Omega$, $R_{a*} = 0\ \Omega$。试求额定负载下发电机的励磁电势 E_0、$\dot{E}_0$ 与 $\dot{U}$ 的夹角 δ 以及 $\dot{E}_0$ 与 $\dot{I}$ 的夹角 ψ。

(13) 有一台 $P_N = 72\,500$ kW, $U_N = 10.5$ kV, Y 接法, $\cos\varphi_N = 0.8$ 滞后的水轮发电机, 参数为: $X_{d*} = 1\ \Omega$, $X_{q*} = 0.554\ \Omega$, 忽略电枢电阻。试求额定负载下发电机励磁电动势 E_0 和 $\dot{E}_0$ 与 $\dot{U}$ 的夹角 δ。

(14) 有一台三相 1 500 kW 水轮发电机, 额定电压是 6 300 V, Y 接法, 额定功率因数 $\cos\varphi_N = 0.8$(滞后), 已知额定运行时的参数: $X_d = 21.2\ \Omega$, $X_q = 13.7\Omega$, 电枢电阻可略去不计。试计算发电机在额定运行时的励磁电动势 E_0, 并按比例作出矢量图。

(15) 有一台磁路不饱和的凸极同步电机, Y 接法, 运行在 $U_N = 6\,600\sqrt{3}$ V, $I_N = 200$ A, $\cos\varphi_N = 0.8$(滞后)时, 若电抗标幺值 $X_{d*} = 1.24\ \Omega$, $X_{q*} = 0.82\ \Omega$, 电枢电阻可以忽略不计, 试用作图法求出 φ_N、$\dot{I}_d$、$\dot{I}_q$、$\dot{E}_Q$、$\dot{E}_0$。

(16) 有一台汽轮发电机数据如下: $S_N = 31\,250$ kV · A, $U_N = 10.5$ kV(Y 接法), $\cos\varphi_N = 0.8$(滞后), 定子每相同步电抗 $X_t = 7.0\ \Omega$, 而定子电阻忽略不计, 此发电机并列运行于无穷大电网。试求:

①当发电机在额定状态下运行时, 功率角 δ_N、电磁功率 P_M、比整步功率 P_{syn} 以及静态过载倍数 λ;

②若维持上述励磁电流不变, 但输入有功功率减半时, δ_N、电磁功率 P_M、比整步功率 P_{syn} 以及 $\cos\varphi_N$ 将变为多少?

③发电机原来在额定运行, 现仅将其励磁电流加大 10%, δ_N、P_M、$\cos\varphi_N$、I 将变为多少?

(17) 一台汽轮发电机的额定功率为 10 kW, 额定电压为 10.5 kV, 额定功率因数为 0.85, 试求额定电流。

（18）有一台 $P_N = 300$ kW，$U_N = 18$ kV，Y 接法，$\cos\varphi_N = 0.85$（滞后）的汽轮发电机，$X_{t*} = 2.18$ Ω（不饱和），电枢电阻略去不计，当发电机运行在额定情况下，试求：

①不饱和的励磁电动势 E_0；

②功率角 δ_N；

③电磁功率 P_M；

④过载能力 λ。

（19）一台汽轮发电机并入无穷大电网，额定负载时的功率角 $\delta = 20°$，现因外线发生故障，电网电压降为 $0.6U_N$，问欲使 δ 角保持 25° 范围内，应使 E_0 上升为原来的多少倍？

（20）改变励磁电流时，同步电动机的定子电流发生什么变化？对电网有什么影响？

（21）什么叫同步发电机的 V 形曲线？它有什么用途？

（22）同步电动机为什么不能自行启动？一般采用哪些启动方法？

（23）三相异步电动机采用异步启动法时，为什么其励磁绕组要先经过附加电阻短接？

（24）有一汽轮发电机并列于无穷大容量电力系统，$\cos\varphi_N = 0.8$（滞后），$X_{t*} = 1.0$ Ω。求该电机供给 90% 的额定电流，且 $\cos\varphi_N = 0.8$（滞后）时输出的有功功率。此时的 E_0 和 δ 为多少？

二、应会部分

（1）能根据同步发电机运行现象判断同步发电机所处的运行状况。

（2）能根据同步电动机运行现象判断同步电动机所处的运行状况。

学习情境 15 同步发电机的维护

15.1 学习目标

【知识目标】掌握发电机非同期并列对发电机的危害；掌握发电机温度升高的原因、现象及处理措施；掌握发电机定子绕组损坏的现象及处理措施；掌握发电机转子绕组接地的现象及处理措施；掌握发电机失磁的现象及处理措施；掌握发电机升不起电压的原因及处理措施；掌握发电机过负荷的危害。

【能力目标】能够正确分析和处理发电机的温度升高故障；能够正确分析和处理发电机定子绕组损坏故障；能够正确分析和处理发电机转子绕组的接地故障；能够正确分析和处理发电机的失磁故障；能够正确分析和处理发电机升不起电压的故障。

【素质目标】具有深厚的爱国情感和中华民族自豪感；具有良好的职业道德、职业素养、法律意识；崇德向善、诚实守信，爱岗敬业；尊重劳动、热爱劳动，具有较强的实践能力；良好的质量意识、环保意识、安全意识、工匠精神、创新精神；勇于奋斗、乐观向上，具有良好的身心素质。

【总任务】正确进行同步电机的日常维护与事故处理。

15.2 理论基础

15.2.1 同步发电机的日常维护

【学习任务】（1）正确判断同步发电机是否完好。

（2）正确进行同步发电机的启动前检查。

（3）正确进行同步发电机的日常维护。

1. 同步发电机的完好标准

（1）持续地达到铭牌出力，温升合格，运行参数正常，并能随时投入运行。

（2）机组振动不大于规定值。

（3）主体完整、清洁，零部件完整、齐全。

（4）绝缘良好，电气试验符合原水利电力部 1978 年颁布的《电气设备交接和预防性试验标准》。

（5）定子绕组端部无严重油垢及变形，垫块及端部绑扎牢固，转子套箍及绑线良好。

（6）冷却系统严密，无漏风现象，冷却效果良好。

（7）电刷完整良好，不跳动，不过热，换向器火花不大于3/2级。

（8）装有差动保护、过电流保护、接地保护及强行励磁、自动灭磁、灭火装置等主要保护装置的发电机，其信号和动作应可靠。

（9）一次回路及励磁回路的设备技术状况良好。

（10）温度表、电压表、电流表、功率表完好、准确。

（11）轴承润滑良好，不漏油。

（12）设备图纸、设备履历、出厂试验及历次试验记录、检修记录及运行日志等技术资料齐全。

2. 发电机的启动前检查

试运行是在发电机继电保护经过调试和整定后进行的，其目的是对机组安装质量、电气性能及运行可靠性进行一次全面检查和鉴定。试运行之前要对发电机进行启动前检查，检查应按照下列步骤进行：

（1）检查发电机各主回路、二次回路的接线是否良好可靠，发电机外壳接地电阻是否符合要求。

（2）发电机轴承温度表、进出口温度表是否完好。

（3）发电机励磁开关和复合开关是否在断开位置。

（4）装有油断路器的发电机组应检查油断路器的油位是否正常。

（5）检查一、二次回路熔断器是否完整，熔体额定电流是否符合要求。

（6）将各仪表指针调至零位，频率表和功率因数表指针应在自由位置。

（7）装有继电保护的机组，应检查直流电源回路熔断器是否装上，并对油断路器或空气开关进行试跳试合。

（8）测量发电机定子绕组对地绝缘和转子绕组对地绝缘及吸收比。

（9）检查励磁机电刷位置和接线是否正确，电刷在刷握内是否灵活、弹簧压力是否适当。

（10）测量励磁机励磁回路和电枢绕组的对地绝缘电阻（半导体励磁发电机测量绝缘时应将半导体励磁装置从励磁回路断开）。

（11）将励磁变阻器调到电阻最大值。

（12）如有硅整流器，应按规定条件保证它有一定的冷却方式（水冷、风冷或自冷），对可控硅励磁装置，应将电位器调到零位。

（13）检查保护回路连接板是否投入。

3. 正常情况下对发电机的监视

正常情况下对发电机监视的一般要求如下：

（1）发电机不允许长期过负荷运行。

（2）发电机电压应符合铭牌规定，最低允许运行电压不低于额定值的90%，最高不得大于额定值的10%。

（3）发电机频率变动范围不超过±0.2 Hz（电网装机容量300万 kW 及以上）和±0.5 Hz（电网装机容量300 kW 以下）。

（4）转子电流不允许超过额定值。

（5）在额定负荷连续运行时，三相不平衡电流之差不得超过额定值的 10%，水轮发电机不得超过 20%，且其中任何一相不得超过额定值。

（6）发电机并列运行时，应注意有功功率和无功功率的分配。

发电机在运行中的巡回检查内容如下：

（1）发电机的定子温度、励磁机或蒸馏元件的温度是否正常。

（2）发电机冷却空气的进口和出口温度是否正常，进口空气滤网是否畅通。

（3）用听针仔细倾听发电机两轴承声音是否和谐正常，并倾听定子声音（正常情况下，定子内部是轻微、匀称的"嗡嗡"电磁声）。

（4）轴承润滑和温度是否正常，冷却水流量是否足够。

（5）发电机出线电缆和励磁机出线是否有过热引起的变色、漏油和流胶等现象。

（6）换向器和滑环电刷的火花情况以及电刷磨损情况。

（7）观察整个发电机的振动情况。

（8）对发电机有关的电气回路应进行进一步检查。

4. 发电机的日常维护

（1）发电机应定期用 $3\sim5$ kg/cm^2 的压缩空气吹净换向器和滑环上的灰尘。

（2）运行中的发电机，如由于换向器或滑环上油垢引起电刷火花增大，运行人员应用不掉纤维的干净白布小心擦拭。如无效，可将白布浸蘸微量工业酒精在离火花最远处进行擦拭，以防引燃酒精。

（3）定期清洗冷却空气进风滤网，擦拭轴承座绝缘垫周围油泥积垢。

（4）发电机停用时的检查维护。

①测量励磁系统绝缘电阻，对晶体管励磁的发电机，应将晶体管自励磁回路断开，以防高阻表的高电压将晶体管击穿。

②检查换向器电刷和滑环电刷，对磨损过短、碎裂和严重灼伤的电刷应更换与原牌号一致的电刷，如无据可查，则可按表选用，但应整台全部更换，更换后的电刷应用 00 号玻璃砂纸仔细研磨，使刷面与换向器、滑环有良好的弧形接触面。

③检查励磁机各接线头有无松动，磁场变阻器动静接点是否接触良好。如有松动、脏污，应检查和清扫。

④检查轴承润滑情况，滑动轴承在运行 $500\sim1\,000$ h 后应更换新润滑油，对于滚动轴承的电机，在运行 $2\,500\sim3\,000$ h 后应用汽油清洗后再更换润滑脂，在运行 $1\,000$ h 应添一次油。

15.2.2 同步发电机的常见故障及处理

【学习任务】（1）正确判断同步发电机的故障原因。
（2）正确进行同步发电机的故障处理。

1. 发电机的过负荷运行

在事故情况下，发电机允许在短时间内过负荷运行。表 15 – 1 所示为发电机定子允许过负荷的数值和时间。值班人员应密切监视定子绕组及转子绕组的温度，保证在允许范围内运行。

表 15-1　发电机事故过负荷允许数值

定子绕组短时过负荷电流（额定电流）/A	1.1	1.12	1.15	1.25	1.5
持续时间/s	60	30	15	5	2
滚动轴承					

2. 发电机的事故运行及处理方式

发电机出现不正常运行时或事故时，应根据仪表指示判明原因，并采取措施，详见表 15-2。

表 15-2　发电机不正常运行及处理方法

配电屏仪表指示现象	故障原因	处理方法
1. 定子电流表指针摆动剧烈； 2. 发电机电压表摆动剧烈，端电压降低； 3. 功率表的指针在全表盘上摆动； 4. 转子电流表指针在正常值附近摆动； 5. 发电机发出鸣声，其节奏与上列各表针摆动合拍	与系统并列的发电机发生振荡及失去同期	增强励磁电流，争取恢复同期，有自动调整励磁的发电机应减少有功负荷，上述措施无效时应将发电机解列
1. 有功功率表指示反向； 2. 无功功率表通常指示升高； 3. 定子电流表指示可能稍低； 4. 定子电压表及转子电流表，励磁电压表指示正常	电力倒送，发电机变为电动机运行	提高原动机转速，增加有功负荷，使发电机脱出电动机运行方式，如无效，则应将发电机解列，查明原动机故障
1. 转子电流表指示等于或近于零； 2. 功率表指示较正常数值低； 3. 定子电流指示升高； 4. 功率因数表指向进相； 5. 无功功率表倒转	与系统并列的发电机励磁中断	设法恢复励磁；如无效，应断开励磁开关和断路器，水轮发电机失去励磁时应立即从电网断开
1. 转子电流表，励磁电压表指示反向到头； 2. 定子电流表和电子电压表指示正常	励磁机的极性反向	如安全条件允许，不必停机处理，只需将励磁电压表接线在端子处互换，转子电流表则应设法将回路短接，将电流表接线在端子处互换，然后拆除短接线；对装有分流器的转子电流表，可直接在二次接线处互换
1. 定子电流表指示最大值，甚至撞击针挡； 2. 定子电压表指示明显降低； 3. 转子电流表指示升高	外部短路而保护拒动或熔丝未能熔断	降低励磁电流，断开断路器，查明并处理短路部位

3. 发电机的常见故障及对策

发电机在运行中会不断受到振动、发热、电晕等各种机械力和电磁力的作用，加之设计、制造、运行管理以及系统故障等原因，常常引起发电机温度升高、转子绕组接地、定子绕组绝缘损坏、励磁机碳刷打火、发电机过负载等故障，同步发电机运行中常见的一些故障分析如下。

1）发电机非同期并列

发电机用准同期法并列时，应满足电压、周波、相位相同这 3 个条件，如果由于操作不当或其他原因，并列时没有满足这 3 个条件，发电机就会非同期并列，它可能使发电机损坏，并对系统造成强烈的冲击，因此应注意防止此类故障的发生。当待并发电机与系统的电压不相同时，其间存有电压差，在并列时就会产生一定的冲击电流。一般当电压相差在 ±10% 以内时，冲击电流不太大，对发电机也没有什么危险。当并列时电压相差较多，特别是大容量电机并列时，如果其电压远低于系统电压，那么在并列时除了产生很大的电流冲击外，还会使系统电压下降，可能使事故扩大。一般在并列时，应使待并发电机的电压稍高于系统电压。如果待并发电机电压与系统电压的相位不同，并列时引起的冲击电流将产生同期力矩，使待并发电机立刻牵入同步。如果相位差在 ±30° 以内，则产生的冲击电流和同期力矩不会造成严重影响。如果相位差很大，则冲击电流和同期力矩将很大，可能达到三相短路电流的 2 倍，它将使定子线棒和转轴受到一个很大的冲击应力，可能造成定子端部绕组严重变形、联轴器螺栓被剪断等严重后果。为防止非同期并列，有些厂在手动准同期装置中加装了电压差检查装置和相角闭锁装置，以保证在并列时电差、相角差不超过允许值。

2）发电机温度升高

（1）定子线圈温度和进风温度正常，而转子温度异常升高，这时可能是转子温度表失灵，应做检查。发电机三相负荷不平衡超过允许值时，也会使转子温度升高，此时应立即降低负荷，并设法调整系统，以减少三相负荷的不平衡度，使转子温度降到允许范围之内。

（2）转子温度和进风温度正常，而定子温度异常升高，可能是定子温度表失灵。测量定子温度用的电阻式测温元件的电阻值有时会在运行中逐步增大，甚至开路，这时就会出现某一点温度突然上升的现象。

（3）当进风温度和定子、转子温度都升高时，就可以判定是冷却水系统发生了故障，此时应立即检查空气冷却器是否断水或水压太低。

（4）当进风温度正常而出风温度异常升高时，就表明通风系统失灵，此时必须停机进行检查。有些发电机组通风道内装有导流挡板，如操作不当就会使风路受阻，此时应检查挡板的位置并进行纠正。

3）发电机定子绕组损坏

发电机由于定子线棒绝缘击穿，接头开焊等情况将会引起接地或相间短路故障。当发电机发生相间短路事故或在中性点接地系统运行的发电机发生接地时，由于在故障点通过大量电流，将引起系统突然波动，同时在发电机旁往往可以听到强烈的响声，视察窗外可以看见电弧的火光，这时发电机的继电保护装置将立即动作，使主开关、灭磁开关和危急遮断器跳闸，发电机停止运行。

如果发电机内部起火，对于空冷机组则应在确知开关均已跳闸后，开启消防水管，用水进行灭火，同时保持发电机在 200 r/min 左右的低速盘车。火势熄灭后，仍应保持一段时间的低速运转，待其完全冷却以后再将发电机停转，以免转子由于局部受热而造成大轴弯曲。氢冷和水冷发电机一般不会引起端部起火。对于在中性点不接地的系统中运行的发电机，发生定子绕组接地故障时，只有发电机的接地保护装置动作报警，运行人员应立即查明接地点，如接地点在发电机内部，则应立即采取措施，迅速将其切断；如接地点在发电机外部，则应迅速查明原因，并将其消除。对于容量 15 MW 及以下的汽轮机，当接地电容电流小于 5 A 时，在未消除前允许发电机在电网一点接地情况下短时间运行，但至多不超过 2 h；对容量或接地电容电流大于上述规定的发电机，当定子回路单相接地时，应立即将发电机从电网中解列，并断开励磁。发电机在运行过程中，有时运行人员没有发现系统的突然波动，汽机驾驶员也没有发来危急信号，但发电机因差动保护动作使主断路器跳闸，这时值班人员应检查灭磁开关是否也已跳闸，若由于操作机构失灵没有跳闸，则应立即手动将其跳闸，并把磁场变阻器调回到阻值最大位置，将自动励磁调解装置停用，然后对差动保护范围内的设备进行检查，当发现设备有烧损、闪烁等故障时应立即进行检修。发现任何不正常情况，应用 2 500 V 摇表测量一次回路的绝缘电阻，如测得的绝缘电阻值换算到标准温度下的阻值与以往测量的数值比较时已下降 1/5 以下，就必须查明原因，并设法消除；如测得的绝缘电阻值正常，则发电机可经零起升压后并网运行。

4）发电机转子绕组接地

当发电机转子因绝缘损坏、绕组变形、端部严重积灰时，将会引起发电机转子接地故障。转子绕组接地分为一点接地和两点接地。转子一点接地时，线匝与地之间尚未形成电气回路，因此在故障点没有电流通过，各种表计指示正常，励磁回路仍能保持正常状态，只是继保信号装置发出"转子一点接地"信号，其发电机可以继续进行。但转子绕组一点接地后，如果转子绕组或励磁系统中任一处再发生接地，就会造成两点接地。

转子绕组发生两点接地故障后，部分转子绕组被短路，因为绕组直流电阻减小，所以励磁电流将会增大。如果绕组被短路的匝数较多，就会使主磁通大量减少，发电机向电网输送的无功出力显著降低，发电机功率因数增高，甚至变为进相运行，定子电流也可能增大，同时由于部分转子绕组被短路，发电机磁路的对称性被破坏，它将引起发电机产生剧烈的振动，这时凸极式发电机更为显著。转子线圈短路时，因励磁电流大大超过额定值，如不及时停机，切断励磁回路，转子绕组将会烧损。

为了防止发电机转子绕组接地，运行中要求每个值班人员均应通过绝缘监视表计测量一次励磁回路绝缘电阻，若绝缘电阻低于 0.5 MΩ，则值班人员必须采取措施。对运行中励磁回路可能清扫到的部分进行吹扫，使绝缘电阻恢复到 0.5 MΩ 以上，当转子绝缘电阻下降到 0.01 MΩ 时，应视作已经发生了一点接地故障。当转子发生一点接地故障后，则应立即设法消除，以防发展成两点接地。如果是稳定的金属性接地故障，而一时没有条件安排检修，则应投入转子两点接地保护装置，以防止发生两点接地故障后烧坏转子，使事故扩大。转子绕组发生匝间短路事故时，情况与转子两点接地相同，但一般此时短路的匝数不多，影响没有两点接地严重。如果转子两点接地保护装置投入，则它的继电器也将动作，此时应立即切断发电机主断路器，使发电机与系统解列并停机，同时切断灭磁开关，把磁场变阻器放在电阻最大位置，待停机后再对转子和励磁系统进行检查。

5）发电机失磁

（1）发电机失磁原因。运行中的发电机，由于灭磁开关受振动或误动而跳闸、磁场变阻器接触不良、励磁机磁场线圈断线或整流器严重打火、自动电压调整器故障等，造成励磁回路断路时，将使发电机失磁。

（2）失磁后表计上反映情况。发电机失磁后转子励磁电流突然降为零或接近于零，励磁电压也接近为零，且有转差率的摆动，发电机电压及母线电压均较原来降低，定子电流表指示升高，功率因数表指示进相，无功功率表指示为负，表示发电机从系统中吸取无功功率，各表计的指针都摆动，摆动的频率为转差率的 1 倍。

（3）失磁后产生的影响。发电机失磁后，就从同步运行变成异步运行，从原来向系统输出无功功率变成从系统吸取大量的无功功率，发电机的转速将高于系统的同步转速。这时由定子电流所产生的旋转磁场将在转子表面感应出频率等于转差率的交流感应电动势，它在转子表面产生感应电流，使转子表面发热。发电机所带的有功负荷越大，则转差率越大，感应电动势越大，电流也越大，转子表面的发热也越大。在发电机失磁的瞬间，转子绕组两端将有过电压产生，转子绕组与灭磁电阻并联时，过电压数值与灭磁电阻值有关，灭磁电阻值大，转子绕组的过电压值也大。试验表明，如果灭磁电阻值选择为转子热态电阻值的 5 倍，则转子的过电压值为转子额定电压值的 2~4 倍。

（4）失磁后允许运行时间及所带负荷。发电机失磁后，是否可以继续运行，与失磁运行的发电机容量和系统容量的大小有关。大容量的发电机失磁后，应立即从电网中切除，停机处理。发电机容量较小，电网容量较大，一般允许发电机在短时间内低负荷下失磁运行，以待处理失磁故障。对于允许励磁运行的发电机，发生失磁故障后，应立即减小发电机负荷，使定子电流的平均值降低到规定的允许值以下，然后检查灭磁开关是否跳闸。如已跳闸，则应立即合上；如灭磁开关未跳闸或合上后失磁现象仍未消失，则应将自动调节励磁装置停用，并转动磁场变阻器手轮，试行增加励磁电流。此时若仍未能恢复励磁，可以再试行换用备用励磁机供给励磁。经过这些操作后，如果仍不能使失磁现象消失，则可判断为发电机转子发生故障，必须在 30 min 内安排停机处理。

6）发电机升不起电压

此类故障多发生在自激式同轴直流励磁机励磁的发电机上。

（1）故障现象：发电机升速到额定转速后，给发电机励磁时，励磁电压和发电机定子电压升不上去或励磁电压有，而发电机电压升不到额定值。

（2）故障原因：

①励磁机剩磁消失。

②励磁机并励线圈接线不正确。

③励磁回路断线。

④励磁机换向器片间有短路故障，励磁机碳刷接触不好或安装位置不正确。

⑤发电机定子电压测量回路故障。

（3）一般处理：当发电机启动到额定转速后升压时，如励磁机电压和发电机电压升不起来，就应检查励磁回路接线是否正确、有否断线或接触不良、电刷位置是否正确、接触是否良好等。如以上各项都正常，而励磁机电压表有很小指示时，表示励磁机磁场线圈极性接反，应把它的正、负两根连线对换。如果励磁机电压表没有指示，则表明剩磁消失，应该对励磁机进行充磁。

7）发电机过负荷运行

运行中的发电机应在规定的额定负荷或以下运行，否则发电机定、转子温度将超过其允许数值，使发电机定、转子绝缘很快老化而损坏，所以当发电机过负荷时应进行调整，降低负荷。

当系统发生事故，使电力不足或因系统运行情况突变而威胁到系统的静态稳定时，允许发电机在短时间内过负荷运行，此时值班人员应密切监视定、转子绕组温度，其数值不得超过正常允许的最高监视温度。转子绕组也允许在事故情况有相应的过负荷，但是对任何发电机都禁止在正常情况下使用这些过负荷裕量。

15.2.3　同步发电机的振荡与失步

【学习任务】　(1)　正确判断同步发电机的振荡或失步。

　　　　　　　(2)　正确处理同步发电机的振荡或失步。

同步发电机正常运行时，定子磁极和转子磁极之间可看成有弹性的磁力线联系。当负载增加时，功角将增大，这相当于把磁力线拉长；当负载减小时，功角将减小，这相当于将磁力线缩短。当负载突然变化时，由于转子有惯性，故转子功角不能立即稳定在新的数值，而是在新的稳定值左右要经过若干次摆动，这种现象称为同步发电机的振荡。

振荡有两种类型：一种是振荡的幅度越来越小，功角的摆动逐渐衰减，最后稳定在某一新的功角下，仍以同步转速稳定运行，称为同步振荡；另一种是振荡的幅度越来越大，功角不断增大，直至脱出稳定范围，使发电机失步，发电机进入异步运行，称为非同步振荡。

1. 发电机振荡或失步的现象

(1)　定子电流表指示超出正常值，且往复剧烈运动。这是因为各并列发电机电动势间夹角发生了变化，出现了电动势差，使发电机之间流过环流。由于转子转速的摆动，使电动势间的夹角时大时小，力矩和功率也时大时小，因而造成环流也时大时小，故定子电流的指针就来回摆动。这个环流加上原有的负荷电流，其值可能超过正常值。

(2)　定子电压表和其他母线电压表指针指示低于正常值，且往复摆动。这是因为失步发电机与其他发电机电动势间夹角在变化，引起电压摆动。因为电流比正常时大，电压降也大，故引起电压偏低。

(3)　有功负荷与无功负荷大幅度剧烈摆动。原因是发电机在未失步时的振荡过程中送出的功率时大时小，以及失步时有时送出有功、有时吸收有功。

(4)　转子电压表、电流表的指针在正常值附近摆动。发电机振荡或失步时，转子绕组中会感应交变电流，并随定子电流的波动而波动，该电流叠加在原来的励磁电流上，就使转子电流表指针在正常值附近摆动。

(5)　频率表忽高忽低地摆动。振荡或失步时，发电机的输出功率不断变化，作用在转子上的力矩也相应发生变化，因而转速也随之变化。

(6)　发电机发出有节奏的轰鸣声，并与表计指针摆动节奏合拍。

(7)　低电压继电器过负荷保护可能动作报警。

(8)　在控制室可听到有关继电器发出有节奏的动作和释放的响声，其节奏与表计摆动节奏合拍。

(9)　水轮发电机调速器平衡表指针摆动；可能有剪断销剪断的信号；压油槽的油泵电动机启动频繁。

2. 发电机振荡和失步的原因

(1)　静态稳定破坏。这往往发生在运行方式的改变，使输送功率超过当时的极限允许功率。

(2)　发电机与电网联系的阻抗突然增加。这种情况常发生在电网中与发电机联络的某处发生短路，一部分并联元件被切除，如双回线路中的一回被断开、并联变压器中的一台被切除等。电力系统的功率突然发生不平衡，如大容量机组突然甩负荷、某联络线跳闸，造成系统功率严重不平衡。

（3）大机组失磁。大机组失磁，从系统吸收大量无功功率，使系统无功功率不足，系统电压大幅度下降，导致系统失去稳定。

（4）原动机调速系统失灵。原动机调速系统失灵，造成原动机输入力矩突然变化，功率突升或突降，使发电机力矩失去平衡，引起振荡。

（5）发电机运行时电势过低或功率因数过高。

（6）电源间非同期并列未能拉入同步。

3. 发电机振荡或失步的处理方法

发电机失磁失步后，会造成定子铁芯和绕组发热，并使轴系受到异常的机械力冲击，威胁机组的安全，严重时会损坏设备，应立即采取措施：

（1）对于不能失磁运行的发电机，当发电机失磁后，失磁保护动作，"发电机失磁保护动作"信号发出，发电机出口开关（GCB）跳闸，表明保护已动作解列灭磁，按发电机事故跳闸处理，并在第一时间检查厂用电切换情况；若失磁保护拒动，则应该立即手动解列发电机；在发电机失磁过程中，应注意调整好其他正常运行的发电机定子电流和无功功率。

（2）对于可以短时欠励或失磁运行的设备，应立即增加发电机的励磁，以提高发电机电动势，增加功率极限，有利于恢复同步。对于有自动调节器的发电机，不要退出调节器和强励，可由调节器动作调整励磁；对于无自动电压调节器的发电机，则要手动增加励磁。增加励磁的作用是增加定、转子磁极间的拉力，以削弱转子的惯性作用，使发电机较易在到达平衡点附近拉入同步。

（3）发电机在手动励磁方式下运行时，在机组启动自动加负荷过程中，必须随着发电机有功功率的增加，同步增加无功功率，严防因单机高功率因数引起的发电机失步。若因单机高功率因数引起失步，应减少发电机的有功输出，同时增加励磁电流，以利于发电机的同步。

（4）若一台发电机失步，可适当减轻它的有功出力，这样容易拉入同步。若是系统解列，则电厂应根据具体情况增减负荷，不能一概减少出力。因为此时送端系统的周波升高，受端系统的周波降低，周波低的电厂应增加有功出力，同时将电压提高到最大允许值，周波高的电厂应降低有功出力，以降低周波，并尽量接近于受端的周波，同时也要将电压提高到最大允许值。

（5）上述措施，经 1~2 min 后仍未将机组拉入同步状态时，即可将失步发电机与系统解列，或按调度要求将非同期两部分系统解列。

（6）处理发电机失步事故时，一要冷静沉着地分析，准确地判断；二要有整体观念，及时报告调度，听从指挥，服从调令。

4. 发电机失磁或失步的后果

发电机正常运行时，定子旋转磁场与转子磁场以同步转速一同运转，此时水轮机的主动力矩与发电机的电磁阻力矩相平衡，发电机以额定转速运行，当转子电流消失时，则转子磁极电磁力矩将减少，水轮机的主动力矩没有变，于是就存在过剩力矩而使发电机转速升高。这样转子和定子磁场间就产生了转差，即发电机失步，将对发电机和电力系统产生不良后果，主要体现在以下几方面：

（1）将在转子的阻尼系统、转子铁芯表面、转子绕组中（经灭磁电阻成回路）、定子铁芯上引起高温，直接危及转子安全。

（2）在定子绕组中出现脉动电流，将产生交变力矩，使机组振动摆度值增大，噪声明显，影响发电机的安全。

（3）发电机失磁后，将从系统吸收无功，导致失磁发电机附近的电力系统电压下降。

（4）由于电力系统电压下降，故必然引起其他发电机过电流。

（5）由于上述过电流的存在，有可能引起保护动作使系统中其他发电机解列，从而导致系统电压进一步下降，严重时将使系统瓦解（失磁发电机在电力系统中的地位越高、容量越大，这种后果越严重）。

发电机失磁后果十分严重，故在发电机电气保护中设置有失磁保护回路，一旦失磁发生，保护将动作，使机组与系统立即解列。但实际运行中仍然存在灭磁开关偷跳、误操作、保护失灵等现象，使事故屡屡发生，这就要求运行人员能够对发电机失磁做出准确判断，果断采取措施，杜绝事故恶化。

以某水电厂为例：

2009 年 1 月 17 日，某水电站 3 号机组并网运行过程中监控系统发出"励磁装置故障灭磁"信号后 3 号机组紧急动作停机。在检查监控历史曲线中发现，励磁装置直流工作电源消失时，励磁电压快速下降为零，定子绕组 A 相电流快速升至 22.8 kA，机端电压随即降至 10 kV，机组有功功率由 290 MW 降至 104 MW，无功功率由 −65 MVar 变为 −380 MVar。查明原因为相关工作人员施工过程中误碰导致 3 号机组直流馈电屏直流 I 段失电，励磁调节器直流工作电源消失，在切换至交流电源供电时，交流电源空气开关跳闸，励磁调节器交直流工作电源消失，机组失磁，而引入发电机保护 A 柜 P345、发电机保护 B 柜 P343 保护装置的 CT 电流极性接反，导致发电机失磁保护未动作，机组过速后由机械过速 155% N_e 启动水机保护回路而停机。

在这种情况下，由于发电机励磁突然减少或失磁，故发电机电动势突然降低，发电机的功率瞬间突然变小。如上所述，发电机输入功率与发电机发出有功功率不能平衡，造成了失步，给发电机带来了严重影响。

15.3 技 能 培 养

15.3.1 技能评价要点

同步发电机的维护学习情境技能评价要点见表 15 − 3。

表 15 − 3 同步发电机的维护学习情境技能评价要点

项目	技能评价要点	权重/%
1. 同步发电机的日常维护	1. 正确判断同步发电机是否完好。 2. 正确进行同步发电机的启动前检查。 3. 正确进行同步发电机的日常维护	40

项目	技能评价要点	权重/%
2. 同步发电机的常见故障及处理	1. 正确判断同步发电机的故障原因。 2. 正确进行同步发电机的故障处理	40
3. 同步发电机的振荡与失步	1. 正确判断同步发电机的振荡或失步。 2. 正确处理同步发电机的振荡或失步	20

15.3.2 技能实战

一、应知部分

（1）同步发电机应该做哪些运行维护工作？

（2）同步发电机常见故障有哪些？

（3）什么是同步发电机失步？导致失步的原因是什么？怎么处理？

（4）什么是同步发电机失磁？失磁的原因如何？失磁会产生什么后果？

（5）同步发电机升不起电压的原因是什么？怎么处理？

（6）同步发电机过负荷的危害有哪些？

（7）到有设备检修的电厂制订同步发电机一般检修计划和质量验收后的检修总结。

二、应会部分

能针对同步发电机的不同故障进行处理。